老吕说写作

2022 管理类/经济类联考

课程 0 元领

精析写作近年真题+实时热点话题，把握命题方向

< 精选最具代表性的话题
< 名师老吕逐句逐段带你写
< 传授万能写作框架与技巧

只需 5 步，带你写作快速成文

Step1：析材料 全方面分析材料，了解命题人的…

Step2：定立意 独创"克罗特"审题立意法

Step3：搭框架 浓缩 12 年教学经验，教你万能写作框架

Step4：列素材 引用典型示例与名人名言，增强论证力度

Step5：填段落 教你运用管理学思维阐述论点，文章有深度

扫码 **0** 元领课 >>

老吕始创"1342"写作口诀

1：一个主题
一篇文章只能围绕一个主题进行论述

3：三句开头
开头固定句式：引材料句，过渡句，论点句

4：四段正文
正文部分四段按照五种结构框架灵活编排

2：两句结尾
第一句：运用修辞显格调
第二句：呼应标题显论点

帮你扫除写作"疑难杂症"

不会审题、审跑题
抓不准材料主旨脉络

只会写大白话
不会说理，文章没有深度

写作没框架、没技巧
逻辑结构不清晰

老吕近 9 年 7 次押中联考论说文

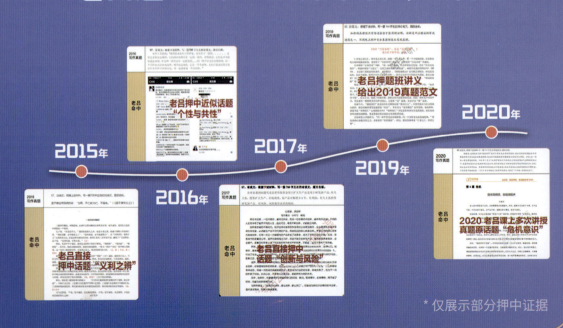

* 仅展示部分押中证据

199管理类联考/396经济类联考必听免费课程

母题的魔法
联考高分训练营

吕建刚

3 晚直播 解密联考备考难题

DAY1· 199联考选择
总论+管综数学母题的魔法
管综目标分数240+，如何达成？
如何2分钟做完1道数学题？

- 联考命题特点及应对策略分析
- 数学必考母题模型及其 N 种变化

DAY1· 396联考选择
396 数学全年备考规划
396 数学与数三比较难易如何？
396 如何进行复习备考？

- 396 数学考试范围及经典题型分析
- 396 数学65分全年备考规划

DAY2· 逻辑母题的魔法
逻辑题目读不懂，如何快速拆解题干，找准逻辑关系？

- "公式法""搭桥法"秒杀形式逻辑
- 论证逻辑必考母题模型的真题应用
- 万能"列表法"拆解综合推理

DAY3· 写作母题的魔法
联考写作与高中作文有何不同？文笔差又懒得背，如何得高分？

- 论证有效性分析得分要点及谬误分析
- 论说文底层逻辑与管理决策4步骤的关系
- 33 类母题 16 类母理的真题应用

赠书活动截止至2021年6月30日

直播福利
听完任意1节直播《择校手册》包邮寄送

选 **199联考** 听直播赠送 >

选 **396联考** 听直播赠送 >

根据报考专业，扫码加助教 >

~~¥99~~ 限时 **0元** 领课

1. 扫码添加助教，免费领课，进入学习群
2. 听完任意1节直播，助教按照下单地址寄送资料，获赠名单群内公布

199 联考请加

396 联考请加

母题是什么？
母题即命题模型。
母题者，题妈妈也，一生二，二生四，以至无穷。

老吕精研23年 41套真题

- 数学真题 759 道 —— 数学 101 类母题
- 逻辑真题 1455 道 —— 逻辑 36 类母题
- 写作真题 56 篇 —— 写作 33 类母题

万题归宗 '母题的魔法'

搞定母题就等于搞定联考 <

- **92%** 数学真题 92%直接来源于母题，8%来源于母题变化
- 逻辑真题 90%直接来源于母题，10%来源于母题变化 **90%**
- **98%** 论证有效性分析98%来源于母题
- 论说文考题 85%来源于母题，其余题目适用母理 **85%**

管理类/经济类联考

老吕联考线上精品课

帮你解决联考备考4大难题

- 自学效果差
- 缺乏应试技巧
- 抓不准核心考点
- 无人领学难坚持

针对不同专业开设3门课程

针对专业	MPAcc/MAud/MLIS 物流/工业工程与管理	MBA/MPA/MEM/MTA	MF/MT/MAS/MIB/MI/MV
	老吕管综弟子班	老吕MBA签约过线班	老吕经综弟子班(396)
科目	199 管综	199 管综+英语二	396 经综
课时	295H	管综 295H / 英语 140H	250.5H
内容	·数学基础、逻辑基础、写作基础 ·数学母题、逻辑母题 ·数学母题 800 练、逻辑母题 800 练 ·近 5 年真题串讲 ·写作母题训练营 ·冲刺点题（写作点题 + 冲刺模考）	管综： 同"老吕管综弟子班" 英语： ·词汇、长难句、阅读基础夯实 ·阅读、完型、新题型、翻译、写作技巧强化训练 ·近 3 年真题演练 ·冲刺押题（作文押题 + 冲刺模考）	数学： ·396 数学必考点分析 ·微积分、线代、概率基础 ·396 数学必考题型强化训练 ·396 数学秒杀技巧冲刺 逻辑： 同"老吕管综弟子班" 写作： 同"老吕管综弟子班"
服务	1 专属班主任、定期班会 2 每月更新复习规划 3 阶段模考，查缺补漏 4 小程序打卡、督学 5 学长学姐经验分享会 6 专业助教老师答疑	1 第一年不过国家线，第二年免费重读（第一年听课率达60%，且参加考试没过国家线，第二年补交少量资料费重读相同课程） 2 专属班主任、定期班会 3 每月更新复习规划 4 阶段模考，查缺补漏 5 小程序打卡、督学 6 学长学姐经验分享会 7 专业助教老师答疑	1 专属班主任、定期班会 2 每月更新复习规划 3 阶段模考，查缺补漏 4 学长学姐经验分享会 5 专业助教老师答疑
	￥5980 限时优惠价 ￥4?80	￥6980 限时优惠价 ￥5?80	￥4980 限时优惠价 ￥3?80

扫码了解
课程详情
早报更优惠

管理类联考

集训地点
济南

老吕暑期45天集训营

适用专业:MPAcc/MAud/MLIS/MBA/MPA/MTA/MEM/物流工程/工业工程与管理

跟老吕康哥集训45天，堪比自学3个月

母题强化集训
45天提高50分

高三魔鬼作息
军事化管理

以老吕为核心 全名师阵容

专业1对1
答疑/写作批改

良好教学氛围
舒适住宿条件

暑期/半年集训课程体系

2021.7.10-8.25
老吕暑期45天集训营

为期45天的面授集训
暑期集中强化提分

【连锁酒店2人间】
【班主任严格督管】
【学习规划＋个性调整】
【定期测评＋答疑批改】
【暑期教辅资料】

¥18800　120人/班

2021.7.10-12.15
老吕半年集训弟子班

长达5个月面授集训，包含暑期、秋季、冬季集训
3个阶段课程，并配备弟子班全年网课

【配套老吕弟子班网课】
【上床下桌4人寝】
【班主任严格督管】
【学习规划＋个性调整】
【定期测评＋答疑批改】
【择校评估1对1】
【全套教辅资料】

¥49800　限招80人

扫码咨询优先选座＞
预付定金享超大额优惠

老吕专硕系列

MBA/MPA/MPAcc

主编 ◎ 吕建刚

管理类、经济类联考
老·吕·逻·辑
——真题超精解——

（母题分类版）

北京理工大学出版社
BEIJING INSTITUTE OF TECHNOLOGY PRESS

版权专有　侵权必究

图书在版编目（CIP）数据

管理类、经济类联考·老吕逻辑真题超精解：母题分类版 / 吕建刚主编. —北京：北京理工大学出版社，2021.5

ISBN 978-7-5682-9840-7

Ⅰ.①管…　Ⅱ.①吕…　Ⅲ.①逻辑-研究生-入学考试-题解　Ⅳ.①B81-44

中国版本图书馆CIP数据核字（2021）第091631号

出版发行 / 北京理工大学出版社有限责任公司
社　　址 / 北京市海淀区中关村南大街5号
邮　　编 / 100081
电　　话 / （010）68914775（总编室）
　　　　　（010）82562903（教材售后服务热线）
　　　　　（010）68948351（其他图书服务热线）
网　　址 / http://www.bitpress.com.cn
经　　销 / 全国各地新华书店
印　　刷 / 保定市中画美凯印刷有限公司
开　　本 / 787毫米×1092毫米　1/16
印　　张 / 23　　　　　　　　　　　　　　　责任编辑 / 多海鹏
字　　数 / 539千字　　　　　　　　　　　　文案编辑 / 多海鹏
版　　次 / 2021年5月第1版　2021年5月第1次印刷　责任校对 / 周瑞红
定　　价 / 79.80元　　　　　　　　　　　　责任印制 / 李志强

图书出现印装质量问题，请拨打售后服务热线，本社负责调换

图书配套服务使用说明

一、图书配套工具库：喵屋

扫码下载"乐学喵 App"
(安卓/iOS 系统均可扫描)

下载乐学喵App后，底部菜单栏找到"喵屋"，在你备考过程中碰到的所有问题在这里都能解决。可以找到答疑老师，可以找到最新备考计划，可以获得最新的考研资讯，可以获得最全的择校信息。

二、各专业配套官方公众号

可扫描下方二维码获得各专业最新资讯和备考指导。

老吕考研
(所有考生均可关注)

老吕教你考MBA
(MBA/MPA/MEM/MTA
专业考生可关注)

会计专硕考研喵
(会计专硕、审计
专硕考生可关注)

图书情报硕士考研喵
(图书情报硕士考生可关注)

物流与工业工程考研喵
(物流工程、工业工程
考生可关注)

396经济类联考
(金融、应用统计、税务、
国际商务、保险及资产评估
考生可关注)

三、视频课程　　　　　　　　　四、图书勘误

扫码观看
199管综基础课程

扫码观看
396经综基础课程

扫描获取图书勘误

如何高效使用真题？

所有同学都知道，真题是考研备考的重中之重，那么，如何高效使用真题呢？我认为，至少分为两个步骤。

第一步，当然是限时模考。《老吕综合真题超精解（试卷版）》提供了完整的真题套卷和标准答题卡，就是为了方便你模考。

老吕要求你严格按照 3 小时的做题时间，排除一切干扰，从写名字到做题、涂卡、写作文，进行限时模考。通过限时模考，我们能调整做题顺序、把握做题速度、测试自我水平、进行查缺补漏。

另外，老吕发现有很多同学在模考时懒得写作文，或者做题太慢，没时间写作文。你进了考场也懒得写作文吗？虽然模考没有人监督你，但请不要自欺欺人！

但使用真题的关键是第二步，就是模考后，使用《老吕综合真题超精解（母题分类版）》进行题型总结。为什么呢？理由如下。

1. 数学的命题特点是重点题型反复考（以管理类联考为例）

来看一道 2019 年的真题：

设圆 C 与圆 $(x-5)^2+y^2=2$ 关于直线 $y=2x$ 对称，则圆 C 的方程为（　　）.

(A) $(x-3)^2+(y-4)^2=2$　　　　(B) $(x+4)^2+(y-3)^2=2$

(C) $(x-3)^2+(y+4)^2=2$　　　　(D) $(x+3)^2+(y+4)^2=2$

(E) $(x+3)^2+(y-4)^2=2$

这一道题曾在 2010 年考过近似题，如下：

圆 C_1 是圆 $C_2:x^2+y^2+2x-6y-14=0$ 关于直线 $y=x$ 的对称圆.

(1) 圆 $C_1:x^2+y^2-2x-6y-14=0$.

(2) 圆 $C_1:x^2+y^2+2y-6x-14=0$.

再看一道 2019 年的真题：

某单位要铺设草坪，若甲、乙两公司合作需要 6 天完成，工时费共计 2.4 万元；若甲公司单独做 4 天后由乙公司接着做 9 天完成，工时费共计 2.35 万元．若由甲公司单独完成该项目，则工时费共计（　　）万元．

(A) 2.25　　　(B) 2.35　　　(C) 2.4　　　(D) 2.45　　　(E) 2.5

这一道题曾在 2015 年考过近似题，如下：

一项工作，甲、乙合作需要 2 天，人工费 2 900 元；乙、丙合作需要 4 天，人工费 2 600 元；

甲、丙合作 2 天完成了全部工作量的 $\frac{5}{6}$，人工费 2 400 元．甲单独做该工作需要的时间和人工费分别为（　　）．

(A) 3 天，3 000 元　　　　　　　　(B) 3 天，2 850 元

(C) 3 天，2 700 元　　　　　　　　(D) 4 天，3 000 元

(E) 4 天，2 900 元

再看一道 2019 年的真题：

设数列 $\{a_n\}$ 满足 $a_1=0$，$a_{n+1}-2a_n=1$，则 $a_{100}=$（　　）．

(A) $2^{99}-1$　　(B) 2^{99}　　(C) $2^{99}+1$　　(D) $2^{100}-1$　　(E) $2^{100}+1$

这一道题在 2019 版《老吕数学要点精编》中有原题，如下：

数列 $\{a_n\}$ 中，$a_1=1$，$a_{n+1}=3a_n+1$，求数列的通项公式．

受篇幅所限，老吕不再一一列举真题，但老吕可以很负责任地和你说，数学 90% 以上的题目是以前考过或者在老吕的书上写过的题。因此，数学备考一定要总结题型，也就是搞定母题。

2. 逻辑的命题特点也是重点题型反复考（管理类、经济类联考通用）

自 1997 年到现在，仅管理类联考和管理类联考的前身 MBA 联考，就考了 1 500 余道逻辑题，而逻辑只有三四十个知识点，这意味着什么？就是所有题目，都在以前考过十几二十次，"新瓶装旧酒"而已。

来看一道 2019 年的管理类联考真题：

新常态下，消费需求发生深刻变化，消费拉开档次，个性化、多样化消费渐成主流。在相当一部分消费者那里，对产品质量的追求压倒了对价格的考虑。供给侧结构性改革，说到底是满足需求。低质量的产能必然会过剩，而顺应市场需求不断更新换代的产能不会过剩。

根据以上陈述，可以得出以下哪项？

(A) 只有质优价高的产品才能满足需求。

(B) 顺应市场需求不断更新换代的产能不是低质量的产能。

(C) 低质量的产能不能满足个性化需求。

(D) 只有不断更新换代的产品才能满足个性化、多样化消费的需求。

(E) 新常态下，必须进行供给侧结构性改革。

此题考查的是串联推理，你可以在近 10 年的管理类、经济类联考真题中找到 40 余道相似题（受篇幅所限，老吕不再一一列举）。

再看一道 2018 年的管理类联考真题：

唐代韩愈在《师说》中指出："孔子曰：三人行，则必有我师。是故弟子不必不如师，师不必贤于弟子，闻道有先后，术业有专攻，如是而已。"

根据上述韩愈的观点，可以得出以下哪项？

(A) 有的弟子必然不如师。

(B) 有的弟子可能不如师。

(C) 有的师不可能贤于弟子。

(D) 有的弟子可能不贤于师。

(E) 有的师可能不贤于弟子。

此题考查的是简单命题的负命题,你可以在近10年的管理类、经济类联考真题中找到约10道相似题(受篇幅所限,老吕不再一一列举)。

再看一道2016年的管理类联考真题:

近年来,越来越多的机器人被用于在战场上执行侦察、运输、拆弹等任务,甚至将来冲锋陷阵的都不再是人,而是形形色色的机器人。人类战争正在经历自核武器诞生以来最深刻的革命。有专家据此分析指出,机器人战争技术的出现可以使人类远离危险,更安全、更有效率地实现战争目标。

以下哪项如果为真,最能质疑上述专家的观点?

(A) 现代人类掌控机器人,但未来机器人可能会掌控人类。
(B) 因不同国家之间军事科技实力的差距,机器人战争技术只会让部分国家远离危险。
(C) 机器人战争技术有助于摆脱以往大规模杀戮的血腥模式,从而让现代战争变得更为人道。
(D) 掌握机器人战争技术的国家为数不多,将来战争的发生更为频繁也更为血腥。
(E) 全球化时代的机器人战争技术要消耗更多资源,破坏生态环境。

此题考查的是措施目的的削弱,你可以在近10年的管理类、经济类联考真题中找到10道相似题(受篇幅所限,老吕不再一一列举)。

可见,逻辑备考的关键,也是题型总结,也就是搞定母题。

3. 写作的命题大方向不变(管理类、经济类联考通用)

首先,论证有效性分析是典型的套路化文章,常见的逻辑谬误都有固定的写作套路,而且,也都曾在真题里出现过。

常见的论证有效性分析母题如下:

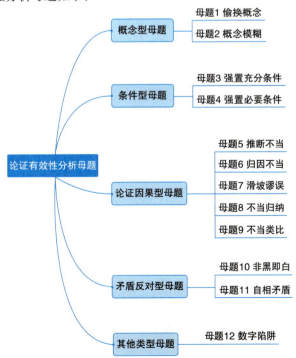

最后，论说文真题看起来变化多端，实际上考的都是管理者素养、企业管理、社会治理三个方向，本质上来说，都是对考生管理决策能力的考查，因此，论说文母题的思路如下：

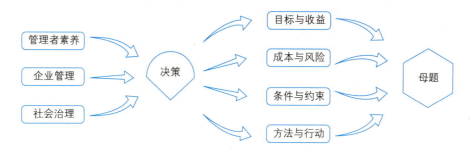

4. 全年备考规划

（1）199 管理类联考全年备考规划

阶段	备考用书	使用方法	配套课程
零基础阶段	《老吕数学要点精编》（基础篇） 《老吕逻辑要点精编》（基础篇） 《老吕写作要点精编》（基础篇）	第1步：理解核心考点。 第2步：本节自测＋阶段模考辅助练习，"小试牛刀"。	老吕数学基础班 老吕逻辑基础班 老吕写作基础班
母题基础阶段	《老吕数学要点精编》（母题篇） 《老吕逻辑要点精编》（母题篇） 《老吕写作要点精编》（母题篇）	第1步：理解母题，掌握命题模型及变化。 第2步：归纳总结解题技巧、方法。 第3步：自测＋模考强化练习，巩固提高。	老吕数学母题班 老吕逻辑母题班 老吕写作母题营
母题强化阶段	《老吕数学母题800练》 《老吕逻辑母题800练》	第1步：母题精练（题型强化训练）。 第2步：母题模考测试。 第3步：总结归纳错题及相关题型。	老吕数学母题800练 老吕逻辑母题800练
真题阶段	第1轮模考： 《老吕综合真题超精解》（试卷版） 第2轮总结： 《老吕数学真题超精解》（母题分类版） 《老吕逻辑真题超精解》（母题分类版） 《老吕写作真题超精解》（母题分类版）	第1步：用试卷版真题限时模考，分析错题，总结方法。 第2步：用母题分类版真题，总结归纳各题型解题技巧，探析真题的命题规律与破解之道。	真题串讲班 —
冲刺阶段	《老吕综合冲刺8套卷》	第1步：限时模考。 第2步：反思错题。 第3步：回归母题，系统总结。	—
押题阶段	《老吕综合密押6套卷》 《老吕写作考前必背母题33篇》	第1步：限时模考。 第2步：归纳总结。	冲刺点题班

(2) 396 经济类联考全年备考规划

阶段	备考用书	使用方法	配套课程
零基础阶段	《396 数学要点精编》（考点＋题型） 《老吕逻辑要点精编》（基础篇） 《老吕写作要点精编》（基础篇）	第1步：理解核心考点。 第2步：经典例题＋章节测试，"小试牛刀"。	396 数学基础班 老吕逻辑基础班 老吕写作基础班
母题基础阶段	《396 数学要点精编》（题型＋测试） 《老吕逻辑要点精编》（母题篇） 《老吕写作要点精编》（母题篇）	第1步：理解母题/题型，掌握命题模型。 第2步：归纳总结解题技巧、方法。 第3步：模考强化练习，巩固提高。	396 数学强化班 老吕逻辑母题班 老吕写作母题营
母题强化阶段	《396 数学母题 800 练》 《老吕逻辑母题 800 练》	第1步：题型强化训练。 第2步：模考测试。 第3步：总结归纳错题及相关题型。	老吕逻辑母题800练
真题阶段	真题（试卷版） 《396 综合真题超精解》（试卷版） 真题（母题分类版） 《老吕逻辑真题超精解》（母题分类版） 《老吕写作真题超精解》（母题分类版）	第1步：限时模考，分析错题，总结方法。 第2步：总结归纳各题型解题技巧，探析真题的命题规律与破解之道。	经综真题解析 —
冲刺阶段	《396 综合密押 6 套卷》 《老吕写作考前必背母题 33 篇》	第1步：限时模考。 第2步：反思错题。 第3步：回归母题，系统总结。	396 数学冲刺班 写作点题班

真题是考研备考的重中之重，老吕全套图书更是你成功上岸的必备。希望这套书能帮助大家考上梦想中的名校，实现你的人生理想。让我们一起努力，让我们一直努力！加油！

吕建刚

目录

第1部分 形式逻辑

第1章 复言命题

题型1 充分与必要 / 3
    变化1 简单充分必要条件问题 / 3
    变化2 复杂充分必要条件问题 / 7

题型2 联言、选言命题 / 11
    变化1 并且、或者、要么的理解 / 11
    变化2 德摩根定律 / 15
    变化3 箭头与德摩根定律的使用 / 17
    变化4 补充条件题 / 21
    变化5 无箭头指向陷阱（大嘴鲈鱼问题）/ 21
    变化6 多重复言命题 / 23

题型3 串联推理 / 24
    变化1 普通箭头的串联 / 24
    变化2 带"有的"的串联问题 / 39

题型4 假言命题的负命题 / 48
    变化1 假言命题负命题的基本问题 / 48
    变化2 串联推理＋负命题 / 56

题型5 二难推理 / 58
    变化1 选言型二难推理 / 58
    变化2 联言型二难推理 / 65

第2章 简单命题与概念

题型6 对当关系 / 66

题型 7　简单命题的负命题 / 72
　　变化 1　替换法解简单命题的负命题 / 73
　　变化 2　简单命题的负命题的其他应用 / 76

题型 8　隐含三段论 / 77
　　变化 1　隐含三段论 / 78
　　变化 2　隐含三段论＋负命题 / 78
　　变化 3　隐含三段论＋串联 / 79

题型 9　真假话问题 / 80
　　变化 1　题干中有矛盾的真假话问题 / 81
　　变化 2　题干中无矛盾的真假话问题 / 84

题型 10　定义题 / 89

题型 11　概念间的关系 / 93

题型 12　推理结构相似题 / 94

第 2 部分　综合推理

第 3 章　综合推理

题型 13　排序题 / 105

题型 14　方位题 / 109
　　变化 1　一字型方位题 / 109
　　变化 2　围桌而坐与东南西北 / 110

题型 15　简单匹配题 / 114
　　变化 1　简单匹配 / 114
　　变化 2　可能符合题干 / 117

题型 16　复杂匹配题 / 122
　　变化 1　选人问题 / 123
　　变化 2　两组元素的匹配 / 125
　　变化 3　三组元素的匹配 / 141
　　变化 4　已知条件中全是假言命题的匹配题 / 143

题型 17　其他综合推理题 / 151
　　变化 1　数独问题 / 151
　　变化 2　含有数量关系的综合推理题 / 154

第3部分　论证逻辑

第4章　论证

题型 18　论证的削弱 / 161
　　变化 1　论证的削弱 / 161
　　变化 2　归纳论证的削弱 / 172
　　变化 3　类比论证的削弱 / 173

题型 19　论证的支持 / 174
　　变化 1　论证的支持 / 174
　　变化 2　搭桥法 / 187
　　变化 3　归纳论证的支持 / 193
　　变化 4　类比论证的支持 / 194

题型 20　论证的假设 / 195
　　变化 1　论证的假设：搭桥法 / 195
　　变化 2　论证的假设：其他假设 / 206

题型 21　论证的推论 / 211
　　变化 1　概括论点题 / 211
　　变化 2　普通推论题 / 213

题型 22　论证的评价 / 228
　　变化 1　评价逻辑漏洞 / 229
　　变化 2　评价论证与反驳方法 / 235
　　变化 3　评价论证结构 / 238
　　变化 4　评价成立性：哪个问题最重要？ / 240

题型 23　论证的争议：争论焦点题 / 242

第5章　因果关系

题型 24　因果关系的削弱 / 247
　　变化 1　因果关系的削弱：找原因 / 247
　　变化 2　因果关系的削弱：预测结果 / 256
　　变化 3　因果关系的削弱：求异法 / 261
　　变化 4　因果关系的削弱：百分比对比型 / 265
　　变化 5　因果关系的削弱：共变法 / 267

题型 25　因果关系的支持 / 269
　　变化 1　因果关系的支持：找原因 / 269
　　变化 2　因果关系的支持：求因果五法 / 276
　　变化 3　因果关系的支持：预测结果 / 280

题型 26　因果关系的假设 / 286
　　变化 1　因果关系的假设：找原因 / 286
　　变化 2　因果关系的假设：预测结果 / 287

题型 27　因果关系的推论 / 288

题型 28　找原因：解释题 / 288
　　变化 1　解释现象 / 289
　　变化 2　解释差异 / 299

题型 29　论证结构相似题 / 305
　　变化 1　论证方法相似 / 305
　　变化 2　逻辑谬误相似 / 312

第6章　措施目的

题型 30　措施目的的削弱 / 318

题型 31　措施目的的支持 / 325

题型 32　措施目的的假设 / 327

第7章　数量关系

题型 33　数量关系的推理 / 333
　　变化 1　一类对象的两次或三次分类问题 / 333
　　变化 2　配对问题 / 337
　　变化 3　集合间（概念间）的关系问题 / 338
　　变化 4　平均值与加权平均值问题 / 338
　　变化 5　比率与增长率问题 / 340
　　变化 6　其他数字问题 / 343

题型 34　数量关系的削弱与支持 / 346
　　变化 1　平均值陷阱 / 346
　　变化 2　比率陷阱 / 347

题型 35　数量关系的假设 / 350

题型 36　数量关系的解释 / 351

第 1 部分

形式逻辑

第1章　复言命题

题型 1　充分与必要

命题概率

199 管理类联考近 10 年真题命题数量 8 道，平均每年 0.8 道。
396 经济类联考近 10 年真题命题数量 6 道，平均每年 0.6 道。

母题变化

◆ 变化 1　简单充分必要条件问题

解题思路

（1）充分条件。

A 是 B 的充分条件，记作 A→B，读作"A 推 B"，是指假如事件 A 发生了，事件 B 一定发生。典型关联词："如果……那么……"。

（2）必要条件。

A 是 B 的必要条件，记作 A←B，说明 A 的发生对于 B 的发生是必要的，不可或缺的；若是没有 A，则一定没有 B，即¬A→¬B。典型关联词："只有……才……"。

（3）充分必要条件。

A 是 B 的充分必要条件，记作 A↔B，读作"A 当且仅当 B"或者"A 等价于 B"，指前提 A 对于 B 这个结论既是充分的又是必要的。若 A 发生，则 B 一定发生；若 A 不发生，则 B 也不发生。反之，若 B 发生，则 A 一定发生；若 B 不发生，则 A 也不发生。典型关联词："当且仅当……"。

（4）"¬A→B"公式。

①（除非 A，否则 B）=（¬A→B）。

②（A，否则 B）=（¬A→B）。

③（B，除非 A）=（¬A→B）。

（5）逆否原则。

逆否命题等价于原命题，即："A→B"等价于"¬A←¬B"。

（6）箭头指向原则。

已知一个假言命题为真，判断另外一个假言命题的真假时，遵守箭头指向原则：有箭头指向则为真，没有箭头指向则可真可假。

典型真题

1. (2012年管理类联考真题) 经理说:"有了自信不一定赢。"董事长回应说:"但是没有自信一定会输。"

以下哪项与董事长的意思最为接近?

(A) 不输即赢,不赢即输。　　(B) 如果自信,则一定会赢。

(C) 只有自信,才可能不输。　　(D) 除非自信,否则不可能输。

(E) 只有赢了,才可能更自信。

【解析】董事长:¬自信→输=¬输→自信。

(A) 项,充分条件前推后,¬输→赢,¬赢→输,与董事长的意思不同。

(B) 项,充分条件前推后,自信→赢,与董事长的意思不同。

(C) 项,必要条件后推前,自信←输,与董事长的意思相同。

(D) 项,去"除"去"否",箭头右划,故"¬自信→¬输",与董事长的意思不同。

(E) 项,必要条件后推前,赢←自信,与董事长的意思不同。

【答案】(C)

2. (2013年管理类联考真题) 国际足联一直坚称,世界杯冠军队所获得的"大力神"杯是实心的纯金奖杯。某教授经过精密测量和计算认为,世界杯冠军奖杯——实心的"大力神"杯不可能是纯金制成的,否则球员根本不可能将它举过头顶并随意挥舞。

以下哪项与这位教授的意思最为接近?

(A) 若球员能够将"大力神"杯举过头顶并随意挥舞,则它很可能是空心的纯金杯。

(B) 只有"大力神"杯是实心的,它才可能是纯金的。

(C) 若"大力神"杯是实心的纯金杯,则球员不可能将它举过头顶并随意挥舞。

(D) 只有球员能够将"大力神"杯举过头顶并随意挥舞,它才是由纯金制成,并且不是实心的。

(E) 若"大力神"杯是由纯金制成,则它肯定是空心的。

【解析】某教授:"大力神"杯不可能是实心的纯金奖杯,否则球员不可能将它举过头顶并随意挥舞。

等价于:¬不是实心的纯金奖杯→不可能将它举过头顶并随意挥舞。

即:若"大力神"杯是实心的纯金奖杯,则球员不可能将它举过头顶并随意挥舞。

故(C)项正确。其余各项均不正确。

【答案】(C)

3. (2018年管理类联考真题) 若要人不知,除非己莫为;若要人不闻,除非己莫言。为之而欲人不知,言之而欲人不闻,此犹捕雀而掩目,盗钟而掩耳者。

根据以上陈述,可以得出以下哪项结论?

(A) 若己不言,则人不闻。

(B) 若己为,则人会知;若己言,则人会闻。

(C) 若能做到盗钟而掩耳,则可言之而人不闻。

(D) 若己不为，则人不知。

(E) 若能做到捕雀而掩目，则可为之而人不知。

【解析】题干：

(1) 若要人不知，除非己莫为，即：如果不想人知，那么就莫为。

符号化：人不知→己莫为，等价于：己为→人知。

(2) 若要人不闻，除非己莫言，即：如果不想人闻，那么就莫言。

符号化：人不闻→己莫言，等价于：己言→人闻。

故（B）项符合题干，其余各项均不符合。

【答案】(B)

4. (2018年管理类联考真题) 某次学术会议的主办方发出会议通知：只有论文通过审核才能收到会议主办方发出的邀请函，本次学术会议只欢迎持有主办方邀请函的科研院所的学者参加。

根据以上通知，可以得出以下哪项？

(A) 本次学术会议不欢迎论文没有通过审核的学者参加。

(B) 论文通过审核的学者都可以参加本次学术会议。

(C) 论文通过审核并持有主办方邀请函的学者，本次学术会议都欢迎其参加。

(D) 有些论文通过审核但未持有主办方邀请函的学者，本次学术会议欢迎其参加。

(E) 论文通过审核的学者有些不能参加本次学术会议。

【解析】题干：收到邀请函→论文通过审核；本次学术会议欢迎→收到邀请函∧科研院所的学者。

由题干，本次学术会议只欢迎收到邀请函的学者，即只欢迎论文通过审核的学者，不欢迎论文没有通过审核的学者，故（A）项正确。

(B)、(C)、(E) 项均可真可假，(D) 项为假。

【答案】(A)

5. (2012年经济类联考真题) 运动会将准时开始，除非天下雨。

以下断定中与上述断定含义相同的是：

Ⅰ. 如果天下雨，则运动会不会准时开始。

Ⅱ. 如果运动会准时开始，则天没下雨。

Ⅲ. 如果天不下雨，运动会将准时开始。

(A) 只有Ⅰ。 (B) 只有Ⅱ和Ⅲ。 (C) 只有Ⅰ和Ⅲ。

(D) 只有Ⅲ。 (E) Ⅰ、Ⅱ和Ⅲ。

扫码领取
2021年经济类真题

【解析】题干：根据口诀"'除'字去掉，箭头反划"，可得：¬天下雨→运动会准时开始，等价于：¬运动会准时开始→天下雨。

Ⅰ项，天下雨→¬运动会准时开始，与题干含义不同。

Ⅱ项，运动会准时开始→¬天下雨，与题干含义不同。

---

① 本书拟收录2011—2021年经济类联考真题，因2021年真题暂缺，我们会在拿到真题后第一时间公布。获取方式：扫描本页右侧二维码，领取课程后下载查看2021年经济类联考真题（逻辑部分）。

Ⅲ项，¬天下雨→运动会准时开始，与题干含义相同。

故（D）项正确。

【答案】（D）

6. （2015年经济类联考真题） 一个有效三段论的小项在结论中不周延，除非它在前提中周延。

以下哪项与上述断定含义相同？

(A) 如果一个有效三段论的小项在前提中周延，那么它在结论中也周延。

(B) 如果一个有效三段论的小项在前提中不周延，那么它在结论中周延。

(C) 如果一个有效三段论的小项在结论中不周延，那么它在前提中周延。

(D) 如果一个有效三段论的小项在结论中周延，那么它在前提中也周延。

(E) 如果一个有效三段论的小项在结论中不周延，那么它在前提中也不周延。

【解析】将题干信息形式化：¬在前提中周延→¬在结论中周延，逆否得：在结论中周延→在前提中周延。

(A) 项，在前提中周延→在结论中周延，与题干的含义不同。

(B) 项，¬在前提中周延→在结论中周延，与题干的含义不同。

(C) 项，¬在结论中周延→在前提中周延，与题干的含义不同。

(D) 项，在结论中周延→在前提中周延，与题干的含义相同。

(E) 项，¬在结论中周延→¬在前提中周延，与题干的含义不同。

【答案】（D）

7. （2019年经济类联考真题） 联欢晚会上，小李表演了一段京剧，老张夸奖道："小李京剧表演得那么好，他一定是个北方人。"

以下哪项是老张的话不包含的意思？

(A) 不是北方人，京剧不可能唱得那么好。

(B) 只有京剧唱得好，才是北方人。

(C) 只要京剧唱得像小李那样好，就是北方人。

(D) 除非小李是北方人，否则京剧不可能唱得那么好。

(E) 只有小李是北方人，京剧才能唱得那么好。

【解析】老张：京剧表演得好→北方人，等价于：¬北方人→¬京剧表演得好。

(A) 项，¬北方人→¬京剧表演得好，与老张的意思相符。

(B) 项，北方人→京剧表演得好，与老张的意思不相符。

(C) 项，京剧表演得好→北方人，与老张的意思相符。

(D) 项，¬北方人→¬京剧表演得好，与老张的意思相符。

(E) 项，京剧表演得好→北方人，与老张的意思相符。

【答案】（B）

8. （2020年经济类联考真题） 只要不下雨，典礼就按时开始。

以下哪项正确表述了上述断定？

Ⅰ. 如果典礼按时开始，则一定没有下雨。

Ⅱ．如果典礼不按时开始，则一定下雨。

Ⅲ．除非下雨，否则典礼就按时开始。

(A) 只有Ⅰ。

(B) 只有Ⅱ。

(C) 只有Ⅲ。

(D) 只有Ⅱ和Ⅲ。

(E) Ⅰ、Ⅱ和Ⅲ。

【解析】题干：¬下雨→按时开始，等价于：¬按时开始→下雨。

Ⅰ项，按时开始→¬下雨，与题干的意思不相符。

Ⅱ项，¬按时开始→下雨，与题干的意思相符。

Ⅲ项，¬下雨→按时开始，与题干的意思相符。

故（D）项正确。

【答案】(D)

变化2　复杂充分必要条件问题

解题思路

近年的命题出现两种倾向：

（1）形式逻辑论证化。就是一道题的题干看起来很长，看起来考的是论证逻辑，但实际上考的是形式逻辑。对于这样的题，抓住关键词求解即可，如"如果，那么""只有，才"等。

（2）形式逻辑陷阱化。很多题的题干里面会设置一些陷阱来迷惑考生，尤其是偷换概念。如"预报二月初北京有雨雪天气"与"二月初北京有雨雪天气"。

典型真题

9. (2015年管理类联考真题) 有关数据显示，2011年全球新增870万结核病患者，同时有140万患者死亡。因为结核病对抗生素有耐药性，所以对结核病的治疗一直都进展缓慢。如果不能在近几年消除结核病，那么还会有数百万人死于结核病。如果要控制这种流行病，就要有安全、廉价的疫苗。目前有12种新疫苗正在测试之中。

根据以上信息，可以得出以下哪项？

(A) 2011年结核病患者死亡率已达16.1%。

(B) 有了安全、廉价的疫苗，我们就能控制结核病。

(C) 如果解决了抗生素的耐药性问题，结核病治疗将会获得突破性进展。

(D) 只有在近几年消除结核病，才能避免数百万人死于这种疾病。

(E) 新疫苗一旦应用于临床，将有效控制结核病的传播。

【解析】题干有以下信息：

①结核病对抗生素有耐药性 ──导致──→ 对结核病的治疗一直都进展缓慢。

②不能在近几年消除结核病➝会有数百万人死于结核病。
③控制这种流行病➝有安全、廉价的疫苗。
题干信息②等价于：¬会有数百万人死于结核病➝在近几年消除结核病，故（D）项正确。
其余各项均不正确。
【答案】(D)

10. (2015年管理类联考真题) 为进一步加强对不遵守交通信号等违法行为的执法管理，规范执法程序，确保执法公正，某市交警支队要求：凡属交通信号指示不一致、有证据证明救助危难等情形，一律不得录入道路交通违法信息系统；对已录入信息系统的交通违法记录，必须完善异议受理、核查、处理等工作规范，最大限度地减少执法争议。

根据上述交警支队的要求，可以得出以下哪项？

(A) 有些因救助危难而违法的情形，如果仅有当事人说辞但缺乏当时现场的录音录像证明，就应录入道路交通违法信息系统。

(B) 对已录入系统的交通违法记录，只有倾听群众异议，加强群众监督，才能最大限度地减少执法争议。

(C) 如果汽车使用了行车记录仪，就可以提供现场实时证据，大大减少被录入道路交通违法信息系统的可能性。

(D) 因信号灯相位设置和配时不合理等造成交通信号不一致而引发的交通违法情形，可以不录入道路交通违法信息系统。

(E) 只要对已录入系统的交通违法记录进行异议受理、核查和处理，就能最大限度地减少执法争议。

【解析】将题干信息形式化：
①交通信号指示不一致➝不得录入。
②有证据证明救助危难➝不得录入。
③已录入信息➝完善异议受理、核查、处理等工作规范，最大限度地减少执法争议。

题干信息②等价于：录入➝¬有证据证明救助危难，故由"无证据证明救助危难等情形"无法推出任何结论，故（A）项可真可假。

由题干信息③可知，题干没有涉及"完善异议受理、核查、处理等工作规范"与"最大限度地减少执法争议"之间的关系，当然也就无法确定二者之间是充分条件还是必要条件，故（B）、（E）项可真可假。

（C）项，题干没有提及，可真可假。

（D）项，由题干信息①可知，此项为真。

【答案】(D)

11. (2015年管理类联考真题) 张云、李华、王涛都收到了明年二月初赴北京开会的通知。他们可以选择乘坐飞机、高铁与大巴等交通工具进京。他们对这次进京方式有如下考虑：

(1) 张云不喜欢坐飞机，如果有李华同行，他就选择乘坐大巴。
(2) 李华不计较方式，如果高铁比飞机便宜，他就选择乘坐高铁。
(3) 王涛不在乎价格，除非预报二月初北京有雨雪天气，否则他就选择乘坐飞机。

（4）李华和王涛家住得较近，如果航班时间合适，他们将一同乘飞机出行。

如果上述3人的考虑都得到满足，则可以得出以下哪项？

（A）如果李华没有选择乘坐高铁或飞机，则他肯定和张云一起乘坐大巴进京。
（B）如果张云和王涛乘坐高铁进京，则二月初北京有雨雪天气。
（C）如果三人都乘坐飞机进京，则飞机票价比高铁便宜。
（D）如果王涛和李华乘坐飞机进京，则二月初北京没有雨雪天气。
（E）如果三人都乘坐大巴进京，则预报二月初北京有雨雪天气。

【解析】题干中有以下判断：

（1）张云：李华同行→大巴。
（2）李华：高铁比飞机便宜→高铁。
（3）王涛：￢预报雨雪→飞机。
（4）李华和王涛：航班合适→飞机。

由（3）知，（5）王涛：￢飞机→预报雨雪。

（A）项，李华没有选择乘坐高铁或飞机，则由题干"他们可以选择乘坐飞机、高铁与大巴等交通工具进京"可知，李华不一定会乘坐大巴，而且未必与张云一起乘坐大巴进京，可真可假。

（B）项，可知王涛没有乘坐飞机，由（5）知，"预报"二月初北京有雨雪天气，但此项说"有雨雪天气"，可真可假。

（C）项，可知李华乘坐飞机进京，即没有乘坐高铁，由（2）知：￢高铁→￢高铁比飞机便宜。故飞机比高铁便宜或者价格一样，可真可假。

（D）项，可知王涛乘坐飞机，由（3）知，"飞机"后无箭头指向，可真可假。

（E）项，可知王涛没有乘坐飞机，则"预报"二月初北京有雨雪天气，由（5）知，为真。

【答案】（E）

12.（2018年管理类联考真题）人民既是历史的创造者，也是历史的见证者；既是历史的"剧中人"，又是历史的"剧作者"。离开人民，文艺就会变成无根的浮萍、无病的呻吟、无魂的躯壳。观照人民的生活、命运、情感，表达人民的心愿、心情、心声，我们的作品才会在人民中传之久远。

根据以上陈述，可以得出以下哪项？

（A）只有不离开人民，文艺才不会变成无根的浮萍、无病的呻吟、无魂的躯壳。
（B）历史的创造者都不是历史的"剧中人"。
（C）历史的创造者都是历史的见证者。
（D）历史的"剧中人"都是历史的"剧作者"。
（E）我们的作品只要表达人民的心愿、心情、心声，就会在人民中传之久远。

【解析】题干：

①离开人民→会变成无根的浮萍、无病的呻吟、无魂的躯壳，等价于：￢会变成无根的浮萍、无病的呻吟、无魂的躯壳→￢离开人民。

②作品传之久远→观照人民的生活、命运、情感，表达人民的心愿、心情、心声。

（A）项，￢会变成无根的浮萍、无病的呻吟、无魂的躯壳→￢离开人民，由①可知，为真。

（E）项，表达人民的心愿、心情、心声→作品传之久远，由②可知，表达人民的心愿、心情、心声后没有箭头指向，可真可假。

题干只说了人民是历史的创造者、见证者、"剧中人"和"剧作者"，并没有提及这四个角色之间的关系，故（B）、（C）、（D）项均不能判断真假。

【答案】（A）

13.（2015 年经济类联考真题） 人的脑细胞总数逾 300 亿个，参与人的正常智力活动的仅是其中的一小部分。要有效地开发青少年的智力，有两个必要条件：第一，必须使他们勤于思考，这样才能激活更多的脑细胞；第二，必须使他们摄入足够的脑细胞生长所需要的营养素，这样才能促进脑细胞的正常分裂。"125 健脑素"具有青少年大脑发育所需要的各种营养素。据在全国范围内对服用该营养品的约 10 万名青少年的调查显示，"125 健脑素"对促进青少年的大脑健康发育并继而有利于开发他们的智力，具有无可争议的作用。

如果上述断定是真的，则以下有关一群小学生的推断中，哪项成立？

Ⅰ．张泉勤于思考并服用了足量的"125 健脑素"，因此，他的智力一定得到了有效的开发。

Ⅱ．李露的智力得到了有效的开发但未服用"125 健脑素"，因此，他一定勤于思考。

Ⅲ．王琼勤于思考但智力并未得到有效的开发，因此，他一定没有摄入足够的脑细胞生长所需要的营养素。

（A）仅Ⅰ。

（B）仅Ⅱ。

（C）仅Ⅲ。

（D）仅Ⅱ和Ⅲ。

（E）Ⅰ、Ⅱ和Ⅲ。

【解析】将题干信息形式化：

①智力得到开发→勤于思考∧摄入足够营养素。

②服用"125 健脑素"能够提供足够的营养素。

③调查显示，"125 健脑素"对促进青少年的大脑健康发育并继而有利于开发他们的智力，具有无可争议的作用。

Ⅰ项，勤于思考∧摄入足够营养素→智力得到开发，由①可知，不符合题干。

Ⅱ项，智力得到开发∧¬服用"125 健脑素"→勤于思考，由①可知，符合题干。（注意：未服用"125 健脑素"不代表未摄入足够营养素。）

Ⅲ项，勤于思考∧¬智力得到开发→¬摄入足够营养素，由①可知，不符合题干。

故（B）项正确。

【答案】（B）

14.（2016 年经济类联考真题） 要使中国足球队真正跻身世界强队之列，至少必须解决两个关键问题：一是提高队员的基本体能；二是讲究科学训练。不切实解决这两点，即使临战时拼搏精神发挥得再好，也不可能取得突破性的进展。

下列各项都表达了上述议论的原意，除了：

（A）只有提高队员的基本体能和讲究科学训练，才能取得突破性的进展。

（B）除非提高队员的基本体能和讲究科学训练，否则不能取得突破性的进展。

(C) 如果不能提高队员的基本体能，即使讲究了科学训练，也不可能取得突破性的进展。

(D) 如果取得了突破性的进展，说明一定提高了队员的基本体能并且讲究了科学训练。

(E) 只要提高了队员的基本体能和讲究了科学训练，再加上临战时拼搏精神发挥得好，就一定能取得突破性的进展。

【解析】题干：

①跻身世界强队→基本体能∧科学训练。

②不切实解决这两点，即使临战时拼搏精神发挥得再好，也不可能取得突破性的进展。

题干信息②说明基本体能和科学训练是取得突破性进展的必要条件，即：¬（基本体能∧科学训练）→¬突破性进展，故¬基本体能∨¬科学训练→¬突破性进展，等价于：突破性进展→基本体能∧科学训练。

(A) 项，突破性进展→基本体能∧科学训练，符合题干。

(B) 项，¬（基本体能∧科学训练）→¬突破性进展，符合题干。

(C) 项，¬基本体能∧科学训练→¬突破性进展，符合题干。

(D) 项，突破性进展→基本体能∧科学训练，符合题干。

(E) 项，基本体能∧科学训练∧拼搏→突破性进展，不符合题干。

【答案】(E)

题型 2　联言、选言命题

命题概率

199 管理类联考近 10 年真题命题数量 11 道，平均每年 1.1 道。

396 经济类联考近 10 年真题命题数量 4 道，平均每年 0.4 道。

母题变化

变化 1　并且、或者、要么的理解

解题思路

（1）联言、选言命题的含义

①A∧B，读作"A 并且 B"，是指事件 A 和事件 B 都发生。

②A∨B，读作"A 或者 B"，是指事件 A 和事件 B 至少发生一个，也可能都发生。

③A∀B，读作"A 要么 B"，是指事件 A 和事件 B 发生且仅发生一个。

（2）特殊句式

①A、B 至少一真 =（A∨B）。

②A、B 至多一真 =（¬A∨¬B）。

③不是 A，就是 B＝(¬A→B)＝(A∨B)。

(3) 箭头与或者的互换公式

①箭头变或者：(A→B)＝(¬A∨B)。

②或者变箭头：(A∨B)＝(¬A→B)＝(¬B→A)。

(4) 并且、或者、要么的关系

①已知 A∧B 为真，说明 A、B 两个事件都发生了。因此，A∨B 为真，A∀B 为假。

②已知 A∀B 为真，说明 A、B 两个事件发生且仅发生一件。因此，A∨B 为真，A∧B 为假。

③已知 A∨B 为真，说明 A、B 两个事件至少发生一件，但到底发生了几件事，到底哪个事件发生了，都不确定。因此，A∧B 不能确定真假，A∀B 也不能确定真假。

典型真题

1. (2009年管理类联考真题) 张珊喜欢喝绿茶，也喜欢喝咖啡。他的朋友中没有人既喜欢喝绿茶，又喜欢喝咖啡，但他的所有朋友都喜欢喝红茶。

如果上述断定为真，则以下哪项不可能为真？

(A) 张珊喜欢喝红茶。

(B) 张珊的所有朋友都喜欢喝咖啡。

(C) 张珊的所有朋友喜欢喝的茶在种类上完全一样。

(D) 张珊有一个朋友既不喜欢喝绿茶，也不喜欢喝咖啡。

(E) 张珊喜欢喝的饮料，他有一个朋友都喜欢喝。

【解析】题干断定：

①张珊喜欢喝绿茶∧张珊喜欢喝咖啡。

②张珊的朋友中没有人既喜欢喝绿茶，又喜欢喝咖啡，等价于：朋友不喜欢喝绿茶∨朋友不喜欢喝咖啡，即张珊喜欢喝的饮料，他的朋友至少有一种不喜欢。

可得：张珊喜欢喝的饮料，他的朋友不会都喜欢喝。因此，(E)项不可能为真。

其余各项均可能为真。

【答案】(E)

2. (2009年管理类联考真题) 小李考上了清华，或者小孙没考上北大。

增加以下哪项条件，能推出小李考上了清华？

(A) 小张和小孙至少有一人未考上北大。

(B) 小张和小李至少有一人未考上清华。

(C) 小张和小孙都考上了北大。

(D) 小张和小李都未考上清华。

(E) 小张和小孙都未考上北大。

【解析】题干：小李清华∨¬小孙北大＝小孙北大→小李清华。

可知，如果小孙考上了北大，则可推出小李考上了清华。

(C) 项中，小张和小孙都考上了北大，必有小孙考上了北大，则可推出小李考上了清华。

【答案】(C)

3.（2010 年管理类联考真题） 大、小行星悬浮在太阳系边缘，极易受附近星体引力作用的影响。据研究人员计算，有时这些力量会将彗星从奥尔特星云拖出。这样，它们更有可能靠近太阳。两位研究人员据此分别做出了以下两种有所不同的断定：

①木星的引力作用要么将它们推至更小的轨道，要么将它们逐出太阳系；

②木星的引力作用或者将它们推至更小的轨道，或者将它们逐出太阳系。

如果上述两种断定只有一种为真，则可以推出以下哪项结论？

(A) 木星的引力作用将它们推至更小的轨道，并且将它们逐出太阳系。

(B) 木星的引力作用没有将它们推至更小的轨道，但是将它们逐出太阳系。

(C) 木星的引力作用将它们推至更小的轨道，但是没有将它们逐出太阳系。

(D) 木星的引力作用既没有将它们推至更小的轨道，也没有将它们逐出太阳系。

(E) 木星的引力作用如果将它们推至更小的轨道，就不会将它们逐出太阳系。

【解析】题干有两种断定：

①推至更小的轨道 $\veebar$ 逐出太阳系。

②推至更小的轨道 $\vee$ 逐出太阳系。

要么→或者，故若①为真，则②也为真，与题干"两种断定只有一种为真"矛盾，故①为假。由①为假可推出：推至更小的轨道 $\wedge$ 逐出太阳系，或者，¬推至更小的轨道 $\wedge$ ¬逐出太阳系。

由①为假可知，②为真，故必有：推至更小的轨道 $\wedge$ 逐出太阳系。

【答案】(A)

4.（2014 年管理类联考真题） 这两个《通知》或者属于规章或者属于规范性文件，任何人均无权依据这两个《通知》将本来属于当事人选择公证的事项规定为强制公证的事项。

根据以上信息，可以得出以下哪项？

(A) 规章或者规范性文件既不是法律，也不是行政法规。

(B) 规章或规范性文件或者不是法律，或者不是行政法规。

(C) 这两个《通知》如果一个属于规章，那么另一个属于规范性文件。

(D) 这两个《通知》如果都不属于规范性文件，那么就属于规章。

(E) 将本来属于当事人选择公证的事项规定为强制公证的事项属于违法行为。

【解析】题干：规章 $\vee$ 规范性文件 $=$ ¬规范性文件→规章。

故两个《通知》如果不属于规范性文件，则属于规章，即 (D) 项为真。

注意：(A)、(B) 项中出现的"法律""行政法规"和 (E) 项中出现的"违法行为"，题干均没有提到，属于主观臆断，排除。

【答案】(D)

5. （2020 年管理类联考真题）表 1-1 显示了某城市过去一周的天气情况：

表 1-1

星期一	星期二	星期三	星期四	星期五	星期六	星期日
东南风 1～2 级 小雨	南风 4～5 级 晴	无风 小雪	北风 1～2 级 阵雨	无风 晴	西风 3～4 级 阴	东风 2～3 级 中雨

以下哪项对该城市这一周天气情况的概括最为准确？
(A) 每日或者刮风，或者下雨。
(B) 每日或者刮风，或者晴天。
(C) 每日或者无风，或者无雨。
(D) 若有风且风力超过 3 级，则该日是晴天。
(E) 若有风且风力不超过 3 级，则该日不是晴天。

【解析】选项排除法：
(A) 项，刮风∨下雨，与星期三、星期五的天气情况不符，排除。
(B) 项，刮风∨晴天，与星期三的天气情况不符，排除。
(C) 项，无风∨无雨，与星期一、星期四、星期日的天气情况不符，排除。
(D) 项，有风且风力超过 3 级→晴天，与星期六的天气情况不符，排除。
故（E）项正确。
【答案】(E)

6. （2021 年管理类联考真题）某企业董事会就建立健全企业管理制度与提高企业经济效益进行研讨。在研讨中，与会者发言如下：
甲：要提高企业经济效益，就必须建立健全企业管理制度。
乙：既要建立健全企业管理制度，又要提高企业经济效益，二者缺一不可。
丙：经济效益是基础和保障，只有提高企业经济效益，才能建立健全企业管理制度。
丁：如果不建立健全企业管理制度，就不能提高企业经济效益。
戊：不提高企业经济效益，就不能建立健全企业管理制度。
根据上述讨论，董事会最终做出了合理的决定，以下哪项是可能的？
(A) 甲、乙的意见符合决定，丙的意见不符合决定。
(B) 上述 5 人中只有 1 人的意见符合决定。
(C) 上述 5 人中只有 2 人的意见符合决定。
(D) 上述 5 人中只有 3 人的意见符合决定。
(E) 上述 5 人的意见均不符合决定。

【解析】题干已知下列信息：
甲：效益→制度，等价于：¬效益∨制度。
乙：制度∧效益。
丙：制度→效益，等价于：¬制度∨效益。
丁：¬制度→¬效益，等价于：制度∨¬效益。

戊：¬效益→¬制度，等价于：效益∨¬制度。

若董事会的决定为"制度∧效益"，则此时有 5 人的意见符合决定。

若董事会的决定为"¬制度∧效益"，则丙、戊的话为真，其余均为假，此时 2 人的意见符合决定。

若董事会的决定为"制度∧¬效益"，则甲、丁的话为真，其余均为假，此时 2 人的意见符合决定。

若董事会的决定为"¬制度∧¬效益"，则乙的话为假，其余均为真，此时 4 人的意见符合决定。

故（C）项可能为真。

【答案】（C）

变化 2　德摩根定律

> **解题思路**
>
> 德摩根定律：
> ① ¬（A∧B）=（¬A∨¬B）。
> ② ¬（A∨B）=（¬A∧¬B）。
> ③ ¬（A⊻B）=（¬A∧¬B）∨（A∧B）=（¬A∧¬B）∨（A∧B）。

典型真题

7.（2012 年管理类联考真题、2016 年经济类联考真题）《文化新报》记者小白周四去某市采访陈教授与王研究员。次日，其同事小李问小白："昨天你采访到那两位学者了吗？"小白说："不，没那么顺利。"小李又问："那么，你一位都没采访到？"小白说："也不是。"

以下哪项最可能是小白周四采访所发生的情况？

(A) 小白采访到了两位学者。

(B) 小白采访了陈教授，但没有采访王研究员。

(C) 小白根本没有去采访两位学者。

(D) 两位采访对象都没有接受采访。

(E) 小白采访到了一位，但没有采访到另一位。

【解析】题干：并非采访到两位学者，即¬（陈∧王），等价于：¬陈∨¬王，即二人至少有一个没采访到。

并非一个也没采访到，即¬（¬陈∧¬王），等价于：陈∨王，即二人至少采访到了一个。

故可知，小白采访到了一位，没有采访到另外一位，即（E）项正确。

【答案】（E）

8.（2012 年管理类联考真题）2010 年上海世博会盛况空前，200 多个国家场馆和企业主题馆让人目不暇接，大学生王刚决定在学校放暑假的第二天前往世博会参观。前一天晚上，他特别上网查看了各位网友对相关热门场馆选择的建议，其中最吸引王刚的有三条：

(1) 如果参观沙特馆，就不参观石油馆。

(2) 石油馆和中国国家馆择一参观。

(3) 中国国家馆和石油馆不都参观。

实际上，第二天王刚的世博会行程非常紧凑，他没有接受上述三条建议中的任何一条。

关于王刚所参观的热门场馆，以下哪项描述正确？

(A) 参观沙特馆、石油馆，没有参观中国国家馆。

(B) 沙特馆、石油馆、中国国家馆都参观了。

(C) 沙特馆、石油馆、中国国家馆都没有参观。

(D) 没有参观沙特馆，参观石油馆和中国国家馆。

(E) 没有参观石油馆，参观沙特馆和中国国家馆。

【解析】题干有以下判断：

①参观沙特馆→┐参观石油馆。

②参观石油馆∨参观中国国家馆。

③┐参观中国国家馆∨┐参观石油馆。

王刚没有接受①，推出：④参观沙特馆∧参观石油馆。

王刚没有接受②，推出：石油馆和中国国家馆都参观，或者石油馆和中国国家馆都没有参观，结合④可知：沙特馆、石油馆、中国国家馆都参观了。

另外，根据王刚没有接受③，也可以推出：中国国家馆和石油馆都参观了。

故（B）项正确。

【答案】(B)

9. （2019年管理类联考真题）下面6张卡片，如图1-1所示，一面印的是汉字（动物或者花卉），一面印的是数字（奇数或者偶数）。

图1-1

对于上述6张卡片，如果要验证"每张至少有一面印的是偶数或者花卉"，至少需要翻看几张卡片？

(A) 2。　　　(B) 3。　　　(C) 4。　　　(D) 5。　　　(E) 6。

【解析】题干：偶数∨花卉。

其矛盾命题为：非偶数∧非花卉，即奇数∧动物。

因此，需要验证"虎""7""鹰"，即3张卡片。

【答案】(B)

10. （2014年经济类联考真题）如果"鱼和熊掌不可兼得"是不可改变的事实，则以下哪项也一定是事实？

(A) 鱼可得但熊掌不可得。

(B) 熊掌可得但鱼不可得。
(C) 鱼和熊掌皆不可得。
(D) 如果鱼不可得，则熊掌可得。
(E) 如果鱼可得，则熊掌不可得。

【解析】题干：¬（鱼∧熊掌）＝¬鱼∨¬熊掌＝鱼→¬熊掌，故（E）项正确。

【答案】（E）

变化3　箭头与德摩根定律的使用

解题思路

例如：

A∧B→C，等价于：¬C→¬（A∧B），又等价于：¬C→¬A∨¬B。

A∨B→C，等价于：¬C→¬（A∨B），又等价于：¬C→¬A∧¬B。

A→B∧C，等价于：¬（B∧C）→¬A，又等价于：¬B∨¬C→¬A。

A→B∨C，等价于：¬（B∨C）→¬A，又等价于：¬B∧¬C→¬A。

典型真题

11.（2010年管理类联考真题）针对威胁人类健康的甲型H1N1流感，研究人员研制出了相应的疫苗。尽管这些疫苗是有效的，但某大学研究人员发现，阿司匹林、羟苯基乙酰胺等抑制某些酶的药物会影响疫苗的效果。这位研究人员指出："如果你服用了阿司匹林或者对乙酰氨基酚，那么你注射疫苗后就必然不会产生良好的抗体反应。"

如果小张注射疫苗后产生了良好的抗体反应，那么根据上述研究结果可以得出以下哪项结论？

(A) 小张服用了阿司匹林，但没有服用对乙酰氨基酚。
(B) 小张没有服用阿司匹林，但感染了H1N1流感病毒。
(C) 小张服用了阿司匹林，但没有感染H1N1流感病毒。
(D) 小张没有服用阿司匹林，也没有服用对乙酰氨基酚。
(E) 小张服用了对乙酰氨基酚，但没有服用羟苯基乙酰胺。

【解析】题干：阿司匹林∨对乙酰氨基酚→不会产生良好的抗体反应。

等价于：产生良好的抗体反应→¬（阿司匹林∨对乙酰氨基酚）。

等价于：产生良好的抗体反应→¬阿司匹林∧¬对乙酰氨基酚。

已知，小张产生了良好的抗体反应，则小张没有服用阿司匹林，也没有服用对乙酰氨基酚。故（D）项正确。

【答案】（D）

12.（2010年管理类联考真题）域控制器存储了域内的账户、密码和属于这个域的计算机三项信息。当计算机接入网络时，域控制器首先要鉴别这台计算机是否属于这个域、用户使用的登录账户是否存在、密码是否正确。如果三项信息均正确，则允许登录；如果以上信息有一项不正确,那么域控制器就会拒绝这个用户从这台计算机登录。小张的登录账号是正确的,但是域控制器拒绝小张的计算机登录。

基于以上陈述,能得出以下哪项结论?

(A) 小张输入的密码是错误的。

(B) 小张的计算机不属于这个域。

(C) 如果小张的计算机属于这个域,那么他输入的密码是错误的。

(D) 只有小张输入的密码是正确的,他的计算机才属于这个域。

(E) 如果小张输入的密码是正确的,那么他的计算机属于这个域。

【解析】题干:①如果三项信息均正确,则允许登录。即:属于这个域∧账户存在∧密码正确→允许登录,等价于:¬允许登录→¬属于这个域∨¬账户存在∨¬密码正确。

②如果以上信息有一项不正确,那么域控制器就会拒绝这个用户从这台计算机登录。

即:¬属于这个域∨¬账户存在∨¬密码正确→¬允许登录。

现在,域控制器拒绝小张的计算机登录,由②知:或者小张的计算机不属于这个域,或者小张的账户不存在,或者小张的密码错误。

又知,小张的登录账号是正确的,即账户存在,所以,或者小张的计算机不属于这个域,或者小张的密码错误;等价于:如果小张的计算机属于这个域,那么他输入的密码是错误的,即(C)项正确。

【答案】(C)

13. (2012年管理类联考真题)某公司规定,在一个月内,除非每个工作日都出勤,否则任何员工都不可能既获得当月的绩效工资,又获得奖励工资。

以下哪项与上述规定的意思最为接近?

(A) 在一个月内,任何员工如果所有工作日不缺勤,必然既获得当月的绩效工资,又获得奖励工资。

(B) 在一个月内,任何员工如果所有工作日不缺勤,都有可能既获得当月的绩效工资,又获得奖励工资。

(C) 在一个月内,任何员工如果有某个工作日缺勤,仍有可能获得当月的绩效工资,或者获得奖励工资。

(D) 在一个月内,任何员工如果有某个工作日缺勤,必然或者得不到当月的绩效工资,或者得不到奖励工资。

(E) 在一个月内,任何员工如果所有工作日不缺勤,必然既得不到当月的绩效工资,又得不到奖励工资。

【解析】题干:¬每个工作日都出勤→¬(获得绩效工资∧获得奖励工资)。

等价于:¬每个工作日都出勤→¬获得绩效工资∨¬获得奖励工资。

所以,如果不是每个工作日都出勤,则或者不能获得绩效工资,或者不能获得奖励工资。

故(D)项正确。

【答案】(D)

14.（2015年管理类联考真题） 如果把一杯酒倒进一桶污水中，你得到的是一桶污水；如果把一杯污水倒进一桶酒中，你得到的仍然是一桶污水。在任何组织中，都可能存在几个难缠人物，他们存在的目的似乎就是把事情搞糟。如果一个组织不加强内部管理，一个正直能干的人进入某低效的部门就会被吞没，而一个无德无才者很快就能将一个高效的部门变成一盘散沙。

根据以上信息，可以得出以下哪项？

（A）如果组织中存在几个难缠人物，很快就会把组织变成一盘散沙。

（B）如果不将一杯污水倒进一桶酒中，你就不会得到一桶污水。

（C）如果一个正直能干的人在低效部门没有被吞没，则该部门加强了内部管理。

（D）如果一个正直能干的人进入组织，就会使组织变得更为高效。

（E）如果一个无德无才的人把组织变成一盘散沙，则该组织没有加强内部管理。

【解析】将题干信息形式化：

① 一杯酒倒进一桶污水中→你得到一桶污水。

② 一杯污水倒进一桶酒中→你得到一桶污水。

③ ¬加强内部管理→正直能干的人进入某低效的部门就会被吞没∧无德无才者很快就能将一个高效的部门变成一盘散沙。

题干信息③等价于：正直能干的人进入某低效的部门不会被吞没∨无德无才者没有将一个高效的部门变成一盘散沙→加强内部管理。

（C）项，¬正直能干的人进入某低效的部门就会被吞没→加强内部管理，正确。

其余各项均不正确。

【答案】（C）

15.（2018年管理类联考真题） 张教授：利益并非只是物质利益，应该把信用、声誉、情感甚至某种喜好等都归入利益的范畴。根据这种对"利益"的广义理解，如果每一个体在不损害他人利益的前提下，尽可能满足其自身的利益需求，那么由这些个体组成的社会就是一个良善的社会。

根据张教授的观点，可以得出以下哪项？

（A）如果一个社会不是良善的，那么其中肯定存在个体损害他人利益或自身利益需求没有尽可能得到满足的情况。

（B）尽可能满足每一个体的利益需求，就会损害社会的整体利益。

（C）只有尽可能满足每一个体的利益需求，社会才可能是良善的。

（D）如果有些个体通过损害他人利益来满足自身的利益需求，那么社会就不是良善的。

（E）如果某些个体的利益需求没有尽可能得到满足，那么社会就不是良善的。

【解析】张教授：每一个体在不损害他人利益的前提下∧尽可能满足其自身的利益需求→良善的社会。

逆否可得：如果一个社会不是良善的，那么其中肯定存在个体损害他人利益或自身利益需求没有尽可能得到满足的情况。故（A）项正确。

【答案】（A）

16.（2020年管理类联考真题） 领导干部对于各种批评和意见应采取"有则改之，无则加勉"的态度，营造"言者无罪，闻者足戒"的氛围，只有这样，人们才能知无不言、言无不尽。领导干部只有从谏如流并为说真话者撑腰，才能做到"兼听则明"或作出科学决策；只有乐于和善于听取各种不同意见，才能营造风清气正的政治生态。

根据以上信息，可以得出以下哪项？

(A) 领导干部必须善待批评，从谏如流，为说真话者撑腰。

(B) 大多数领导干部对于批评和意见能够采取"有则改之，无则加勉"的态度。

(C) 领导干部如果不能从谏如流，就不能作出科学决策。

(D) 只有营造"言者无罪，闻者足戒"的氛围，才能形成风清气正的政治生态。

(E) 领导干部只有乐于和善于听取各种不同意见，人们才能知无不言、言无不尽。

【解析】 将题干信息形式化：

①人们知无不言、言无不尽→领导干部对批评和意见采取"有则改之，无则加勉"的态度，营造"言者无罪，闻者足戒"的氛围。

②兼听则明∨作出科学决策→从谏如流∧为说真话者撑腰。

③营造风清气正的政治生态→乐于和善于听取各种不同意见。

题干信息②等价于：¬从谏如流∨¬为说真话者撑腰→¬兼听则明∧¬作出科学决策，故(C)项正确。

其余各项均不正确。

【答案】(C)

17.（2019年经济类联考真题） 如果一个社会是公正的，则以下两个条件必须满足：第一，有健全的法律；第二，贫富差异是允许的，但必须同时确保消灭绝对贫困和每个公民事实上都有公平竞争的机会。

根据题干的条件，最能够得出以下哪项结论？

(A) S社会有健全的法律，同时又在消灭了绝对贫困的条件下，允许贫富差异的存在，并且绝大多数公民事实上都有公平竞争的机会。因此，S社会是公正的。

(B) S社会有健全的法律，但这是以贫富差异为代价的。因此，S社会是不公正的。

(C) S社会允许贫富差异，但所有人都由此获益，并且每个公民都事实上有公平竞争的权利。因此，S社会是公正的。

(D) S社会虽然不存在贫富差异，但这是以法律不健全为代价的。因此，S社会是不公正的。

(E) S社会法律健全，虽然存在贫富差异，但消灭了绝对贫困。因此，S社会是公正的。

【解析】 题干：公正→健全的法律∧允许贫富差异∧消灭绝对贫困∧每个公民有公平竞争的机会，等价于：¬健全的法律∨¬允许贫富差异∨¬消灭绝对贫困∨¬每个公民有公平竞争的机会→¬公正。

(A)项，健全的法律∧消灭绝对贫困∧允许贫富差异∧绝大多数公民有公平竞争的机会→公正，根据箭头指向原则，此项可真可假。

（B）项，健全的法律∧有贫富差异→¬公正，根据箭头指向原则，此项可真可假。

（C）项，允许贫富差异∧有公平竞争的权利→公正，根据箭头指向原则，此项可真可假。

（D）项，¬存在贫富差异∧¬健全的法律→公正，此项必然为真。

（E）项，健全的法律∧存在贫富差异∧消灭绝对贫困→公正，根据箭头指向原则，此项可真可假。

【答案】(D)

变化4 补充条件题

> **解题思路**
>
> 题干：A∧B→C，通过什么条件，可得¬A?
> 解析：(A∧B→C) = (¬C→¬A∨¬B)；
> 又有(¬A∨¬B) = (B→¬A)；
> 故有，C不发生，可知¬A和¬B至少发生一个，如果又已知B发生了，可得¬A。
> 即，已知¬C∧B，可得¬A。

18. 如果甲和乙考试都没有及格的话，那么丙考试一定及格了。①

上述前提再增加以下哪项，就可以推出"甲考试及格了"的结论？

（A）丙考试及格了。

（B）丙考试没有及格。

（C）乙考试没有及格。

（D）乙和丙考试都没有及格。

（E）乙和丙考试都及格了。

【解析】题干：¬甲∧¬乙→丙＝¬丙→甲∨乙。

故由丙考试没有及格，可知甲或者乙考试及格了。

又由：甲∨乙＝¬乙→甲。

故再加上条件：乙考试没有及格，可得甲考试及格了。

综上，¬丙∧¬乙→甲。

【答案】(D)

变化5 无箭头指向陷阱（大嘴鲈鱼问题）

> **解题思路**
>
> 已知A∨B∨C→D，那么，由D推不出任何信息。很多同学误认为可以由D推出A、B、C至少发生一个，这是错误的。

---

① 试题没有标明出处的均为练习题，之后不再一一说明。

典型真题

19.（2009年管理类联考真题） 除非年龄在50岁以下，并且能持续游泳3 000米以上，否则不能参加下个月举行的花样横渡长江活动。同时，高血压和心脏病患者不能参加。老黄能持续游泳3 000米以上，但没有被批准参加这项活动。

以上断定能推出以下哪项结论？

Ⅰ．老黄的年龄至少50岁。

Ⅱ．老黄患有高血压。

Ⅲ．老黄患有心脏病。

(A) 仅Ⅰ。　　　　　　　　　　　　(B) 仅Ⅱ。

(C) 仅Ⅲ。　　　　　　　　　　　　(D) Ⅰ、Ⅱ和Ⅲ至少有一。

(E) Ⅰ、Ⅱ和Ⅲ都不能从题干推出。

【解析】题干有两个判断：

①¬（50岁以下∧游3 000米以上）→¬横渡长江。

②高血压∨心脏病→¬横渡长江。

根据箭头指向原则，"¬横渡长江"后面没有任何箭头，所以，从"老黄没有被批准参加横渡长江活动"，推不出任何结论。

故（E）项正确。

【答案】(E)

20.（2015年经济类联考真题） 大嘴鲈鱼只在有鲦鱼出现的河中且长有浮藻的水域里生活。漠亚河中没有大嘴鲈鱼。

从上述断定能得出以下哪项结论？

Ⅰ．鲦鱼只在长有浮藻的河中才能被发现。

Ⅱ．漠亚河中既没有浮藻，又发现不了鲦鱼。

Ⅲ．如果在漠亚河中发现了鲦鱼，则其中肯定不会有浮藻。

(A) 只有Ⅰ。

(B) 只有Ⅱ。

(C) 只有Ⅲ。

(D) 只有Ⅰ和Ⅱ。

(E) Ⅰ、Ⅱ和Ⅲ都不能得出。

【解析】题干有以下断定：

①大嘴鲈鱼→鲦鱼∧浮藻，等价于：②¬鲦鱼∨¬浮藻→¬大嘴鲈鱼。

③漠亚河中没有大嘴鲈鱼。

根据箭头指向原则：有箭头指向则为真，没有箭头指向则可真可假。

由①知，"鲦鱼"后面没有箭头，故Ⅰ项可真可假。

由②知，"¬大嘴鲈鱼"后面没有箭头，故Ⅱ项可真可假。

由①知，"鲦鱼"后面没有箭头，故Ⅲ项可真可假。

综上，(E) 项正确。

【答案】(E)

变化6　多重复言命题

解题思路

例如：
A→(B→C)，等价于 A→(¬B∨C)，等价于¬A∨¬B∨C，等价于 A∧B→C。

典型真题

21.（2010年管理类联考真题）蟋蟀是一种非常有趣的小动物。宁静的夏夜，草丛中传来阵阵清脆悦耳的鸣叫声。那是蟋蟀在唱歌。蟋蟀优美动听的歌声并不是出自它的好嗓子，而是来自它的翅膀。左右两翅一张一合，相互摩擦，就可以发出悦耳的响声了。蟋蟀还是建筑专家，与它那柔软的挖掘工具相比，蟋蟀的住宅真可以算得上是伟大的工程了。在其住宅门口，有一个收拾得非常舒适的平台。夏夜，除非下雨或者刮风，否则蟋蟀肯定会在这个平台上唱歌。

根据以上陈述，以下哪项是蟋蟀在无雨的夏夜所做的？
（A）修建住宅。
（B）收拾平台。
（C）在平台上唱歌。
（D）如果没有刮风，它就在抢修工程。
（E）如果没有刮风，它就在平台上唱歌。

【解析】题干：夏夜，除非下雨或者刮风，否则蟋蟀肯定会在这个平台上唱歌。
符号化：夏夜→[¬(下雨∨刮风)→蟋蟀唱歌]。
等价于：夏夜∧¬(下雨∨刮风)→蟋蟀唱歌，等价于：夏夜∧¬下雨∧¬刮风→蟋蟀唱歌。
所以，无雨的夏夜，如果不刮风，则蟋蟀在平台上唱歌。
【答案】(E)

22.（2016年管理类联考真题）企业要建设科技创新中心，就要推进与高校、科研院所的合作，这样才能激发自主创新的活力。一个企业只有搭建服务科技创新发展战略的平台、科技创新与经济发展对接的平台以及聚集创新人才的平台，才能催生重大科技成果。

根据上述信息，可以得出以下哪项？
（A）如果企业搭建科技创新与经济发展对接的平台，就能激发其自主创新的活力。
（B）如果企业搭建了服务科技创新发展战略的平台，就能催生重大科技成果。
（C）能否推进与高校、科研院所的合作决定企业是否具有自主创新的活力。
（D）如果企业没有搭建聚集创新人才的平台，就无法催生重大科技成果。
（E）如果企业推进与高校、科研院所的合作，就能激发其自主创新的活力。

【解析】题干：
①激发自主创新的活力→建设科技创新中心→推进与高校、科研院所的合作。
②催生重大科技成果→战略平台∧对接平台∧创新人才平台，等价于：¬战略平台∨¬对接

平台∨¬创新人才平台→¬催生重大科技成果。

(D) 项，¬创新人才平台→¬催生重大科技成果，正确。

其余各项均不正确。

【答案】(D)

题型 3　串联推理

命题概率

199 管理类联考近 10 年真题命题数量 29 道，平均每年 2.9 道。

396 经济类联考近 10 年真题命题数量 12 道，平均每年 1.2 道。

母题变化

🔔 **变化 1　普通箭头的串联**

解题思路

解题步骤如下：

①符号化。

用箭头表达题干中的每个判断。

②串联。

将箭头统一成右箭头"→"并串联成"A→B→C→D"的形式（注意，不能串联的箭头就不需要串联）。

③逆否。

如有必要，写出其逆否命题：¬D→¬C→¬B→¬A。

④判断选项真假。

根据箭头指向原则，判断选项的真假。

典型真题

1. **(2009 年管理类联考真题)** 中国要拥有一流的国家实力，必须有一流的教育。只有拥有一流的国家实力，中国才能作出应有的国际贡献。

以下各项都符合题干的意思，除了：

(A) 中国难以作出应有的国际贡献，除非拥有一流的教育。

(B) 只要中国拥有一流的教育，就能作出应有的国际贡献。

(C) 如果中国拥有一流的国家实力，就不会没有一流的教育。

(D) 不能设想中国作出了应有的国际贡献，但缺乏一流的教育。

（E）中国面临选择：或者放弃应尽的国际义务，或者创造一流的教育。

【解析】题干中有以下判断：

①国家实力→教育。

②国家实力←国际贡献。

②、①串联得：国际贡献→国家实力→教育。

逆否得：¬教育→¬国家实力→¬国际贡献。

（A）项，¬教育→¬国际贡献，与题干相同。

（B）项，教育→国际贡献，不符合题干的意思。

（C）项，国家实力→教育，与题干相同。

（D）项，¬（国际贡献∧¬教育）=¬国际贡献∨教育=国际贡献→教育，与题干相同。

（E）项，"放弃应尽的国际义务"即"没有作出应有的国际贡献"，故有：¬国际贡献∨教育=国际贡献→教育，与题干相同。

【答案】（B）

2. **（2010年管理类联考真题）** 相互尊重是相互理解的基础，相互理解是相互信任的前提。在人与人的相互交往中，自重、自信也是非常重要的，没有一个人尊重不自重的人，没有一个人信任他所不尊重的人。

以上陈述可以推出以下哪项结论？

（A）不自重的人也不被任何人信任。

（B）相互信任才能相互尊重。

（C）不自信的人也不自重。

（D）不自信的人也不被任何人信任。

（E）不自信的人也不受任何人尊重。

【解析】题干有以下断定：

①相互理解→相互尊重。

②相互信任→相互理解。

③¬自重→¬被尊重。

④¬被尊重→¬被信任。

③、④串联得：¬自重→¬被尊重→¬被信任，故（A）项为真。

②、①串联得：相互信任→相互理解→相互尊重。

（B）项，相互尊重→相互信任，无箭头指向，可真可假。

题干中没有提到不自信会怎么样，所以（C）、（D）、（E）项均可能为真，也可能为假。

【答案】（A）

3. **（2010年管理类联考真题）** 在本年度篮球联赛中，长江队主教练发现，黄河队五名主力队员之间的上场配置有如下规律：

（1）若甲上场，则乙也要上场。

（2）只有甲不上场，丙才不上场。

（3）要么丙不上场，要么乙和戊中有人不上场。

（4）除非丙不上场，否则丁上场。

若乙不上场，则以下哪项配置合乎上述规律？

(A) 甲、丙、丁同时上场。

(B) 丙不上场，丁、戊同时上场。

(C) 甲不上场，丙、丁都上场。

(D) 甲、丁都上场，戊不上场。

(E) 甲、丁、戊都不上场。

【解析】题干有以下断定：

①甲→乙＝¬乙→¬甲。

②¬甲←¬丙＝甲→丙。

③¬丙∀(¬乙∨¬戊)。

④丙→丁。

⑤¬乙。

由⑤、①得，¬甲；由③、⑤得，丙；又由④得，丁。

由选项排除法可知，只有（C）项满足上面的三个结论。

【答案】(C)

4. (2011年管理类联考真题) 张教授的所有初中同学都不是博士；通过张教授而认识其哲学研究所同事的都是博士；张教授的一个初中同学通过张教授认识了王研究员。

以下哪项能作为结论从上述断定中推出？

(A) 王研究员是张教授的哲学研究所同事。

(B) 王研究员不是张教授的哲学研究所同事。

(C) 王研究员是博士。

(D) 王研究员不是博士。

(E) 王研究员不是张教授的初中同学。

【解析】题干中有以下判断：

①张教授的初中同学→¬博士。

②通过张教授认识其研究所同事→博士，等价于：¬博士→¬通过张教授认识其研究所同事。

③张教授的初中同学通过张教授认识了王研究员。

①、②串联可得：张教授的初中同学→¬博士→¬通过张教授认识其研究所同事。

再结合③可知，王研究员不是张教授在研究所的同事，故（B）项正确。

【答案】(B)

5. (2012年管理类联考真题) 只有通过身份认证的人才允许上公司内网，如果没有良好的业绩就不可能通过身份认证，张辉有良好的业绩而王维没有良好的业绩。

如果上述断定为真，则以下哪项一定为真？

(A) 允许张辉上公司内网。

(B) 不允许王维上公司内网。

(C) 张辉通过身份认证。
(D) 有良好的业绩就允许上公司内网。
(E) 没有通过身份认证，就说明没有良好的业绩。

【解析】题干有以下判断：

①允许上内网→通过身份认证，等价于：￢通过身份认证→￢允许上内网。

②￢良好的业绩→通过身份认证。

③张辉有良好的业绩。

④王维没有良好的业绩。

由②、①串联得：⑤￢良好的业绩→￢通过身份认证→￢允许上内网；

逆否得：⑥允许上内网→通过身份认证→良好的业绩。

由④、⑤知，王维不被允许上内网，故（B）项为正确选项。

"良好的业绩"后面无箭头指向，故由"张辉有良好的业绩"不能推出任何结论。

【答案】(B)

6. **(2012年管理类联考真题)** 王涛和周波是理科（1）班的同学，他们是无话不说的好朋友。他们发现班里每一个人或者喜欢物理或者喜欢化学。王涛喜欢物理，周波不喜欢化学。

根据以上陈述，以下哪项一定为真？

Ⅰ. 周波喜欢物理。

Ⅱ. 王涛不喜欢化学。

Ⅲ. 理科（1）班不喜欢物理的人喜欢化学。

Ⅳ. 理科（1）班一半人喜欢物理，一半人喜欢化学。

(A) 仅Ⅰ。　　　　　　(B) 仅Ⅲ。　　　　　　(C) 仅Ⅰ和Ⅱ。

(D) 仅Ⅰ和Ⅲ。　　　　(E) 仅Ⅱ、Ⅲ和Ⅳ。

【解析】题干中有以下判断：

①喜欢物理∨喜欢化学，等价于：￢喜欢物理→喜欢化学，也等价于：￢喜欢化学→喜欢物理。

②王涛喜欢物理。

③周波不喜欢化学。

由①、③可知：周波喜欢物理，故Ⅰ项必然为真。

由①可知：￢喜欢物理→喜欢化学，故Ⅲ项必然为真。

其余两项由题干无法推出，故可真可假。

综上，(D) 项正确。

【答案】(D)

7～8题基于以下题干：

互联网好比一个复杂多样的虚拟世界，每台联网主机上的信息又构成一个微观虚拟世界。若在某主机上可以访问本主机的信息，则称该主机相通于自身；若主机x能通过互联网访问主机y的信息，则称x相通于y。已知代号分别为甲、乙、丙、丁的四台互联网主机有如下信息：

(1) 甲主机相通于任一不相通于丙的主机。

(2) 丁主机不相通于丙。
(3) 丙主机相通于任一相通于甲的主机。

7. (2013年管理类联考真题) 若丙主机不相通于自身，则以下哪项一定为真？
(A) 甲主机相通于乙，乙主机相通于丙。
(B) 若丁主机相通于乙，则乙主机相通于甲。
(C) 只有甲主机不相通于丙，丁主机才相通于乙。
(D) 丙主机不相通于丁，但相通于乙。
(E) 甲主机相通于丁，也相通于丙。

【解析】题干有以下信息：
①某主机不相通于丙→甲相通于此主机。
②丁不相通于丙。
③某主机相通于甲→丙相通于此主机。
由①、②知，甲相通于丁。
又已知丙不相通于丙，则由①知，甲相通于丙。
综上，甲相通于丁，也相通于丙，故（E）项正确。
【答案】(E)

8. (2013年管理类联考真题) 若丙主机不相通于任何主机，则以下哪项一定为假？
(A) 丁主机不相通于甲。
(B) 若丁主机相通于甲，则乙主机相通于甲。
(C) 若丁主机不相通于甲，则乙主机相通于甲。
(D) 甲主机相通于乙。
(E) 乙主机相通于自身。

【解析】已知丙主机不相通于任何主机，又由③，可知：④任何主机都不相通于甲，故乙、丁都不相通于甲。
(C)项，丁不相通于甲→乙相通于甲，等价于：丁相通于甲∨乙相通于甲，与④矛盾。
故若题干为真，则（C）项必为假。
【答案】(C)

9. (2013年管理类联考真题) 在某次综合性学术年会上，物理学会作学术报告的人都来自高校；化学学会作学术报告的人有些来自高校，但是大部分来自中学；其他作学术报告者均来自科学院。来自高校的学术报告者都具有副教授以上职称，来自中学的学术报告者都具有中教高级以上职称。李默、张嘉参加了这次综合性学术年会，李默并非来自中学，张嘉并非来自高校。
以上陈述如果为真，可以得出以下哪项结论？
(A) 张嘉不是物理学会的。
(B) 李默不是化学学会的。
(C) 张嘉不具有副教授以上职称。
(D) 李默如果作了学术报告，那么他不是化学学会的。
(E) 张嘉如果作了学术报告，那么他不是物理学会的。

【解析】题干存在以下论断：
①物理学会∧作报告→高校。
②化学学会∧作报告→高校∨中学。
③（¬物理学会∧¬化学学会）∧作报告→科学院。
④高校∧作报告→副教授以上职称。
⑤中学∧作报告→中教高级以上职称。
⑥李默→¬中学。
⑦张嘉→¬高校。
论断①等价于：⑧¬高校→¬物理学会∨¬作报告。
由论断⑦、⑧串联得：张嘉→¬高校→¬物理学会∨¬作报告。
¬物理学会∨¬作报告，等价于：作报告→¬物理学会。
即：张嘉如果作了学术报告，那么他就不是物理学会的，故（E）项正确。
【答案】（E）

10. **（2015年管理类联考真题）** 10月6日晚上，张强要么去电影院看了电影，要么拜访了他的朋友秦玲。如果那天晚上张强开车回家，他就没去电影院看电影。只有张强事先与秦玲约定，张强才能去拜访她。事实上，张强不可能事先与秦玲约定。

根据以上陈述，可以得出以下哪项？

(A) 那天晚上张强与秦玲一起去电影院看电影。
(B) 那天晚上张强拜访了他的朋友秦玲。
(C) 那天晚上张强没有开车回家。
(D) 那天晚上张强没有去电影院看电影。
(E) 那天晚上张强开车去电影院看电影。

【解析】题干中有以下判断：
①看电影∨拜访秦玲，可得：¬拜访秦玲→看电影。
②开车回家→¬看电影，等价于：看电影→¬开车回家。
③拜访秦玲→约定，等价于：¬约定→¬拜访秦玲。
④¬约定。
由④、③、①、②串联得：¬约定→¬拜访秦玲→看电影→¬开车回家。
故，那天晚上张强没有开车回家，即（C）项正确。
【答案】（C）

11. **（2015年管理类联考真题）** 为防御电脑受到病毒侵袭，研究人员开发了防御病毒和查杀病毒的程序。前者启动后能使程序运行免受病毒侵袭，后者启动后能迅速查杀电脑中可能存在的病毒。某台电脑上现装有甲、乙、丙三种程序，已知：

(1) 甲程序能查杀目前已知的所有病毒。
(2) 若乙程序不能防御已知的一号病毒，则丙程序也不能查杀该病毒。
(3) 只有丙程序能防御已知的一号病毒，电脑才能查杀目前已知的所有病毒。
(4) 只有启动甲程序，才能启动丙程序。

根据上述信息,可以得出以下哪项?

(A) 如果启动了丙程序,就能防御并查杀一号病毒。

(B) 如果启动了乙程序,那么不必启动丙程序也能查杀一号病毒。

(C) 只有启动乙程序,才能防御并查杀一号病毒。

(D) 只有启动丙程序,才能防御并查杀一号病毒。

(E) 如果启动了甲程序,那么不必启动乙程序也能查杀所有病毒。

【解析】题干中有以下判断:

①甲能查杀已知的所有病毒。

②┐乙防御已知的一号病毒→┐丙查杀已知的一号病毒。

③查杀已知的所有病毒→丙防御已知的一号病毒。

④启动丙→启动甲。

由④、①知:启动丙→启动甲→能查杀已知的所有病毒,故可以查杀已知的一号病毒。

又由③知,丙可以防御已知的一号病毒,故(A)项为真。

(E) 项是干扰项,甲可以查杀"已知的"所有病毒,不代表能查杀"所有病毒"。

其余各项均不必然为真。

【答案】(A)

12. (2015年管理类联考真题)一个人如果没有崇高的信仰,就不可能守住道德的底线;而一个人只有不断地加强理论学习,才能始终保持崇高的信仰。

根据以上信息,可以得出以下哪项?

(A) 一个人没能守住道德的底线,是因为他首先丧失了崇高的信仰。

(B) 一个人只要有崇高的信仰,就能守住道德的底线。

(C) 一个人只有不断加强理论学习,才能守住道德的底线。

(D) 一个人如果不能守住道德的底线,就不可能保持崇高的信仰。

(E) 一个人只要不断加强理论学习,就能守住道德的底线。

【解析】将题干信息形式化:

①┐信仰→┐道德底线═道德底线→信仰。

②信仰→理论学习。

将题干信息①、②串联得:道德底线→信仰→理论学习═┐理论学习→┐信仰→┐道德底线。

(C) 项,道德底线→理论学习,正确。

其余各项均不正确。

【答案】(C)

13. (2016年管理类联考真题)某县县委关于下周一几位领导的工作安排如下:

(1) 如果李副书记在县城值班,那么他就要参加宣传工作例会。

(2) 如果张副书记在县城值班,那么他就要做信访接待工作。

(3) 如果王书记下乡调研,那么张副书记或李副书记就需在县城值班。

(4) 只有参加宣传工作例会或做信访接待工作,王书记才不下乡调研。

(5) 宣传工作例会只需分管宣传的副书记参加,信访接待工作也只需一名副书记参加。

根据上述工作安排，可以得出以下哪项？

(A) 张副书记做信访接待工作。
(B) 王书记下乡调研。
(C) 李副书记参加宣传工作例会。
(D) 李副书记做信访接待工作。
(E) 张副书记参加宣传工作例会。

【解析】将题干信息形式化：

①李副书记值班→李副书记参加例会。
②张副书记值班→张副书记接待。
③王书记下乡→李副书记或张副书记值班。
④￢王书记下乡→王书记参加例会或王书记接待。
⑤例会只需分管宣传的副书记参加，接待也只需副书记参加。

由题干信息⑤可得，王书记没有参加宣传工作例会，也没有做信访接待工作。再由题干信息④逆否可得，王书记下乡调研。

因此，(B) 项正确。

【答案】(B)

14. (2016年管理类联考真题) 生态文明建设事关社会发展方式和人民福祉。只有实行最严格的制度、最严密的法治，才能为生态文明建设提供可靠保障；如果要实行最严格的制度、最严密的法治，就要建立责任追究制度，对那些不顾生态环境盲目决策并造成严重后果者，追究其相应的责任。

根据上述信息，可以得出以下哪项？

(A) 如果对那些不顾生态环境盲目决策并造成严重后果者追究相应责任，就能为生态文明建设提供可靠保障。
(B) 实行最严格的制度和最严密的法治是生态文明建设的重要目标。
(C) 如果不建立责任追究制度，就不能为生态文明建设提供可靠保障。
(D) 只有筑牢生态环境的制度防护墙，才能造福于民。
(E) 如果要建立责任追究制度，就要实行最严格的制度和最严密的法治。

【解析】题干：①保障→实行；②实行→追责。

①、②串联得：③保障→实行→追责＝￢追责→￢实行→￢保障。

(C) 项，￢追责→￢保障，正确。

其余各项均不正确。

【答案】(C)

15. (2017年管理类联考真题) 张立是一位单身白领，工作5年积累了一笔存款，由于该笔存款金额尚不足以购房，他考虑将其暂时分散投资到股票、黄金、基金、国债和外汇5个方面。该笔存款的投资需要满足如下条件：

(1) 如果黄金投资比例高于1/2，则剩余部分投入国债和股票。
(2) 如果股票投资比例低于1/3，则剩余部分不能投入外汇或国债。

(3) 如果外汇投资比例低于 1/4，则剩余部分投入基金或黄金。
(4) 国债投资比例不能低于 1/6。
根据上述信息，可以得出以下哪项？
(A) 国债投资比例高于 1/2。
(B) 外汇投资比例不低于 1/3。
(C) 股票投资比例不低于 1/4。
(D) 黄金投资比例不低于 1/5。
(E) 基金投资比例低于 1/6。

【解析】题干：
(1) 黄金投资比例高于 1/2→剩余部分投入国债和股票。
(2) 股票投资比例低于 1/3→剩余部分不能投入外汇∧剩余部分不能投入国债。
(3) 外汇投资比例低于 1/4→剩余部分投入基金或黄金。
(4) 国债投资比例不能低于 1/6。
由（3）知，若外汇投资比例低于 1/4，则剩余部分投入基金或黄金，与（4）矛盾，故外汇投资比例不低于 1/4。故由（3）、（4）知，既投资国债，又投资外汇。
由（2）逆否得：剩余部分投入外汇∨剩余部分投入国债→股票投资比例不低于 1/3。
可知：股票投资比例不低于 1/3，必然也不低于 1/4，故（C）项正确。
【答案】(C)

16. （2017年管理类联考真题）倪教授认为，我国工程技术领域可以考虑与国外先进技术合作，但任何涉及核心技术的项目决不能受制于人；我国的许多网络安全建设项目涉及信息核心技术，如果全盘引进国外先进技术而不努力自主创新，我国的网络安全将受到严重威胁。
根据倪教授的陈述，可以得出以下哪项？
(A) 我国有些网络安全建设项目不能受制于人。
(B) 我国许多网络安全建设项目不能与国外先进技术合作。
(C) 我国工程技术领域的所有项目都不能受制于人。
(D) 只要不是全盘引进国外先进技术，我国的网络安全就不会受到严重威胁。
(E) 如果能做到自主创新，我国的网络安全就不会受到严重威胁。

【解析】倪教授：①任何涉及核心技术的项目→¬受制于人。
②我国的许多网络安全建设项目→涉及核心技术。
③全盘引进国外先进技术∧不努力自主创新→我国的网络安全将受到严重威胁。
②、①串联得：我国的许多网络安全建设项目→涉及核心技术→¬受制于人，故（A）项正确。
【答案】(A)

17. （2018年管理类联考真题）"二十四节气"是我国在农耕社会生产生活的时间活动指南，反映了从春到冬一年四季的气温、降水、物候的周期性变化规律。已知各节气的名称具有如下特点：
(1) 凡含"春""夏""秋""冬"字的节气各属春、夏、秋、冬季。

(2) 凡含"雨""露""雪"字的节气各属春、秋、冬季。

(3) 如果"清明"不在春季，则"霜降"不在秋季。

(4) 如果"雨水"在春季，则"霜降"在秋季。

根据以上信息，如果从春至冬每季仅列两个节气，则以下哪项是不可能的？

(A) 雨水、惊蛰、夏至、小暑、白露、霜降、大雪、冬至。

(B) 惊蛰、春分、立夏、小满、白露、寒露、立冬、小雪。

(C) 清明、谷雨、芒种、夏至、立秋、寒露、小雪、大寒。

(D) 立春、清明、立夏、夏至、立秋、寒露、小雪、大寒。

(E) 立春、谷雨、清明、夏至、处暑、白露、立冬、小雪。

【解析】根据题意，由条件（2）可知，凡含"雨"字的节气属于春季，故"雨水"在春季。

条件（3）逆否与条件（4）串联可得："雨水"在春季→"霜降"在秋季→"清明"在春季。

故，"清明"在春季。

(E) 项中，"清明"在夏季，所以（E）项一定不可能。

其余各项均不违背题干条件，都可能为真。

【答案】(E)

18～19题基于以下题干：

某工厂有一员工宿舍住了甲、乙、丙、丁、戊、己、庚7人，每人每周需轮流值日一天，且每天仅安排一人值日。他们值日的安排还需满足以下条件：

(1) 乙周二或周六值日。

(2) 如果甲周一值日，那么丙周三值日且戊周五值日。

(3) 如果甲周一不值日，那么己周四值日且庚周五值日。

(4) 如果乙周二值日，那么己周六值日。

18. (2018年管理类联考真题) 根据以上条件，如果丙周日值日，则可以得出以下哪项？

(A) 甲周一值日。　　　　(B) 乙周六值日。　　　　(C) 丁周二值日。

(D) 戊周三值日。　　　　(E) 己周五值日。

【解析】已知丙周日值日，则丙周三不值日，由条件（2）逆否可得：甲周一不值日。

由条件（3）可得：己周四值日且庚周五值日。

故，己周六不值日，由条件（4）逆否可得：乙周二不值日。

又由条件（1）可得：乙周六值日。故（B）项正确。

【答案】(B)

19. (2018年管理类联考真题) 如果庚周四值日，那么以下哪项一定为假？

(A) 甲周一值日。　　　　(B) 乙周六值日。　　　　(C) 丙周三值日。

(D) 戊周日值日。　　　　(E) 己周二值日。

【解析】已知庚周四值日，则庚周五不值日，由条件（3）逆否可得：甲周一值日。

由条件（2）可得：丙周三值日且戊周五值日，所以（D）项一定为假。

【答案】(D)

20. （2019年管理类联考真题）新常态下，消费需求发生深刻变化，消费拉开档次，个性化、多样化消费渐成主流。在相当一部分消费者那里，对产品质量的追求压倒了对价格的考虑。供给侧结构性改革，说到底是满足需求。低质量的产能必然会过剩，而顺应市场需求不断更新换代的产能不会过剩。

根据以上陈述，可以得出以下哪项？
(A) 只有质优价高的产品才能满足需求。
(B) 顺应市场需求不断更新换代的产能不是低质量的产能。
(C) 低质量的产能不能满足个性化需求。
(D) 只有不断更新换代的产品才能满足个性化、多样化消费的需求。
(E) 新常态下，必须进行供给侧结构性改革。

【解析】题干有以下信息：
①低质量产能→过剩，等价于：¬过剩→¬低质量产能。
②顺应市场需求不断更新换代的产能→¬过剩。
将题干信息②、①串联得：顺应市场需求不断更新换代的产能→¬过剩→¬低质量产能。
故（B）项正确。

【答案】(B)

21. （2020年管理类联考真题）某单位拟在椿树、枣树、楝树、雪松、银杏、桃树中选择4种栽种在庭院中。已知：
（1）椿树、枣树至少种植一种。
（2）如果种植椿树，则种植楝树但不种植雪松。
（3）如果种植枣树，则种植雪松但不种植银杏。
如果庭院中种植银杏，则以下哪项是不可能的？
(A) 种植椿树。
(B) 种植楝树。
(C) 不种植枣树。
(D) 不种植雪松。
(E) 不种植桃树。

【解析】将题干信息形式化：
①椿树∨枣树＝¬枣树→椿树。
②椿树→楝树∧¬雪松。
③枣树→雪松∧¬银杏＝银杏∨¬雪松→¬枣树。
④银杏。
由题干信息④、③、①、②串联可得：银杏→¬枣树→椿树→楝树∧¬雪松。
故，庭院中种植银杏、椿树、楝树，不种植枣树和雪松。
又由题干"在椿树、枣树、楝树、雪松、银杏、桃树中选择4种栽种在庭院中"，故种植桃树，即（E）项是不可能的。

【答案】(E)

22.（2020 年管理类联考真题）人非生而知之者，孰能无惑？惑而不从师，其为惑也，终不解矣。生乎吾前，其闻道也固先乎吾，吾从而师之；生乎吾后，其闻道也亦先乎吾，吾从而师之。吾师道也，夫庸知其年之先后生于吾乎？是故无贵无贱，无长无少，道之所存，师之所存也。

根据以上信息，可以得出以下哪项？

（A）与吾生乎同时，其闻道也必先乎吾。
（B）师之所存，道之所存也。
（C）无贵无贱，无长无少，皆为吾师。
（D）与吾生乎同时，其闻道不必先乎吾。
（E）若解惑，必从师。

【解析】将题干信息形式化：

（1）"人非生而知之者，孰能无惑？"，等价于：所有人必然有惑。
（2）不从师→惑不得解。
（3）生乎吾前∧闻道先乎吾→从而师之。
（4）生乎吾后∧闻道先乎吾→从而师之。
（5）无贵无贱，无长无少，道之所存，师之所存也。即：道之所存→师之所存。

（A）项，题干未涉及"与吾生乎同时"，可真可假。
（B）项，师之所存→道之所存，由题干信息（5）知，无箭头指向，可真可假。
（C）项，题干信息（5）的意思并不是"无论贵贱长少都是吾师"，而是"无论贵贱长少，只要你有道，都是吾师"，故此项可真可假。
（D）项，题干未涉及"与吾生乎同时"，可真可假。
（E）项，由题干信息（2）逆否可得，解惑→从师，为真。

【答案】（E）

23.（2021 年管理类联考真题）M 大学社会学学院的老师都曾经对甲县某些乡镇进行家庭收支情况调研，N 大学历史学院的老师都曾经到甲县的所有乡镇进行历史考察。赵若兮曾经对甲县所有乡镇家庭收支情况进行调研，但未曾到项郅镇进行历史考察；陈北鱼曾经到梅河乡进行历史考察，但从未对甲县家庭收支情况进行调研。

根据以上信息，可以得出以下哪项？

（A）陈北鱼是 M 大学社会学学院的老师，且梅河乡是甲县的。
（B）赵若兮是 M 大学的老师。
（C）陈北鱼是 N 大学的老师。
（D）对甲县的家庭收支情况调研，也会涉及相关的历史考察。
（E）若赵若兮是 N 大学历史学院的老师，则项郅镇不是甲县的。

【解析】由题干信息可得：

①M 大学社会学学院老师→对甲县某些乡镇进行家庭收支情况调研。
②N 大学历史学院老师→到甲县所有乡镇进行历史考察。
③赵若兮→对甲县所有乡镇进行家庭收支情况调研∧¬到项郅镇进行历史考察。
④陈北鱼→到梅河乡进行历史考察∧¬对甲县进行家庭收支情况调研。

由题干信息①、④可知：陈北鱼不是M大学社会学学院的老师，故（A）项为假。

由题干信息无法确定（B）、（C）、（D）项的真假。

（E）项，假如赵若兮是N大学历史学院的老师，根据题干信息②、③可知，赵若兮对甲县所有乡镇进行了历史考察，且未到项郢镇进行历史考察，故项郢镇一定不是甲县的，所以（E）项正确。

【答案】（E）

24. **(2021年管理类联考真题)** 黄瑞爱好书画收藏，他收藏的书画作品只有"真品""精品""名品""稀品""特品""完品"，它们之间存在以下关系：

(1) 若是"完品"或"真品"，则是"稀品"。

(2) 若是"稀品"或"名品"，则是"特品"。

现知道黄瑞收藏的一幅画不是"特品"，则可以得出以下哪项？

(A) 该画是"稀品"。

(B) 该画是"精品"。

(C) 该画是"完品"。

(D) 该画是"名品"。

(E) 该画是"真品"。

【解析】题干有以下信息：

(1) "完品" ∨ "真品" → "稀品"，等价于：¬"稀品" → ¬"完品" ∧ ¬"真品"。

(2) "稀品" ∨ "名品" → "特品"，等价于：¬"特品" → ¬"稀品" ∧ ¬"名品"。

(3) ¬"特品"。

由(3)、(2)、(1)串联得：¬"特品" → ¬"稀品" ∧ ¬"名品" → ¬"完品" ∧ ¬"真品"。

又因收藏的书画作品只有"真品""精品""名品""稀品""特品""完品"。

所以，该画是"精品"，即（B）项正确。

【答案】（B）

25. **(2021年管理类联考真题)** 每篇优秀的论文都必须逻辑清晰且论据详实，每篇经典的论文都必须主题鲜明且语言准确。实际上，如果论文论据详实但主题不鲜明或论文语言准确但逻辑不清晰，则它们都不是优秀的论文。

根据以上信息，可以得出以下哪项？

(A) 语言准确的经典论文逻辑清晰。

(B) 论据不详实的论文主题不鲜明。

(C) 主题不鲜明的论文不是优秀的论文。

(D) 逻辑不清晰的论文不是经典的论文。

(E) 语言准确的优秀论文是经典的论文。

【解析】题干有以下信息：

①优秀论文→逻辑清晰∧论据详实。

②经典论文→主题鲜明∧语言准确。

③(论据详实∧主题不鲜明) ∨ (语言准确∧逻辑不清晰) → ¬优秀论文。

由①逆否得：④逻辑不清晰∨论据不详实→¬优秀论文。
故有：论据不详实→¬优秀论文。
故有：论据不详实∧主题不鲜明→¬优秀论文。
由③知：论据详实∧主题不鲜明→¬优秀论文。
可见，无论论据是否详实，只要一篇论文主题不鲜明，就不是优秀论文。
即：主题不鲜明→¬优秀论文，故（C）项正确。

【答案】(C)

26.（2013年经济类联考真题）如果李凯拿到钥匙，他就会把门打开并且保留钥匙。如果杨林拿到钥匙，他会把钥匙交到失物招领处。要么李凯拿到钥匙，要么杨林拿到钥匙。

如果上述信息正确，那么下列哪项一定正确？

(A) 失物招领处没有钥匙。
(B) 失物招领处有钥匙。
(C) 门打开了。
(D) 李凯拿到了钥匙。
(E) 如果李凯没有拿到钥匙，那么钥匙会在失物招领处。

【解析】将题干信息形式化：
①李凯拿到钥匙→把门打开∧保留钥匙。
②杨林拿到钥匙→将钥匙交到失物招领处。
③李凯拿到钥匙∨杨林拿到钥匙。
由题干信息③可得：¬李凯拿到钥匙→杨林拿到钥匙。
再与题干信息②串联，可得：¬李凯拿到钥匙→杨林拿到钥匙→将钥匙交到失物招领处，故（E）项正确。

【答案】(E)

27.（2014年经济类联考真题）所有的爱斯基摩土著人都是穿黑衣服的；所有的北婆罗洲土著人都是穿白衣服的；不存在同时穿白衣服又穿黑衣服的人；H是穿白衣服的。

基于这一事实，下列对于H的判断哪个必为真？

(A) H是北婆罗洲土著人。
(B) H不是爱斯基摩土著人。
(C) H不是北婆罗洲土著人。
(D) H是爱斯基摩土著人。
(E) 不可判断。

【解析】将题干信息形式化：
①爱斯基摩→黑衣服，等价于：¬黑衣服→¬爱斯基摩。
②北婆罗洲→白衣服。
③¬（黑衣服∧白衣服）=¬黑衣服∨¬白衣服=白衣服→¬黑衣服=黑衣服→¬白衣服。
④H→白衣服。

由④、③、①串联可得：H→白衣服→¬黑衣服→¬爱斯基摩，即 H 不是爱斯基摩土著人。
故（B）项正确。
【答案】(B)

28.（2018年经济类联考真题） 龙蒿是一种多年生的草本菊科植物，含挥发油，主要成分为醛类物质，还含少量生物碱。青海民间入药，治暑湿发热、虚劳等。龙蒿的根有辣味，新疆民间取根研末，代替辣椒作调味品。俄罗斯龙蒿和法国龙蒿，它们看起来非常相似，俄罗斯龙蒿开花而法国龙蒿不开花，但是俄罗斯龙蒿的叶子却没有那种使法国龙蒿成为理想的调味品的独特香味。

若植物必须先开花，才能产生种子，则从以上论述中一定能推出以下哪项结论？
（A）作为观赏植物，法国龙蒿比俄罗斯龙蒿更令人喜爱。
（B）俄罗斯龙蒿的花可能没有香味。
（C）由龙蒿种子长出的植物不是法国龙蒿。
（D）除了俄罗斯龙蒿和法国龙蒿外，没有其他种类的龙蒿。
（E）俄罗斯龙蒿与法国龙蒿不好区分。

【解析】题干已知下列信息：
①种子→开花，等价于：不开花→无种子。
②俄罗斯龙蒿→开花。
③法国龙蒿→不开花，等价于：开花→不是法国龙蒿。
④俄罗斯龙蒿的叶子没有那种使法国龙蒿成为理想的调味品的独特香味。
（A）项，不能推出，题干不涉及人们喜爱哪种观赏植物。
（B）项，不能推出，题干只提到两种龙蒿"叶子"的香味，没有涉及"花"的香味。
（C）项，将题干信息①、③串联可得：种子→开花→不是法国龙蒿，故此项为真。
（D）项，不能推出，题干不涉及其他种类的龙蒿。
（E）项，不能推出，题干不涉及俄罗斯龙蒿和法国龙蒿的区分。
【答案】(C)

29.（2018年经济类联考真题） 世界乒乓球锦标赛男子团体赛决赛前，H 国的教练在排兵布阵。他的想法是：如果 1 号队员的竞技状态好并且伤势已经痊愈，那么让 1 号队员出场。只有 1 号队员不能出场时才派 2 号队员出场。

如果决赛时 2 号队员出场，则以下哪项一定为真？
（A）1 号队员伤势比较重。
（B）1 号队员竞技状态不好。
（C）2 号队员没有受伤。
（D）如果 1 号队员伤已痊愈，那么他的竞技状态不好。
（E）1 号队员出场。

【解析】题干已知下列信息：
①1 号竞技状态好∧1 号伤势痊愈→1 号出场，等价于：¬1 号出场→¬1 号竞技状态好∨¬1 号伤势痊愈。

②2号出场→¬1号出场。
③2号出场。
由③、②、①串联可得：2号出场→¬1号出场→¬1号竞技状态好∨¬1号伤势痊愈。
¬1号竞技状态好∨¬1号伤势痊愈＝1号伤势痊愈→¬1号竞技状态好，故（D）项正确。

【答案】(D)

变化2 带"有的"的串联问题

解题思路

1. 带"有的"的串联题的解题步骤如下：
①符号化。
用箭头表达题干中的每个判断。
②串联。
将箭头统一成右箭头"→"并串联成"有的 A→B→C→D"的形式（注意："有的"放开头）。
③逆否。
如有必要，写出其逆否命题：¬D→¬C→¬B（注意：带"有的"的项不逆否）。
④判断选项真假。
根据箭头指向原则和"有的"互换原则，判断选项的真假。
2. 注意：
①（有的 A→B）=（有的 B→A）。
②（所有 A→B）→（有的 A→B）=（有的 B→A）。
③有的 A 不是 B=（有的 A→¬B）=（有的¬B→A）。

典型真题

30.（2012年管理类联考真题）一位房地产信息员通过对某地的调查发现：护城河两岸房屋的租金都比较廉价；廉租房都坐落在凤凰山北麓；东向的房屋都是别墅；非廉租房不可能具有廉价的租金；有些单室套的两限房建在凤凰山南麓；别墅也都建在凤凰山南麓。

根据该房地产信息员的调查，以下哪项不可能存在？
（A）东向的护城河两岸的房屋。
（B）凤凰山北麓的两限房。
（C）单室套的廉租房。
（D）护城河两岸的单室套。
（E）南向的廉租房。

【解析】题干存在以下断定：
①护城河两岸→租金廉价，等价于：¬租金廉价→¬护城河两岸。
②廉租房→凤凰山北麓，等价于：¬凤凰山北麓→¬廉租房。

③东向→别墅。

④¬廉租房→¬租金廉价。

⑤有的单室套的两限房→凤凰山南麓。

⑥别墅→凤凰山南麓。

由③、⑥、②、④、①串联得：东向→别墅→凤凰山南麓→¬凤凰山北麓→廉租房→¬租金廉价→¬护城河两岸。

所以，东向的房屋都不在护城河两岸，故（A）项不可能存在。

其余各项均与题干信息不矛盾，故可能存在。

【答案】(A)

31. (2013年管理类联考真题) 所有参加此次运动会的选手都是身体强壮的运动员，所有身体强壮的运动员都是极少生病的，但是有一些身体不适的选手参加了此次运动会。

以下哪项不能从上述前提中得出？

(A) 有些身体不适的选手是极少生病的。

(B) 有些极少生病的选手感到身体不适。

(C) 极少生病的选手都参加了此次运动会。

(D) 参加此次运动会的选手都是极少生病的。

(E) 有些身体强壮的运动员感到身体不适。

【解析】题干中有以下论断：

①参加运动会→强壮。

②强壮→少生病。

③有的身体不适的→参加运动会。

③、①、②串联得：④有的身体不适的→参加运动会→强壮→少生病。

(A) 项，有的身体不适的→少生病，由④可知，为真。

(B) 项，由④可知，有的身体不适的→少生病，等价于：有的少生病→身体不适，故（B）项为真。

(C) 项，少生病→参加运动会，由④可知，可真可假。

(D) 项，参加运动会→少生病，由④可知，为真。

(E) 项，由④可知，有的身体不适的→强壮，等价于：有的强壮→身体不适，故（E）项为真。

【答案】(C)

32. (2013年管理类联考真题) 翠竹的大学同学都在某德资企业工作。溪兰是翠竹的大学同学。涧松是该德资企业的部门经理。该德资企业的员工有些来自淮安。该德资企业的员工都曾到德国研修，他们都会说德语。

以下哪项可以从以上陈述中得出？

(A) 涧松来自淮安。

(B) 溪兰会说德语。

(C) 翠竹与涧松是大学同学。

(D) 涧松与溪兰是大学同学。

(E) 翠竹的大学同学有些是部门经理。

【解析】题干中存在以下断定：

①同学→德资。

②溪兰→同学。

③涧松→德资。

④有的德资→淮安。

⑤德资→德国研修∧会德语。

由②、①、⑤串联可得：溪兰→同学→德资→德国研修∧会德语，故（B）项正确。

"有的"不能放中间，故③、④不能串联成：涧松→有的德资→淮安，故（A）项不能得出。

（C）项和（D）项对题干来说起到的作用是相同的，但题干中溪兰和翠竹与涧松之间均没有箭头指向，故不能被推出。

同理，（E）项也不能被推出。

【答案】（B）

33. （2014年管理类联考真题）若一个管理者是某领域优秀的专家学者，则他一定会管理好公司的基本事务；一位品行端正的管理者可以得到下属的尊重；但是对所有领域都一知半解的人一定不会得到下属的尊重。浩瀚公司董事会只会解除那些没有管理好公司基本事务者的职务。

根据以上信息，可以得出以下哪项？

(A) 浩瀚公司董事会不可能解除品行端正的管理者的职务。

(B) 浩瀚公司董事会解除了某些管理者的职务。

(C) 浩瀚公司董事会不可能解除受下属尊重的管理者的职务。

(D) 作为某领域优秀专家学者的管理者，不可能被浩瀚公司董事会解除职务。

(E) 对所有领域都一知半解的管理者，一定会被浩瀚公司董事会解除职务。

【解析】题干有以下判断：

①有的领域优秀的专家学者→管理好基本事务。

②品行端正的管理者→可以得到下属尊重。

③对所有领域都一知半解的人→¬得到下属尊重。

④被解除职务→¬管理好基本事务＝管理好基本事务→¬被解除职务。

①、④串联得：⑤有的领域优秀的专家学者→管理好基本事务→¬被解除职务。

即：有的领域优秀的专家学者，不会被解除职务，故（D）项必为真。

注意（A）项不能推出，因为：

③逆否得：得到下属尊重→¬对所有领域都一知半解的人。

与②串联得：品行端正的管理者→可以得到下属尊重→¬对所有领域都一知半解的人。

"¬对所有领域都一知半解的人"并非①中的"有的领域优秀的专家学者"，故不能与①、④进行串联。

【答案】（D）

34.（2014年管理类联考真题）兰教授认为，不善于思考的人不可能成为一名优秀的管理者，没有一个谦逊的智者学习占星术，占星家均学习占星术，但是有些占星家却是优秀的管理者。

以下哪项如果为真，最能反驳兰教授的上述观点？

（A）有些占星家不是优秀的管理者。
（B）有些善于思考的人不是谦逊的智者。
（C）所有谦逊的智者都是善于思考的人。
（D）谦逊的智者都不是善于思考的人。
（E）善于思考的人都是谦逊的智者。

【解析】兰教授：

①¬善于思考→¬优秀的管理者，等价于：优秀的管理者→善于思考。

②没有一个谦逊的智者学习占星术，即谦逊的智者都不学习占星术，即：谦逊的智者→¬占星术，等价于：占星术→¬谦逊的智者。

③占星家→占星术。

④有的占星家→优秀的管理者。

由④、①串联得：有的占星家→优秀的管理者→善于思考，故有：有的占星家→善于思考，等价于：⑤有的善于思考→占星家（"有的"互换）。

由⑤、③、②串联得：有的善于思考→占星家→占星术→¬谦逊的智者，必有：⑥有的善于思考的人不是谦逊的智者。

（E）项与⑥矛盾，若（E）项为真，则兰教授的话必为假，故（E）项最能反驳兰教授的观点。

【答案】（E）

35.（2017年管理类联考真题）任何结果都不可能凭空出现，它们的背后都是有原因的；任何背后有原因的事物均可以被人认识，而可以被人认识的事物都必然不是毫无规律的。

根据以上陈述，以下哪项一定为假？

（A）人有可能认识所有事物。
（B）有些结果的出现可能毫无规律。
（C）那些可以被人认识的事物必然有规律。
（D）任何结果出现的背后都是有原因的。
（E）任何结果都可以被人认识。

【解析】题干：①任何结果→背后有原因。

②背后有原因→可以被认识。

③可以被认识→¬毫无规律。

①、②、③串联得：④任何结果→背后有原因→可以被认识→¬毫无规律。

（A）项，题干没有涉及能够被人认识的事物的范围，可真可假。

（B）项，由④可知，任何结果的出现必然不是毫无规律的，故其负命题"有的结果的出现可能毫无规律"一定为假。

（C）项，由④可知，为真。

（D）项，由①可知，为真。

(E) 项，由④可知，为真。

【答案】(B)

36. (2018年管理类联考真题) 最终审定的项目或者意义重大或者关注度高，凡意义重大的项目均涉及民生问题；但是有些最终审定的项目并不涉及民生问题。

根据以上陈述，可以得出以下哪项？

(A) 意义重大的项目可以引起关注。
(B) 有些项目意义重大但是关注度不高。
(C) 涉及民生问题的项目有些没有引起关注。
(D) 有些项目尽管关注度高但并非意义重大。
(E) 有些不涉及民生问题的项目意义也非常重大。

【解析】将题干信息形式化：

(1) 最终审定→意义重大∨关注度高。
(2) 意义重大→涉及民生问题＝不涉及民生问题→┐意义重大。
(3) 有的最终审定→不涉及民生问题。

由题干信息 (3)、(2) 知，有的最终审定→不涉及民生问题→┐意义重大。

再结合题干信息 (1) 知，最终审定∧┐意义重大→关注度高。

故有：有的项目关注度高∧┐意义重大。

【答案】(D)

37. (2018年管理类联考真题) 所有值得拥有专利的产品或设计方案都是创新，但并不是每一项创新都值得拥有专利；所有的模仿都不是创新，但并非每一个模仿者都应该受到惩罚。

根据以上陈述，以下哪项是不可能的？

(A) 有些创新者可能受到惩罚。
(B) 有些值得拥有专利的创新产品并没有申请专利。
(C) 有些值得拥有专利的产品是模仿。
(D) 没有模仿值得拥有专利。
(E) 所有的模仿者都受到了惩罚。

【解析】题干有以下信息：

(1) 值得拥有专利→创新＝┐创新→┐值得拥有专利。
(2) 不是每一项创新都值得拥有专利，即：有的创新不值得拥有专利。
(3) 模仿→┐创新。
(4) 并非每一个模仿者都应该受到惩罚，即：有的模仿者不应该受到惩罚。

将 (3)、(1) 串联得：模仿→┐创新→┐值得拥有专利。

逆否得：值得拥有专利→创新→┐模仿。

即：所有值得拥有专利的产品都不是模仿的，与 (C) 项矛盾，故 (C) 项为假。

(E) 项不能判断真假，因为题干仅表示有的模仿者"不应该"受到惩罚，但他们有没有受到惩罚并不确定。

【答案】(C)

38. （2011年经济类联考真题）一些投机者是热心乘船游玩的人。所有的商人都支持沿海工业的发展。所有热心乘船旅游的人都反对沿海工业的发展。

据此可知以下哪项一定成立？

(A) 有一些投机者是商人。

(B) 一些商人热心乘船游玩。

(C) 一些投机者支持沿海工业的发展。

(D) 所有投机者都不支持沿海工业的发展。

(E) 商人对乘船游玩不热心。

【解析】题干存在如下判断：

①有的投机者→热心乘船游玩的人。

②商人→支持沿海工业的发展，等价于：┐支持沿海工业的发展→┐商人。

③热心乘船旅游的人→┐支持沿海工业的发展，等价于：支持沿海工业的发展→┐热心乘船旅游的人。

由①、③、②串联可得：④有的投机者→热心乘船游玩的人→┐支持沿海工业的发展→┐商人。

逆否得：⑤商人→支持沿海工业的发展→┐热心乘船游玩的人。

(A) 项，由④知，有的投机者不是商人。与此项是下反对关系，一真另不定，故此项可真可假。

(B) 项，由⑤知，商人不热心乘船游玩，故此项为假。

(C) 项，由④知，有的投机者不支持沿海工业的发展。与此项是下反对关系，一真另不定，故此项可真可假。

(D) 项，由④知，有的投机者不支持沿海工业的发展，无法判断"所有投机者都不支持沿海工业的发展"的真假，故此项可真可假。

(E) 项，由⑤知，商人不热心乘船游玩，故此项为真。

【答案】(E)

39. （2012年经济类联考真题）高校2011年秋季入学的学生中有些是免费师范生。所有的免费师范生都是家境贫寒的。凡家境贫寒的学生都参加了勤工助学活动。

如果以上陈述为真，则以下各项必然为真，除了：

(A) 2011年秋季入学的学生中有人家境贫寒。

(B) 凡没有参加勤工助学活动的学生都不是免费师范生。

(C) 有些参加勤工助学活动的学生是2011年秋季入学的。

(D) 有些参加勤工助学活动的学生不是免费师范生。

(E) 凡家境富裕的学生都不是免费师范生。

【解析】将题干信息形式化：

①有的2011年秋季入学的学生→免费师范生。

②免费师范生→家境贫寒。

③家境贫寒→参加勤工助学。

①、②、③串联可得：④有的 2011 年秋季入学的学生→免费师范生→家境贫寒→参加勤工助学，逆否得：⑤¬参加勤工助学→¬家境贫寒→¬免费师范生。

(A) 项，有的 2011 年秋季入学的学生→家境贫寒，由④可知，此项为真。

(B) 项，¬参加勤工助学→¬免费师范生，由⑤可知，此项为真。

(C) 项，由④可得：有的 2011 年秋季入学的学生→参加勤工助学，等价于：有的参加勤工助学→2011 年秋季入学的学生，故此项为真。

(D) 项，由④可得：有的免费师范生→参加勤工助学，等价于：有的参加勤工助学→免费师范生。"有的"和"有的不"是下反对关系，一真另不定，故此项可真可假。

(E) 项，家境富裕（即¬家境贫寒）→¬免费师范生，由⑤可知，此项为真。

【答案】(D)

40. （2012 年经济类联考真题）捐助希望工程的动机，大都是社会责任，但也有的是个人功利，当然，出于社会责任的行为，并不一定都不考虑个人功利。对希望工程的每一项捐款，都是利国利民的善举。

如果以上陈述为真，则以下哪项不可能为真？

(A) 有的行为出于社会责任，但不是利国利民的善举。

(B) 所有考虑个人功利的行为，都不是利国利民的善举。

(C) 有的出于社会责任的行为是善举。

(D) 有的行为虽然不是出于社会责任，却是善举。

(E) 对希望工程的有些捐助，既不是出于社会责任，也不是出于个人功利，而是有其他原因，如服从某种摊派。

【解析】将题干信息形式化：

①有的捐助希望工程→出于社会责任，根据"'有的'互换原则"，可得：有的出于社会责任→捐助希望工程。

②有的捐助希望工程→出于个人功利，根据"'有的'互换原则"，可得：有的出于个人功利→捐助希望工程。

③捐助希望工程→利国利民的善举。

①、③串联可得：④有的出于社会责任→捐助希望工程→利国利民的善举。

②、③串联可得：⑤有的出于个人功利→捐助希望工程→利国利民的善举。

(A) 项，有的出于社会责任→¬利国利民的善举，与④"有的出于社会责任→利国利民的善举"为下反对关系，一真另不定，故此项可真可假。

(B) 项，出于个人功利→¬利国利民的善举，与⑤"有的出于个人功利→利国利民的善举"矛盾，故此项为假。

(C) 项，有的出于社会责任→善举，由④可知，此项为真。

(D) 项，有的不是出于社会责任→善举，等价于：有的善举→不是出于社会责任。由④可得：有的善举→出于社会责任。二者为下反对关系，一真另不定，故此项可真可假。

(E) 项，由题干信息无法推出对希望工程的有些捐助，是否出于其他原因，故此项可真可假。

【答案】(B)

41. (2013年经济类联考真题) 某班为了准备茶话会，分别派了甲、乙、丙、丁四位同学去采购糖果、点心和小纪念品等。甲买回来的东西，乙全都买了，丙买回来的东西包括了乙买的全部，丁买回来的东西里也有丙买的东西。

由此可以推断：

(A) 丁所买的东西里面一定有甲所买的东西。

(B) 丁所买的东西里面一定有乙所买的东西。

(C) 甲所买的东西里面一定没有丙所买的东西。

(D) 丁所买的东西里面一定没有乙所买的东西。

(E) 丙所买的东西里可能有丁所没有买的东西。

【解析】将题干信息形式化：

①甲买→乙买。

②乙买→丙买。

③有的丁买→丙买。

根据题干信息，可知题干只涉及丁买回来的"部分"东西的情况，由此无法推知丁买回来的"所有"东西的情况，故 (A)、(B)、(D) 项不必然为真。

(C) 项，由题干信息①、②可知，甲买→乙买→丙买，即甲买回来的东西，丙全都买了，故此项必为假。

(E) 项，由题干信息③可知，存在丁买的东西和丙买的东西一样的情况，也存在丁买的部分东西和丙买的部分东西一样的情况，即丙买的部分东西丁没有买，故此项正确。

【答案】(E)

42. (2015年经济类联考真题) 新学年开学伊始，有些新生刚入学就当上了校学生会干部。在奖学金评定中，所有宁夏籍的学生都申请了本年度的甲等奖学金，所有校学生会干部都没有申请本年度的甲等奖学金。

如果上述断定为真，则以下哪项有关断定也必定为真？

(A) 所有的新生都不是宁夏人。

(B) 有些新生申请了本年度的甲等奖学金。

(C) 并非所有宁夏籍的学生都是新生。

(D) 有些新生不是宁夏人。

(E) 有些学生会干部是宁夏人。

【解析】题干有如下信息：

①有的新生→校学生会干部。

②宁夏籍学生→甲等奖学金，等价于：¬甲等奖学金→¬宁夏籍学生。

③校学生会干部→¬甲等奖学金。

由①、③、②串联可得：④有的新生→校学生会干部→¬甲等奖学金→¬宁夏籍学生。

(A) 项，新生→¬宁夏籍学生，根据"所有→某个→有的"，可知"有的"不能推"所有"，结合④可知，此项可真可假。

(B) 项，有的新生→甲等奖学金，"有的"和"有的不"成下反对关系，一真另不定，结合

④可知，此项可真可假。

(C) 项，此项等价于：有的宁夏籍的学生不是新生，即有的宁夏籍学生→¬新生，结合④可知，此项可真可假。

(D) 项，有的新生→¬宁夏籍学生，由④可知，此项为真。

(E) 项，有的校学生会干部→宁夏籍学生，"有的"和"所有不"矛盾，必为一真一假，结合④可知，此项为假。

【答案】(D)

43. （2015年、2018年经济类联考真题）去年4月，股市出现了强劲反弹，某证券部通过对该部股民持仓品种的调查发现，大多数经验丰富的股民都买了小盘绩优股，所有年轻的股民都选择了大盘蓝筹股，而所有买小盘绩优股的股民都没有买大盘蓝筹股。

如果上述断定为真，则以下哪项关于该证券部股民的调查结果也必定为真？

Ⅰ．有些年轻的股民是经验丰富的股民。
Ⅱ．有些经验丰富的股民没买大盘蓝筹股。
Ⅲ．年轻的股民都没买小盘绩优股。

(A) 仅Ⅰ。　　　　　　(B) 仅Ⅰ和Ⅱ。　　　　　　(C) 仅Ⅱ和Ⅲ。
(D) 仅Ⅰ和Ⅲ。　　　　(E) Ⅰ、Ⅱ和Ⅲ。

【解析】将题干信息形式化：

①有的经验丰富的股民→买小盘绩优股。

②年轻股民→买大盘蓝筹股，等价于：¬买大盘蓝筹股→¬年轻股民。

③买小盘绩优股→¬买大盘蓝筹股，等价于：买大盘蓝筹股→¬买小盘绩优股。

由①、③、②串联可得：有的经验丰富的股民→买小盘绩优股→¬买大盘蓝筹股→¬年轻股民，故Ⅰ项可真可假，Ⅱ项为真。

由②、③串联可得：年轻股民→买大盘蓝筹股→¬买小盘绩优股，故Ⅲ项为真。

综上，(C) 项正确。

【答案】(C)

44. （2020年经济类联考真题）某企业员工都具有理财观念，有些购买基金的员工购买了股票，凡是购买了地方债券的员工都购买了国债，但所有购买股票的员工都没有购买国债。

根据以上前提，下列哪项一定为真？

(A) 有些购买基金的员工没有购买地方债券。
(B) 有些购买地方债券的员工没有购买基金。
(C) 有些购买地方债券的员工购买了基金。
(D) 有些购买了基金的员工购买了国债。
(E) 所有没有买国债的员工都购买了股票。

【解析】将题干信息形式化：

①企业员工→有理财观念。

②有的购买基金→购买股票。

③购买地方债券→购买国债，等价于：¬购买国债→¬购买地方债券。

④购买股票→¬购买国债。

由②、④、③串联可得：⑤有的购买基金→购买股票→¬购买国债→¬购买地方债券。

(A) 项，有的购买基金→¬购买地方债券，由⑤可知，此项一定为真。

(B) 项，有的购买地方债券→¬购买基金，由⑤可知，有的¬购买地方债券→购买基金，故此项可真可假。

(C) 项，有的购买地方债券→购买基金，等价于：有的购买基金→购买地方债券，"有的"和"有的不"是下反对关系，一真另不定，故此项可真可假。

(D) 项，有的购买基金→购买国债，"有的"和"有的不"是下反对关系，一真另不定，故此项可真可假。

(E) 项，¬购买国债→购买股票，由⑤可知，无箭头指向，故此项可真可假。

【答案】(A)

题型4　假言命题的负命题

命题概率

199 管理类联考近 10 年真题命题数量 13 道，平均每年 1.3 道。
396 经济类联考近 10 年真题命题数量 10 道，平均每年 1 道。

母题变化

变化1　假言命题负命题的基本问题

解题思路

（1）命题形式
假言命题的负命题是重点题型，常以削弱题的形式出现。题干常用如下方式提问：
①以下哪项如果为真，说明上述断定不成立？
②以下哪项如果为真，最能质疑题干的论述？
③如果上述命题为真，则以下哪项不可能为真？

（2）假言命题的负命题公式

$$¬(A→B) = (A∧¬B)$$
$$¬(A↔B) = (A∧¬B) ∀ (¬A∧B)$$

（3）【易错点】A→B 的负命题是 A∧¬B，不是 A→¬B。
因为：(A→B) = (¬A∨B)，(A→¬B) = (¬A∨¬B)。所以，当出现¬A 时，A→B 和 A→¬B 均为真，所以二者并非矛盾关系。

典型真题

1.（2011年管理类联考真题） 某家长认为，有想象力才能进行创造性劳动，但想象力和知识是天敌。人在获得知识的过程中，想象力会消失。因为知识符合逻辑，而想象力无章可循。换句话说，知识的本质是科学，想象力的特征是荒诞。人的大脑一山不容二虎：学龄前，想象力独占鳌头，脑子被想象力占据；上学后，大多数人的想象力被知识驱逐出境，他们成为知识的附庸，但丧失了想象力，终身只能重复前人的发现。

以下哪项与该家长的上述观点矛盾？
(A) 如果希望孩子能够进行创造性劳动，就不要送他们上学。
(B) 如果获得了足够知识，就不能进行创造性劳动。
(C) 发现知识的人是有一定想象力的。
(D) 有些人没有想象力，但能进行创造性劳动。
(E) 想象力被知识驱逐出境是一个逐渐的过程。

【解析】某家长认为：有想象力才能进行创造性劳动，即创造性劳动→想象力。
其矛盾命题为：创造性劳动∧￢想象力，故（D）项正确。
【答案】(D)

2.（2012年管理类联考真题） 只有具有一定文学造诣且具有生物学专业背景的人，才能读懂这篇文章。

如果上述命题为真，则以下哪项不可能为真？
(A) 小张没有读懂这篇文章，但他的文学造诣是大家所公认的。
(B) 计算机专业的小王没有读懂这篇文章。
(C) 从未接触过生物学知识的小李读懂了这篇文章。
(D) 小周具有生物学专业背景，但他没有读懂这篇文章。
(E) 生物学博士小赵读懂了这篇文章。

【解析】题干：文学造诣∧生物学专业背景←读懂这篇文章。
其负命题为：(￢文学造诣∨￢生物学专业背景)∧读懂这篇文章。
（C）项：￢生物学专业背景∧读懂这篇文章，符合题干的负命题，故此项不可能为真。
【答案】(C)

3.（2012年管理类联考真题、2016年经济类联考真题） 小张是某公司营销部的员工。公司经理对他说："如果你争取到这个项目，我就奖励你一台笔记本电脑或者给你项目提成。"

以下哪项如果为真，说明该经理没有兑现承诺？
(A) 小张没争取到这个项目，该经理没给他项目提成，但送了他一台笔记本电脑。
(B) 小张没争取到这个项目，该经理没奖励他笔记本电脑，也没给他项目提成。
(C) 小张争取到这个项目，该经理给他项目提成，但并未奖励他笔记本电脑。
(D) 小张争取到这个项目，该经理奖励他一台笔记本电脑并且给他三天假期。
(E) 小张争取到这个项目，该经理未给他项目提成，但奖励了他一台台式电脑。

【解析】公司经理：争取到项目→奖励笔记本电脑∨项目提成。
没有兑现承诺，即：争取到项目∧￢（奖励笔记本电脑∨项目提成），等价于：争取到项目∧

¬奖励笔记本电脑∧¬项目提成。

即：小张争取到项目，但既没给项目提成，又没奖励笔记本电脑。

（E）项，奖励的是台式电脑，不是笔记本电脑，即小张争取到这个项目，该经理未给他项目提成，也未奖励他笔记本电脑，故该经理没有兑现承诺。

其余各项均未说明该经理没有兑现承诺。

【答案】（E）

4. **(2012年管理类联考真题)** 在家电产品"三下乡"活动中，某销售公司的产品受到了农村居民的广泛欢迎。该公司总经理在介绍经验时表示：只有用最流行畅销的明星产品面对农村居民，才能获得他们的青睐。

以下哪项如果为真，最能质疑总经理的论述？

（A）某品牌电视由于其较强的防潮能力，尽管不是明星产品，但仍然获得了农村居民的青睐。

（B）流行畅销的明星产品由于价格偏高，故没有赢得农村居民的青睐。

（C）流行畅销的明星产品只有质量过硬，才能获得农村居民的青睐。

（D）有少数娱乐明星为某些流行畅销的产品做虚假广告。

（E）流行畅销的明星产品最适合城市中的白领使用。

【解析】总经理：明星产品←获得青睐。

其矛盾命题为：获得青睐∧¬明星产品。

（A）项，¬明星产品∧获得青睐，与总经理的论断相互矛盾，故能质疑总经理的论述。

（B）项，明星产品∧¬获得青睐，不能质疑总经理的论述。

（C）项，无关选项，题干的论证不涉及"产品质量"和"获得青睐"之间的关系。

（D）、（E）项，显然均为无关选项。

【答案】（A）

5. **(2013年管理类联考真题)** 教育专家李教授指出：每个人在自己的一生中，都要不断地努力，否则就会像龟兔赛跑的故事一样，一时跑得快并不能保证一直领先。如果你本来基础好又能不断努力，那你肯定能比别人更早取得成功。

如果李教授的陈述为真，则以下哪项一定为假？

（A）不论是谁，只有不断努力，才可能取得成功。

（B）只要不断努力，任何人都可能取得成功。

（C）小王本来基础好并且能不断努力，但也可能比别人更晚取得成功。

（D）人的成功是有衡量标准的。

（E）一时不成功并不意味着一直不成功。

【解析】李教授：基础好∧不断努力→更早取得成功。

题目要求选择一定为假的选项，即找原命题的负命题：

¬（基础好∧不断努力→更早取得成功）＝（基础好∧不断努力∧¬更早取得成功）。

所以，"基础好并且能不断努力，但并非比别人更早取得成功（即比别人更晚取得成功）"为假，故（C）项正确。

【答案】（C）

6. （2013年管理类联考真题）足球是一项集体运动，若想不断取得胜利，每个强队都必须有一位核心队员，他总能在关键场次带领全队赢得比赛。友南是某国甲级联赛强队西海队队员。据某记者统计，在上赛季参加的所有比赛中，有友南参赛的场次，西海队胜率高达75.5%，另有16.3%的平局，8.2%的场次输球；而在友南缺阵的情况下，西海队的胜率只有58.9%，输球的比率高达23.5%。该记者由此得出结论：友南是上赛季西海队的核心队员。

以下哪项如果为真，最能质疑该记者的结论？
(A) 西海队教练表示："球队是一个整体，不存在有友南的西海队和没有友南的西海队。"
(B) 上赛季友南缺席且西海队输球的比赛，都是小组赛中西海队已经确定出线后的比赛。
(C) 西海队队长表示："没有友南我们将失去很多东西，但我们会找到解决办法。"
(D) 上赛季友南上场且西海队输球的比赛，都是西海队与传统强队对阵的关键场次。
(E) 本赛季开始以来，在友南上阵的情况下，西海队胜率暴跌20%。

【解析】核心队员：关键场次→赢得比赛。
(D) 项，关键场次∧没有赢球，与题干矛盾，故若此项为真，则题干的结论为假。
其余各项均不正确。

【答案】(D)

7. （2014年管理类联考真题）陈先生在鼓励他孩子时说道："不要害怕暂时的困难和挫折，不经历风雨怎么见彩虹？"他孩子不服气地说："您说的不对。我经历了那么多风雨，怎么就没见到彩虹呢？"

陈先生孩子的回答最适宜用来反驳以下哪项？
(A) 如果想见到彩虹，就必须经历风雨。
(B) 只要经历了风雨，就可以见到彩虹。
(C) 只有经历风雨，才能见到彩虹。
(D) 即使经历了风雨，也可能见不到彩虹。
(E) 即使见到了彩虹，也不是因为经历了风雨。

【解析】陈先生：¬经历风雨→¬见到彩虹，"经历风雨"是"见到彩虹"的必要条件。
陈先生的孩子：（经历风雨∧¬见到彩虹）=¬（经历风雨→见到彩虹）。
所以陈先生的孩子反驳的是：只要经历了风雨，就可以见到彩虹。他误把必要条件当成了充分条件。
故(B)项正确。

【答案】(B)

8. （2015年管理类联考真题）当企业处于蓬勃上升时期，往往紧张而忙碌，没有时间和精力去设计和修建"琼楼玉宇"；当企业所有的重要工作都已经完成，其时间和精力就开始集中在修建办公大楼上。所以，如果一个企业的办公大楼设计得越完美，装饰得越豪华，则该企业离解体的时间就越近；当某个企业的大楼设计和建造趋向完美之际，它的存在就逐渐失去意义。这就是所谓的"办公大楼法则"。

以下哪项如果为真，最能质疑上述观点？
(A) 某企业的办公大楼修建得美轮美奂，入住后该企业的事业蒸蒸日上。
(B) 一个企业如果将时间和精力都耗费在修建办公大楼上，则对其他重要工作就投入不足了。

(C) 建造豪华的办公大楼，往往会加大企业的运营成本，损害其实际利益。
(D) 企业的办公大楼越破旧，该企业就越有活力和生机。
(E) 建造豪华办公大楼并不需要企业投入太多的时间和精力。

【解析】题干：企业的办公大楼设计得越完美，装饰得越豪华→企业离解体的时间就越近。

(A) 项，举反例（负命题），削弱题干的结论。

(B)、(C)、(D) 项，支持题干。

(E) 项，削弱题干的论据，但不如（A）项削弱结论的力度大。

【答案】(A)

9. (2015年管理类联考真题) 有人认为，任何一个机构都包括不同的职位等级或层级，每个人都隶属于其中的一个层级。如果某人在原来的级别岗位上干得出色，就会被提拔。而被提拔者得到重用后却碌碌无为，这会造成机构效率低下，人浮于事。

以下哪项如果为真，最能质疑上述观点？
(A) 不同岗位的工作方法是不同的，对新岗位要有一个适应过程。
(B) 部门经理王先生业绩出众，被提拔为公司总经理后工作依然出色。
(C) 个人晋升常常在一定程度上影响所在机构的发展。
(D) 李明的体育运动成绩并不理想，但他进入管理层后却干得得心应手。
(E) 王副教授教学和科研能力都很强，而晋升为正教授后却表现平平。

【解析】题干：出色→被提拔→碌碌无为。

(B) 项，举反例，被提拔∧¬碌碌无为，削弱题干。

其余各项均不能削弱题干。

【答案】(B)

10. (2016年管理类联考真题) 在某届洲际杯足球大赛中，第一阶段某小组单循环赛共有4支队伍参加，每支队伍需要在这一阶段比赛三场。甲国足球队在该小组的前两轮比赛中一平一负。在第三轮比赛之前，甲国足球队教练在新闻发布会上表示："只有我们在下一场比赛中取得胜利并且本组的另外一场比赛打成平局，我们才有可能从这个小组出线。"

如果甲国足球队教练的陈述为真，则以下哪项是不可能的？
(A) 第三轮比赛该小组两场比赛都分出了胜负，甲国足球队从小组出线。
(B) 甲国足球队第三场比赛取得了胜利，但他们未能从小组出线。
(C) 第三轮比赛甲国足球队取得了胜利，该小组另一场比赛打成平局，甲国足球队未能从小组出线。
(D) 第三轮比赛该小组另外一场比赛打成平局，甲国足球队从小组出线。
(E) 第三轮比赛该小组两场比赛都打成了平局，甲国足球队未能从小组出线。

【解析】甲国足球队教练：出线→下一场比赛胜利∧另一场比赛平局。

不可能为真，即找矛盾命题：出线∧¬（下一场比赛胜利∧另一场比赛平局）。

(A) 项，出线∧¬另一场比赛平局，与题干矛盾，是正确选项。

根据甲国足球队教练的陈述，其余各项均可能为真。

【答案】(A)

11. (2021年管理类联考真题) 为进一步弘扬传统文化,有专家提议将每年的2月1日、3月1日、4月1日、9月1日、11月1日、12月1日6天中的3天确定为"传统文化宣传日"。根据实际需要,确定日期必须考虑以下条件:

(1) 若选择2月1日,则选择9月1日但不选择12月1日。

(2) 若3月1日、4月1日至少选择其一,则不选择11月1日。

以下哪项选定的日期与上述条件一致?

(A) 2月1日、3月1日、4月1日。

(B) 2月1日、4月1日、11月1日。

(C) 3月1日、9月1日、11月1日。

(D) 4月1日、9月1日、11月1日。

(E) 9月1日、11月1日、12月1日。

【解析】由题干条件(1),可排除(A)项和(B)项;

由题干条件(2),可排除(C)项和(D)项。

故(E)项正确。

【答案】(E)

12. (2011年经济类联考真题)

以上五张卡片,一面是英文单词,另一面是阿拉伯数字或汉字。

主持人断定,如果一面是英文"odd",则另一面是阿拉伯数字。

如果试图推翻主持人的断定,但只允许翻动以上的两张卡片,以下选项中正确的是:

(A) 翻动第1张和第3张。

(B) 翻动第2张和第3张。

(C) 翻动第1张和第4张。

(D) 翻动第2张和第4张。

(E) 翻动第1张和第5张。

【解析】主持人的断定:odd→阿拉伯数字。

推翻主持人的断定,即:¬(odd→阿拉伯数字)=odd∧¬阿拉伯数字,即卡片的一面是"odd",且另一面不是阿拉伯数字。第4张、第5张有一面是阿拉伯数字,不符合,无法推翻;第1张的另一面不可能是"odd",也不能推翻;第2张和第3张可能符合这种情况,因此(B)项正确。

【答案】(B)

13. (2012年经济类联考真题)

上面四张卡片，一面为阿拉伯数字，一面为英文字母。主持人断定：如果一面为奇数，则另一面为元音字母。

为验证主持人的断定，必须翻动：

(A) 第1张和第3张。

(B) 第1张和第4张。

(C) 第2张和第3张。

(D) 第2张和第4张。

(E) 全部四张卡片。

【解析】主持人：奇数→元音字母，逆否得：¬元音字母（即辅音字母）→¬奇数（即偶数）。

要验证主持人的断定，只需翻动奇数和非元音字母（即辅音字母b）的卡片，如果反面分别是元音字母和非奇数（即偶数2），则主持人的断定正确；如果反面分别是非元音字母（即辅音字母b）和奇数，则主持人的断定错误。

所以必须翻动第2张和第4张，即（D）项正确。

【答案】(D)

14. (2012年经济类联考真题) 运动会将准时开始，除非天下雨。

在以下所列情况中，表明题干断定为假的是：

Ⅰ. 没下雨，并且运动会准时开始。

Ⅱ. 没下雨，并且运动会没有准时开始。

Ⅲ. 下雨，并且运动会准时开始。

(A) 只有Ⅰ。　　　　　　(B) 只有Ⅱ。　　　　　　(C) 只有Ⅲ。

(D) 只有Ⅱ和Ⅲ。　　　　(E) Ⅰ、Ⅱ和Ⅲ。

【解析】题干：¬天下雨→运动会准时开始。

其矛盾命题为：¬天下雨∧¬运动会准时开始，故Ⅱ项正确，Ⅰ项和Ⅲ项均不正确，即（B）项正确。

【答案】(B)

15. (2013年经济类联考真题) 如果小张来开会，则小李来开会或小赵没来开会。小李没来开会。

如果上述信息正确，则下列哪项一定不正确？

(A) 小张来开会了。

(B) 小张没来开会。

(C) 小赵没来开会。

(D) 小张和小赵都没来开会。

(E) 小张和小赵都来开会了。

【解析】将题干信息形式化：

①小张来开会→小李来开会∨小赵没来开会，等价于：小李没来开会∧小赵来开会→小张没来开会。

②小李没来开会。

本题选不正确的选项，即找与题干矛盾的选项。

题干信息①的矛盾命题为：小李没来开会∧小赵来开会∧小张来开会。

结合题干信息②可知，"小张和小赵都来开会"一定为假，即（E）项与题干矛盾，不可能为真。

【答案】（E）

16.（2013年经济类联考真题） 李娟在教室，除非她接到张凯的短信了。

下列哪项如果正确，表明上述论断为假？

Ⅰ．李娟接到了张凯的短信并且在教室。

Ⅱ．李娟没有接到张凯的短信并且不在教室。

Ⅲ．李娟接到了张凯的短信并且不在教室。

(A) 只有Ⅰ。　　　　　　　(B) 只有Ⅱ。　　　　　　　(C) 只有Ⅲ。

(D) 只有Ⅱ和Ⅲ。　　　　　(E) 只有Ⅰ和Ⅱ。

【解析】根据口诀"'除'字去掉，箭头反划"，可得：¬接到短信→在教室。

本题选一定为假的选项，即找与题干矛盾的选项。

其矛盾命题为：¬接到短信∧¬在教室。

故Ⅱ项必为假，即（B）项正确。

【答案】（B）

17.（2019年经济类联考真题） 校务委员会决定，除非是少数民族贫困生，否则不能获得特别奖学金。

以下哪项如果为真，说明校务委员会的上述决定没有得到贯彻？

Ⅰ．赵明是少数民族贫困生，没有获得特别奖学金。

Ⅱ．刘斌是汉族贫困生，获得了特别奖学金。

Ⅲ．熊强不是贫困生，获得了特别奖学金。

(A) 只有Ⅰ。　　　　　　　(B) 只有Ⅰ和Ⅱ。　　　　　　(C) 只有Ⅱ和Ⅲ。

(D) 只有Ⅰ和Ⅲ。　　　　　(E) Ⅰ、Ⅱ和Ⅲ。

【解析】校务委员会：¬（少数民族∧贫困生）→¬获得奖学金，即¬少数民族∨¬贫困生→¬获得奖学金。

逆否，得：获得奖学金→少数民族∧贫困生。

校务委员会的决定没有得到贯彻，即找题干的矛盾命题：（¬少数民族∨¬贫困生）∧获得奖学金。

Ⅰ项，（少数民族∧贫困生）∧¬获得奖学金，不与题干矛盾，故不能说明校务委员会的上述决定没有得到贯彻。

Ⅱ项，汉族（即¬少数民族）∧贫困生∧获得奖学金，与题干矛盾，故能说明校务委员会的上述决定没有得到贯彻。

Ⅲ项，¬贫困生∧获得奖学金，与题干矛盾，故能说明校务委员会的上述决定没有得到贯彻。

综上，（C）项正确。

【答案】（C）

18. (2020年经济类联考真题) 只要不下雨，典礼就按时开始。

以下哪项如果为真，说明上述断定不成立？

Ⅰ. 没下雨，但典礼没按时开始。

Ⅱ. 下雨，但典礼仍然按时开始。

Ⅲ. 下雨，典礼延期。

(A) 只有Ⅰ。　　　　　　(B) 只有Ⅱ。　　　　　　(C) 只有Ⅲ。

(D) 只有Ⅱ和Ⅲ。　　　　(E) Ⅰ、Ⅱ和Ⅲ。

【解析】题干：¬下雨→按时开始，其负命题为：¬下雨∧¬按时开始。

Ⅰ项，¬下雨∧¬按时开始，与题干断定矛盾。

Ⅱ项，下雨∧按时开始，与题干断定不矛盾。

Ⅲ项，下雨∧延期（即¬按时开始），与题干断定不矛盾。

故（A）项正确。

【答案】(A)

变化2　串联推理＋负命题

解题思路

如果题干可以串联成 A→B→C→D 的形式，那么 A∧¬B、A∧¬C、A∧¬D 均与题干矛盾。

典型真题

19. (2013年管理类联考真题) 专业人士预测：如果粮食价格保持稳定，那么蔬菜价格也将保持稳定；如果食用油价格不稳，那么蔬菜价格也将出现波动。老李由此断定：粮食价格保持稳定，但是肉类食品价格将上涨。

根据上述专业人士的预测，以下哪项如果为真，最能对老李的观点提出质疑？

(A) 如果食用油价格稳定，那么肉类食品价格将会上涨。

(B) 如果食用油价格稳定，那么肉类食品价格不会上涨。

(C) 如果肉类食品价格不上涨，那么食用油价格将会上涨。

(D) 如果食用油价格出现波动，那么肉类食品价格不会上涨。

(E) 只有食用油价格稳定，肉类食品价格才不会上涨。

【解析】专业人士存在以下论断：

①粮价稳定→菜价稳定。

②¬油价稳定→¬菜价稳定，等价于：菜价稳定→油价稳定。

由①、②知，③粮价稳定→菜价稳定→油价稳定。

老李：粮价稳定∧肉价上涨。

(B) 项，油价稳定→¬肉价上涨，再由③知：粮价稳定→菜价稳定→油价稳定→¬肉价上涨，即，粮价稳定→¬肉价上涨，与老李的观点是矛盾命题，故能削弱老李的观点。

【答案】(B)

20.（2015年管理类联考真题）张教授指出，明清时期科举考试分为四级，即院试、乡试、会试、殿试。院试在县府举行，考中者称为"生员"；乡试每三年在各省省城举行一次，生员才有资格参加，考中者称为"举人"，举人第一名称为"解元"；会试于乡试后第二年在京城礼部举行，举人才有资格参加，考中者称为"贡士"，贡士第一名称为"会元"；殿试在会试当年举行，由皇帝主持，贡士才有资格参加，录取分为三甲，一甲三名，二甲、三甲各若干名，统称为"进士"，一甲第一名称为"状元"。

根据张教授的陈述，以下哪项是不可能的？

（A）未中解元者，不曾中会元。
（B）中举者，不曾中进士。
（C）中状元者曾为生员和举人。
（D）中会元者，不曾中举。
（E）可有连中三元者（解元、会元、状元）。

【解析】张教授：

①中生员者，才能中举人；中举人者，才能中贡士；中贡士者，才能中进士。

②举人第一名称为"解元"；贡士第一名称为"会元"；进士第一名称为"状元"。

形式化为：进士（状元）→贡士（会元）→举人（解元）→生员。

（D）项，会元∧¬举人，不可能为真。

其余各项均有可能为真。

【答案】（D）

21.（2021年管理类联考真题）某电影节设有"最佳故事片""最佳男主角""最佳女主角""最佳编剧""最佳导演"等多个奖项。颁奖前，有专业人士预测如下：

（1）若甲或乙获得"最佳导演"，则"最佳女主角"和"最佳编剧"将在丙和丁中产生。
（2）只有影片P或影片Q获得"最佳故事片"，其片中的主角才能获得"最佳男主角"或"最佳女主角"。
（3）"最佳导演"和"最佳故事片"不会来自同一部影片。

以下哪项颁奖结果与上述预测不一致？

（A）乙没有获得"最佳导演"，"最佳男主角"来自影片Q。
（B）丙获得"最佳女主角"，"最佳编剧"来自影片P。
（C）丁获得"最佳编剧"，"最佳女主角"来自影片P。
（D）"最佳女主角""最佳导演"都来自影片P。
（E）甲获得"最佳导演"，"最佳编剧"来自影片Q。

【解析】将题干信息（2）、（3）串联可得：最佳男主角∨最佳女主角→最佳故事片→¬最佳导演。

（D）项，最佳女主角∧最佳导演，与上述推理矛盾，故（D）项与预测不一致。

其余各项均与题干不矛盾。

【答案】（D）

22.（2017年经济类联考真题）正是因为有了第二味觉，哺乳动物才能够边吃边呼吸。很明显，边吃边呼吸对保持哺乳动物高效率的新陈代谢是必要的。

以下哪种哺乳动物的发现，最能削弱以上断言？

(A) 有高效率的新陈代谢和边吃边呼吸的能力的哺乳动物。

(B) 有低效率的新陈代谢和边吃边呼吸的能力的哺乳动物。

(C) 有低效率的新陈代谢但没有边吃边呼吸能力的哺乳动物。

(D) 有高效率的新陈代谢但没有第二味觉的哺乳动物。

(E) 有低效率的新陈代谢和第二味觉的哺乳动物。

【解析】题干有两个必要条件：

①第二味觉←边吃边呼吸。

②边吃边呼吸←高效率的新陈代谢。

②、①串联可得：高效率的新陈代谢→边吃边呼吸→第二味觉。

故有：高效率的新陈代谢→第二味觉。

其矛盾命题为：高效率的新陈代谢∧¬第二味觉，所以（D）项最能削弱题干。

【答案】(D)

题型 5　二难推理

命题概率

199 管理类联考近 10 年真题命题数量 6 道，平均每年 0.6 道。

396 经济类联考近 10 年真题命题数量 3 道，平均每年 0.3 道。

母题变化

变化 1　选言型二难推理

解题思路

你找男朋友有两个选择，或者找小宝，或者找晓明。如果选小宝，太黑；如果选晓明，太矮，所以你面临二难选择：或者找个黑男友，或者找个矮男友。

我们将这个例子符号化：

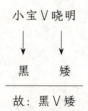

即公式（1）：

$$A \vee B;$$
$$A \to C;$$
$$B \to D;$$

所以，$C \vee D$。

同理，我们有以下公式：

公式（2）

$$A \vee \neg A;$$
$$A \to B;$$
$$\neg A \to B;$$

所以，B。

公式（3）

$$A \to B，等价于：\neg B \to \neg A;$$
$$A \to \neg B，等价于：B \to \neg A;$$

所以，$\neg A$。

公式（4）

$$A \vee \neg A;$$
$$A \to B;$$
$$\neg A \to C;$$

所以，$B \vee C$。

典型真题

1. **（2009年管理类联考真题）** 在潮湿的气候中仙人掌很难成活，在寒冷的气候中柑橘很难生长。在某省的大部分地区，仙人掌和柑橘至少有一种不难成活或生长。

   如果上述断定为真，则以下哪项一定为假？

   (A) 该省的一半地区，既潮湿又寒冷。

   (B) 该省的大部分地区炎热。

   (C) 该省的大部分地区潮湿。

   (D) 该省的某些地区既不寒冷也不潮湿。

   (E) 柑橘在该省的所有地区都无法生长。

   【解析】题干有如下判断：

   ①潮湿→仙人掌难成活，等价于：¬仙人掌难成活→¬潮湿。

   ②寒冷→柑橘难生长，等价于：¬柑橘难生长→¬寒冷。

   ③某省大部分地区：¬仙人掌难成活∨¬柑橘难生长。

由二难推理的公式（1）可知：某省大部分地区：￢潮湿∨￢寒冷。

(A) 项与题干结论矛盾，必然为假。

【答案】(A)

2.（2010年管理类联考真题、2015年经济类联考真题） 太阳风中的一部分带电粒子可以到达M星表面，将足够的能量传递给M星表面粒子，使后者脱离M星表面，逃逸到M星大气中。为了判定这些逃逸的粒子，科学家们通过三个实验获得了如下信息：

实验一：或者是X粒子，或者是Y粒子。

实验二：或者不是Y粒子，或者不是Z粒子。

实验三：如果不是Z粒子，就不是Y粒子。

根据上述三个实验，以下哪项一定为真？

(A) 这种粒子是X粒子。　　　　　　　　(B) 这种粒子是Y粒子。

(C) 这种粒子是Z粒子。　　　　　　　　(D) 这种粒子不是X粒子。

(E) 这种粒子不是Z粒子。

【解析】题干有以下断定：

①X∨Y，等价于：￢Y→X。

②￢Y∨￢Z，等价于：Z→￢Y。

③￢Z→￢Y。

根据二难推理公式（2），由②、③得：￢Y。

再由①得：￢Y→X。故该粒子为X粒子。

【答案】(A)

3.（2010年管理类联考真题） 某中药配方有如下要求：

(1) 如果有甲药材，那么也要有乙药材。

(2) 如果没有丙药材，那么必须有丁药材。

(3) 人参和天麻不能都有。

(4) 如果没有甲药材而有丙药材，则需要有人参。

如果含有天麻，则关于该中药配方的断定哪项为真？

(A) 含有甲药材。　　　　　　　　　　(B) 含有丙药材。

(C) 没有丙药材。　　　　　　　　　　(D) 没有乙药材和丁药材。

(E) 含有乙药材或丁药材。

【解析】题干有以下断定：

①甲→乙。

②￢丙→丁。

③￢（人参∧天麻），等价于：￢人参∨￢天麻，等价于：天麻→￢人参。

④（￢甲∧丙）→人参，等价于：￢人参→甲∨￢丙。

⑤天麻。

由⑤、③、④串联得：⑥天麻→￢人参→甲∨￢丙。

根据二难推理的公式（1），由⑥、①、②得：乙∨丁。

故，该中药配方含有乙药材或丁药材，即（E）项正确。

【答案】（E）

4. **（2011年管理类联考真题）** 在恐龙灭绝6 500万年后的今天，地球正面临着又一次物种大规模灭绝的危机。截至20世纪末，全球大约有20％的物种灭绝。现在，大熊猫、西伯利亚虎、北美玳瑁、巴西红木等许多珍稀物种面临着灭绝的危险。有三位学者对此作了预测：

学者一：如果大熊猫灭绝，则西伯利亚虎也将灭绝。

学者二：如果北美玳瑁灭绝，则巴西红木不会灭绝。

学者三：或者北美玳瑁灭绝，或者西伯利亚虎不会灭绝。

如果三位学者的预测都为真，则以下哪项一定为假？

(A) 大熊猫和北美玳瑁都将灭绝。

(B) 巴西红木将灭绝，西伯利亚虎不会灭绝。

(C) 大熊猫和巴西红木都将灭绝。

(D) 大熊猫将灭绝，巴西红木不会灭绝。

(E) 巴西红木将灭绝，大熊猫不会灭绝。

【解析】题干存在以下断定：

①大熊猫灭绝→西伯利亚虎灭绝。

②北美玳瑁灭绝→¬巴西红木灭绝。

③北美玳瑁灭绝∨¬西伯利亚虎灭绝。

方法一：串联法。

由③得，④西伯利亚虎灭绝→北美玳瑁灭绝。

①、④、②串联得：大熊猫灭绝→西伯利亚虎灭绝→北美玳瑁灭绝→¬巴西红木灭绝。

所以，大熊猫灭绝与巴西红木灭绝不会同时发生，故（C）项必然为假。

方法二：二难推理。

①等价于：⑤¬西伯利亚虎灭绝→¬大熊猫灭绝。

根据二难推理公式（1），由③、⑤、②可得：¬大熊猫灭绝∨¬巴西红木灭绝，等价于：¬（大熊猫灭绝∧巴西红木灭绝）。

所以，大熊猫与巴西红木不会都灭绝，故（C）项必然为假。

【答案】（C）

5. **（2012年管理类联考真题）** 李明、王兵、马云三位股民对股票A和股票B分别作了如下预测：

李明：只有股票A不上涨，股票B才不上涨。

王兵：股票A和股票B至少有一个不上涨。

马云：股票A上涨当且仅当股票B上涨。

若三人的预测都为真，则以下哪项符合他们的预测？

(A) 股票A上涨，股票B不上涨。

(B) 股票A不上涨，股票B上涨。

(C) 股票A和股票B均上涨。

(D) 股票 A 和股票 B 均不上涨。

(E) 只有股票 A 上涨，股票 B 才不上涨。

【解析】题干中有以下信息：

①李明：¬A←¬B，即：¬B→¬A。

②王兵：¬A∨¬B，等价于：B→¬A。

③马云：A↔B，等价于：¬A↔¬B。

根据<u>二难推理的公式（3）</u>，由①、②知：¬A，再由③可知，¬A∧¬B，即股票 A 和股票 B 均不上涨。

故（D）项正确。

【答案】(D)

6. **(2014 年管理类联考真题)** 某国大选在即，国际政治专家陈研究员预测：选举结果或者是甲党控制政府，或者是乙党控制政府。如果甲党赢得对政府的控制权，该国将出现经济问题；如果乙党赢得对政府的控制权，该国将陷入军事危机。

根据陈研究员的上述预测，可以得出以下哪项？

(A) 该国可能不会出现经济问题，也不会陷入军事危机。

(B) 如果该国出现经济问题，那么甲党赢得了对政府的控制权。

(C) 该国将出现经济问题，或者将陷入军事危机。

(D) 如果该国陷入了军事危机，那么乙党赢得了对政府的控制权。

(E) 如果该国出现了经济问题并且陷入了军事危机，那么甲党与乙党均赢得了对政府的控制权。

【解析】题干中有以下判断：

①甲党控制∨乙党控制。

②甲党控制→经济问题。

③乙党控制→军事危机。

根据<u>二难推理的公式（1）</u>，则必有：经济问题∨军事危机。故（C）项正确。

【答案】(C)

7. **(2017 年管理类联考真题)** 某民乐小组拟购买几种乐器，购买要求如下：

(1) 二胡、箫至多购买一种。

(2) 笛子、二胡和古筝至少购买一种。

(3) 箫、古筝、唢呐至少购买两种。

(4) 如果购买箫，则不购买笛子。

根据以上要求，可以得出以下哪项？

(A) 至多可以购买三种乐器。　　　　　　(B) 箫、笛子至少购买一种。

(C) 至少要购买三种乐器。　　　　　　　(D) 古筝、二胡至少购买一种。

(E) 一定要购买唢呐。

【解析】由题干条件（1）可知，¬二胡∨¬箫＝箫→¬二胡。

由题干条件（4）可知，箫→¬笛子。

串联得：箫→¬二胡∧¬笛子。

因此，若购买箫，则不购买二胡和笛子，再由题干条件（2）可知，笛子、二胡和古筝至少购买一种，故购买古筝。

若不购买箫，根据题干条件（3）可知，购买了古筝和唢呐，即也购买古筝。

综上所述，根据二难推理的公式（2）可得：一定购买古筝。所以（D）项，二胡∨古筝，为真。

【答案】(D)

8.（2018年管理类联考真题）某国拟在甲、乙、丙、丁、戊、己6种农作物中进口几种，用于该国庞大的动物饲料产业。考虑到一些农作物可能含有违禁成分，以及它们之间存在的互补或可替代等因素，该国对进口这些农作物有如下要求：

（1）它们当中不含违禁成分的都进口。
（2）如果甲或乙有违禁成分，就进口戊和己。
（3）如果丙含有违禁成分，那么丁就不进口了。
（4）如果进口戊，就进口乙和丁。
（5）如果不进口丁，就进口丙；如果进口丙，就不进口丁。

根据上述要求，以下哪项所列的农作物是该国可以进口的？

(A) 甲、乙、丙。　　　(B) 乙、丙、丁。　　　(C) 甲、戊、己。
(D) 甲、丁、己。　　　(E) 丙、戊、己。

【解析】将题干信息形式化：

（1）不含违禁→进口。

（2）甲违禁∨乙违禁→进口戊∧进口己，等价于：不进口戊∨不进口己→甲不违禁∧乙不违禁。

（3）丙违禁→不进口丁，等价于：进口丁→丙不违禁。

（4）进口戊→进口乙∧进口丁，等价于：不进口乙∨不进口丁→不进口戊。

（5）不进口丁→进口丙；进口丙→不进口丁。

由题干信息（3）、（1）知：进口丁→丙不违禁→进口丙，逆否得：不进口丙→丙违禁→不进口丁。

由题干信息（5）知，进口丙→不进口丁。

故，根据二难推理的公式（2）可得：不进口丁。再由题干信息（5）知，进口丙。

由题干信息（4）、（2）、（1）知，不进口丁→不进口戊→甲不违禁∧乙不违禁→进口甲∧进口乙。

综上，(A)项正确。

【答案】(A)

9.（2019年管理类联考真题）本保险柜所有密码都是4个阿拉伯数字和4个英文字母的组合，已知：

（1）若4个英文字母不连续排列，则密码组合中的数字之和大于15。
（2）若4个英文字母连续排列，则密码组合中的数字之和等于15。

(3) 密码组合中的数字之和或者等于 18，或者小于 15。

根据上述信息，以下哪项是可能的密码组合？

(A) 1adbe356。　　　　(B) 37ab26dc。　　　　(C) 2acgf716。

(D) 58bcde32。　　　　(E) 18ac42de。

【解析】方法一：选项排除法。

题目中都是不确定性条件，代入选项排除即可。

(A) 项，4 个英文字母连续排列，数字之和等于 15，与条件 (3) 矛盾，排除。

(B) 项，4 个英文字母不连续排列，且数字之和等于 18，符合题干条件。

(C) 项，4 个英文字母连续排列，但数字之和不等于 15，与条件 (2) 矛盾，排除。

(D) 项，4 个英文字母连续排列，但数字之和不等于 15，与条件 (2) 矛盾，排除。

(E) 项，4 个英文字母不连续排列，但数字之和不大于 15，与条件 (1) 矛盾，排除。

方法二：二难推理。

根据二难推理的公式 (1)，由条件 (1)、(2) 可知，密码组合中的数字之和大于 15 或者等于 15。

再结合条件 (3) 可得：密码组合中的数字之和等于 18。

再由条件 (2) 逆否可得：4 个英文字母不连续排列。

故 (B) 项正确。

【答案】(B)

10. (2012 年经济类联考真题) 如果这项改革措施不受干部欢迎，我们就应该进行修改；如果它不受工人们欢迎，我们就应该采用一项新的改革措施，并且这项措施必定是：要么不受干部的欢迎，要么不受工人们的欢迎。

如果以上陈述为真，则以下哪项也一定为真？

(A) 我们应当修改这项改革措施，当且仅当这样做不会降低该措施在工人中的声望。

(B) 我们应该在干部或工人中间努力推广这项改革措施。

(C) 如果修改这项改革措施不会影响它在干部中受欢迎的程度，我们就应该立即进行修改。

(D) 如果这项改革措施受到了工人们的欢迎，我们就应该采取一项新的改革措施。

(E) 如果这项改革措施受到了干部们的欢迎，我们就应该采取一项新的改革措施。

【解析】将题干信息形式化：

①不受干部欢迎→进行修改。

②不受工人欢迎→采取新的措施。

③不受干部欢迎∨不受工人欢迎。

由题干信息③可得：④受干部欢迎→不受工人欢迎。

将题干信息④、②串联可得：受干部欢迎→不受工人欢迎→采取新的措施，所以，(E) 项必然为真。

【答案】(E)

变化2 联言型二难推理

解题思路

$$A \wedge B;$$
$$A \rightarrow C;$$
$$B \rightarrow D;$$
_____
所以，$C \wedge D$。

典型真题

11.（2012年管理类联考真题、2016年经济类联考真题）如果他勇于承担责任，那么他就一定会直面媒体，而不是选择逃避；如果他没有责任，那么他就一定会聘请律师，捍卫自己的尊严。可是事实上，他不仅没有聘请律师，现在逃得连人影都不见了。

根据以上陈述，可以得出以下哪项结论？

（A）即使他没有责任，也不应该选择逃避。

（B）虽然选择了逃避，但是他可能没有责任。

（C）如果他有责任，那么他应该勇于承担责任。

（D）如果他不敢承担责任，那么说明他责任很大。

（E）他不仅有责任，而且他没有勇气承担责任。

【解析】题干有以下论断：

①勇于承担责任→¬逃避，等价于：逃避→¬勇于承担责任。

②¬责任→聘请律师，等价于：¬聘请律师→责任。

③¬聘请律师∧逃避。

根据二难推理公式，由③、②、①可知：责任∧¬勇于承担责任，即他不仅有责任，而且他没有勇气承担责任。故（E）项正确。

【答案】（E）

第 2 章　简单命题与概念

题型 6　对当关系

命题概率

199 管理类联考近 10 年真题命题数量 3 道，平均每年 0.3 道。
396 经济类联考近 10 年真题命题数量 6 道，平均每年 0.6 道。

母题变化

解题思路

1. 性质命题的对当关系图（如图 2-1 所示）

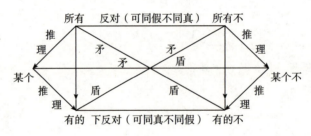

图 2-1

2. 模态命题的对当关系图（如图 2-2 所示）

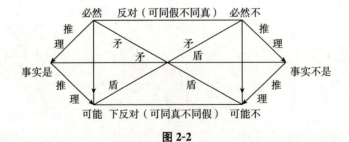

图 2-2

3. 四种关系
(1) 性质命题对当关系（如表 2-1 所示）

表 2-1

编号	关系	命题	真假情况
①	矛盾关系	"所有"与"有的不" "所有不"与"有的" "某个"与"某个不"	一真一假
②	反对关系	"所有"与"所有不"	两个所有，至少一假； 一真另必假，一假另不定
③	下反对关系	"有的"与"有的不"	两个有的，至少一真； 一假另必真，一真另不定
④	推理关系	所有→某个→有的 所有不→某个不→有的不	上真下必真，下假上必假； 反之则不定

(2) 模态命题对当关系（如表 2-2 所示）

表 2-2

编号	关系	命题	真假情况
①	矛盾关系	"必然"与"可能不" "必然不"与"可能" "事实"与"事实不"	一真一假
②	反对关系	"必然"与"必然不"	两个必然，至少一假； 一真另必假，一假另不定
③	下反对关系	"可能"与"可能不"	两个可能，至少一真； 一假另必真，一真另不定
④	推理关系	必然→事实→可能 必然不→事实不→可能不	上真下必真，下假上必假； 反之则不定

典型真题

1. （2011年管理类联考真题）只有公司相应部门的所有员工都考评合格了，该部门的员工才能得到年终奖金；财务部有些员工考评合格了；综合部所有员工都得到了年终奖金；行政部的赵强考评合格了。

如果以上陈述为真，则以下哪项可能为真？

Ⅰ．财务部员工都考评合格了。

Ⅱ．赵强得到了年终奖金。
Ⅲ．综合部有些员工没有考评合格。
Ⅳ．财务部员工没有得到年终奖金。

(A) 仅Ⅰ和Ⅱ。　　　　　　　　　　(B) 仅Ⅱ和Ⅲ。
(C) 仅Ⅰ、Ⅱ和Ⅳ。　　　　　　　　(D) 仅Ⅰ、Ⅱ和Ⅲ。
(E) 仅Ⅱ、Ⅲ和Ⅳ。

【解析】题干存在以下论断：
①该部门所有员工都得到年终奖金→该部门所有员工都考评合格。
②财务部有的员工考评合格。
③综合部所有员工都得到了年终奖金。
④行政部的赵强考评合格。

Ⅰ项，可能为真。根据断定②，财务部有的员工考评合格，可能是财务部所有员工考评合格，故可能为真。

Ⅱ项，可能为真。根据断定①和④，赵强是否得到年终奖金是不确定的，故可能为真。

Ⅲ项，不可能为真。根据断定①和③，可知综合部所有员工都考评合格了，故必为假。

Ⅳ项，可能为真。根据断定①和②，财务部员工是否得到年终奖金是不确定的，故可能为真。

【答案】(C)

2.（2013年管理类联考真题） 根据某位国际问题专家的调查统计可知：有的国家希望与某些国家结盟，有三个以上的国家不希望与某些国家结盟；至少有两个国家希望与每个国家建交，有的国家不希望与任一国家结盟。

根据上述统计可以得出以下哪项？

(A) 每个国家都有一些国家希望与之建交。
(B) 每个国家都有一些国家希望与之结盟。
(C) 有些国家之间希望建交但是不希望结盟。
(D) 至少有一个国家，既有国家希望与之结盟，也有国家不希望与之结盟。
(E) 至少有一个国家，既有国家希望与之建交，也有国家不希望与之建交。

【解析】由"至少有两个国家希望与每个国家建交"可知，每个国家都有一些国家希望与之建交，故（A）项正确。

【答案】(A)

3.（2017年管理类联考真题） 爱书成痴注定会藏书。大多数藏书家也会读一些自己收藏的书；但有些藏书家却因喜爱书的价值和精致装帧而购书收藏，至于阅读则放到了自己以后闲暇的时间，而一旦他们这样想，这些新购的书就很可能不被阅读了。但是，这些受到"冷遇"的书只要被友人借去一本，藏书家就会失魂落魄，整日心神不安。

根据上述信息，可以得出以下哪项？

(A) 有些藏书家将自己的藏书当作友人。
(B) 有些藏书家喜欢闲暇时读自己的藏书。

(C) 有些藏书家会读遍自己收藏的书。

(D) 有些藏书家不会立即读自己新购的书。

(E) 有些藏书家从不读自己收藏的书。

【解析】题干：

①大多数藏书家也会读一些自己收藏的书。

②有些藏书家将阅读放到了自己以后闲暇的时间。

③有些藏书家新购的书就很可能不被阅读了。

④受到"冷遇"的书只要被友人借去一本，藏书家就会失魂落魄，整日心神不安。

(A) 项，无关选项，题干没有涉及此项。

(B) 项，由③可知，有些藏书家新购的书在闲暇时可能不被阅读，"有的不"为真无法断定"有的"的真假。

(C) 项，由①可知，"有些藏书家也会'读一些'自己收藏的书"，由此无法确定"有些藏书家会'读遍'自己收藏的书"的真假。

(D) 项，由②可知，此项为真。

(E) 项，由①可知，"有的"为真，无法得知"有的不"的真假。

【答案】(D)

4. (2018年管理类联考真题) 盛夏时节的某一天，某市早报刊载了由该市专业气象台提供的全国部分城市当天的天气预报，择其内容如表2-3所示：

表 2-3

天津	阴	上海	雷阵雨	昆明	小雨
呼和浩特	阵雨	哈尔滨	少云	乌鲁木齐	晴
西安	中雨	南昌	大雨	香港	多云
南京	雷阵雨	拉萨	阵雨	福州	阴

根据上述信息，以下哪项作出的论断最为准确？

(A) 由于所列城市盛夏天气变化频繁，所以上面所列的9类天气一定就是所有的天气类型。

(B) 由于所列城市并非我国的所有城市，所以上面所列的9类天气一定不是所有的天气类型。

(C) 由于所列城市在同一天不一定展示所有的天气类型，所以上面所列的9类天气可能不是所有的天气类型。

(D) 由于所列城市在同一天可能展示所有的天气类型，所以上面所列的9类天气一定是所有的天气类型。

(E) 由于所列城市分处我国的东南西北中，所以上面所列的9类天气一定就是所有的天气类型。

【解析】题干仅仅给出了"部分"城市一天的天气，因此，不能判断"所有"天气类型。故(C) 项正确。

【答案】(C)

5.（2011年经济类联考真题） 男士不都爱看足球赛，女士都不爱看足球赛。

如果已知上述第一个断定为真，第二个断定为假，则以下哪项据此不能确定真假？

Ⅰ．男士都爱看足球赛，有的女士也爱看足球赛。

Ⅱ．有的男士爱看足球赛，有的女士不爱看足球赛。

Ⅲ．有的男士不爱看足球赛，女士都爱看足球赛。

(A) 只有Ⅰ。　　　　　　(B) 只有Ⅱ。　　　　　　(C) 只有Ⅲ。

(D) 只有Ⅰ和Ⅱ。　　　　(E) 只有Ⅱ和Ⅲ。

【解析】题干有以下信息：

①男士不都爱看足球赛，等价于：有的男士不爱看足球赛。

②并非"女士都不爱看足球赛"＝并非"所有女士不爱看足球赛"＝有的女士爱看足球赛。

Ⅰ项，男士都爱看足球赛，与①矛盾，为假；有的女士也爱看足球赛，符合②，为真。联言命题必须两个联言肢都真才为真，故Ⅰ项为假。

Ⅱ项，有的男士爱看足球赛，与①为下反对关系，可真可假；有的女士不爱看足球赛，与②为下反对关系，可真可假。故Ⅱ项真假不定。

Ⅲ项，有的男士不爱看足球赛，符合①，为真；女士都爱看足球赛，由②知，可真可假。故Ⅲ项真假不定。

所以，(E)项为正确答案。

【答案】(E)

6.（2012年经济类联考真题） 北方人不都爱吃面食，但南方人都不爱吃面食。

如果已知上述第一个断定为真，第二个断定为假，则以下哪项据此不能断定真假？

Ⅰ．有的北方人爱吃面食，有的南方人不爱吃面食。

Ⅱ．北方人都爱吃面食，有的南方人也爱吃面食。

Ⅲ．北方人都不爱吃面食，南方人都爱吃面食。

Ⅳ．如果有的北方人不爱吃面食，则有的南方人也不爱吃面食。

(A) 只有Ⅰ。

(B) 只有Ⅰ和Ⅲ。

(C) 只有Ⅱ和Ⅲ。

(D) 只有Ⅲ和Ⅳ。

(E) 只有Ⅰ、Ⅲ和Ⅳ。

【解析】题干有以下信息：

①北方人不都爱吃面食＝有的北方人不爱吃面食。

②并非"南方人都不爱吃面食"＝并非"所有南方人不爱吃面食"＝有的南方人爱吃面食。

Ⅰ项，有的北方人爱吃面食，与①为下反对关系，真假不定；有的南方人不爱吃面食，与②为下反对关系，真假不定。故Ⅰ项真假不定。

Ⅱ项，北方人都爱吃面食，与①矛盾，为假；有的南方人也爱吃面食，符合②，为真。联言命题必须两个联言肢都真才为真，故Ⅱ项为假。

Ⅲ项，北方人都不爱吃面食，由①知，真假不定；南方人都爱吃面食，由②知，真假不定。故Ⅲ项真假不定。

Ⅳ项，有的北方人不爱吃面食→有的南方人不爱吃面食，等价于：¬ 有的北方人不爱吃面食∨有的南方人不爱吃面食，等价于：所有北方人爱吃面食（假）∨有的南方人不爱吃面食（真假不定），故Ⅳ项真假不定。

所以，(E) 项正确。

【答案】(E)

7. （2013年经济类联考真题）宇宙中，除了地球，不一定有居住着智能生物的星球。

下列哪项与上述论述的含义最为接近？

(A) 宇宙中，除了地球，一定没有居住着智能生物的星球。
(B) 宇宙中，除了地球，一定有居住着智能生物的星球。
(C) 宇宙中，除了地球，可能有居住着智能生物的星球。
(D) 宇宙中，除了地球，可能没有居住着智能生物的星球。
(E) 宇宙中，除了地球，一定没有居住着非智能生物的星球。

【解析】根据对当关系，不一定有＝可能没有。

所以，题干信息等价于：宇宙中，除了地球，可能没有居住着智能生物的星球。

故 (D) 项正确。

【答案】(D)

8. （2015年经济类联考真题）美国人汤姆最近发明了永动机。

如果上述断定为真，则以下哪项一定为真？

(A) 由于永动机违反科学原理，故上述断定不可能为真。
(B) 所有的美国人都没有发明永动机。
(C) 有的美国人没有发明永动机。
(D) 有的美国人发明了永动机。
(E) 发明永动机的只有美国人。

【解析】题干：美国人汤姆最近发明了永动机。

根据性质命题对当关系图可知，题干中"美国人汤姆最近发明了永动机"，即"某个"为真，根据"某个→有的"，可知"有的"为真，即有的美国人发明了永动机，故 (D) 项正确。

(A) 项，无关选项。

(B) 项，"有的"和"所有不"是矛盾关系，二者必有一真一假，已知"有的"为真，故"所有不"为假，即此项为假。

(C) 项，"有的"和"有的不"为下反对关系，至少一真，一真另不定，故此项可真可假。

(E) 项，由"美国人→发明了永动机"无法推出"发明了永动机→美国人"，根据箭头指向原则，可知此项可真可假。

【答案】(D)

9. （2016年经济类联考真题）这个单位已发现有育龄职工违纪超生。

如果上述断定为真，则在下述三个断定中不能确定真假的是：

Ⅰ. 这个单位没有育龄职工不违纪超生。

Ⅱ．这个单位有的育龄职工没违纪超生。

Ⅲ．这个单位所有的育龄职工都没违纪超生。

(A) 只有Ⅰ和Ⅱ。　　　　　(B) Ⅰ、Ⅱ和Ⅲ。　　　　　(C) 只有Ⅰ和Ⅲ。

(D) 只有Ⅱ。　　　　　　　(E) 只有Ⅰ。

【解析】题干：有的育龄职工违纪超生。

Ⅰ项，等价于：所有的育龄职工都违纪超生，根据"所有→某个→有的"，可知"有的"推不出"所有"，故此项可真可假。

Ⅱ项，"有的"与"有的不"是下反对关系，一真另不定，故此项可真可假。

Ⅲ项，"有的"与"所有不"是矛盾关系，故此项必为假。

【答案】(A)

10. （2020年经济类联考真题）有一种长着红色叶子的草，学名叫"Abana"，在地球上极稀少。北美的人都认识一种红色叶子的草，这种草在那里很常见。

从上面的事实中不能得出下列哪项结论？

(A) 北美的那种红色叶子的草就是"Abana"。

(B) "Abana"可能不是生长在北美。

(C) 并非所有长红色叶子的草都稀少。

(D) 北美有的草并不稀少。

(E) 并非所有生长在北美的草都稀少。

【解析】题干有以下信息：

①"Abana"是长着红色叶子的草，在地球上极稀少。

②北美的人都认识一种红色叶子的草，这种草在那里很常见。

(A) 项，由题干信息②可知，北美人认识的红色叶子的草是很常见的，而"Abana"极其稀少，故北美人认识的红色叶子的草很可能不是"Abana"，故此项不能被推出。

(B) 项，由（A）项的分析可知，此项可以被推出。

(C) 项，等价于：有的长红色叶子的草不稀少，由题干信息②可知，此项为真。

(D) 项，由题干信息②可知，此项为真。

(E) 项，等价于：有的生长在北美的草不稀少，由题干信息②可知，此项为真。

【答案】(A)

题型7　简单命题的负命题

命题概率

199管理类联考近10年真题命题数量6道，平均每年0.6道。

396经济类联考近10年真题命题数量3道，平均每年0.3道。

母题变化

变化 1　替换法解简单命题的负命题

解题思路

求简单命题的负命题的等价命题，使用关键词替换法即可迅速求解。具体口诀如下：

"不"+"原命题"，等价于：去掉原命题前面的"不"，再将"原命题"进行如下变化：

肯定变否定，否定变肯定；
并且变或者，或者变并且；
所有变有的，有的变所有；
必然变可能，可能变必然。

典型真题

1. （2009 年管理类联考真题）对本届奥运会所有奖牌获得者进行了尿样化验，没有发现兴奋剂使用者。

   如果以上陈述为假，则以下哪项一定为真？

   Ⅰ. 或者有的奖牌获得者没有化验尿样，或者在奖牌获得者中发现了兴奋剂使用者。

   Ⅱ. 虽然有的奖牌获得者没有化验尿样，但还是发现了兴奋剂使用者。

   Ⅲ. 如果对所有的奖牌获得者进行了尿样化验，则一定发现了兴奋剂使用者。

   (A) 仅Ⅰ。　　　　　　(B) 仅Ⅱ。　　　　　　(C) 仅Ⅲ。
   (D) 仅Ⅰ和Ⅲ。　　　　(E) 仅Ⅰ和Ⅱ。

   【解析】题干：①并非（对所有奖牌获得者进行了尿样化验∧没有发现兴奋剂使用者）。

   ①等价于：②没有对所有的奖牌获得者进行尿样化验∨发现了兴奋剂使用者。

   ②等价于：有的奖牌获得者没有进行尿样化验∨发现了兴奋剂使用者，故Ⅰ项必为真。

   Ⅱ项的含义为：有的奖牌获得者没有进行尿样化验∧发现了兴奋剂使用者，"或者"不能推"并且"，所以，Ⅱ项可真可假。

   ②又等价于：③对所有的奖牌获得者进行尿样化验→发现了兴奋剂使用者，故Ⅲ项必为真。

   【答案】(D)

2. （2012 年管理类联考真题）近期国际金融危机对毕业生的就业影响非常大，某高校就业中心的陈老师希望广大考生能够调整自己的心态和预期。他在一次就业指导会上提到，有些同学对自己的职业定位还不够准确。

   如果陈老师的陈述为真，则以下哪项不一定为真？

   Ⅰ. 不是所有人对自己的职业定位都准确。

   Ⅱ. 不是所有人对自己的职业定位都不够准确。

   Ⅲ. 有些人对自己的职业定位准确。

   Ⅳ. 所有人对自己的职业定位都不够准确。

(A) 仅Ⅱ和Ⅳ。　　　　　(B) 仅Ⅲ和Ⅳ。　　　　　(C) 仅Ⅱ和Ⅲ。
(D) 仅Ⅰ、Ⅱ和Ⅲ。　　　(E) 仅Ⅱ、Ⅲ和Ⅳ。

【解析】陈老师：有的同学对自己的职业定位不够准确。

Ⅰ项，不是所有人对自己的职业定位都准确，等价于：有的同学对自己的职业定位不够准确，故此项为真。

Ⅱ项，不是所有人对自己的职业定位都不够准确，等价于：有的同学对自己的职业定位准确，与Ⅲ项相同；再根据口诀"两个有的，至少一真；一假另必真，一真另不定"，题干为真，故Ⅱ项、Ⅲ项可真可假。

Ⅳ项，"有的"不能推"所有"，故此项可真可假。

故（E）项正确。

【答案】(E)

3.（2013年管理类联考真题）某公司人力资源管理部人士指出：由于本公司招聘职位有限，在本次招聘考试中，不可能所有的应聘者都被录用。

基于以下哪项可以得出该人士的上述结论？

(A) 在本次招聘考试中，必然有应聘者被录用。
(B) 在本次招聘考试中，可能有应聘者被录用。
(C) 在本次招聘考试中，可能有应聘者不被录用。
(D) 在本次招聘考试中，必然有应聘者不被录用。
(E) 在本次招聘考试中，可能有应聘者被录用，也可能有应聘者不被录用。

【解析】

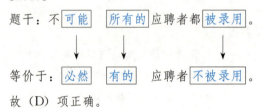

故（D）项正确。

【答案】(D)

4.（2018年管理类联考真题）唐代韩愈在《师说》中指出："孔子曰：'三人行，则必有我师。'是故弟子不必不如师，师不必贤于弟子，闻道有先后，术业有专攻，如是而已。"

根据上述韩愈的观点，可以得出以下哪项？

(A) 有的弟子必然不如师。
(B) 有的弟子可能不如师。
(C) 有的师不可能贤于弟子。
(D) 有的弟子可能不贤于师。
(E) 有的师可能不贤于弟子。

【解析】韩愈：

弟子不必不如师＝弟子不一定不如师＝弟子可能如师；

师不必贤于弟子＝师不一定贤于弟子＝师可能不贤于弟子。

故（E）项，有的师可能不贤于弟子，正确。
【答案】（E）

5．（2012年经济类联考真题）并非所有出于良好愿望的行为必然会导致良好的结果。如果上述断定为真，则以下哪项断定必为真？
（A）所有出于良好愿望的行为必然不会导致良好的结果。
（B）所有出于良好愿望的行为可能不会导致良好的结果。
（C）有的出于良好愿望的行为不会导致良好的结果。
（D）有的出于良好愿望的行为可能不会导致良好的结果。
（E）有的出于良好愿望的行为一定不会导致良好的结果。

【解析】

题干：并非 所有 出于良好愿望的行为 必然 会 导致良好的结果。

等价于： 有的 出于良好愿望的行为 可能 不会 导致良好的结果。

故（D）项为真。
【答案】（D）

6．（2013年经济类联考真题）所有喜欢数学的学生都喜欢哲学。
如果上述信息正确，则下列哪项一定不正确？
（A）有些学生喜欢哲学但不喜欢数学。
（B）有些学生喜欢数学但是不喜欢哲学。
（C）有些学生既喜欢哲学又喜欢数学。
（D）所有的学生都喜欢数学。
（E）多数学生都喜欢哲学。

【解析】题干：所有喜欢数学的学生都喜欢哲学。

其矛盾命题为：并非 所有 喜欢数学的学生都 喜欢 哲学。

有的 喜欢数学的学生 不喜欢 哲学。

故（B）项正确。
【答案】（B）

7．（2019年经济类联考真题）所有的结果都有原因，但是有的原因没有结果。
以下哪项如果为真，能驳倒上述结论？
Ⅰ．有的结果没有原因。
Ⅱ．有的原因有结果。
Ⅲ．有的结果没有原因，或者有的原因有结果。
（A）只有Ⅰ。　　　　　　（B）只有Ⅱ。　　　　　　（C）只有Ⅲ。
（D）只有Ⅰ和Ⅱ。　　　　（E）Ⅰ、Ⅱ和Ⅲ。

【解析】题干：①所有的结果都有原因∧有的原因没有结果。

其负命题为：②┐所有的结果都有原因∨┐有的原因没有结果。

等价于：③有的结果没有原因∨所有的原因都有结果。

Ⅰ项，有的结果没有原因，若此项为真，则③为真，故此项可以反驳上述结论。

Ⅱ项，有的原因有结果，"有的"推不出"所有"，若此项为真，则③不一定为真，故此项不能反驳上述结论。

Ⅲ项，有的结果没有原因∨有的原因有结果，若此项为真，则③不一定为真，故此项不能反驳上述结论。

【答案】(A)

变化2 简单命题的负命题的其他应用

> **解题思路**
>
> 利用简单命题的负命题（矛盾命题）进行推理即可。

典型真题

8.（2012年管理类联考真题） 近期流感肆虐，一般流感患者可采用抗病毒药物治疗。虽然并不是所有流感患者均需接受达菲等抗病毒药物的治疗，但不少医生仍强烈建议老人、儿童等易出现严重症状的患者用药。

如果以上陈述为真，则以下哪项不可能为真？

Ⅰ．有些流感患者需接受达菲等抗病毒药物的治疗。

Ⅱ．并非有的流感患者不需接受抗病毒药物的治疗。

Ⅲ．老人、儿童等易出现严重症状的患者不需要用药。

(A) 仅Ⅰ。

(B) 仅Ⅱ。

(C) 仅Ⅲ。

(D) 仅Ⅱ和Ⅲ。

(E) Ⅰ、Ⅱ和Ⅲ。

【解析】题干：不是所有流感患者均需接受达菲等抗病毒药物的治疗。

等价于：有的流感患者不需接受达菲等抗病毒药物的治疗。

Ⅰ项，"有的"和"有的不"是下反对关系，一真另不定，故可真可假。

Ⅱ项，等价于：所有流感患者均需接受抗病毒药物的治疗，与题干矛盾，不可能为真。

Ⅲ项，由题干知：不少医生"强烈建议"老人、儿童等易出现严重症状的患者用药，但这种"强烈建议"未必正确，因此，"老人、儿童等易出现严重症状的患者不需要用药"有可能为真。

【答案】(B)

9.（2014年管理类联考真题） 学者张某说："问题本身并不神秘，因与果不仅仅是哲学家的事。每个凡夫俗子一生之中都将面临许多问题，但分析问题的方法与技巧却很少有人掌握，无怪乎华尔街的分析大师们趾高气扬、身价百倍。"

以下哪项如果为真，最能反驳张某的观点？

(A) 有些凡夫俗子可能不需要掌握分析问题的方法与技巧。
(B) 有些凡夫俗子一生之中将要面临的问题并不多。
(C) 凡夫俗子中很少有人掌握分析问题的方法与技巧。
(D) 掌握分析问题的方法与技巧对多数人来说很重要。
(E) 华尔街的分析大师们大多掌握分析问题的方法与技巧。

【解析】张某：
①每个凡夫俗子一生之中都将面临许多问题。
②分析问题的方法与技巧却很少有人掌握。
③华尔街的分析大师们趾高气扬、身价百倍。

(B) 项，"有些凡夫俗子一生之中将要面临的问题并不多"与①矛盾，故若(B)项为真，则张某的话必为假。

【答案】(B)

10. (2014年管理类联考真题) 孙先生的所有朋友都声称，他们知道某人每天抽烟至少两盒，而且持续了40年，但身体一直不错。不过可以确信的是，孙先生并不知道有这样的人，在他的朋友中也有像孙先生这样不知情的。

根据以上信息，最可能得出以下哪项？

(A) 抽烟的多少和身体健康与否无直接关系。
(B) 朋友之间的交流可能会夸张，但没有人想故意说谎。
(C) 孙先生的每位朋友知道的烟民一定不是同一个人。
(D) 孙先生的朋友中有人没有说真话。
(E) 孙先生的大多数朋友没有说真话。

【解析】题干中"孙先生的所有朋友都声称，他们知道某人每天抽烟至少两盒"与"在他的朋友中也有不知情的"，这两个判断矛盾，由题干可知，后一个判断为真，故孙先生的朋友中有人说谎，故(D)项正确。

【答案】(D)

题型 8　隐含三段论

> **命题概率**
>
> 199管理类联考近10年真题命题数量4道，平均每年0.4道。
> 396经济类联考近10年真题命题数量1道，平均每年0.1道。

母题变化

变化 1　隐含三段论

解题思路

　　隐含三段论是一种常见题型，常用假设题的形式出现。它是在使用串联规则时，少了某个前提条件，要求我们补充这个前提条件。

　　隐含三段论常见以下命题形式：

　　（1）A→B，因此，A→C。要求补充一个条件，使上述结论成立。

　　显然需要补充：B→C，串联得：A→B→C。

　　（2）有的 A→B，因此，有的 A→C。要求补充一个条件，使上述结论成立。

　　显然需要补充：B→C，串联得：有的 A→B→C。

　　（3）有的 A→B，因此，有的 B→C。要求补充一个条件，使上述结论成立。

　　由"有的 A→B" = "有的 B→A"，需要补充：A→C，串联得：有的 B→A→C。

典型真题

1.（2012年管理类联考真题）有些通信网络的维护涉及个人信息安全，因而，不是所有通信网络的维护都可以外包。

以下哪项可以使上述论证成立？

(A) 所有涉及个人信息安全的都不可以外包。

(B) 有些涉及个人信息安全的不可以外包。

(C) 有些涉及个人信息安全的可以外包。

(D) 所有涉及国家信息安全的都不可以外包。

(E) 有些通信网络的维护涉及国家信息安全。

【解析】题干中的前提：有的通信网络维护→涉及个人信息安全。

　　题干中的结论等价于：有的通信网络维护→不可以外包。

　　所以，需要补充条件：涉及个人信息安全→不可以外包，即可得到：有的通信网络维护→涉及个人信息安全→不可以外包。

　　故（A）项正确。

【答案】(A)

变化 2　隐含三段论＋负命题

解题思路

　　利用三段论的知识和简单命题的负命题口诀即可求解。

典型真题

2.（2015 年管理类联考真题）有些阔叶树是常绿植物，因此，所有阔叶树都不生长在寒带地区。

以下哪项如果为真，最能反驳上述结论？

（A）常绿植物不都是阔叶树。
（B）寒带的某些地区不生长阔叶树。
（C）有些阔叶树不生长在寒带地区。
（D）常绿植物都不生长在寒带地区。
（E）常绿植物都生长在寒带地区。

【解析】题干中的结论：所有阔叶树都不生长在寒带地区。

只需要证明：有的阔叶树生长在寒带地区，即可反驳题干的结论。

题干中的前提：有的阔叶树→常绿植物；补充（E）项：常绿植物→寒带地区。

故有：有的阔叶树→常绿植物→寒带地区，故（E）项正确。

【答案】（E）

变化 3　隐含三段论＋串联

解题思路

先串联，再使用隐含三段论。

典型真题

3.（2019 年管理类联考真题）得道者多助，失道者寡助。寡助之至，亲戚畔之。多助之至，天下顺之。以天下之所顺，攻亲戚之所畔，故君子有不战，战必胜矣。

以下哪项是上述论证所隐含的前提？

（A）得道者多，则天下太平。　　　　　　（B）君子是得道者。
（C）得道者必胜失道者。　　　　　　　　（D）失道者必定得不到帮助。
（E）失道者亲戚畔之。

【解析】题干中的论据：

(1) 得道者→多助→天下顺之。
(2) 失道者→寡助→亲戚畔之。
(3) 以天下之所顺，攻亲戚之所畔→必胜。

将 (1)、(3) 串联得：得道者→多助→天下顺之→必胜。

题干中的结论：君子战必胜。

故需补充：君子→得道者，即（B）项正确。

【答案】（B）

4.（2021 年管理类联考真题）艺术活动是人类标志性的创造性劳动。在艺术家的心灵世界里，审美需求和情感表达是创造性劳动不可或缺的重要引擎；而人工智能没有自我意识，人工智能艺术作品的本质是模仿。因此,人工智能永远不能取代艺术家的创造性劳动。

以下哪项最可能是以上论述的假设?

(A) 人工智能可以作为艺术创作的辅助工具。

(B) 只有具备自我意识,才能具有审美需求和情感表达。

(C) 大多数人工智能作品缺乏创造性。

(D) 没有艺术家的创作,就不可能有人工智能艺术品。

(E) 模仿的作品很少能表达情感。

【解析】题干:①审美需求和情感表达是创造性劳动不可或缺的重要引擎(即:没有审美需求和情感表达→不能进行创造性劳动);②人工智能没有自我意识,人工智能艺术作品的本质是模仿。因此,人工智能永远不能取代艺术家的创造性劳动。

搭桥法,(B) 项等价于:没有自我意识→没有审美需求和情感表达,再结合①知,没有自我意识→没有审美需求和情感表达→不能进行创造性劳动。

故得:没有自我意识→不能进行创造性劳动。

再结合②可知,人工智能→没有自我意识→不能进行创造性劳动,故可得题干中的结论:人工智能永远不能取代艺术家的创造性劳动。

故 (B) 项正确。

【答案】(B)

5. (**2013年经济类联考真题**)所有步行回家的学生都回家吃午饭,所有回家吃午饭的学生都有午睡的习惯。因此,小李不是步行回家。

以下哪项最有可能是上述论证所假设的?

(A) 小李有午睡习惯。 (B) 小李回家吃午饭。

(C) 小李没有午睡的习惯。 (D) 小李的午睡时间很短。

(E) 小李的午睡保证了他的身体健康。

【解析】题干中的前提:①步行回家→回家吃午饭。②回家吃午饭→午睡。

①、②串联可得:③步行回家→回家吃午饭→午睡。

③逆否得:¬午睡→¬回家吃午饭→¬步行回家。

题干中的结论:小李不是步行回家。

要使此结论成立,需要补充条件"小李没有午睡习惯",故 (C) 项正确。

【答案】(C)

题型 9 真假话问题

命题概率

199管理类联考近10年真题命题数量6道,平均每年0.6道。

396经济类联考近10年真题命题数量2道,平均每年0.2道。

母题变化

变化1 题干中有矛盾的真假话问题

解题思路

（1）真假话问题的常见命题形式

题干给出几个人说的几句话，然后告知这些话中有几个为真、几个为假，由此判断选项的真假。

（2）题干中有矛盾时的解题方法

第一步：找矛盾。

①A 与 ¬A。

②"所有"与"有的不"。

③"所有不"与"有的"。

④"必然"与"可能不"。

⑤"必然不"与"可能"。

⑥A→B 与 A∧¬B。

⑦A∧B 与 ¬A∨¬B。

⑧A∨B 与 ¬A∧¬B。

⑨A∀B 与（A∧B）∀（¬A∧¬B）。

第二步：推知其他命题的真假。

第三步：根据命题的真假，判断真实情况，即可判断各选项的真假。

典型真题

1. （2010年管理类联考真题）小东在玩"勇士大战"游戏，进入第二关时，界面出现四个选项。第一个选项是"选择任意选项都需要支付游戏币"，第二个选项是"选择本项后可以得到额外游戏奖励"，第三个选项是"选择本项后游戏不会进行下去"，第四个选项是"选择某个选项不需要支付游戏币"。

如果四个选项中的陈述只有一句为真，则以下哪项一定为真？

(A) 选择任意选项都需要支付游戏币。

(B) 选择任意选项都不需要支付游戏币。

(C) 选择任意选项都不能得到额外游戏奖励。

(D) 选择第二个选项后可以得到额外游戏奖励。

(E) 选择第三个选项后游戏能继续进行下去。

【解析】找矛盾：第一个选项和第四个选项的陈述矛盾，必有一真一假。

推真假：已知四个选项中的陈述只有一句为真，故第二个选项和第三个选项的陈述均为假。

判断真实情况：由第二个选项的陈述为假，可知选择第二个选项后不能得到额外的游戏奖励；由第三个选项的陈述为假，可知选择第三个选项后游戏能进行下去。

故（E）项正确。

【答案】(E)

2. (2011年管理类联考真题) 某集团公司有四个部门，分别生产冰箱、彩电、电脑和手机。根据前三个季度的数据统计，四个部门经理对2010年全年的赢利情况作了如下预测：

冰箱部门经理：今年手机部门会赢利。

彩电部门经理：如果冰箱部门今年赢利，那么彩电部门就不会赢利。

电脑部门经理：如果手机部门今年没赢利，那么电脑部门也没赢利。

手机部门经理：今年冰箱和彩电部门都会赢利。

全年数据统计完成后，发现上述四个预测只有一个符合事实。

关于该公司各部门的全年赢利情况，以下除哪项外，均可能为真？

(A) 彩电部门赢利，冰箱部门没赢利。

(B) 冰箱部门赢利，电脑部门没赢利。

(C) 电脑部门赢利，彩电部门没赢利。

(D) 冰箱部门和彩电部门都没赢利。

(E) 冰箱部门和电脑部门都赢利。

【解析】题干有以下判断：

①冰箱部门经理：手机部门赢利。

②彩电部门经理：冰箱部门赢利→¬彩电部门赢利，等价于：¬冰箱部门赢利∨¬彩电部门赢利。

③电脑部门经理：¬手机部门赢利→¬电脑部门赢利。

④手机部门经理：冰箱部门赢利∧彩电部门赢利。

判断②和④是矛盾的，必有一真一假，题干说四个判断只有一个为真，故判断①和③必为假。

由判断①为假，可知：手机部门没有赢利。

由判断③为假，可知：手机部门没有赢利∧电脑部门赢利。

所以，电脑部门没有赢利必然为假，即（B）项必然为假，其余各项均可能为真。

【答案】(B)

3. (2016年管理类联考真题) 郝大爷过马路时不幸摔倒昏迷，所幸有小伙子及时将他送往医院救治。郝大爷病情稳定后，有4位陌生的小伙子陈安、李康、张幸、汪福来医院看望他。郝大爷问他们究竟是谁送他来医院的，他们的回答如下：

陈安：我们4人都没有送您来医院。

李康：我们4人中有人送您来医院。

张幸：李康和汪福至少有一人没有送您来医院。

汪福：送您来医院的人不是我。

后来证实上述 4 人中有两人说真话，有两人说假话。

根据上述信息，可以得出以下哪项？

（A）说真话的是李康和张幸。

（B）说真话的是陈安和张幸。

（C）说真话的是李康和汪福。

（D）说真话的是张幸和汪福。

（E）说真话的是陈安和汪福。

【解析】题干有如下信息：

陈安：4 人都没有送您来医院。

李康：4 人中有人送您来医院。

张幸：¬李康 ∨ ¬汪福。

汪福：¬汪福。

陈安和李康的话互为矛盾关系，必有一真一假。汪福的话如果为真，则张幸的话也为真，与题干"4 人中有两人说真话，有两人说假话"矛盾，因此汪福的话为假，张幸的话为真。

由汪福的话为假可得：送郝大爷来医院的是汪福。再根据"某个→有的"，可知李康的话为真。

因此，说真话的是张幸和李康。

【答案】（A）

4. （2011 年经济类联考真题）甲、乙、丙和丁是同班同学。

甲说："我班同学都是团员。"

乙说："丁不是团员。"

丙说："我班有人不是团员。"

丁说："乙也不是团员。"

已知只有一人说假话，则以下哪项必定为真？

（A）说假话的是甲，乙不是团员。

（B）说假话的是乙，丙不是团员。

（C）说假话的是丙，丁不是团员。

（D）说假话的是丁，乙不是团员。

（E）说假话的是甲，丙不是团员。

【解析】由题干可知，甲的话与丙的话矛盾，必有一真一假。

又知只有一人说假话，故乙的话和丁的话均为真，故乙和丁都不是团员。

由乙和丁都不是团员，根据"某个→有的"，可知"我班有人不是团员"为真，即丙的话为真，甲的话为假。故（A）项正确。

【答案】（A）

变化2　题干中无矛盾的真假话问题

解题思路

如果题干中找不到矛盾，解题思路如下：

（1）找反对关系（至少一假）

"所有"与"所有不"；"必然"与"必然不"；A与￢A∧B。

（2）找下反对关系（至少一真）

"有的"与"有的不"；"可能"与"可能不"；A与A→B（等价于￢A∨B）。

（3）找推理关系（上真下必真）

所有→某个→有的；

所有不→某个不→有的不；

必然→事实→可能；

必然不→事实不→可能不。

（4）假设法或选项代入法

假设某种情况为真，看能否推出矛盾。若能推出矛盾，则此假设为假；若不能推出矛盾，则此假设为真。

假设某选项为真，代入题干看是否成立。

典型真题

5.（2009年管理类联考真题） 甲、乙、丙和丁四人进入某围棋邀请赛半决赛，最后要决出一名冠军。张、王和李三人对结果作了如下预测：

张：冠军不是丙。

王：冠军是乙。

李：冠军是甲。

已知张、王、李三人中恰有一人的预测正确，则以下哪项为真？

(A) 冠军是甲。　　　　　　(B) 冠军是乙。　　　　　　(C) 冠军是丙。

(D) 冠军是丁。　　　　　　(E) 无法确定冠军是谁。

【解析】假设王的预测正确，即冠军是乙，则张的预测也正确，这与题干"张、王、李三人中恰有一人的预测正确"相矛盾。因此，王的预测错误，即冠军不是乙。

同理，假设李的预测正确，即冠军是甲，则张的预测也正确，这与题干"张、王、李三人中恰有一人的预测正确"相矛盾。因此，李的预测错误，即冠军不是甲。

所以，张的预测正确，即冠军不是丙，从而可知冠军是丁。

【答案】(D)

6.（2009年管理类联考真题） 关于甲班体育达标测试，三位老师有如下预测：

张老师说："不会所有人都不及格。"

李老师说："有人会不及格。"

王老师说:"班长和学习委员都能及格。"
如果三位老师中只有一人的预测正确,则以下哪项一定为真?
(A) 班长和学习委员都没及格。
(B) 班长和学习委员都及格了。
(C) 班长及格,但学习委员没及格。
(D) 班长没及格,但学习委员及格了。
(E) 以上各项都不一定为真。

【解析】题干有以下信息:

张老师:不会所有人都不及格,等价于:有的人及格。

李老师:有人不及格。

王老师:班长及格∧学习委员及格。

张老师和李老师的预测为下反对关系,故必有一真。又已知三位老师中只有一人的预测正确,故王老师的预测错误,即¬(班长及格∧学习委员及格)=¬班长及格∨¬学习委员及格。所以,李老师的预测"有人不及格"为真,故张老师的预测为假。

由张老师的预测为假可得:并非有的人及格=所有人都没有及格,故班长和学习委员都没有及格。

【答案】(A)

7. (2011年管理类联考真题) 近日,某集团高层领导研究了发展方向问题。

王总经理认为:既要发展纳米技术,也要发展生物医药技术。

赵副总经理认为:只有发展智能技术,才能发展生物医药技术。

李副总经理认为:如果发展纳米技术和生物医药技术,那么也要发展智能技术。

最后经过董事会研究,只有其中一位的意见被采纳。

根据以上陈述,以下哪项符合董事会的研究决定?

(A) 发展纳米技术和智能技术,但是不发展生物医药技术。
(B) 发展生物医药技术和纳米技术,但是不发展智能技术。
(C) 发展智能技术和生物医药技术,但是不发展纳米技术。
(D) 发展智能技术,但是不发展纳米技术和生物医药技术。
(E) 发展生物医药技术、智能技术和纳米技术。

【解析】题干有以下论断(只有一句为真):

王总经理:纳米∧生物医药。

赵副总经理:智能←生物医药,等价于:¬生物医药∨智能。

李副总经理:纳米∧生物医药→智能,等价于:¬纳米∨¬生物医药∨智能。

如果赵副总经理为真,则李副总经理必为真,与题干"只有一位的意见被采纳"矛盾,所以赵副总经理必为假。故发展生物医药技术并且不发展智能技术。

假设发展纳米技术,则王总经理为真、李副总经理为假;

假设不发展纳米技术,则王总经理为假、李副总经理为真。

故王总经理和李副总经理无法判断真假,且纳米技术可能发展,可能不发展。

综上，（B）项正确。
【答案】（B）

8.（2012年管理类联考真题） 临江市地处东部沿海，下辖临东、临西、江南、江北四个区。近年来，文化旅游产业成为该市新的经济增长点。2010年，该市一共吸引了全国数十万人次游客前来参观旅游。12月底，关于该市四个区当年吸引游客人次多少的排名，各位旅游局局长作了如下预测：

临东区旅游局局长：如果临西区第三，那么江北区第四。
临西区旅游局局长：只有临西区不是第一，江南区才是第二。
江南区旅游局局长：江南区不是第二。
江北区旅游局局长：江北区第四。

最终的统计表明，只有一位局长的预测符合事实，则临东区当年吸引游客人次的排名是：

(A) 第一。　　　　　　(B) 第二。　　　　　　(C) 第三。
(D) 第四。　　　　　　(E) 在江北区之前。

【解析】题干有以下判断：
①临东区旅游局局长：临西区第三→江北区第四，等价于：¬临西区第三∨江北区第四。
②临西区旅游局局长：江南区第二→¬临西区第一，等价于：¬江南区第二∨¬临西区第一。
③江南区旅游局局长：¬江南区第二。
④江北区旅游局局长：江北区第四。

做假设，找矛盾：
假设③为真，则②也为真，与"只有一位局长的预测符合事实"矛盾，故③为假，得：⑤江南区第二。
同理，如果④为真，则①也为真，故④为假，得：⑥江北区不是第四。
综上，可知要么①为真，要么②为真。

再次做假设：
假设①为真，则②为假，即江南区第二并且临西区第一；再由⑥可知，江北区第三，故临东区第四。
假设②为真，则①为假，即临西区第三并且江北区不是第四；故江北区第一、江南区第二、临西区第三、临东区第四。
所以，无论①和②哪个为真，都可推出临东区第四。故（D）项正确。
【答案】（D）

9.（2013年管理类联考真题） 某金库发生了失窃案。公安机关侦查确定，这是一起典型的内盗案，可以断定金库管理员甲、乙、丙、丁中至少有一人是作案者。办案人员对四人进行了询问，四人的回答如下：

甲："如果乙不是窃贼，我也不是窃贼。"
乙："我不是窃贼，丙是窃贼。"
丙："甲或者乙是窃贼。"
丁："乙或者丙是窃贼。"

后来事实表明，他们四人中只有一人说了真话。

根据以上陈述，以下哪项一定为假？

(A) 丙说的是假话。　　　　(B) 丙不是窃贼。　　　　(C) 乙不是窃贼。

(D) 丁说的是真话。　　　　(E) 甲说的是真话。

【解析】题干有以下判断：

甲：¬乙→¬甲＝乙∨¬甲。

乙：¬乙∧丙。

丙：甲∨乙。

丁：乙∨丙。

甲要么是窃贼，要么不是窃贼，必有一真，故甲、丙说的话必有一真。

由题干"四人中只有一人说了真话"可知，乙、丁说的话为假。

(D) 项，"丁说的是真话"为假。

【答案】(D)

10. (2015年管理类联考真题) 某次讨论会共有18名参会者。已知：

(1) 至少有5名青年教师是女性。

(2) 至少有6名女教师已过中年。

(3) 至少有7名女青年是教师。

如果上述三句话两真一假，那么关于参会人员可以得出以下哪项？

(A) 青年教师至少有5名。　　　　(B) 男教师至多有10名。

(C) 女青年都是教师。　　　　(D) 女青年至少有7名。

(E) 青年教师都是女性。

【解析】已知三句话为两真一假，故(1)、(3)至少有一句是真话。无论哪一句为真，青年女教师的人数都至少有5名，故青年教师至少有5名，即(A)项正确。

【答案】(A)

11. (2016年管理类联考真题) 在某项目招标过程中，赵嘉、钱宜、孙斌、李汀、周武、吴纪6人作为各自公司代表参与投标，有且只有一人中标。关于究竟谁是中标者，招标小组中有3位成员各自谈了自己的看法：

(1) 中标者不是赵嘉就是钱宜。

(2) 中标者不是孙斌。

(3) 周武和吴纪都没有中标。

经过深入调查，发现上述3人中只有一人的看法是正确的。

根据以上信息，以下哪项中的3人都可以确定没有中标？

(A) 赵嘉、孙斌、李汀。

(B) 赵嘉、钱宜、李汀。

(C) 孙斌、周武、吴纪。

(D) 赵嘉、周武、吴纪。

(E) 钱宜、孙斌、周武。

【解析】将题干信息符号化：

①赵嘉∨钱宜。

②￢孙斌。

③￢周武∧￢吴纪。

如果题干信息①为真，则题干信息②、③也为真，与题干"3人中只有一人的看法是正确的"矛盾，故题干信息①为假，即：￢赵嘉∧￢钱宜。

如果李汀中标，则题干信息②、③也为真，因此李汀没有中标，即赵嘉、钱宜、李汀都没有中标。

【答案】(B)

12.（2019年管理类联考真题）某大学有位女教师默默资助一偏远山区的贫困家庭长达15年。记者多方打听，发现做好事者是该大学传媒学院甲、乙、丙、丁、戊5位教师中的一位。在接受记者采访时，5位教师都很谦虚，他们是这么对记者说的：

甲："这件事是乙做的。"

乙："我没有做，是丙做了这件事。"

丙："我并没有做这件事。"

丁："我也没有做这件事，是甲做的。"

戊："如果甲没有做，则丁也不会做。"

记者后来得知，上述5位教师中只有一人说的话符合真实情况。

根据以上信息，可以得出做这件好事的人是：

(A) 甲。　　(B) 乙。　　(C) 丙。　　(D) 丁。　　(E) 戊。

【解析】题干有以下信息：

(1) 乙。

(2) ￢乙∧丙。

(3) ￢丙。

(4) ￢丁∧甲。

(5) ￢甲→￢丁，等价于：甲∨￢丁。

假设丙资助，则题干信息(2)和(5)均正确，与题干"5位教师中只有一人说的话符合真实情况"矛盾，所以丙没有资助，即￢丙。

因此，题干信息(3)为真，其余判断均为假。

由题干信息(5)为假，可知：￢甲∧丁，故做好事的人是丁。

【答案】(D)

13.（2016年经济类联考真题）一群在海滩边嬉戏的孩子的口袋中，共装有25块卵石。他们的老师对此说了以下两句话：

第一句话："至多有5个孩子口袋里装有卵石。"

第二句话："每个孩子的口袋中，或者没有卵石，或者至少有5块卵石。"

如果上述断定为真，则以下哪项关于老师两句话关系的断定一定成立？

Ⅰ. 如果第一句话为真，则第二句话为真。

Ⅱ. 如果第二句话为真，则第一句话为真。

Ⅲ. 两句话可以都是真的，但不会都是假的。

(A) 仅Ⅰ。　　　　　　　(B) 仅Ⅱ。　　　　　　　(C) 仅Ⅲ。

(D) 仅Ⅰ和Ⅱ。　　　　　(E) Ⅰ、Ⅱ和Ⅲ。

【解析】题干中的断定：

Ⅰ项，不一定成立。例如，当只有2个孩子口袋里装有卵石，其中一个装有24块，另一个装有1块时，第一句话为真，而第二句话为假。

Ⅱ项，一定成立。因为，如果每个孩子的口袋中，或者没有卵石，或者至少有5块卵石，那么装有卵石的孩子数目不可能超过5个，否则卵石的总数就会超过25块。

Ⅲ项，不一定成立。例如，当有25个孩子，每人口袋里装有1块卵石时，两句话都是假的。

【答案】(B)

题型 10　定义题

命题概率

199管理类联考近10年真题命题数量3道，平均每年0.3道。

396经济类联考近10年真题命题数量1道，平均每年0.1道。

母题变化

解题思路

(1) 概念。

概念是反映对象本质属性的思维形式。概念包括内涵和外延。内涵是指概念所反映的事物的本质属性。外延是指具有概念的内涵所具有的那些属性的事物的范围。

(2) 定义。

定义是对概念的描述。它包含被定义项、联项和定义项。

为了使定义下得正确，必须遵守以下规则：

①定义项的外延和被定义项的外延必须完全相等。

②定义项中不得直接或间接地包含被定义项，直接包含会犯"同语反复"的错误，间接包含会犯"循环定义"的错误。

③定义不应包括含混的概念，不能用隐喻，这样的定义才是明确清晰的。

④定义不应当是否定的，特别是不能用否定形式给正概念下定义。

(3) 定义题的解法。

第1步：确定定义中的关键条件有几个。

第2步：将选项与定义中的关键条件一一对应，看是否完全符合定义。

典型真题

1. (2009年管理类联考真题) 一个善的行为,必须既有好的动机,又有好的效果。如果是有意伤害他人,或是无意伤害他人,但这种伤害的可能性是可以预见的,在这两种情况下,对他人造成伤害的行为都是恶的行为。

以下哪项叙述符合题干的断定?

(A) P先生写了一封试图挑拨E先生与其女友之间关系的信。P的行为是恶的,尽管这封信起到了与他的动机截然相反的效果。

(B) 为了在新任领导面前表现自己,争夺一个晋升名额,J先生利用业余时间解决积压的医疗索赔案件。J的行为是善的,因为S小姐的医疗索赔请求因此得到了及时的补偿。

(C) 在上班途中,M女士把自己的早餐汉堡包给了街上的一个乞丐。乞丐由于急于吞咽而被意外地噎死了。所以,M女士无意中实施了一个恶的行为。

(D) 大雪过后,T先生帮邻居铲除了门前的积雪,但不小心在台阶上留下了冰。他的邻居因此摔了一跤。因此,一个善的行为导致了一个坏的结果。

(E) S女士义务帮邻居照看3岁的小孩。小孩在S女士不注意时跑到马路上结果被车撞了。尽管S女士无意伤害这个小孩,但她的行为还是恶的。

【解析】题干断定:

①善的行为→好的动机∧好的效果。

②无论是否有意伤害他人,只要伤害的可能性是可以预见的,则对他人造成伤害的行为都是恶的行为,即伤害的可能性可以预见∧伤害了他人→恶的行为。

(A)项,P先生虽然有伤害他人的动机,但事实上并未造成伤害,根据题干断定②,不能推断其行为是恶的。

(B)项,J先生利用业余时间解决积压的医疗索赔案件,是为了在新任领导面前表现自己,争夺一个晋升名额,故J先生没有好的动机,根据题干断定①,可知J先生的行为不是一个善的行为。

(C)项,M女士的行为造成的伤害不可预见,根据题干断定②,不能推断其行为是恶的。

(D)项,T先生具有好的动机(即帮邻居铲除门前的积雪),但不具有好的效果(即他的邻居因此摔了一跤),故根据题干断定①,不能推断其行为是一个善的行为。

(E)项,S女士对小孩的伤害虽然是无意的,但这种伤害的可能性是可以预见的,根据题干断定②,可知她的行为是恶的。

综上,(E)项符合题干的断定。

【答案】(E)

2. (2010年管理类联考真题) 在某次思维训练课上,张老师提出"尚左数"这一概念的定义:在连续排列的一组数字中,如果一个数字左边的数字都比其大(或无数字),且其右边的数字都比其小(或无数字),则称这个数字为尚左数。

根据张老师的定义,在8、9、7、6、4、5、3、2这列数字中,以下哪项包含了该列数字中所有的尚左数?

(A) 4、5、7和9。　　　　　　　　(B) 2、3、6和7。

(C) 3、6、7和8。　　　　　　　　(D) 5、6、7和8。

(E) 2、3、6 和 8。

【解析】尚左数：一个数字左边的数字都比其大（或无数字）∧该数字右边的数字都比其小（或无数字）。

根据定义，显然（B）项正确。

【答案】(B)

3. （2013年管理类联考真题）根据学习在动机形成和发展中所起的作用，人的动机可分为原始动机和习得动机两种。原始动机是与生俱来的动机，它是以人的本能需要为基础的；习得动机是指后天获得的各种动机，即经过学习产生和发展起来的各种动机。

根据以上陈述，以下哪项最可能属于原始动机？

(A) 尊敬老人，孝顺父母。　　　　　　(B) 尊师重教，崇文尚武。
(C) 不入虎穴，焉得虎子？　　　　　　(D) 窈窕淑女，君子好逑。
(E) 宁可食无肉，不可居无竹。

【解析】原始动机是"与生俱来"的动机，只有（D）项是"与生俱来"的人的本能。故（D）项正确。

【答案】(D)

4. （2017年管理类联考真题）"自我陶醉人格"，是以过分重视自己为主要特点的人格障碍。它有多种具体特征：过高估计自己的重要性，夸大自己的成就；对批评反应强烈，希望他人注意自己和羡慕自己；经常沉溺于幻想中，把自己看成是特殊的人；人际关系不稳定，嫉妒他人，损人利己。

以下各项自我陈述中，除了哪项均能体现上述"自我陶醉人格"的特征？

(A) 我是这个团队的灵魂，一旦我离开了这个团队，他们将一事无成。
(B) 他有什么资格批评我？大家看看，他的能力连我的一半都不到。
(C) 我的家庭条件不好，但不愿意被别人看不起，所以我借钱买了一部智能手机。
(D) 这么重要的活动竟然没有邀请我参加，组织者的人品肯定有问题，不值得跟这样的人交往。
(E) 我刚接手别人很多年没有做成的事情，我跟他们完全不在一个层次，相信很快就会将事情搞定。

【解析】题干："自我陶醉人格"的特征：
①过高估计自己的重要性，夸大自己的成就。
②对批评反应强烈，希望他人注意自己和羡慕自己。
③经常沉溺于幻想中，把自己看成是特殊的人。
④人际关系不稳定，嫉妒他人，损人利己。
(A) 项，符合特征①。
(B) 项，符合特征②。
(C) 项，不符合"自我陶醉人格"的特征。
(D) 项，符合特征③、④。
(E) 项，符合特征③。

【答案】(C)

5.（2020年管理类联考真题）某语言学爱好者欲基于无涵义语词、有涵义语词构造合法的语句。已知：

（1）无涵义语词有 a、b、c、d、e、f，有涵义语词有 W、Z、X。

（2）如果两个无涵义语词通过一个有涵义语词连接，则它们构成一个有涵义语词。

（3）如果两个有涵义语词直接连接，则它们构成一个有涵义语词。

（4）如果两个有涵义语词通过一个无涵义语词连接，则它们构成一个合法的语句。

根据上述信息，以下哪项是合法的语句？

(A) aWbcdXeZ。　　　　(B) aWbcdaZe。　　　　(C) fXaZbZWb。

(D) aZdacdfX。　　　　(E) XWbaZdWc。

【解析】(A) 项，根据题干条件（1）和（2），可知 aWb、dXe 分别构成一个有涵义语词，又根据题干条件（3），可知 dXeZ 构成一个有涵义语词，再根据题干条件（4），可知 aWb 与 dXeZ 由一个无涵义语词 c 连接，构成一个合法的语句。

(B) 项，根据题干条件（1）和（2），可知 aWb、aZe 分别构成一个有涵义语词，但两者之间由两个无涵义语词 c、d 连接，不满足题干条件（4）。

(C) 项，根据题干条件（1）和（2），可知 fXa 构成一个有涵义语词，根据题干条件（2）和（3），可知 bZWb 构成一个有涵义语词，但两者之间由一个有涵义语词 Z 连接，不满足题干条件（4）。

(D) 项，根据题干条件（1）和（2），可知 aZd 构成一个有涵义语词，aZd 与 X 这两个有涵义语词之间由四个无涵义语词 a、c、d、f 连接，不满足题干条件（4）。

(E) 项，根据题干条件（1）、（2）、（3），可知 ZdWc 构成一个有涵义语词，ZdWc 与 XW 这两个有涵义语词之间由两个无涵义语词 b、a 连接，不满足题干条件（4）。

【答案】(A)

6.（2020年经济类联考真题）美国政府决策者面临一个头痛的问题就是所谓的"别在我家门口综合征"。例如：尽管民意测验一次又一次地显示大多数公众都赞同建造新的监狱，但是，当决策者正式宣布计划要在某地建造一所新的监狱时，总会遭到附近居民的抗议，并且抗议者总有办法使计划搁浅。

以下哪项也属于上面所说的"别在我家门口综合征"？

(A) 某家长主张，感染了艾滋病毒的孩子不能被允许进入公共学校，当知道一个感染了艾滋病毒的孩子进入了他孩子的学校时，他立即办理了自己孩子的退学手续。

(B) 某政客主张所有政府官员必须履行个人财产公开登记，他自己递交了一份虚假的财产登记表。

(C) 某教授主张宗教团体有义务从事慈善事业，但他自己拒绝捐款资助索马里饥民。

(D) 某汽车商主张和外国进行汽车自由贸易，以有利于本国经济，但要求本国政府限制外国制造的汽车进口。

(E) 某军事战略家认为核战争会毁灭人类，但主张本国保持足够的核能力以抵御外部可能的核袭击。

【解析】"别在我家门口综合征"：我赞同此项目，但是不要在我家附近做。

(A) 项，该家长并不赞同感染艾滋病毒的儿童进入学校，因此其行为不符合该综合征的特征。

(B) 项，该政客递交了虚假的财产登记表，但并未明确反对财产公开登记，不符合该综合征的特征。

（C）项，该教授并不属于宗教团体，因此其行为不符合该综合征的特征。

（D）项，该汽车商的行为符合该综合征的特征。

（E）项，该战略家支持核防卫与其所反对的核战争并非同一个概念，因此其行为不符合该综合征的特征。

【答案】(D)

题型 11　概念间的关系

命题概率

199 管理类联考近10年真题命题数量1道，平均每年0.1道。

396 经济类联考近10年真题命题数量0道，平均每年0道。

母题变化

解题思路

（1）概念间的关系。

①全同：两个概念的外延完全相同，称为全同关系。

②种属：一个概念A（种）的外延包含于另外一个概念B（属）的外延，称为种属关系，也称为从属关系或者包含于关系。

③交叉：两个概念在外延上有且只有一部分是重合的，称为交叉关系。

④全异：全异关系是指两个概念的外延没有重合。它包括两种：矛盾关系和反对关系。

（2）概念的划分。

将概念进行分类，称为概念的划分。概念的划分要遵守以下原则：

①标准要统一。

②层级要一致。

③不重：各部分不能有交集。

④不漏：各部分相加要等于原概念，不能比原概念外延小。

⑤不多：各部分相加要等于原概念，不能比原概念外延大。

典型真题

（2012年管理类联考真题） 概念A和概念B之间有交叉关系，当且仅当：

(1) 存在对象x，x既属于A又属于B；

(2) 存在对象y，y属于A但是不属于B；

(3) 存在对象z，z属于B但是不属于A。

根据上述定义,以下哪项中加横线的两个概念之间有交叉关系?

(A) 国画按题材分主要有<u>人物画</u>、花鸟画、山水画等,按技法分主要有<u>工笔画</u>和写意画等。

(B) 《<u>盗梦空间</u>》除了是<u>最佳影片</u>的有力争夺者外,它在技术类奖项的争夺中也将有所斩获。

(C) 洛邑小学 30 岁的<u>食堂总经理</u>为了改善伙食,在食堂放了几个意见本,征求<u>学生们</u>的意见。

(D) 在<u>微波炉清洁剂</u>中加入漂白剂,就会释放出<u>氯气</u>。

(E) <u>高校教师</u>包括<u>教授</u>、副教授、讲师和助教等。

【解析】(A) 项中的两个概念的外延有且只有部分重合,是<u>交叉关系</u>。

(B) 项,《盗梦空间》和最佳影片<u>关系不定</u>,如果《盗梦空间》最终是唯一的最佳影片,二者就是<u>全同关系</u>;如果不是最佳影片,二者就是<u>全异关系</u>。

(C)、(D) 项中的两个概念是<u>全异关系</u>。

(E) 项中的两个概念是<u>种属关系</u>,教授包含于高校教师。

【答案】(A)

题型 12 推理结构相似题

命题概率

199 管理类联考近 10 年真题命题数量 8 道,平均每年 0.8 道。

396 经济类联考近 10 年真题命题数量 2 道,平均每年 0.2 道。

母题变化

解题思路

1. 提问方式

"以下哪项的推理结构和题干的推理结构最为类似?"

"以下哪项论证和题干的错误最为相似?"

2. 解题方法

(1) 解题步骤。

①读题干,寻找有没有简单命题或者复言命题的关键词,如果有的话,则判断为推理结构相似题;否则,则为论证结构相似题。

②写出题干的推理结构,如有必要,将其符号化。

③依次对照选项,找出推理结构与题干相同的选项。

(2) 注意事项。

题干中的推理可能是正确的,也可能是错误的。如果题干的推理正确,则选项应该选正确的;如果题干的推理错误,则选项应该选和题干犯了相同错误的。

典型真题

1. （2009年管理类联考真题）科学离不开测量，测量离不开长度单位。千米、米、分米、厘米等基本长度单位的确立完全是一种人为约定。因此，科学的结论完全是一种人的主观约定，谈不上客观的标准。

以下哪项与题干的论证最为类似？

（A）建立良好的社会保障体系离不开强大的综合国力，强大的综合国力离不开一流的国民教育。因此，要建立良好的社会保障体系，必须有一流的国民教育。

（B）做规模生意离不开做广告，做广告就要有大额资金投入。不是所有人都能有大额资金投入。因此，不是所有人都能做规模生意。

（C）游人允许坐公园的长椅，要坐公园长椅就要靠近它们，靠近长椅的一条路径要踩踏草地。因此，允许游人踩踏草地。

（D）具备扎实的舞蹈基本功必须经过常年不懈的艰苦训练。在春节晚会上演出的舞蹈演员必须具备扎实的基本功。常年不懈的艰苦训练是乏味的。因此，在春节晚会上演出是乏味的。

（E）家庭离不开爱情，爱情离不开信任。信任是建立在真诚的基础上的。因此，对真诚的背离是家庭危机的开始。

【解析】题干：科学（A）离不开测量（B），测量（B）离不开长度单位（C）。长度单位（C）是人为约定（D）。因此，科学（A）是人为约定（D）。

符号化：A离不开B，B离不开C。C有性质D。因此，A有性质D。

（A）项，A离不开B，B离不开C。因此，要有A，必须有C。与题干不同。

（B）项，A离不开B，B离不开C。不是所有人都C。因此，不是所有人都A。与题干不同。

（C）项，A可以B，B需要C，C需要D。因此，A可以D。与题干不同。

（D）项，A离不开B，B离不开C。C有性质D。因此，A有性质D。与题干相同。

（E）项，A离不开B，B离不开C。C需要D。因此，不D是不A的开始。与题干不同。

【答案】(D)

2. （2011年管理类联考真题）所有重点大学的学生都是聪明的学生，有些聪明的学生喜欢逃学，小杨不喜欢逃学，所以，小杨不是重点大学的学生。

以下除哪项外，均与上述推理的形式类似？

（A）所有经济学家都懂经济学，有些懂经济学的爱投资企业，你不爱投资企业，所以，你不是经济学家。

（B）所有的鹅都吃青菜，有些吃青菜的也吃鱼，兔子不吃鱼，所以，兔子不是鹅。

（C）所有的人都是爱美的，有些爱美的还研究科学，亚里士多德不是普通人，所以，亚里士多德不研究科学。

（D）所有被高校录取的学生都是超过录取分数线的，有些超过录取分数线的是大龄考生，小张不是大龄考生，所以，小张没有被高校录取。

（E）所有想当外交官的都需要学外语，有些学外语的重视人际交往，小王不重视人际交往，所以，小王不想当外交官。

【解析】题干：所有重点大学的学生（A）都是聪明的学生（B），有些聪明的学生（B）喜欢逃学（C），小杨（X）不喜欢逃学（¬C），所以，小杨（X）不是重点大学的学生（¬A）。

即：**所有 A 都是 B，有的 B 是 C，X 不是 C，所以，X 不是 A**。

(A)、(B)、(D)、(E) 四个选项均与题干一致。

(C) 项，所有 A（人）都是 B（爱美的），有的 B（爱美的）是 C（研究科学），X（亚里士多德）不是 D（普通人），所以，X（亚里士多德）不是 C（研究科学）。此项里面有一个概念的偷换："人"和"普通人"，与题干不同。

【答案】(C)

3. **(2012 年管理类联考真题)** 经过反复核查，质检员小李向厂长汇报说："726 车间生产的产品都是合格的，所以不合格的产品都不是 726 车间生产的。"

以下哪项和小李的推理结构最为相似？

(A) 所有入场的考生都经过了体温测试，所以没能入场的考生都没有经过体温测试。
(B) 所有出厂设备都是合格的，所以检测合格的设备都已出厂。
(C) 所有已发表的文章都是认真校对过的，所以认真校对过的文章都已发表。
(D) 所有真理都是不怕批评的，所以怕批评的都不是真理。
(E) 所有不及格的学生都没有好好复习，所以没好好复习的学生都不及格。

【解析】题干：726 车间生产的产品（A）→合格（B），所以，不合格的产品（¬B）→不是 726 车间生产的（¬A）。

符号化：**A→B，所以，¬B→¬A，是正确的推理**。

(A) 项，入场的考生（A）→经过了体温测试（B），所以，没入场的考生（¬A）→没经过体温测试（¬B），与题干不同。

(B) 项，出厂设备（A）→合格（B），所以，合格（B）→出厂设备（A），与题干不同。

(C) 项，已发表（A）→校对过（B），所以，校对过（B）→已发表（A），与题干不同。

(D) 项，真理（A）→不怕批评（B），所以，怕批评（¬B）→不是真理（¬A），与题干相同。

(E) 项，不及格的学生（A）→没好好复习（B），所以，没好好复习（B）→不及格的学生（A），与题干不同。

【答案】(D)

4. **(2013 年管理类联考真题)** 公司经理：我们招聘人才时最看重的是综合素质和能力，而不是分数。人才招聘中，高分低能者并不鲜见，我们显然不希望招到这样的"人才"。从你的成绩单可以看出，你的学业分数很高，因此我们有点怀疑你的能力和综合素质。

以下哪项和经理得出结论的方式最为类似？

(A) 公司管理者并非都是聪明人，陈然不是公司管理者，所以陈然可能是聪明人。
(B) 猫都爱吃鱼，没有猫患近视，所以吃鱼可以预防近视。
(C) 人的一生中健康开心最重要，名利都是浮云，张立名利双收，所以很有可能张立并不开心。
(D) 有些歌手是演员，所有的演员都很富有，所以有些歌手可能不是很富有。
(E) 闪光的物体并非都是金子，考古队挖到了闪闪发光的物体，所以考古队挖到的可能不是金子。

【解析】公司经理：高分者并非都是人才，高分者，所以可能不是人才。

（A）项，管理者并非都是聪明人，不是管理者，所以可能是聪明人，与题干不同。

（E）项，闪光的并非都是金子，闪光，所以可能不是金子，与题干相同。

其余各项显然均与题干不同。

【答案】（E）

5. （2013年管理类联考真题）只要每个司法环节都能坚守程序正义，切实履行监督制约职能，结案率就会大幅度提高。去年某国结案率比上一年提高了70%，所以，该国去年每个司法环节都能坚守程序正义，切实履行监督制约职能。

以下哪项与上述论证方式最为相似？

（A）只有在校期间品学兼优，才可以获得奖学金。李明获得了奖学金，所以他在校期间一定品学兼优。

（B）在校期间品学兼优，就可以获得奖学金。李明获得了奖学金，所以他在校期间一定品学兼优。

（C）在校期间品学兼优，就可以获得奖学金。李明没有获得奖学金，所以他在校期间一定不是品学兼优。

（D）在校期间品学兼优，就可以获得奖学金。李明在校期间不是品学兼优，所以他不可能获得奖学金。

（E）李明在校期间品学兼优，但是他没有获得奖学金。所以，在校期间品学兼优，不一定可以获得奖学金。

【解析】题干：坚守程序正义，履行监督制约职能（A）→结案率大幅提高（B）。去年结案率大幅提高（B），所以，坚守程序正义，履行监督制约职能（A）。

符号化：A→B。B，所以 A，题干是错误推理。

（A）项，A←B。B，所以 A，与题干不同。

（B）项，A→B。B，所以 A，与题干相同。

（C）项，A→B。¬B，所以¬A，与题干不同。

（D）项，A→B。¬A，所以¬B，与题干不同。

（E）项，A∧¬B。所以 A，不一定 B，与题干不同。

【答案】（B）

6. （2017年管理类联考真题）甲：己所不欲，勿施于人。

乙：我反对。己所欲，则施于人。

以下哪项与上述对话方式最为相似？

（A）甲：人非草木，孰能无情？

　　乙：我反对。草木无情，但人有情。

（B）甲：人不犯我，我不犯人。

　　乙：我反对。人若犯我，我就犯人。

（C）甲：人无远虑，必有近忧。

　　乙：我反对。人有远虑，亦有近忧。

(D) 甲：不在其位，不谋其政。
乙：我反对。在其位，则行其政。
(E) 甲：不入虎穴，焉得虎子？
乙：我反对。如得虎子，必入虎穴。

【解析】题干：甲：¬己所欲→¬施于人。乙：己所欲→施于人。
(A) 项，甲：¬人草木→¬能无情。乙：¬草木有情∧人有情。故与题干不相似。
(B) 项，甲：¬人犯我→¬我犯人。乙：人犯我→我犯人。故与题干相似。
(C) 项，甲：¬人远虑→有近忧。乙：人远虑∧有近忧。故与题干不相似。
(D) 项，甲：¬在其位→¬谋其政。乙：在其位→行其政。"谋"和"行"意思不同，故与题干不相似。
(E) 项，甲：¬入虎穴→¬得虎子。乙：得虎子→入虎穴。故与题干不相似。

【答案】(B)

7. （2017年管理类联考真题） 赵默是一位优秀的企业家。因为如果一个人既拥有在国内外知名学府和研究机构工作的经历，又有担任项目负责人的管理经验，那么他就能成为一位优秀的企业家。

以下哪项与上述论证最为相似？

(A) 人力资源是企业的核心资源。因为如果不开展各类文化活动，就不能提升员工岗位技能，也不能增强团队的凝聚力和战斗力。
(B) 袁清是一位好作家。因为好作家都具有较强的观察能力、想象能力及表达能力。
(C) 青年是企业发展的未来。因此，企业只有激发青年的青春力量，才能促其早日成才。
(D) 李然是信息技术领域的杰出人才。因为如果一个人不具有前瞻性目光、国际化视野和创新思维，就不能成为信息技术领域的杰出人才。
(E) 风云企业具有凝聚力。因为如果一个企业能引导和帮助员工树立目标、提升能力，就能使企业具有凝聚力。

【解析】题干：赵默是优秀的企业家。有国内外知名学府和研究机构工作的经历∧有担任项目负责人的管理经验→优秀的企业家。
(A) 项，人力资源是企业的核心资源。¬开展文化活动→¬提升技能∧¬增强凝聚力和战斗力，与题干不同。
(B) 项，袁清是好作家。好作家→较强的观察能力、想象能力和表达能力，与题干不同。
(C) 项，青年是企业发展的未来。激发青年的青春力量←促其早日成才，与题干不同。
(D) 项，李然是人才。¬具有前瞻性目光、国际化视野和创新思维→¬人才，与题干不同。
(E) 项，风云企业具有凝聚力。能引导和帮助员工树立目标∧提升能力→有凝聚力，与题干相同。

【答案】(E)

8. （2017年管理类联考真题） 甲：只有加强知识产权保护，才能推动科技创新。
乙：我不同意。过分强化知识产权保护，肯定不能推动科技创新。
以下哪项与上述反驳方式最为类似？

(A) 妻子：孩子只有刻苦学习，才能取得好成绩。
　　丈夫：也不尽然。学习光知道刻苦而不能思考，也不一定会取得好成绩。
(B) 母亲：只有从小事做起，将来才有可能做成大事。
　　孩子：老妈你错了。如果我们每天只是做小事，将来肯定做不成大事。
(C) 老板：只有给公司带来回报，公司才能给他带来回报。
　　员工：不对呀。我上个月帮公司谈成一笔大业务，可是只得到1‰的奖励。
(D) 老师：只有读书，才能改变命运。
　　学生：我觉得不是这样。不读书，命运会有更大的改变。
(E) 顾客：这件商品只有价格再便宜一些，才会有人来买。
　　商人：不可能。这件商品如果价格再便宜一些，我就要去喝西北风了。

【解析】题干：
甲：推动科技创新→加强知识产权保护。
乙：不同意。过分强化知识产权保护→￢推动科技创新。
(A) 项，妻子：取得好成绩→刻苦学习。
丈夫：不同意。刻苦∧￢思考→不一定取得好成绩，与题干不同。
(B) 项，母亲：做成大事→从小事做起。
孩子：不同意。只做小事→￢做成大事，与题干相同。
(C) 项，老板：公司带给他回报→给公司带来回报。
员工：不同意。给公司带来回报∧我得到1‰的奖励，即使1‰也是有回报的，与题干不同。
(D) 项，老师：改变命运→读书。
学生：不同意。￢读书→改变命运，与题干不同。
(E) 项，顾客：有人买→价格便宜些。
商人：不同意。价格便宜些→喝西北风，与题干不同。
【答案】(B)

9. （2018年管理类联考真题）刀不磨要生锈，人不学要落后。所以，如果不想落后，就应该多磨刀。

以下哪项与上述论证方式最为相似？
(A) 妆未梳成不见客，不到火候不揭锅。所以，如果揭了锅，就应该是到了火候。
(B) 兵在精而不在多，将在谋而不在勇。所以，如果想获胜，就应该兵精将勇。
(C) 马无夜草不肥，人无横财不富。所以，如果你想富，就应该让马多吃夜草。
(D) 金无足赤，人无完人。所以，如果你想做完人，就应该有真金。
(E) 有志不在年高，无志空活百岁。所以，如果你不想空活百岁，就应该立志。
【解析】题干：￢磨刀→生锈，￢学→落后。所以，￢落后→磨刀。
即：A→B，C→D。所以，￢D→￢A。
(A) 项，A→B，C→D。所以，￢D→￢C。与题干不同。
(B)、(D)、(E) 项，显然与题干不同。
(C) 项，A→B，C→D。所以，￢D→￢A。与题干最为相似。
【答案】(C)

10. (2020年管理类联考真题) 考生若考试通过并且体检合格，则将被录取。因此，如果李铭考试通过，但未被录取，那么他一定体检不合格。

以下哪项与以上论证方式最为相似？

(A) 若明天是节假日并且天气晴朗，则小吴将去爬山。因此，如果小吴未去爬山，那么第二天一定不是节假日或者天气不好。

(B) 一个数若能被3整除且能被5整除，则这个数能被15整除。因此，一个数若能被3整除但不能被5整除，则这个数一定不能被15整除。

(C) 甲单位员工若去广州出差并且是单人前往，则均乘坐高铁。因此，甲单位小吴如果去广州出差，但未乘坐高铁，那么他一定不是单人前往。

(D) 若现在是春天并且雨水充沛，则这里野草丰美。因此，如果这里野草丰美，但雨水不充沛，那么现在一定不是春天。

(E) 一壶茶若水质良好且温度适中，则一定茶香四溢。因此，如果这壶茶水质良好且茶香四溢，那么一定温度适中。

【解析】题干：考试通过∧体检合格→被录取。因此，考试通过∧¬被录取→¬体检合格。

形式化：A∧B→C。因此，A∧¬C→¬B。

(A) 项，A∧B→C。因此，¬C→¬A∨¬B，与题干不同。

(B) 项，A∧B→C。因此，A∧¬B→¬C，与题干不同。

(C) 项，A∧B→C。因此，A∧¬C→¬B，与题干相同。

(D) 项，A∧B→C。因此，C∧¬B→¬A，与题干不同。

(E) 项，A∧B→C。因此，A∧C→B，与题干不同。

【答案】(C)

11. (2017年经济类联考真题) 法制的健全或者执政者强有力的社会控制能力，是维持一个国家社会稳定的必不可少的条件。Y国社会稳定但法制尚不健全。因此，Y国的执政者具有强有力的社会控制能力。

以下哪项论证方式和题干的最为类似？

(A) 一部影视作品，要想有高的收视率或票房价值，作品本身的质量和必要的包装宣传缺一不可。电影《青楼月》上映以来，票房价值不佳但实际上质量堪称上乘。因此，看来它缺少必要的广告宣传和媒介炒作。

(B) 必须有超常业绩或者30年以上服务于本公司的工龄的雇员，才有资格获得X公司本年度的特殊津贴。黄先生获得了本年度的特殊津贴但在本公司仅供职5年。因此，他一定有超常业绩。

(C) 如果既经营无方又铺张浪费，则一个企业将严重亏损。Z公司虽经营无方但并没有严重亏损，这说明它至少没有铺张浪费。

(D) 一个罪犯要实施犯罪，必须既有作案动机，又有作案时间。在某案中，W先生有作案动机但无作案时间。因此，W先生不是该案的作案者。

(E) 一个论证不能成立，当且仅当，或者它的论据虚假，或者它的推理错误。J女士在科学年会上关于她的发现之科学价值的论证尽管逻辑严密，推理无误，但还是被认定不能成立。因此，她的论证中至少有部分论据虚假。

【解析】题干：法制健全∨社会控制能力←社会稳定。社会稳定∧¬法制健全→社会控制能力。

形式化为：A∨B←C。C∧¬A→B。

（A）项，高的收视率（A）∨高的票房（B）→质量（C）∧宣传（D）。¬高的票房（¬B）∧质量（C）→¬宣传（¬D），与题干不同。

（B）项，30年以上工龄（A）∨超常业绩（B）←特殊津贴（C）。特殊津贴（C）∧¬30年以上工龄（¬A）→超常业绩（B），与题干相同。

（C）项，经营无方（A）∧铺张浪费（B）→严重亏损（C）。经营无方（A）∧¬严重亏损（¬C）→¬铺张浪费（¬B），与题干不同。

（D）项，实施犯罪（A）→作案动机（B）∧作案时间（C）。作案动机（B）∧¬作案时间（¬C）→¬实施犯罪（¬A），与题干不同。

（E）项，论证不能成立（A）↔论据虚假（B）∨推理错误（C）。¬推理错误（¬C）∧论证不能成立（A）→论据虚假（B），与题干不同。

【答案】（B）

12. (2019年经济类联考真题) 或者今年业绩超常，或者满30年公司工龄，均可获今年的特殊津贴。黄先生得到了今年的特殊津贴，但他只在公司供职10年，说明黄先生今年业绩超常。

以下哪项和题干的论证方式最为类似？

（A）娴熟的技术或者足够的时间（超过一个月）是完成一件工艺品的必要条件。小周只花了25天就完成了一件工艺品，说明小周掌握娴熟的技术。

（B）一件产品要在市场上销售得好，质量上乘和足够的宣传广告缺一不可。有一款电扇，专家鉴定都说质量上乘，但销售不佳，说明它的宣传广告还不足。

（C）工资不高又不善理财，家庭经济必然拮据。小赵工资不高，但每月经济均显宽裕，说明小赵善于理财。

（D）一个罪犯实施犯罪，必须既有作案动机，又有作案时间。在某案中李先生有作案动机，但无作案时间，说明李先生不是该案的作案者。

（E）如果既经营无方又铺张浪费，那么一个企业将严重亏损。某IT公司虽经营无方但并没有严重亏损，这说明它至少没有铺张浪费。

【解析】题干：业绩超常∨30年公司工龄→特殊津贴。特殊津贴∧¬30年公司工龄，所以，黄先生业绩超常。符号化为：A∨B→C。C∧¬B，所以，A。

（A）项，完成工艺品→娴熟的技术∨足够的时间。完成工艺品∧¬足够的时间，所以，小周掌握娴熟的技术。符号化为：A→B∨C。A∧¬C，所以，B，与题干结构不同。

（B）项，销售得好→质量上乘∧宣传广告。¬销售得好∧质量上乘，所以，宣传广告不足。符号化为：A→B∧C（等价于¬B∨¬C→¬A）。¬A∧B，所以，¬C，与题干结构相同。

（C）项，工资不高∧不善理财→经济拮据。工资不高∧¬经济拮据，所以，小赵善于理财。符号化为：A∧B→C。A∧¬C，所以，¬B，与题干结构不同。

（D）项，实施犯罪→作案动机∧作案时间。作案动机∧¬作案时间，所以，李先生没有实施犯罪。符号化为：A→B∧C。B∧¬C，所以，¬A，与题干结构不同。

（E）项，经营无方∧铺张浪费→严重亏损。经营无方∧¬严重亏损，所以，没有铺张浪费。符号化为：A∧B→C。A∧¬C，所以，¬B，与题干结构不同。

【答案】（B）

第 2 部分

综合推理

第 3 章 综合推理

题型 13 排序题

命题概率

199 管理类联考近 10 年真题命题数量 6 道，平均每年 0.6 道。
396 经济类联考近 10 年真题命题数量 1 道，平均每年 0.1 道。

母题变化

解题思路

排序题是综合推理中的一种简单题型。题干给出一组对象的大小关系，从中推出具体的排序。

（1）常采用以下步骤：
①转化为不等式。
②将能串联的不等式串联，不能串联的放一边。
③判断选项的正确性。
（2）优先考虑选项排除法。

典型真题

1.（2011 年管理类联考真题）某次认知能力测试，刘强得了 118 分，蒋明的得分比王丽高，张华和刘强的得分之和大于蒋明和王丽的得分之和，刘强的得分比周梅高。此次测试 120 分以上为优秀，五人之中有两人没有达到优秀。

根据以上信息，以下哪项是上述五人在此次测试中得分由高到低的排列？

(A) 张华、王丽、周梅、蒋明、刘强。
(B) 张华、蒋明、王丽、刘强、周梅。
(C) 张华、蒋明、刘强、王丽、周梅。
(D) 蒋明、张华、王丽、刘强、周梅。
(E) 蒋明、王丽、张华、刘强、周梅。

【解析】题干有以下信息：

①刘强＝118 分。

②蒋明＞王丽。

③张华＋刘强＞蒋明＋王丽。

④刘强＞周梅。

⑤120 分以上为优秀。

⑥五人之中有两人没有达到优秀。

由①、④、⑤、⑥知，第四名为刘强，第五名为周梅，排除（A）、（C）项。

再由③张华＋刘强＞蒋明＋王丽，因为这四人中刘强的得分最低，所以张华的得分最高，排除（D）、（E）项。

故（B）项正确。

【答案】（B）

2～3题基于以下题干：

丰收公司邢经理需要在下个月赴湖北、湖南、安徽、江西、江苏、浙江、福建7省进行市场需求调研，各省均调研一次。他的行程需满足如下条件：

(1) 第一个或最后一个调研江西省。

(2) 调研安徽省的时间早于浙江省，在这两省的调研之间调研除了福建省的另外两省。

(3) 调研福建省的时间安排在调研浙江省之前或刚好调研完浙江省之后。

(4) 第三个调研江苏省。

2. (2017年管理类联考真题) 如果邢经理首先赴安徽省调研，则关于他的行程，可以确定以下哪项？

(A) 第二个调研湖北省。　　　　　　　(B) 第二个调研湖南省。

(C) 第五个调研福建省。　　　　　　　(D) 第五个调研湖北省。

(E) 第五个调研浙江省。

【解析】已知邢经理第一个调研安徽省，由题干条件（2）可知，第四个调研浙江省。

再由题干条件（2）和（3）可知，调研福建省的时间只能安排在刚好调研完浙江省之后，即第五个调研福建省。故（C）项正确。

若继续推理，可知第七个调研江西省，第三个调研江苏省，第二个和第六个调研湖北省或湖南省（具体不定）。故其余各项均不正确。

【答案】（C）

3. (2017年管理类联考真题) 如果安徽省是邢经理第二个调研的省份，则关于他的行程，可以确定以下哪项？

(A) 第一个调研江西省。　　　　　　　(B) 第四个调研湖北省。

(C) 第五个调研浙江省。　　　　　　　(D) 第五个调研湖南省。

(E) 第六个调研福建省。

【解析】已知邢经理第二个调研安徽省，根据题干条件（2）可知，第五个调研浙江省，故（C）项正确。

【答案】（C）

4. （2017年管理类联考真题）某著名风景区有"妙笔生花""猴子观海""仙人晒靴""美人梳妆""阳关三叠""禅心向天"6个景点。为方便游人，景区提示如下：

（1）只有先游"猴子观海"，才能游"妙笔生花"。

（2）只有先游"阳关三叠"，才能游"仙人晒靴"。

（3）如果游"美人梳妆"，就要先游"妙笔生花"。

（4）"禅心向天"应该第四个游览，之后才可以游览"仙人晒靴"。

张先生按照上述提示，顺利游览了上述6个景点。

根据上述信息，关于张先生的游览顺序，以下哪项不可能为真？

（A）第一个游览"猴子观海"。　　　　　　（B）第二个游览"阳关三叠"。

（C）第三个游览"美人梳妆"。　　　　　　（D）第五个游览"妙笔生花"。

（E）第六个游览"仙人晒靴"。

【解析】将题干信息形式化：

①妙笔生花→先游猴子观海。

②仙人晒靴→先游阳关三叠。

③美人梳妆→先游妙笔生花。

④禅心向天第四个游览，之后游仙人晒靴。

由①、③可知，"猴子观海"早于"妙笔生花"，早于"美人梳妆"。

由②可知，"阳关三叠"早于"仙人晒靴"。

由④可知，"禅心向天"（第四）早于"仙人晒靴"，可得：⑤"仙人晒靴"为第五或者第六个游览。

（D）项，若第五个游览"妙笔生花"，则由③可知，第六个需游览"美人梳妆"，与⑤矛盾，故（D）项正确。

其余各项均与题干不矛盾，可能为真。

【答案】（D）

5. （2018年管理类联考真题）某市已开通运营一、二、三、四号地铁线路，各条地铁线每一站运行加停靠所需时间均彼此相同。小张、小王、小李三人是同一单位的职工，单位附近有北口地铁站。某天早晨，三人同时都在常青站乘一号线上班，但三人关于乘车路线的想法不尽相同。已知：

（1）如果一号线拥挤，小张就坐2站后转三号线，再坐3站到北口站；如果一号线不拥挤，小张就坐3站后转二号线，再坐4站到北口站。

（2）只有一号线拥挤，小王才坐2站后转三号线，再坐3站到北口站。

（3）如果一号线不拥挤，小李就坐4站后转四号线，坐3站之后再转三号线，坐1站到达北口站。

（4）该天早晨地铁一号线不拥挤。

假定三人换乘及步行总时间相同，则以下哪项最可能与上述信息不一致？

（A）小王和小李同时到达单位。　　　　　（B）小张和小王同时到达单位。

（C）小王比小李先到达单位。　　　　　　（D）小李比小张先到达单位。

（E）小张比小王先到达单位。

【解析】由条件（4）可知，该天早晨地铁一号线不拥挤，由条件（1）可知，小张需要坐7

站,换乘一次。

由条件(3)可知,小李需要坐8站,换乘两次。

故小张应该比小李先到达单位。所以(D)项与题干信息不一致。

由题干无法推出小王的乘车路线情况,故(A)、(B)、(C)、(E)项均有可能为真。

【答案】(D)

6. (2019年管理类联考真题) 我国天山是垂直地带性的典范。已知天山的植被形态分布具有如下特点:

(1) 从低到高有荒漠、森林带、冰雪带等。

(2) 只有经过山地草原,荒漠才能演变成森林带。

(3) 如果不经过森林带,山地草原就不会过渡到山地草甸。

(4) 山地草甸的海拔不比山地草甸草原的低,也不比高寒草甸高。

根据以上信息,关于天山植被形态,按照由低到高排列,以下哪项是不可能的?

(A) 荒漠、山地草原、山地草甸草原、森林带、山地草甸、高寒草甸、冰雪带。

(B) 荒漠、山地草原、山地草甸草原、高寒草甸、森林带、山地草甸、冰雪带。

(C) 荒漠、山地草甸草原、山地草原、森林带、山地草甸、高寒草甸、冰雪带。

(D) 荒漠、山地草原、山地草甸草原、森林带、山地草甸、冰雪带、高寒草甸。

(E) 荒漠、山地草原、森林带、山地草甸草原、山地草甸、高寒草甸、冰雪带。

【解析】题干:

(1) 荒漠＜森林带＜冰雪带。

(2) 荒漠＜山地草原＜森林带。

(3) 山地草原＜森林带＜山地草甸。

(4) 山地草甸草原≤山地草甸≤高寒草甸。

即:荒漠＜山地草原＜森林带＜冰雪带;荒漠＜山地草原＜森林带＜山地草甸;山地草甸草原≤山地草甸≤高寒草甸。

由题干条件(4)可知,山地草甸在山地草甸草原和高寒草甸之间,故(B)项不可能。

其余各项均与题干条件不矛盾,可能为真。

【答案】(B)

7. (2020年管理类联考真题) 小王:在这次年终考评中,女员工的绩效都比男员工高。

小李:这么说,新入职员工中绩效最好的还不如绩效最差的女员工。

以下哪项如果为真,最能支持小李的上述论断?

(A) 男员工都是新入职的。

(B) 新入职的员工有些是女性。

(C) 新入职的员工都是男性。

(D) 部分新入职的女员工没有参与绩效考评。

(E) 女员工更乐意加班,而加班绩效翻倍计算。

【解析】小李:如果"女员工的绩效＞男员工的绩效",那么,"绩效最差的女员工＞新入职员工中绩效最好的员工"。

如果（C）项为真，则女员工的绩效＞所有新入职的员工的绩效，故，绩效最差的女员工＞新入职员工中绩效最好的员工，能使小李的论断为真，故选（C）项。

其余各项均不正确。

【答案】（C）

8. （2013年经济类联考真题）和政治学导论、世界史导论相比，杨林更喜欢物理学和数学。和政治学导论相比，杨林更不喜欢体育。

除了下列哪项，其余各项都能从上述论述中推出？

（A）和体育相比，杨林更喜欢政治学导论。
（B）和体育相比，杨林更喜欢数学。
（C）和世界史导论相比，杨林更不喜欢体育。
（D）和体育相比，杨林更喜欢物理学。
（E）和数学相比，杨林更不喜欢世界史导论。

【解析】根据题干信息，按杨林的喜欢程度，可排为：物理学和数学＞政治学导论＞体育；物理学和数学＞世界史导论。

将各选项代入，可知（C）项不能从题干中推出，其余各项均正确。

【答案】（C）

题型 14　方位题

命题概率

199管理类联考近10年真题命题数量7道，平均每年0.7道。
396经济类联考近10年真题命题数量0道，平均每年0道。

母题变化

变化1　一字型方位题

解题思路

（1）命题特点。

如：左右排位，上下楼层，前后排位等。

（2）解题方法。

①可根据题干信息列不等式或者画方位图。

②相邻问题可使用捆绑法，但要注意被捆绑的元素是否可以互换位置。

③可用表格表示方位关系。

④常用选项排除法。

典型真题

1～2题基于以下题干：

某皇家园林依中轴线布局，从前到后依次排列着七个庭院，这七个庭院分别以汉字"日""月""金""木""水""火""土"来命名。已知：

(1) "日"字庭院不是最前面的那个庭院。

(2) "火"字庭院和"土"字庭院相邻。

(3) "金""月"两庭院间隔的庭院数与"木""水"两庭院间隔的庭院数相同。

1. (2016年管理类联考真题) 根据上述信息，下列哪个庭院可能是"日"字庭院？

(A) 第一个庭院。　　　　　　　　　(B) 第二个庭院。

(C) 第四个庭院。　　　　　　　　　(D) 第五个庭院。

(E) 第六个庭院。

【解析】题目问"哪个庭院可能是'日'字庭院"，采用排除法。

(A) 项，与条件 (1) 矛盾，排除。

(B) 项，若"日"在第二个庭院，当条件 (2) "火"和"土"相邻满足时，则条件 (3) 不能满足，排除。

(C) 项，若"日"在第四个庭院，当条件 (2) "火"和"土"相邻满足时，则条件 (3) 不能满足，排除。

(D) 项，若"日"在第五个庭院，当"火""土"处在第六个、第七个庭院时，则有多种可能满足条件 (3)，正确。

(E) 项，若"日"在第六个庭院，当条件 (2) "火"和"土"相邻满足时，则条件 (3) 不能满足，排除。

【答案】(D)

2. (2016年管理类联考真题) 如果第二个庭院是"土"字庭院，可以得出以下哪项？

(A) 第七个庭院是"水"字庭院。　　　(B) 第五个庭院是"木"字庭院。

(C) 第四个庭院是"金"字庭院。　　　(D) 第三个庭院是"月"字庭院。

(E) 第一个庭院是"火"字庭院。

【解析】已知第二个庭院是"土"字庭院，所以"火"只能在第一个或第三个庭院。假设"火"在第三个庭院，同时要满足条件 (3)，则第一个庭院只能是"日"，与条件 (1) 矛盾。所以"火"只能在第一个庭院。

【答案】(E)

变化2　围桌而坐与东南西北

解题思路

1. 围桌而坐问题，需要根据题干的描述画出桌子的形状，再利用题干信息解题。

2. 一般用平面直角坐标系来表示东南西北问题。

典型真题

3.（2013年管理类联考真题）张霞、李丽、陈露、邓强和王硕一起坐火车去旅游，他们正好坐在同一车厢相对两排的五个座位上，每人各坐一个位置。第一排的座位按顺序分别记作1号和2号，第二排的座位按顺序记为3、4、5号。座位1和座位3直接相对，座位2和座位4直接相对，座位5不和上述任何座位直接相对。李丽坐在4号位置；陈露所坐的位置不与李丽相邻，也不与邓强相邻（相邻是指同一排上紧挨着）；张霞不坐在与陈露直接相对的位置上。

根据以上信息，张霞所坐位置有多少种可能的选择？

(A) 1种。　　(B) 2种。　　(C) 3种。　　(D) 4种。　　(E) 5种。

【解析】由题干可知，座位如表3-1所示：

表 3-1

1	2	
3	4 李丽	5

陈露所坐的位置不与李丽相邻，故陈露可能坐1或2号位置。

陈露所坐的位置也不与邓强相邻，故邓强可能坐3或5号位置。

张霞不坐在与陈露直接相对的位置上，若陈露坐1号位置，则张霞可坐5或2号位置；若陈露坐2号位置，则张霞可坐1或3或5号位置。

综上，张霞所坐位置有4种可能的选择，故（D）项正确。

【答案】(D)

4.（2014年管理类联考真题）某小区业主委员会的4名成员晨桦、建国、向明和嘉媛围坐在一张方桌前（每边各坐一人）讨论小区大门旁的绿化方案。4人的职业各不相同，分别是高校教师、软件工程师、园艺师或邮递员之中的一种。已知：晨桦是软件工程师，他坐在建国的左手边；向明坐在高校教师的右手边；坐在建国对面的嘉媛不是邮递员。

根据以上信息，可以得出以下哪项？

(A) 嘉媛是高校教师，向明是园艺师。

(B) 向明是邮递员，嘉媛是园艺师。

(C) 建国是邮递员，嘉媛是园艺师。

(D) 建国是高校教师，向明是园艺师。

(E) 嘉媛是园艺师，向明是高校教师。

【解析】根据题干，可知4人可坐的方位如图3-1所示：

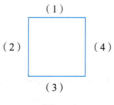

图 3-1

由题干"晨桦坐在建国的左手边",假设晨桦坐在(1)处,则建国坐在(2)处;再由"坐在建国对面的嘉媛不是邮递员",可知嘉媛坐在(4)处,故向明只能坐在(3)处,如图3-2所示:

图 3-2

由"向明坐在高校教师的右手边",可知建国是高校教师;又知晨桦是软件工程师,所以二人均不是邮递员;又知嘉媛不是邮递员,故向明是邮递员、嘉媛是园艺师。

【答案】(B)

5. (2015年管理类联考真题)甲、乙、丙、丁、戊和己6人围坐在一张正六边形的小桌前,每边各坐一人。已知:

(1) 甲与乙正面相对。

(2) 丙与丁不相邻,也不正面相对。

如果己与乙不相邻,则以下哪项一定为真?

(A) 如果甲与戊相邻,则丁与己正面相对。

(B) 甲与丁相邻。

(C) 戊与己相邻。

(D) 如果丙与戊不相邻,则丙与己相邻。

(E) 己与乙正面相对。

【解析】题干中有以下信息:

(1) 甲与乙正面相对。

(2) 丙与丁不相邻,也不正面相对。

(3) 己与乙不相邻。

由题干信息(1)可得图3-3:

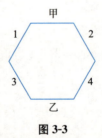

图 3-3

由题干信息(2)可知,丙和丁的座次只可能是:1和2,3和4,4和3,2和1。

由题干信息(3)可知,己只能在1或2。故丙和丁只能为:3和4,4和3,如图3-4和图3-5

所示：

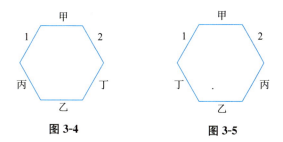

图 3-4　　　　　　　图 3-5

由以上分析可排除（B）、（C）、（E）三项。

（A）项，若甲与戊相邻，则己与丁可能正面相对，也可能不正面相对，排除。

（D）项，若丙与戊不相邻，则戊只能在丙的对面，己与丙相邻，正确。

【答案】（D）

6～7题基于以下题干：

某园艺公司打算在如下形状的花圃中栽种玫瑰、兰花和菊花三个品种的花卉。该花圃的形状如图3-6所示：

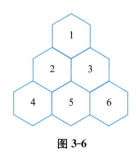

图 3-6

拟栽种的玫瑰有紫、红、白3种颜色，兰花有红、白、黄3种颜色，菊花有白、黄、蓝3种颜色。栽种需满足如下要求：

（1）每个六边形格子中仅栽种一个品种、一种颜色的花。

（2）每个品种只栽种两种颜色的花。

（3）相邻格子中的花，其品种与颜色均不相同。

6.（2019年管理类联考真题）若格子5中是红色的花，则以下哪项是不可能的？

（A）格子2中是紫色的玫瑰。

（B）格子1中是白色的兰花。

（C）格子1中是白色的菊花。

（D）格子4中是白色的兰花。

（E）格子6中是蓝色的菊花。

【解析】由题干可知，总共有三个品种的花卉，根据题干条件（3）"相邻格子中的花，其品种与颜色均不相同"可知，格子1、2、3相互之间均不是同一个品种。同理，格子5、2、3相互之间也不是同一个品种，故格子1和格子5是同一个品种。

又因为格子5中是红色的花，又已知题干中红色的花的品种只有玫瑰和兰花，故格子1中也必然是玫瑰或者兰花，不可能是菊花。因此，(C) 项正确。

【答案】(C)

7.（2019年管理类联考真题）若格子5中是红色的玫瑰，且格子3中是黄色的花，则可以得出以下哪项？

(A) 格子1中是紫色的玫瑰。

(B) 格子4中是白色的菊花。

(C) 格子2中是白色的菊花。

(D) 格子4中是白色的兰花。

(E) 格子6中是蓝色的菊花。

【解析】由题干条件（3）知，格子2、3、5相互之间均不是同一个品种。同理，格子2、4、5相互之间也不是同一个品种，故格子3、4是同一个品种。同理，格子1、5是同一个品种，格子2、6也是同一个品种。

由"格子5中是红色的玫瑰"，又由题干条件（3）知："格子2、3、4、6是两个兰花及两个菊花"且不能是红色的。因此栽种的兰花只能是白色和黄色。兰花的位置只能是格子2、6或者格子3、4两种情况。

若兰花在格子2、6，其中黄色的兰花与"格子3中是黄色的花"和题干条件（3）矛盾，故兰花只能在格子3、4中。

故格子3中是黄色的兰花，格子4中是白色的兰花。因此，(D) 项正确。

【答案】(D)

题型 15 简单匹配题

命题概率

199管理类联考近10年真题命题数量10道，平均每年1道。
396经济类联考近10年真题命题数量3道，平均每年0.3道。

母题变化

变化1 简单匹配

解题思路

简单匹配题的典型特征是选项看起来像排列组合，一般使用选项排除法。

典型真题

1.（2010年管理类联考真题）李赫、张岚、林宏、何柏、邱辉5位同事近日各自买了一台不同品牌的小轿车，分别为雪铁龙、奥迪、宝马、奔驰、桑塔纳。这5辆车的颜色分别与5人名字最后一个字谐音的颜色不同。已知，李赫买的是蓝色的雪铁龙。

以下哪项排列可能依次对应张岚、林宏、何柏、邱辉所买的车？

（A）灰色奥迪、白色宝马、灰色奔驰、红色桑塔纳。
（B）黑色奥迪、红色宝马、灰色奔驰、白色桑塔纳。
（C）红色奥迪、灰色宝马、白色奔驰、黑色桑塔纳。
（D）白色奥迪、黑色宝马、红色奔驰、灰色桑塔纳。
（E）黑色奥迪、灰色宝马、白色奔驰、红色桑塔纳。

【解析】使用选项排除法。
（A）项，可能为真。
（B）项，不可能为真，因为林宏不买红色的车。
（C）项，不可能为真，因为何柏不买白色的车。
（D）项，不可能为真，因为邱辉不买灰色的车。
（E）项，不可能为真，因为何柏不买白色的车。
【答案】（A）

2.（2010年管理类联考真题）小明、小红、小丽、小强、小梅五人去听音乐会，他们五人在同一排且座位相连，其中只有一个座位最靠近走廊，结果小强想坐在最靠近走廊的座位上；小丽想跟小明紧挨着；小红不想跟小丽紧挨着；小梅想跟小丽紧挨着，但不想跟小强或小明紧挨着。

以下哪项顺序符合上述五人的意愿？

（A）小明，小梅，小丽，小红，小强。
（B）小强，小红，小明，小丽，小梅。
（C）小强，小梅，小红，小丽，小明。
（D）小明，小红，小梅，小丽，小强。
（E）小强，小丽，小梅，小明，小红。

【解析】根据题干信息"小丽想跟小明紧挨着"，排除（A）、（D）、（E）项。
根据题干信息"小红不想跟小丽紧挨着"，排除（C）项。
故（B）项正确。
【答案】（B）

3.（2014年管理类联考真题）在某次考试中，有3个关于北京旅游景点的问题，要求考生每题选择某个景点的名称作为唯一答案。其中6位考生关于上述3个问题的答案依次如下：

第一位考生：天坛、天坛、天安门；
第二位考生：天安门、天安门、天坛；
第三位考生：故宫、故宫、天坛；
第四位考生：天坛、天安门、故宫；

第五位考生：天安门、故宫、天安门；

第六位考生：故宫、天安门、故宫。

考试结果表明，每位考生都至少答对其中 1 道题。

根据以上陈述，可知这 3 个问题的正确答案依次是：

(A) 天坛、故宫、天坛。

(B) 故宫、天安门、天安门。

(C) 天安门、故宫、天坛。

(D) 天坛、天坛、故宫。

(E) 故宫、故宫、天坛。

【解析】使用选项排除法。

(A) 项，第六位考生一道题都没答对，排除。

(B) 项，推不出矛盾。

(C) 项，第一位、第四位、第六位考生一道题都没答对，排除。

(D) 项，第二位、第三位、第五位考生一道题都没答对，排除。

(E) 项，第一位、第四位考生一道题都没答对，排除。

【答案】(B)

4～5 题基于以下题干：

某项测试共有 4 道题，每道题给出 A、B、C、D 四个选项，其中只有一项是正确答案。现有张、王、赵、李 4 人参加了测试，他们的答题情况和测试结果如表 3-2 所示：

表 3-2

答题者	第一题	第二题	第三题	第四题	测试结果
张	A	B	A	B	均不正确
王	B	D	B	C	只答对1题
赵	D	A	A	B	均不正确
李	C	C	B	D	只答对1题

4. （2020 年管理类联考真题）根据以上信息，可以得出以下哪项？

(A) 第二题的正确答案是 C。

(B) 第二题的正确答案是 D。

(C) 第三题的正确答案是 D。

(D) 第四题的正确答案是 A。

(E) 第四题的正确答案是 D。

【解析】因为第一题和第二题中 4 个人分别选了 A、B、C、D，故一定有人答对。故第三题和第四题 4 个人均答错。由第四题 4 个人均答错可知，第四题的正确答案是 A，即 (D) 项正确。

【答案】(D)

5. （2020 年管理类联考真题）如果每道题的正确答案各不相同，则可以得出以下哪项？

(A) 第一题的正确答案是 B。

(B) 第一题的正确答案是 C。

(C) 第二题的正确答案是 D。

(D) 第二题的正确答案是 A。

(E) 第三题的正确答案是 C。

【解析】由题干和上题（即第 4 题）分析可得表 3-3：

表 3-3

选项	第一题	第二题	第三题	第四题
A	×	×	×	√
B		×	×	×
C				×
D	×			×

由"每道题的正确答案各不相同"可知，第二题和第三题的正确答案一定是 C 或 D，故第一题的正确答案只能是 B，即（A）项正确。

【答案】（A）

6. （2021 年管理类联考真题）王、陆、田 3 人拟到甲、乙、丙、丁、戊、己 6 个景点结伴游览。关于游览的顺序，3 人意见如下：

(1) 王：1甲、2丁、3己、4乙、5戊、6丙。
(2) 陆：1丁、2己、3戊、4甲、5乙、6丙。
(3) 田：1己、2乙、3丙、4甲、5戊、6丁。

实际游览时，各人意见中都恰有一半的景点序号是正确的。

根据以上信息，他们实际游览的前 3 个景点分别是：

(A) 己、丁、丙。　　　　　　　　　(B) 丁、乙、己。
(C) 甲、乙、己。　　　　　　　　　(D) 乙、己、丙。
(E) 丙、丁、己。

【解析】使用选项代入法。

(A) 项，代入陆的话可知，1、2、3、6 均错，与题干"恰有一半的景点序号是正确的"矛盾，排除。

(B) 项，代入题干三人的话可知，均不与题干矛盾，正确。

(C) 项，代入陆的话可知，1、2、3、4、5 均错，与题干"恰有一半的景点序号是正确的"矛盾，排除。

(D) 项，代入王的话可知，1、2、3、4、6 均错，与题干"恰有一半的景点序号是正确的"矛盾，排除。

(E) 项，代入田的话可知，1、2、3、6 均错，与题干"恰有一半的景点序号是正确的"矛盾，排除。

【答案】（B）

变化 2　可能符合题干

解题思路

综合推理题中，题干的问题如果是"以下哪项，可能（或不可能）符合题干"，常使用选项排除法。

典型真题

7~9题基于以下题干：

东宁大学公开招聘3个教师职位，哲学学院、管理学院和经济学院各一个，每个职位都有分别来自南山大学、西京大学、北清大学的候选人，有位"聪明"人士李先生对招聘结果做出了如下预测：

如果哲学学院录用北清大学的候选人，那么管理学院录用西京大学的候选人；

如果管理学院录用南山大学的候选人，那么哲学学院也录用南山大学的候选人；

如果经济学院录用北清大学或者西京大学的候选人，那么管理学院录用北清大学的候选人。

7.（2012年管理类联考真题） 如果哲学学院、管理学院和经济学院最终录用的候选人的大学归属信息依次如下，则哪项符合李先生的预测？

(A) 南山大学、南山大学、西京大学。

(B) 北清大学、南山大学、南山大学。

(C) 北清大学、北清大学、南山大学。

(D) 西京大学、北清大学、南山大学。

(E) 西京大学、西京大学、西京大学。

【解析】使用选项排除法。

根据题干信息"如果哲学学院录用北清大学的候选人，那么管理学院录用西京大学的候选人"，可排除（B）、（C）项。

根据题干信息"如果经济学院录用北清大学或者西京大学的候选人，那么管理学院录用北清大学的候选人"，可排除（A）、（E）项。

故（D）项正确。

【答案】(D)

8.（2012年管理类联考真题） 若哲学学院最终录用西京大学的候选人，则以下哪项表明李先生的预测错误？

(A) 管理学院录用北清大学候选人。

(B) 管理学院录用南山大学候选人。

(C) 经济学院录用南山大学候选人。

(D) 经济学院录用北清大学候选人。

(E) 经济学院录用西京大学候选人。

【解析】假言命题的负命题。

由题干可知，如果管理学院录用南山大学的候选人，那么哲学学院也录用南山大学的候选人；

其负命题为：管理学院录用南山大学的候选人∧¬哲学学院录用南山大学的候选人。

根据题干，每个学院只录用一个候选人，所以哲学学院录用了西京大学的候选人，则没有录用南山大学的候选人，根据负命题可知，管理学院录用南山大学的候选人，说明李先生的预测错误。故（B）项正确。

【答案】(B)

9. （2012年管理类联考真题）如果三个学院最终录用的候选人来自不同的大学，则以下哪项符合李先生的预测？

（A）哲学学院录用西京大学候选人，经济学院录用北清大学候选人。
（B）哲学学院录用南山大学候选人，管理学院录用北清大学候选人。
（C）哲学学院录用北清大学候选人，经济学院录用西京大学候选人。
（D）哲学学院录用西京大学候选人，管理学院录用南山大学候选人。
（E）哲学学院录用南山大学候选人，管理学院录用西京大学候选人。

【解析】使用选项排除法。

题干有以下信息：

①哲学北清→管理西京，等价于：┐管理西京→┐哲学北清。
②管理南山→┐哲学南山，等价于：┐┐哲学南山→┐管理南山。
③经济北清∨经济西京→管理北清，等价于：┐管理北清→┐经济北清∧┐经济西京。
④三名候选人来自不同的大学。

（A）项，由题干信息③可知，经济北清→管理北清，与题干信息④矛盾，排除。

（B）项，符合条件。

（C）项，由题干信息③、①串联得：经济西京→管理北清→┐管理西京→┐哲学北清，故经济学院录用西京大学的候选人，则哲学学院不能录用北清大学的候选人，排除。

（D）项，由题干信息②可知，管理南山→┐哲学南山，与题干信息④矛盾，排除。

（E）项，由题干信息③可知，┐管理北清→┐经济北清∧┐经济西京，即经济学院只能录用南山大学的候选人，而此项中哲学学院也录用了南山大学的候选人，与题干信息④矛盾，排除。

综上，（B）项正确。

【答案】（B）

10～11题基于以下题干：

六一儿童节到了，幼儿园老师为班上的小明、小雷、小刚、小芳、小花五位小朋友准备了红、橙、黄、绿、青、蓝、紫七份礼物。已知所有礼物都送了出去，每份礼物只能由一人获得，每人最多获得两份礼物。另外，礼物派送还需要满足如下要求：
(1) 如果小明收到橙色礼物，则小芳会收到蓝色礼物。
(2) 如果小雷没有收到红色礼物，则小芳不会收到蓝色礼物。
(3) 如果小刚没有收到黄色礼物，则小花不会收到紫色礼物。
(4) 没有人既能收到黄色礼物，又能收到绿色礼物。
(5) 小明只收到橙色礼物，而小花只收到紫色礼物。

10. （2017年管理类联考真题）根据上述信息，以下哪项可能为真？
（A）小明和小芳都收到两份礼物。
（B）小雷和小刚都收到两份礼物。
（C）小刚和小花都收到两份礼物。
（D）小芳和小花都收到两份礼物。
（E）小明和小雷都收到两份礼物。

【解析】由题干信息（5）可知，小明和小花只收到一份礼物，排除（A）、（C）、（D）、（E）项，故（B）项正确。

【答案】(B)

11.（2017年管理类联考真题）根据上述信息，如果小刚收到两份礼物，则可以得出以下哪项？

(A) 小雷收到红色和绿色两份礼物。

(B) 小刚收到黄色和蓝色两份礼物。

(C) 小芳收到绿色和蓝色两份礼物。

(D) 小刚收到黄色和青色两份礼物。

(E) 小芳收到青色和蓝色两份礼物。

【解析】题干信息如下：

(1) 小明收到橙色礼物→小芳收到蓝色礼物。

(2) ¬小雷收到红色礼物→¬小芳收到蓝色礼物，等价于：小芳收到蓝色礼物→小雷收到红色礼物。

(3) ¬小刚收到黄色礼物→¬小花收到紫色礼物，等价于：小花收到紫色礼物→小刚收到黄色礼物。

(4) 没有人既能收到黄色礼物，又能收到绿色礼物。

(5) 小明只收到橙色礼物∧小花只收到紫色礼物。

可知：小明只收到橙色礼物，小花只收到紫色礼物，小芳收到蓝色礼物，小雷收到红色礼物，小刚收到黄色礼物。

由题干信息（4）可知，小刚没有收到绿色礼物。又因为小刚收到两份礼物，且每份礼物只能由一人获得，所以小刚收到的只能是黄色和青色礼物，故（D）项正确。

【答案】(D)

12.（2018年管理类联考真题）某校图书馆新购一批文科图书。为方便读者查阅，管理人员对这批图书在文科新书阅览室中的摆放位置作出如下提示：

(1) 前3排书橱均放有哲学类新书。

(2) 法学类新书都放在第5排书橱，这排书橱的左侧也放有经济类新书。

(3) 管理类新书放在最后一排书橱。

事实上，所有的图书都按照上述提示放置。根据提示，徐莉顺利找到了她想查阅的新书。

根据上述信息，以下哪项是不可能的？

(A) 徐莉在第2排书橱中找到了哲学类新书。

(B) 徐莉在第3排书橱中找到了经济类新书。

(C) 徐莉在第4排书橱中找到了哲学类新书。

(D) 徐莉在第6排书橱中找到了法学类新书。

(E) 徐莉在第7排书橱中找到了管理类新书。

【解析】由条件（2）可知，法学类新书都放在第5排书橱，故徐莉不可能在第6排书橱中找到法学类新书，即（D）项错误。

其余各项均不违背题干，都可能为真。

【答案】（D）

13～14题基于以下题干：

有A、B、C三组评委投票决定是否通过一个提案。A组评委共两人，B组评委共两人，C组评委共三人。每个评委都不能弃权，并且同意、反对必选其一，关于他们投票的真实信息如下：

(1) 如果A组两个评委的投票结果相同，并且至少有一个C组评委的投票结果也与A组所有评委的投票结果相同，那么B组两个评委的投票结果也都与A组的所有评委的投票结果相同。

(2) 如果C组三个评委的投票结果相同，则A组没有评委的投票结果与C组的投票结果相同。

(3) 至少有两个评委投同意票。

(4) 至少有两个评委投反对票。

(5) 至少有一个A组评委投反对票。

13. **（2013年经济类联考真题）** 如果B组两个评委的投票结果不同，则下列哪项可能是真的？
(A) A组评委都投反对票并且恰有两个C组评委投同意票。
(B) 恰有一个A组评委投同意票并且恰有一个C组评委投同意票。
(C) 恰有一个A组评委投同意票并且C组所有评委都投同意票。
(D) A组所有评委都投同意票并且恰有一个C组评委投同意票。
(E) A组所有评委都投同意票并且恰有两个C组评委投同意票。

【解析】 使用选项排除法。

已知B组两个评委的投票结果不同，即一个同意，一个反对。

(A) 项，将此项代入题干信息（1）可知，B组评委全部投反对票，与本题条件"B组两个评委的投票结果不同"矛盾，故不可能为真。

(B) 项，不与题干信息矛盾，故可能为真。

(C) 项，根据题干信息（2），由"C组评委全部投同意票"可知，A组评委应全部投反对票，故不可能为真。

(D) 项，"A组评委全部投同意票"与题干信息（5）矛盾，故不可能为真。

(E) 项，"A组评委全部投同意票"与题干信息（5）矛盾，故不可能为真。

【答案】（B）

14. **（2013年经济类联考真题）** 根据题干中的信息，下列哪项一定为真？
(A) 至少有一个A组评委投同意票。
(B) 至少有一个C组评委投同意票。
(C) 至少有一个C组评委投反对票。
(D) 至少有一个B组评委投反对票。
(E) 至少有一个B组评委投同意票。

【解析】 由题干信息（5）可知，至少有一个A组评委投反对票。

假设另外一个A组评委也投反对票。C组评委可分为两种情况：有人投反对票，没有人投反对票。若C组的投票情况是第1种，即至少有一个C组评委投反对票，则由题干信息（1）可知，

B组两人均投反对票。此时，反对票已有5票，由题干信息（3）可知，C组的另外两人投同意票。若C组的投票情况是第2种，则所有C组评委都投同意票。

假设另外一个A组评委投同意票。则A组评委中既有同意票，也有反对票，故不论C组评委怎么投票，A组中均有评委的投票结果与C组相同，故由题干信息（2）逆否可得，C组三个评委的投票结果并不相同，故至少有人投同意票有人投反对票。

综上所述，不论哪种情况，C组均有评委投同意票，故（B）项为真。

【答案】（B）

15. **(2020年经济类联考真题)** 某家电公司有甲、乙、丙三个工厂：甲厂擅长生产电冰箱、洗衣机和微波炉；乙厂擅长生产洗衣机、空调和消毒柜；丙厂擅长生产空调和消毒柜。该家电公司调查后发现，如果两个工厂同时生产同样的产品，一方面达不到规模经济，另一方面会产生内部恶性竞争。为了更好地发挥各厂的相对优势，公司召集了三个工厂的负责人对各自生产的产品进行协调，并做出了满意的决策。

以下哪项最可能是这几个工厂的产品选择方案？
(A) 乙厂生产洗衣机和消毒柜，丙厂生产空调和微波炉。
(B) 乙厂只生产洗衣机，丙厂生产空调和消毒柜。
(C) 甲厂生产电冰箱和洗衣机，乙厂生产空调和消毒柜。
(D) 甲厂生产电冰箱和洗衣机，丙厂生产空调和消毒柜。
(E) 甲厂生产电冰箱和消毒柜，乙厂只生产洗衣机。

【解析】题干有以下信息：
①甲厂擅长生产电冰箱、洗衣机和微波炉。
②乙厂擅长生产洗衣机、空调和消毒柜。
③丙厂擅长生产空调和消毒柜。
④三个厂生产的产品各不相同，且要更好地发挥自身的优势。

(A) 项，丙厂生产微波炉，不符合题干信息③和④，排除。
(B) 项，由题干信息④可知，甲厂生产电冰箱和微波炉，符合题干，正确。
(C) 项，由题干信息④可知，丙厂只能生产微波炉，但丙厂不擅长生产微波炉，排除。
(D) 项，由题干信息④可知，乙厂只能生产微波炉，但乙厂不擅长生产微波炉，排除。
(E) 项，甲厂生产消毒柜，不符合题干信息①和④，排除。

【答案】（B）

题型 16　复杂匹配题

命题概率

199管理类联考近10年真题命题数量52道，平均每年5.2道。
396经济类联考近10年真题命题数量2道，平均每年0.2道。

母题变化

变化1 选人问题

解题思路

题干给出几位候选人,给出一些标准,问谁能入选。

方法一:根据已知条件进行推导即可,推导时尤其要注意数量关系。

方法二:选项排除法。

典型真题

1~2题基于以下题干:

天南大学准备选派两名研究生、三名本科生到山村小学支教。经过个人报名和民主评议,最终人选将在研究生赵婷、唐玲、殷倩3人和本科生周艳、李环、文琴、徐昂、朱敏5人中产生。按规定,同一学院或者同一社团至多选派一人。已知:

(1)唐玲和朱敏均来自数学学院。
(2)周艳和徐昂均来自文学院。
(3)李环和朱敏均来自辩论协会。

1. (2015年管理类联考真题) 根据上述条件,以下必定入选的是:
(A)唐玲。 (B)赵婷。 (C)周艳。 (D)殷倩。 (E)文琴。

【解析】由题干知,同一学院或者同一社团至多选派一人,故有:
(1)¬唐玲∨¬朱敏。
(2)¬周艳∨¬徐昂。
(3)¬李环∨¬朱敏。

由(2)知,周艳和徐昂至少有一人不入选;由(3)知,李环和朱敏至少有一人不入选。

又知5个本科生中有3人入选,故得:
(4)周艳和徐昂有一人入选、一人不入选。
(5)李环和朱敏有一人入选、一人不入选。

综上,文琴必入选。

【答案】(E)

2. (2015年管理类联考真题) 如果唐玲入选,那么以下必定入选的是:
(A)李环。 (B)徐昂。 (C)周艳。 (D)赵婷。 (E)殷倩。

【解析】结合上题(即第1题)分析,由(1)知:唐玲→¬朱敏。

由(5)知:¬朱敏→李环。

故(A)项正确。

【答案】(A)

3. （2017年管理类联考真题）颜子、曾寅、孟申、荀辰申请一个中国传统文化建设项目。根据规定，该项目的主持人只能有一名，且在上述4位申请者中产生，包括主持人在内，项目组成员不能超过2位。另外，各位申请者在申请答辩时作出如下陈述：

(1) 颜子：如果我成为主持人，将邀请曾寅或荀辰作为项目组成员。

(2) 曾寅：如果我成为主持人，将邀请颜子或孟申作为项目组成员。

(3) 荀辰：只有颜子成为项目组成员，我才能成为主持人。

(4) 孟申：只有荀辰或颜子成为项目组成员，我才能成为主持人。

假设4人的陈述都为真，关于项目组成员的组合，以下哪项是不可能的？

(A) 孟申、曾寅。　　　　　　　　(B) 荀辰、孟申。

(C) 曾寅、荀辰。　　　　　　　　(D) 颜子、孟申。

(E) 颜子、荀辰。

【解析】题干：

①颜子主持→曾寅成员∨荀辰成员。

②曾寅主持→颜子成员∨孟申成员。

③荀辰主持→颜子成员。

④孟申主持→荀辰成员∨颜子成员。

(A) 项，若曾寅是主持人，孟申是项目组成员，则满足题干条件②，且与其他题干条件不冲突，故可能为真。

(B) 项，若孟申是主持人，荀辰是项目组成员，则满足题干条件④，且与其他题干条件不冲突，故可能为真。

(C) 项，若曾寅是主持人，荀辰是项目组成员，则不满足题干条件②；若荀辰是主持人，曾寅是项目组成员，则不满足题干条件③，故不可能为真。

(D) 项，若孟申是主持人，颜子是项目组成员，则满足题干条件④，且与其他题干条件不冲突，故可能为真。

(E) 项，若颜子是主持人，荀辰是项目组成员，则满足题干条件①；若荀辰是主持人，颜子是项目组成员，则满足题干条件③，且均与其他题干条件不冲突，故可能为真。

【答案】(C)

4. （2019年管理类联考真题）某市音乐节设立了流行、民谣、摇滚、民族、电音、说唱、爵士这7大类的奖项评选。在入围提名中，已知：

(1) 至少有6类入围。

(2) 流行、民谣、摇滚中至多有2类入围。

(3) 如果摇滚和民族类都入围，则电音和说唱中至少有1类没有入围。

根据上述信息，可以得出以下哪项？

(A) 流行类没有入围。　　　　　　(B) 民谣类没有入围。

(C) 摇滚类没有入围。　　　　　　(D) 爵士类没有入围。

(E) 电音类没有入围。

【解析】根据条件（1）、（2）可得：（4）民族、电音、说唱、爵士入围。

条件（3）逆否得：电音和说唱都入围→摇滚和民族至少有1类没有入围。
结合条件（4）可知，摇滚类没有入围，故（C）项正确。
【答案】（C）

5~6题基于以下题干：
某单位拟派遣3名德才兼备的干部到西部山区进行精准扶贫。报名者踊跃，经过考察，最终确定了陈甲、傅乙、赵丙、邓丁、刘戊、张己6名候选人。根据工作需要，派遣还需要满足以下条件：
（1）若派遣陈甲，则派遣邓丁但不派遣张己。
（2）若傅乙、赵丙至少派遣1人，则不派遣刘戊。

5. （2019年管理类联考真题） 以下哪项的派遣人选和上述条件不矛盾？
（A）赵丙、邓丁、刘戊。
（B）陈甲、傅乙、赵丙。
（C）傅乙、邓丁、刘戊。
（D）邓丁、刘戊、张己。
（E）陈甲、赵丙、刘戊。
【解析】选项代入法，与题干信息有矛盾的选项可直接排除。
（A）项，由题干条件（2）可得，有赵丙不可有刘戊，排除。
（B）项，由题干条件（1）可得，有陈甲必有邓丁，排除。
（C）项，由题干条件（2）可得，有傅乙不可有刘戊，排除。
（E）项，由题干条件（2）逆否得，有刘戊不可有赵丙，排除。
故（D）项正确。
【答案】（D）

6. （2019年管理类联考真题） 如果陈甲、刘戊至少派遣1人，则可以得出以下哪项？
（A）派遣刘戊。　　　　（B）派遣赵丙。　　　　（C）派遣陈甲。
（D）派遣傅乙。　　　　（E）派遣邓丁。
【解析】如果派遣陈甲，由题干条件（1）知：陈甲→邓丁∧¬张己，故派遣邓丁。
如果不派遣陈甲，则派遣刘戊，由题干条件（2）逆否可知：刘戊→¬傅乙∧¬赵丙，且剩余陈甲、邓丁、张己三人必定有两人入选。由于不派遣陈甲，则派遣邓丁和张己。
综上，一定派遣邓丁，即（E）项正确。
【答案】（E）

变化2　两组元素的匹配

> **解题思路**
> 1. 两组元素的匹配，推荐使用表格法。
> 2. 题干中如果出现数量关系，往往优先考虑数量关系。

典型真题

7~8题基于以下题干：

晨曦公园拟在园内东、南、西、北四个区域种植四种不同的特色树木，每个区域只种植一种。选定的特色树种为：水杉、银杏、乌柏和龙柏。布局的基本要求是：

（1）如果在东区或者南区种植银杏，那么在北区不能种植龙柏或乌柏。

（2）北区或东区要种植水杉或者银杏之一。

7. （2013年管理类联考真题） 根据上述种植要求，如果北区种植龙柏，则以下哪项一定为真？

(A) 西区种植水杉。　　　　　　　　　(B) 南区种植乌柏。
(C) 南区种植水杉。　　　　　　　　　(D) 西区种植乌柏。
(E) 东区种植乌柏。

【解析】题干中有以下判断：

①东银杏∨南银杏→¬北龙柏∧¬北乌柏，等价于：北龙柏∨北乌柏→¬东银杏∧¬南银杏。

②北水杉∨北银杏∨东水杉∨东银杏。

③北龙柏。

由③、①串联得：北龙柏→¬东银杏∧¬南银杏，故必有：北区、东区、南区均不种植银杏，则银杏种植在西区。

由"东水杉∨东银杏"知：¬东银杏→东水杉。

故，南区只能种植乌柏，即（B）项正确。

【答案】(B)

8. （2013年管理类联考真题） 根据上述种植要求，如果水杉必须种植于西区或南区，则以下哪项一定为真？

(A) 南区种植水杉。　　　　　　　　　(B) 西区种植水杉。
(C) 东区种植银杏。　　　　　　　　　(D) 北区种植银杏。
(E) 南区种植乌柏。

【解析】由题干得：④西水杉∨南水杉，再由②知：⑤东银杏∨北银杏。

假设东区种植银杏，则由①知：东银杏→¬北龙柏∧¬北乌柏，因为北区不可能种植水杉，也不可能种植银杏，则北区无树可种，故假设不成立，即东区不可能种植银杏。再由⑤知：北区种植银杏，故（D）项正确。

【答案】(D)

9. （2013年管理类联考真题） 某省大力发展旅游产业，目前已经形成东湖、西岛、南山三个著名景点，每处景点都有二日游、三日游、四日游三种线路。李明、王刚、张波拟赴上述三地进行9日游，每个人都设计了各自的旅游计划。后来发现，每处景点他们三人都选择了不同的线路：李明赴东湖的计划天数与王刚赴西岛的计划天数相同，李明赴南山的计划是三日游，王刚赴南山的计划是四日游。

根据以上陈述，可以得出以下哪项？
(A) 李明计划东湖二日游，王刚计划西岛二日游。
(B) 王刚计划东湖三日游，张波计划西岛四日游。
(C) 张波计划东湖四日游，王刚计划西岛三日游。
(D) 张波计划东湖三日游，李明计划西岛四日游。
(E) 李明计划东湖二日游，王刚计划西岛三日游。

【解析】已知每处景点都有二日游、三日游、四日游三种线路，且每处景点三人的线路均不同，李明赴南山的计划是三日游，王刚赴南山的计划是四日游，则张波赴南山的计划必为二日游。

故李明还有二日游和四日游可选，王刚还有二日游和三日游可选，而李明赴东湖的计划天数与王刚赴西岛的计划天数相同，故均为二日游。

故李明的行程为：南山三日游、东湖二日游、西岛四日游；

王刚的行程为：南山四日游、东湖三日游、西岛二日游；

张波的行程为：南山二日游、东湖四日游、西岛三日游。

【答案】(A)

10～11题基于以下题干：

年初，为激励员工努力工作，某公司决定根据每月的工作绩效评选"月度之星"。王某在当年前10个月恰好只在连续的4个月中当选"月度之星"，他的另外三个同事郑某、吴某、周某也做到了这一点。关于这四人当选"月度之星"的月份，已知：

(1) 王某和郑某仅有三个月同时当选。
(2) 郑某和吴某仅有三个月同时当选。
(3) 王某和周某不曾在同一个月当选。
(4) 仅有2人在7月同时当选。
(5) 至少有1人在1月当选。

10. （2013年管理类联考真题）根据以上信息，有3人同时当选"月度之星"的月份是：
(A) 1—3月。　　　　　　(B) 2—4月。　　　　　　(C) 3—5月。
(D) 4—6月。　　　　　　(E) 5—7月。

【解析】将(A)、(B)、(C)三项代入，则7月无2人同时当选，与题干条件(4)矛盾，排除。

(E)项代入，则超过2人在7月同时当选，与题干条件(4)矛盾，排除。

故(D)项正确。

【答案】(D)

11. （2013年管理类联考真题）根据以上信息，王某当选"月度之星"的月份是：
(A) 1—4月。　　　　　　(B) 3—6月。　　　　　　(C) 4—7月。
(D) 5—8月。　　　　　　(E) 7—10月。

【解析】由题干，假设王某在1—4月当选，则郑某在2—5月当选，吴某在1—4月或3—6月当选，则7月无2人当选；假设郑某在1—4月当选，则王某和吴某在2—5月当选，则7月无2

人当选；假设吴某在1—4月当选，则郑某在2—5月当选，王某在1—4月或3—6月当选，则7月无2人当选。所以只能周某在1—4月当选，根据题干条件（3）王某和周某不曾在同一个月当选，故排除（A）、（B）、（C）项。

假设王某在7—10月当选，则根据题干条件（1）和（2），可得7月必有3人当选，与题干条件（4）矛盾，故排除（E）项。

综上，（D）项正确。

【答案】（D）

12. （2013年管理类联考真题）在东海大学研究生会举办的一次中国象棋比赛中，来自经济学院、管理学院、哲学学院、数学学院和化学学院的5名研究生（每个学院1名）相遇在一起，有关甲、乙、丙、丁、戊5名研究生之间的比赛信息满足以下条件：

（1）甲仅与2名选手比赛过。
（2）化学学院的选手与3名选手比赛过。
（3）乙不是管理学院的选手，也没有和管理学院的选手对阵过。
（4）哲学学院的选手和丙比赛过。
（5）管理学院、哲学学院、数学学院的选手都相互交过手。
（6）丁仅与1名选手比赛过。

根据以上条件，丙来自哪个学院？

(A) 经济学院。　　　　　　(B) 管理学院。　　　　　　(C) 数学学院。
(D) 哲学学院。　　　　　　(E) 化学学院。

【解析】由条件（2）、（5）、（6）可知，丁不是化学学院的，不是管理学院的，不是哲学学院的，也不是数学学院的，故丁是经济学院的。

再由条件（3）、（5）可知，乙不是管理学院的，也不是哲学学院和数学学院的，故乙是化学学院的。

故丙是哲学学院、管理学院或数学学院的，又由条件（4）可知，丙不是哲学学院的，故（7）丙是管理学院或者数学学院的。

再由条件（2）、（3）可知，乙没有和管理学院的选手交过手，乙自己是化学学院的，故乙与经济学院、哲学学院、数学学院的选手交过手。

再由条件（5）可知，哲学学院、管理学院、数学学院的选手两两之间交过手，哲学学院和数学学院的选手又与乙交过手，故哲学学院和数学学院的选手至少交手三场。

又由条件（1）可知，甲只交手两场，故甲不是哲学学院和数学学院的，即（8）甲是管理学院的选手。

由条件（7）、（8）可知，丙是数学学院的选手，故（C）项正确。

【答案】（C）

13～15题基于以下题干：

孔智、孟睿、荀慧、庄聪、墨灵、韩敏等6人组成一个代表队参加某次棋类大赛，其中两人参加围棋比赛，两人参加中国象棋比赛，还有两人参加国际象棋比赛。有关他们具体参加比赛项目的情况还需满足以下条件：

（1）每位选手只能参加一个比赛项目。
（2）孔智参加围棋比赛，当且仅当，庄聪和孟睿都参加中国象棋比赛。
（3）如果韩敏不参加国际象棋比赛，那么墨灵参加中国象棋比赛。
（4）如果荀慧参加中国象棋比赛，那么庄聪不参加中国象棋比赛。
（5）荀慧和墨灵至少有一人不参加中国象棋比赛。

13.（2014年管理类联考真题） 如果荀慧参加中国象棋比赛，那么可以得出以下哪项？
（A）庄聪和墨灵都参加围棋比赛。
（B）孟睿参加围棋比赛。
（C）孟睿参加国际象棋比赛。
（D）墨灵参加国际象棋比赛。
（E）韩敏参加国际象棋比赛。

【解析】题干有以下信息：
①两人参加围棋比赛，两人参加中国象棋比赛，两人参加国际象棋比赛。
②孔参加围棋比赛↔庄参加中国象棋比赛∧孟参加中国象棋比赛。
③韩不参加国际象棋比赛→墨参加中国象棋比赛，等价于：墨不参加中国象棋比赛→韩参加国际象棋比赛。
④荀参加中国象棋比赛→庄不参加中国象棋比赛。
⑤荀不参加中国象棋比赛∨墨不参加中国象棋比赛。
本题中：荀参加中国象棋比赛，由⑤知，荀参加中国象棋比赛→墨不参加中国象棋比赛，又由③知，韩参加国际象棋比赛，故（E）项正确。
【答案】（E）

14.（2014年管理类联考真题） 如果庄聪和孔智参加相同的比赛项目，且孟睿参加中国象棋比赛，那么可以得出以下哪项？
（A）墨灵参加国际象棋比赛。　　　　　（B）庄聪参加中国象棋比赛。
（C）孔智参加围棋比赛。　　　　　　　（D）荀慧参加围棋比赛。
（E）韩敏参加中国象棋比赛。

【解析】由本题知：⑥庄和孔参加相同的比赛项目。
⑦孟参加中国象棋比赛。
由①、⑥、⑦知，庄和孟不可能同时参加中国象棋比赛，再由②知，孔不参加围棋比赛；所以，庄也不参加围棋比赛。
再由①、⑥、⑦知，庄和孔不参加中国象棋比赛，故庄和孔参加国际象棋比赛。
所以，韩不参加国际象棋比赛，由③知，墨参加中国象棋比赛。
综上，孟、墨参加中国象棋比赛；庄、孔参加国际象棋比赛；韩、荀参加围棋比赛。
故（D）项正确。
【答案】（D）

15.（2014年管理类联考真题） 根据题干信息，以下哪项可能为真？
（A）庄聪和韩敏参加中国象棋比赛。　　　　　（B）韩敏和荀慧参加中国象棋比赛。

(C) 孔智和孟睿参加围棋比赛。　　　　　　(D) 墨灵和孟睿参加围棋比赛。
(E) 韩敏和孔智参加围棋比赛。

【解析】使用选项排除法。

若 (A) 项为真，则韩不参加国际象棋比赛，由③知，墨参加中国象棋比赛，则出现三个人同时参加中国象棋比赛，与①矛盾，排除。

若 (B) 项为真，则韩、荀、墨三人参加中国象棋比赛，排除［理由同 (A) 项］。

若 (C) 项为真，则与②矛盾，排除。

若 (E) 项为真，由②知，庄参加中国象棋比赛∧孟参加中国象棋比赛；又由③知，墨参加中国象棋比赛，则出现三个人同时参加中国象棋比赛，与①矛盾，排除。

故 (D) 项正确。

【答案】(D)

16～17题基于以下题干：

某公司年度审计期间，审计人员发现一张发票，上面有赵义、钱仁礼、孙智、李信4个签名，签名者的身份各不相同，是经办人、复核、出纳或审批领导之中的一个，且每个签名都是本人所签。询问4位相关人员，得到以下回答：

赵义："审批领导的签名不是钱仁礼。"
钱仁礼："复核的签名不是李信。"
孙智："出纳的签名不是赵义。"
李信："复核的签名不是钱仁礼。"

已知上述每个回答中，如果提到的人是经办人，则该回答为假；如果提到的人不是经办人，则为真。

16. (2014年管理类联考真题) 根据以上信息，可以得出经办人是：
(A) 赵义。　　　　　　　(B) 钱仁礼。　　　　　　　(C) 孙智。
(D) 李信。　　　　　　　(E) 无法确定。

【解析】假设经办人是赵义，则孙智"出纳的签名不是赵义"为真，与题干"如果提到的人是经办人，则该回答为假"矛盾，故经办人不是赵义。

假设经办人是钱仁礼，则赵义"审批领导的签名不是钱仁礼"与李信"复核的签名不是钱仁礼"均为真，与题干"如果提到的人是经办人，则该回答为假"矛盾，故经办人不是钱仁礼。

假设经办人是李信，则钱仁礼"复核的签名不是李信"为真，与题干"如果提到的人是经办人，则该回答为假"矛盾，故经办人不是李信。

所以，经办人必为孙智。

【答案】(C)

17. (2014年管理类联考真题) 根据以上信息，该公司的复核与出纳分别是：
(A) 李信、赵义。　　　　　　　(B) 孙智、赵义。
(C) 钱仁礼、李信。　　　　　　　(D) 赵义、钱仁礼。
(E) 孙智、李信。

【解析】由上题分析可知，经办人为孙智，四人说的话都没有提到孙智，根据题干"如果提到的人不是经办人,则为真"可知,四人说的话均为真。

所以,钱仁礼不是审批领导、不是复核、不是经办人,则钱仁礼必为出纳。

复核不是李信、不是钱仁礼、不是孙智,则复核必为赵义。

故(D)项正确。

【答案】(D)

18.(2014年管理类联考真题)为了加强学习型机关建设,某机关党委开展了菜单式学习活动,拟开设课程有"行政学""管理学""科学前沿""逻辑"和"国际政治"5门课程,要求其下属的4个支部各选择其中两门课程进行学习。已知:第一支部没有选择"管理学""逻辑",第二支部没有选择"行政学""国际政治",只有第三支部选择了"科学前沿"。任意两个支部所选课程均不完全相同。

根据上述信息,关于第四支部的选课情况可以得出以下哪项?

(A)如果没有选择"行政学",那么选择了"管理学"。
(B)如果没有选择"管理学",那么选择了"国际政治"。
(C)如果没有选择"行政学",那么选择了"逻辑"。
(D)如果没有选择"管理学",那么选择了"逻辑"。
(E)如果没有选择"国际政治",那么选择了"逻辑"。

【解析】一共有五门课程:行政学、管理学、科学前沿、逻辑、国际政治。

由题干可知:

①第一支部:没有选择"管理学""逻辑"。
②第二支部:没有选择"行政学""国际政治"。
③只有第三支部选择了"科学前沿"。
④每个支部各选择其中两门课程进行学习。
⑤任意两个支部所选课程均不完全相同。

由①知,第一支部:行政学∨国际政治∨科学前沿;

又由③、④知,第一支部:行政学∧国际政治。

同理,第二支部:管理学∧逻辑。

由③知,第四支部没有选科学前沿,所以第四支部为:行政学∨管理学∨逻辑∨国际政治;

由⑤知,第四支部所选课程不能与第一支部完全相同,所以只能在行政学和国际政治中选一门,即⑥行政学∀国际政治;第四支部所选课程也不能与第二支部完全相同,所以只能在管理学和逻辑中选一门,即⑦管理学∀逻辑。

据⑦可得:(D)项,如果没有选择管理学,那么选择逻辑,为真。

【答案】(D)

19.(2016年管理类联考真题)在编号1、2、3、4的4个盒子中装有绿茶、红茶、花茶和白茶4种茶。每个盒子中只装一种茶,每种茶只装在一个盒子中。已知:

(1)装绿茶和红茶的盒子在1、2、3号范围之内。
(2)装红茶和花茶的盒子在2、3、4号范围之内。
(3)装白茶的盒子在1、3号范围之内。

根据上述信息，可以得出以下哪项？

(A) 绿茶装在3号盒子中。　　　　　　(B) 花茶装在4号盒子中。
(C) 白茶装在3号盒子中。　　　　　　(D) 红茶装在2号盒子中。
(E) 绿茶装在1号盒子中。

【解析】根据条件（1）可知，绿茶、红茶不在4号盒子中。

根据条件（3）可知，白茶不在4号盒子中。

故4号盒子中装的一定是花茶。

【答案】(B)

20. **(2018年管理类联考真题)** 某学期学校新开设4门课程："《诗经》鉴赏""老子研究""唐诗鉴赏""宋词选读"。李晓明、陈文静、赵珊珊和庄志达4人各选修了其中一门课程。已知：

（1）他们4人选修的课程各不相同。
（2）喜爱诗词的赵珊珊选修的是诗词类课程。
（3）李晓明选修的不是"《诗经》鉴赏"就是"唐诗鉴赏"。

以下哪项如果为真，就能确定赵珊珊选修的是"宋词选读"？

(A) 庄志达选修的不是"宋词选读"。
(B) 庄志达选修的是"老子研究"。
(C) 庄志达选修的不是"老子研究"。
(D) 庄志达选修的是"《诗经》鉴赏"。
(E) 庄志达选修的不是"《诗经》鉴赏"。

【解析】由条件（2）可知，赵珊珊选修的是"《诗经》鉴赏""唐诗鉴赏"或"宋词选读"；由条件（3）可知，李晓明选修的是"《诗经》鉴赏"或"唐诗鉴赏"。

根据(D)项，若庄志达选修了"《诗经》鉴赏"，根据题干"4人各选修了其中一门课程"，并结合条件（3）可知，李晓明选修了"唐诗鉴赏"，故能确定赵珊珊选修了"宋词选读"。

其余各项均不能确定。

【答案】(D)

21~22题基于以下题干：

某海军部队有甲、乙、丙、丁、戊、己、庚7艘舰艇，拟组成两个编队出航，第一编队编列3艘舰艇，第二编队编列4艘舰艇。编列需满足以下条件：

（1）舰艇己必须编列在第二编队。
（2）戊和丙至多有一艘编列在第一编队。
（3）甲和丙不在同一编队。
（4）如果乙编列在第一编队，则丁也必须编列在第一编队。

21. **(2018年管理类联考真题)** 如果甲在第二编队，则下列哪项中的舰艇一定也在第二编队？

(A) 乙。　　(B) 丙。　　(C) 丁。　　(D) 戊。　　(E) 庚。

【解析】已知甲在第二编队，由条件（3）可得：丙在第一编队；又由条件（2）可得：戊在第二编队，故(D)项正确。

【答案】(D)

22. （2018年管理类联考真题）如果丁和庚在同一编队，则可以得出以下哪项？

(A) 甲在第一编队。　　　　　　　　　　　(B) 乙在第一编队。

(C) 丙在第一编队。　　　　　　　　　　　(D) 戊在第二编队。

(E) 庚在第二编队。

【解析】假设丁和庚在第一编队，由于甲和丙不能在同一编队，所以第一编队的最后一个位置是甲或丙，则戊、乙、己都在第二编队。

假设丁和庚都在第二编队，己也在第二编队，第二编队的最后一个位置为甲或丙，则乙在第一编队，由条件（4）可得，丁也应该在第一编队，与假设矛盾，故丁和庚不可能在第二编队。

所以戊在第二编队，即（D）项正确。

【答案】(D)

23~24题基于以下题干：

一江南园林拟建松、竹、梅、兰、菊5个园子。该园林拟设东、南、北3个门，分别位于其中的3个园子。这5个园子的布局满足如下条件：

(1) 如果东门位于松园或菊园，那么南门不位于竹园。

(2) 如果南门不位于竹园，那么北门不位于兰园。

(3) 如果菊园在园林的中心，那么它与兰园不相邻。

(4) 兰园与菊园相邻，中间连着一座美丽的廊桥。

23. （2018年管理类联考真题）根据以上信息，可以得出以下哪项？

(A) 兰园不在园林的中心。　　　　　　　　(B) 菊园不在园林的中心。

(C) 兰园在园林的中心。　　　　　　　　　(D) 菊园在园林的中心。

(E) 梅园不在园林的中心。

【解析】题干有以下信息：

(1) 东门位于松园∨东门位于菊园→南门不位于竹园。

(2) 南门不位于竹园→北门不位于兰园。

(3) 如果菊园在园林的中心，那么它与兰园不相邻。

(4) 兰园与菊园相邻，中间连着一座美丽的廊桥。

由题干信息（3）、（4）知，菊园不在园林的中心。故（B）项正确。

【答案】(B)

24. （2018年管理类联考真题）如果北门位于兰园，则可以得出以下哪项？

(A) 南门位于菊园。　　　　　　　　　　　(B) 东门位于竹园。

(C) 东门位于梅园。　　　　　　　　　　　(D) 东门位于松园。

(E) 南门位于梅园。

【解析】结合上题，题干信息（1）、（2）串联得：东门位于松园∨东门位于菊园→南门不位于竹园→北门不位于兰园。

逆否得：北门位于兰园→南门位于竹园→东门不位于松园∧东门不位于菊园。

故东门位于梅园，即（C）项正确。

【答案】(C)

25. (2019年管理类联考真题) 李诗、王悦、杜舒、刘默是唐诗宋词的爱好者，在唐朝诗人李白、杜甫、王维、刘禹锡4人中各喜爱其中一位，且每人喜爱的唐诗作者不与自己同姓，关于他们4人，已知：

(1) 如果爱好王维的诗，那么也爱好辛弃疾的词。
(2) 如果爱好刘禹锡的诗，那么也爱好岳飞的词。
(3) 如果爱好杜甫的诗，那么也爱好苏轼的词。

如果李诗不爱好苏轼和辛弃疾的词，则可以得出以下哪项？

(A) 杜舒爱好辛弃疾的词。　　　　　　(B) 王悦爱好苏轼的词。
(C) 刘默爱好苏轼的词。　　　　　　　(D) 李诗爱好岳飞的词。
(E) 杜舒爱好岳飞的词。

【解析】由题干条件（1）逆否可得：不爱辛弃疾→不爱王维，又已知李诗不爱好辛弃疾的词，故李诗不爱好王维的诗。

由题干条件（3）逆否可得：不爱苏轼→不爱杜甫，又已知李诗不爱好苏轼的词，故李诗不爱好杜甫的诗。

由"每人喜爱的唐诗作者不与自己同姓"，可知李诗不喜爱同姓诗人，即李诗不喜爱李白，故李诗喜爱刘禹锡。

又由题干条件（2）可得，李诗爱好岳飞的词，即（D）项正确。

【答案】(D)

26. (2019年管理类联考真题) 某地人才市场招聘保洁、物业、网管、销售4种岗位的从业者，有甲、乙、丙、丁4位年轻人前来应聘。事后得知，每人只选择一种岗位应聘，且每种岗位都有其中一人应聘。另外，还知道：

(1) 如果丁应聘网管，那么甲应聘物业。
(2) 如果乙不应聘保洁，那么甲应聘保洁且丙应聘销售。
(3) 如果乙应聘保洁，那么丙应聘销售，丁也应聘保洁。

根据以上陈述，可以得出以下哪项？

(A) 甲应聘网管岗位。　　　　　　　　(B) 丙应聘保洁岗位。
(C) 甲应聘物业岗位。　　　　　　　　(D) 乙应聘网管岗位。
(E) 丁应聘销售岗位。

【解析】由条件（3）可得，如果乙应聘保洁，那么丁也应聘保洁。那么一定有一种岗位无人应聘，与题干"每种岗位都有其中一人应聘"矛盾，所以乙不应聘保洁。

再由条件（2）可得，甲应聘保洁且丙应聘销售。

由条件（1）逆否可得：甲不应聘物业→丁不应聘网管。所以乙应聘网管，丁应聘物业。

故（D）项正确。

【答案】(D)

27. (2019年管理类联考真题) 某大学读书会开展"一月一书"活动。读书会成员甲、乙、丙、丁、戊5人在《论语》《史记》《唐诗三百首》《奥德赛》《资本论》中各选一种阅读，互不重复。已知：

(1) 甲爱读历史，会在《史记》和《奥德赛》中选一本。

(2) 乙和丁只爱读中国古代经典，但现在都没有读诗的心情。

(3) 如果乙选《论语》，则戊选《史记》。

事实上，每个人都选了自己喜爱的书目。

根据上述信息，可以得出以下哪项？

(A) 甲选《史记》。　　　　　　　　(B) 乙选《奥德赛》。

(C) 丙选《唐诗三百首》。　　　　　(D) 丁选《论语》。

(E) 戊选《资本论》。

【解析】由条件（2）可得：(4) 乙和丁只能选择《史记》和《论语》。

结合条件（1）可知，甲只能选《奥德赛》。

由条件（3）可知，若乙选《论语》，则戊选《史记》，与条件（4）矛盾。

所以，乙选《史记》，丁选《论语》。

故（D）项正确。

【答案】(D)

28.（2020年管理类联考真题）某街道的综合部、建设部、平安部和民生部四个部门，需要负责街道的秩序、安全、环境、协调四项工作。每个部门只负责其中的一项工作，且各部门负责的工作各不相同。

已知：

(1) 如果建设部负责环境或秩序，则综合部负责协调或秩序。

(2) 如果平安部负责环境或协调，则民生部负责协调或秩序。

根据以上信息，以下哪项工作安排是可能的？

(A) 建设部负责环境，平安部负责协调。

(B) 建设部负责秩序，民生部负责协调。

(C) 综合部负责安全，民生部负责协调。

(D) 民生部负责安全，综合部负责秩序。

(E) 平安部负责安全，建设部负责秩序。

【解析】由题干可知：

(1) 建设部负责环境∨建设部负责秩序→综合部负责协调∨综合部负责秩序。

(2) 平安部负责环境∨平安部负责协调→民生部负责协调∨民生部负责秩序。

题干问以下哪项工作安排是"可能"的，用选项排除法。

(A) 项，平安部负责协调，由"各部门负责的工作各不相同"可知，民生部不能负责协调，由条件（2）可得：民生部负责秩序。由条件（1）得：建设部负责环境→综合部负责协调∨综合部负责秩序，与"各部门负责的工作各不相同"矛盾，排除。

(B) 项，建设部负责秩序，由"各部门负责的工作各不相同"可知，综合部不能负责秩序，又由条件（1）可知，综合部负责协调，故民生部不能负责协调，排除。

(C) 项，综合部负责安全，由条件（1）逆否可得，建设部不能负责环境且不能负责秩序，又民生部负责协调，则建设部无工作可负责，排除。

（D）项，民生部负责安全，由条件（2）逆否可得，平安部不能负责环境且不能负责协调，又综合部负责秩序，则平安部无工作可负责，排除。

（E）项，由条件（1）可知，建设部负责秩序，则综合部负责协调，再由条件（2）逆否可知，平安部不能负责环境且不能负责协调，即平安部负责安全，故民生部负责环境，无矛盾，可选。

【答案】（E）

29.（2020年管理类联考真题）某公司为员工免费提供菊花、绿茶、红茶、咖啡和大麦茶5种饮品。现有甲、乙、丙、丁、戊5位员工，他们每人都只喜欢其中的2种饮品，且每种饮品都只有2人喜欢，已知：

（1）甲和乙喜欢菊花，且分别喜欢绿茶和红茶中的一种。
（2）丙和戊分别喜欢咖啡和大麦茶中的一种。

根据上述信息，可以得出以下哪项？
（A）甲喜欢菊花和绿茶。
（B）乙喜欢菊花和红茶。
（C）丙喜欢红茶和咖啡。
（D）丁喜欢咖啡和大麦茶。
（E）戊喜欢绿茶和大麦茶。

【解析】由题干条件"每人都只喜欢其中的2种饮品，且每种饮品都只有2人喜欢"，并结合题干条件（1）可知，甲和乙都不喜欢咖啡和大麦茶。

又由题干条件（2）可知，丙和戊分别喜欢咖啡和大麦茶中的一种，故丁喜欢咖啡和大麦茶，即（D）项正确。

【答案】（D）

30～31题基于以下题干：

"立春""春分""立夏""夏至""立秋""秋分""立冬""冬至"是我国二十四节气中的八个节气，"凉风""广莫风""明庶风""条风""清明风""景风""阊阖风""不周风"是八种节风。上述八个节气与八种节风之间一一对应。已知：

（1）"立秋"对应"凉风"。
（2）"冬至"对应"不周风""广莫风"之一。
（3）若"立夏"对应"清明风"，则"夏至"对应"条风"或者"立冬"对应"不周风"。
（4）若"立夏"不对应"清明风"或者"立春"不对应"条风"，则"冬至"对应"明庶风"。

30.（2020年管理类联考真题）根据上述信息，可以得出以下哪项？
（A）"秋分"不对应"明庶风"。　　　　（B）"立冬"不对应"广莫风"。
（C）"夏至"不对应"景风"。　　　　　（D）"立夏"不对应"清明风"。
（E）"春分"不对应"阊阖风"。

【解析】由题干条件（2）可得，"冬至"不对应"明庶风"，则由题干条件（4）逆否可得，¬"冬至"对应"明庶风"→"立夏"对应"清明风"∧"立春"对应"条风"，故"夏至"不对应"条风"。

由"立夏"对应"清明风"和"夏至"不对应"条风",结合题干条件(3)可得,"立冬"对应"不周风"。再由题干条件(2)可知,"冬至"对应"广莫风"。

(B)项,"立冬"不对应"广莫风",正确。

【答案】(B)

31. (2020年管理类联考真题) 若"春分"和"秋分"两个节气对应的节风在"明庶风"和"阊阖风"之中,则可以得出以下哪项?

(A)"春分"对应"阊阖风"。　　　　　　(B)"秋分"对应"明庶风"。
(C)"立春"对应"清明风"。　　　　　　(D)"冬至"对应"不周风"。
(E)"夏至"对应"景风"。

【解析】由题干及上题分析可知,节气与节风的对应情况为:"立秋"——"凉风","立夏"——"清明风","立春"——"条风","立冬"——"不周风","冬至"——"广莫风"。

由本题题干可知:"春分"和"秋分"两个节气对应的节风在"明庶风"和"阊阖风"之中。故余下的"夏至"和"景风"对应,即(E)项正确。

【答案】(E)

32~33题基于以下题干:

某公司甲、乙、丙、丁、戊5人爱好出国旅游。去年,在日本、韩国、英国和法国4国中,他们每人都去了其中的2个国家旅游,且每个国家总有他们中的2~3人去旅游。已知:
(1) 如果甲去韩国,则丁不去英国。
(2) 丙和戊去年总是结伴出国旅游。
(3) 丁和乙只去欧洲国家旅游。

32. (2020年管理类联考真题) 根据以上信息,可以得出以下哪项?

(A) 甲去了韩国和日本。　　　　　　　(B) 乙去了英国和日本。
(C) 丙去了韩国和英国。　　　　　　　(D) 丁去了日本和法国。
(E) 戊去了韩国和日本。

【解析】由题干信息,可知甲、乙、丙、丁、戊5人每人去2个国家旅游,因此,总计出国次数为10次,共有4个国家可选,且每个国家只有2~3人去,故本题是10人分4组的模型,且每组人数只能为3/3/2/2。

另由三个条件可知:
(1) 甲去韩国→¬丁去英国。
(2) 丙和戊捆绑为一组。
(3) 丁和乙只去欧洲国家。

因每人去2个不同的国家,结合条件(3)可得:丁和乙一定去英国和法国。

又知每个国家最多只能有3人去旅游,结合条件(2)可知,丙和戊二人只能去韩国和日本,故(E)项正确。

【答案】(E)

33.（2020年管理类联考真题） 如果5人去欧洲国家旅游的总人次与去亚洲国家的一样多，则可以得出以下哪项？

(A) 甲去了日本。　　　　(B) 甲去了英国。　　　　(C) 甲去了法国。
(D) 戊去了英国。　　　　(E) 戊去了法国。

【解析】由于丁去了英国，由条件（1）可知，甲没去韩国，即甲去日本、法国、英国中的2个国家。

结合上题可得表3-4：

表3-4

人员 国家	甲	乙	丙和戊	丁
日本		×	√	×
韩国	×	×	√	×
英国	√	×	×	√
法国	√	×	×	√

又由"5人去欧洲国家旅游的总人次与去亚洲国家的一样多"，即去欧洲国家旅游和去亚洲国家旅游的总人次应各5次，故甲必须去日本才能满足此条件，即（A）项正确。

【答案】(A)

34.（2021年管理类联考真题） 某俱乐部共有甲、乙、丙、丁、戊、己、庚、辛、壬、癸10名职业运动员，来自5个不同的国家（不存在双重国籍的情况）。已知：

(1) 该俱乐部的外援刚好占一半，他们是乙、戊、丁、庚、辛。
(2) 乙、丁、辛3人来自两个国家。

根据以上信息，可以得出以下哪项？

(A) 甲、丙来自不同国家。
(B) 乙、辛来自不同国家。
(C) 乙、庚来自不同国家。
(D) 丁、辛来自相同国家。
(E) 戊、庚来自相同国家。

【解析】根据题干信息（1）可知，剩余的甲、丙、己、壬、癸都是本国人，即来自相同的国家。
由于10个人来自5个不同的国家，故可知5名外援来自4个不同的国家。
根据题干信息（2）可知，乙、丁、辛3人来自两个国家，那么此时剩余的两名外援戊和庚来自两个不同的国家，且不与其他人国籍相同，故（C）项正确。

(A) 项，甲、丙来自相同的国家，排除。
(B) 项，根据题干信息（2）可知，乙和辛可能来自相同的国家，排除。
(D) 项，根据题干信息（2）可知，丁辛可能来自不同的国家，排除。
(E) 项，戊和庚来自不同的国家，排除。

【答案】(C)

35. （2021年管理类联考真题）"冈萨雷斯""埃尔南德斯""施米特""墨菲"这4个姓氏是且仅是卢森堡、阿根廷、墨西哥、爱尔兰四国中其中一国常见的姓氏。已知：

(1) "施米特"是阿根廷或卢森堡常见姓氏。

(2) 若"施米特"是阿根廷常见姓氏，则"冈萨雷斯"是爱尔兰常见姓氏。

(3) 若"埃尔南德斯"或"墨菲"是卢森堡常见姓氏，则"冈萨雷斯"是墨西哥常见姓氏。

根据以上信息，可以得出以下哪项？

(A) "施米特"是卢森堡常见姓氏。

(B) "埃尔南德斯"是卢森堡常见姓氏。

(C) "冈萨雷斯"是爱尔兰常见姓氏。

(D) "墨菲"是卢森堡常见姓氏。

(E) "墨菲"是阿根廷常见姓氏。

【解析】题干已知下列信息：

(1) 施阿∨施卢。

(2) 施阿→冈爱。

(3) 埃卢∨墨卢→冈墨，等价于：¬冈墨→¬埃卢∧¬墨卢。

将题干信息(2)、(3)串联可得：施阿→冈爱→¬冈墨→¬埃卢∧¬墨卢。

若"施阿"为真，则没有常见姓氏与卢森堡对应，故"施阿"为假，由题干信息(1)可知，"施卢"为真，即"施米特"是卢森堡常见姓氏。故(A)项正确。

【答案】(A)

36. （2021年管理类联考真题）甲、乙、丙、丁、戊5人是某校美学专业2019级研究生，第一学期结束后，他们在张、陆、陈3位教授中选择导师，每人只能选择1人作为导师，每位导师都有1~2人选择，并且得知：

(1) 选择陆老师的研究生比选择张老师的多。

(2) 若丙、丁中至少有1人选择张老师，则乙选择陈老师。

(3) 若甲、丙、丁中至少有1人选择陆老师，则只有戊选择陈老师。

根据以上信息，可以得出以下哪项？

(A) 甲选择陆老师。

(B) 乙选择张老师。

(C) 丁、戊选择陆老师。

(D) 乙、丙选择陈老师。

(E) 丙、丁选择陈老师。

【解析】由题干信息可知，5人选择3位导师，每位导师都有1~2人选择，故5人的分组情况为2、2、1。

由题干信息(1)"选择陆老师的研究生比选择张老师的多"可知，选择陆老师的研究生人数为2，选择张老师的研究生人数为1，故选择陈老师的研究生人数为2。所以，"只有戊选择陈老师"为假。

由题干信息(3)逆否可得："甲、丙、丁中至少有1人选择陆老师"为假，即甲、丙、丁三人都不选择陆老师,故乙、戊选择陆老师。所以,"乙选择陈老师"为假。

由题干信息(2)逆否可得:"丙、丁中至少有1人选择张老师"为假,即丙、丁二人都不选择张老师。

综上,甲选择张老师,丙、丁选择陈老师。

故(E)项正确。

【答案】(E)

37. (2013年经济类联考真题) 陈红、黄燕燕、余明明三人都买了新的手提电脑,手提电脑的牌子分别是苹果、戴尔和惠普。她们一起来到朋友张霞家,让张霞猜猜她们三人各自分别买的是什么牌子的手提电脑。张霞猜道:"陈红买的是苹果,黄燕燕买的肯定不是戴尔,余明明买的不会是苹果。"很可惜,张霞只猜对了一个。

由此,可推知真实的情况是:

(A) 陈红买的是戴尔,黄燕燕买的是苹果,余明明买的是惠普。
(B) 陈红买的是苹果,黄燕燕买的是惠普,余明明买的是戴尔。
(C) 陈红买的是苹果,黄燕燕买的是戴尔,余明明买的是惠普。
(D) 陈红买的是戴尔,黄燕燕买的是惠普,余明明买的是苹果。
(E) 陈红买的是惠普,黄燕燕买的是戴尔,余明明买的是苹果。

【解析】方法一:重复元素分析法。

先从重复最多的元素"苹果"入手。

如果陈红买的是苹果,则余明明买的不是苹果,那么张霞至少猜对了两个,与题干"张霞只猜对了一个"矛盾,所以陈红买的不是苹果。

如果黄燕燕买的是苹果,则黄燕燕买的不是戴尔,余明明买的不是苹果,陈红买的不是苹果,那么张霞猜对了两个,与题干"张霞只猜对了一个"矛盾,所以黄燕燕买的不是苹果。

综上,余明明买的是苹果。

如果黄燕燕买的是戴尔,则张霞三个都猜错了,与题干"张霞只猜对了一个"矛盾,所以黄燕燕买的是惠普、陈红买的是戴尔。

方法二:选项排除法。

(A)项,代入题干,可知张霞猜对两个,与题干"张霞只猜对了一个"矛盾,排除。
(B)项,代入题干,可知张霞三个都猜对了,与题干"张霞只猜对了一个"矛盾,排除。
(C)项,代入题干,可知张霞猜对两个,与题干"张霞只猜对了一个"矛盾,排除。
(D)项,代入题干,可知与题干不矛盾,正确。
(E)项,代入题干,可知张霞三个都猜错了,与题干"张霞只猜对了一个"矛盾,排除。

【答案】(D)

38. (2019年经济类联考真题) 甲、乙、丙、丁四人的车分别是白色、黑色、红色、蓝色。在问到他们各自车的颜色时,甲:"乙的车不是白色的。"乙:"丙的车是蓝色的。"丙:"丁的车不是红色的。"丁:"甲、乙、丙三人有一个人的车是蓝色的,而且三人中只有这个人说了实话。"

如果丁说的是实话,那么以下说法正确的是:

(A) 甲的车是白色的,乙的车是黑色的。

(B) 乙的车是红色的，丙的车是蓝色的。

(C) 乙的车是黑色的，甲的车是蓝色的。

(D) 丁的车是黑色的，甲的车是蓝色的。

(E) 甲的车是蓝色的，丁的车是白色的。

【解析】根据丁的话可知，甲、乙、丙三人中有一人的车是蓝色的，故丁的车不是蓝色的。

假设甲的车是蓝色的，根据丁的话可知，甲的话为真、乙和丙的话为假，故乙的车不是白色的，丙的车不是蓝色的，丁的车是红色的。

假设乙的车是蓝色的，根据丁的话可知，乙的话为真，即丙的车是蓝色的，与丁的话矛盾，故乙的车不是蓝色的。

假设丙的车是蓝色的，根据丁的话可知，三人中只有丙的话为真，但此时，乙的话"丙的车是蓝色的"也是真的，与"三人中只有丙的话为真"矛盾，故丙的车不是蓝色的。

又知，甲、乙、丙、丁四人的车分别是白色、黑色、红色、蓝色。

综上，可得甲的车是蓝色的，乙的车是黑色的，丙的车是白色的，丁的车是红色的。

故（C）项正确。

【答案】(C)

变化3　三组元素的匹配

解题思路

三组或三组以上元素的匹配，推荐使用连线法。使用连线法时，实线表示有对应关系，虚线表示无对应关系，无法确定有没有对应关系时不画线。

典型真题

39. （2014年管理类联考真题）某单位有负责网络、文秘以及后勤的三名办公人员：文珊、孔瑞和姚薇，为了培养年轻干部，领导决定她们三人在这三个岗位之间实行轮岗，并将她们原来的工作间110室、111室和112室也进行了轮换。结果，原本负责后勤的文珊接替了孔瑞的文秘工作，由110室调到了111室。

根据以上信息，可以得出以下哪项？

(A) 姚薇接替孔瑞的工作。　　　　　　(B) 孔瑞接替文珊的工作。

(C) 孔瑞被调到了110室。　　　　　　(D) 孔瑞被调到了112室。

(E) 姚薇被调到了112室。

【解析】由题干"她们三人在这三个岗位之间实行轮岗"和"负责后勤的文珊接替了孔瑞的文秘工作"，可知：①孔瑞接替了姚薇的工作，姚薇接替了文珊的工作。

再由题干"文珊由110室调到了111室"，可知：②文珊原来在110室，孔瑞原来在111室，姚薇原来在112室。

由①、②知，孔瑞调到了112室，姚薇调到了110室。

【答案】(D)

40～41题基于以下题干：

某校四位女生施琳、张芳、王玉、杨虹与四位男生范勇、吕伟、赵虎、李龙进行中国象棋比赛。他们被安排在四张桌子上，每桌一男一女对弈，四张桌子从左到右分别记为1、2、3、4号，每对选手需要进行四局比赛。比赛规定：选手每胜一局得2分，和一局得1分，负一局得0分。前三局结束时，按分差大小排列，四对选手的总积分分别是6∶0、5∶1、4∶2、3∶3。已知：

(1) 张芳跟吕伟对弈，杨虹在4号桌比赛，王玉的比赛桌在李龙比赛桌的右边。
(2) 1号桌的比赛至少有一局是和局，4号桌双方的总积分不是4∶2。
(3) 赵虎前三局总积分并不领先他的对手，他们也没有下成过和局。
(4) 李龙已连输三局，范勇在前三局总积分上领先他的对手。

40. (2018年管理类联考真题) 根据上述信息，前三局比赛结束时谁的总积分最高？

(A) 杨虹。　　(B) 施琳。　　(C) 范勇。　　(D) 王玉。　　(E) 张芳。

【解析】由"每胜一局得2分，和一局得1分，负一局得0分"和"四对选手的总积分分别是6∶0、5∶1、4∶2、3∶3"，可知四对选手中获胜方（最后一组打平）的战绩为：3胜、2胜1和、2胜1负、1胜1和1负或3和。

由题干条件(4)知，李龙连输3局，故女方有一人连胜3局。

由题干条件(3)知，赵虎没下成和局，积分又不领先对手，所以，赵虎2负1胜，他在比分为4∶2的桌子。

由题干条件(2)并结合题干条件(1)中"王玉的比赛桌在李龙比赛桌的右边"知，赵虎、李龙均不在1、4号桌。

由题干条件(1)知，张芳、杨虹、王玉均不和李龙比赛，故施琳和李龙比赛，比分为6∶0。

故施琳的总积分最高。

【答案】(B)

41. (2018年管理类联考真题) 如果下列有位选手前三局均与对手下成和局，那么他（她）是谁？

(A) 施琳。　　(B) 杨虹。　　(C) 张芳。　　(D) 范勇。　　(E) 王玉。

【解析】结合上题分析，由题干条件(1)知，王玉在3号桌，李龙在2号桌。故张芳和吕伟在1号桌。

又由题干条件(2)知，4号桌的比分不是4∶2，故4∶2的比分只能在1号或3号桌。

又由题干条件(2)知，1号桌的比赛至少有一局是和局，故1号桌的比分不是4∶2。

所以，3号桌的比分为4∶2，故赵虎在3号桌，范勇在4号桌。

由题干条件(4)知，范勇在前三局总积分上领先他的对手，故杨虹和范勇的比分不是3∶3。

所以，张芳和吕伟的比分打成了3∶3。

综上：

1号桌：张芳∶吕伟（3∶3）。
2号桌：施琳∶李龙（6∶0）。
3号桌：王玉∶赵虎（4∶2）。
4号桌：杨虹∶范勇（1∶5）。

【答案】(C)

42～43题基于以下题干：

某食堂采购4类（各种蔬菜名称的后一个字相同，即为一类）共12种蔬菜：芹菜、菠菜、韭菜、青椒、红椒、黄椒、黄瓜、冬瓜、丝瓜、扁豆、毛豆、豇豆，并根据若干条件将其分成3组，准备在早、中、晚三餐中分别使用。已知条件如下：

(1) 同一类别的蔬菜不在一组。
(2) 芹菜不能在黄椒那一组，冬瓜不能在扁豆那一组。
(3) 毛豆必须与红椒或韭菜在同一组。
(4) 黄椒必须与豇豆在同一组。

42.（2019年管理类联考真题） 根据以上信息，可以得出以下哪项？

(A) 芹菜与豇豆不在同一组。　　　　　(B) 芹菜与毛豆不在同一组。
(C) 菠菜与扁豆不在同一组。　　　　　(D) 冬瓜与青椒不在同一组。
(E) 丝瓜与韭菜不在同一组。

【解析】根据题干条件（2）可知，芹菜不能在黄椒那一组，又由题干条件（4）可知，黄椒必须与豇豆在同一组。故芹菜不能和豇豆在同一组，故（A）项正确。

【答案】（A）

43.（2019年管理类联考真题） 如果韭菜、青椒与黄瓜在同一组，则可得出以下哪项？

(A) 芹菜、红椒与扁豆在同一组。
(B) 菠菜、黄椒与豇豆在同一组。
(C) 韭菜、黄瓜与毛豆在同一组。
(D) 菠菜、冬瓜与豇豆在同一组。
(E) 芹菜、红椒与丝瓜在同一组。

【解析】由题干可知，4类12种蔬菜，分为3组，同一类别的蔬菜不能在同一个组。所以每一组都包括一种菜、一种瓜、一种豆、一种椒。

又已知韭菜、青椒与黄瓜在同一组，根据条件（2）可知，芹菜不能在黄椒那一组，即芹菜只能和红椒在同一组，故黄椒和菠菜在同一组。又根据条件（4）可知，黄椒、豇豆和菠菜在同一组。故（B）项正确。

【答案】（B）

变化4　已知条件中全是假言命题的匹配题

解题思路

真题中常出现已知条件全部（或几乎全部）是假言命题的匹配题，此类题的常见解法为：
(1) 通过二难推理推出事实。
(2) 通过矛盾推出事实。
(3) 做假设法。

典型真题

44~45题基于以下题干：

某高校有数学、物理、化学、管理、文秘、法学等6个专业毕业生需要就业，现有风云、怡和、宏宇三家公司前来学校招聘。已知，每家公司只招聘该校上述2~3个专业的若干毕业生，且需要满足以下条件：

(1) 招聘化学专业的公司也招聘数学专业。
(2) 怡和公司招聘的专业，风云公司也招聘。
(3) 只有一家公司招聘文秘专业，且该公司没有招聘物理专业。
(4) 如果怡和公司招聘管理专业，那么也招聘文秘专业。
(5) 如果宏宇公司没有招聘文秘专业，那么怡和公司招聘文秘专业。

44.（2015年管理类联考真题） 如果只有一家公司招聘物理专业，那么可以得出以下哪项？
(A) 宏宇公司招聘数学专业。　　　　　　(B) 怡和公司招聘管理专业。
(C) 怡和公司招聘物理专业。　　　　　　(D) 风云公司招聘化学专业。
(E) 风云公司招聘物理专业。

【解析】题干有以下信息：

(1) 化学→数学。

(2) 怡和→风云。

(3) 只有一家公司招聘文秘专业，且该公司没有招聘物理专业。

(4) 怡和管理→怡和文秘。

(5) ┐宏宇文秘→怡和文秘。

由题干信息（2）知，若怡和公司招聘物理专业，则风云公司也招聘物理专业，与"只有一家公司招聘物理专业"矛盾，故怡和公司没有招聘物理专业。

由题干信息（3）知，只有一家公司招聘文秘专业，又由题干信息（2）知，怡和公司招聘的专业，风云公司也招聘，故得：(6) 怡和公司没有招聘文秘专业。

由题干信息（5）得：(7) ┐怡和文秘→宏宇文秘，由题干信息（3）知，宏宇公司没有招聘物理专业。

综上，招聘物理专业的必然为风云公司。

【答案】(E)

45.（2015年管理类联考真题） 如果三家公司都招聘3个专业的若干毕业生，那么可以得出以下哪项？
(A) 风云公司招聘数学专业。　　　　　　(B) 怡和公司招聘物理专业。
(C) 宏宇公司招聘化学专业。　　　　　　(D) 风云公司招聘化学专业。
(E) 怡和公司招聘法学专业。

【解析】由上题的分析知，怡和公司没有招聘文秘专业。

由题干信息（4）知：┐怡和文秘→┐怡和管理。故怡和公司没有招聘管理专业。

由题干信息（1）知：化学→数学=┐数学→┐化学，故如果怡和公司没有招聘数学专业，则怡和公司也没有招聘化学专业，此时，6个专业中，怡和公司有4个专业没有招聘，与"三家公司都招聘3个专业"矛盾，故怡和公司招聘数学专业。

又由题干信息（2）知，怡和公司招聘数学专业，则风云公司也招聘数学专业。

【答案】（A）

46～47题基于以下题干：

江海大学的校园美食节开幕了，某女生宿舍有5人积极报名参加此次活动，她们的姓名分别为金粲、木心、水仙、火珊、土润。举办方要求，每位报名者只做一道菜品参加评比，但需自备食材。限于条件，该宿舍所备食材仅有5种：金针菇、木耳、水蜜桃、火腿和土豆，要求每种食材只能有2人选用，每人又只能选用2种食材，并且每人所选食材名称的第一个字与自己的姓氏均不相同。已知：

（1）如果金粲选水蜜桃，则水仙不选金针菇。
（2）如果木心选金针菇或土豆，则她也须选木耳。
（3）如果火珊选水蜜桃，则她也须选木耳和土豆。
（4）如果木心选火腿，则火珊不选金针菇。

46.（2016年管理类联考真题） 根据上述信息，可以得出以下哪项？
（A）木心选用水蜜桃、土豆。　　　　　　（B）水仙选用金针菇、火腿。
（C）土润选用金针菇、水蜜桃。　　　　　（D）火珊选用木耳、水蜜桃。
（E）金粲选用木耳、土豆。

【解析】 将题干信息形式化：

（1）金粲选水蜜桃→¬水仙选金针菇。
（2）木心：金针菇∨土豆→木耳。
（3）火珊：水蜜桃→木耳∧土豆。
（4）木心选火腿→¬火珊选金针菇。

由题意可知，木心不能选木耳，由题干信息（2）可得，¬木耳→¬金针菇∧¬土豆。又由"每人只能选用2种食材"可知，木心：火腿∧水蜜桃。

由题干信息（4）可知，木心选火腿→¬火珊选金针菇。

又由"每人只能选用2种食材"，并结合题干信息（3）可得，火珊：¬水蜜桃。

得表3-5：

表3-5

食材＼报名者	金粲	木心	水仙	火珊	土润
金针菇	×	×		×	
木耳		×			
水蜜桃		✓	×	×	
火腿		✓		×	
土豆		×			×

已知要求每种食材只能有2人选用,每人又只能选用2种食材,故可得:木心:火腿∧水蜜桃;火珊:木耳∧土豆;水仙选金针菇∧土润选金针菇。

由题干信息(1),金粲选水蜜桃→¬水仙选金针菇=水仙选金针菇→金粲不选水蜜桃。

得表3-6:

表3-6

食材＼报名者	金粲	木心	水仙	火珊	土润
金针菇	×	×	√	×	√
木耳		×		√	
水蜜桃	×	√	×	×	√
火腿		√		×	
土豆		×		√	×

故:土润选用金针菇和水蜜桃。
【答案】(C)

47.(2016年管理类联考真题)如果水仙选用土豆,则可以得出以下哪项?
(A) 木心选用金针菇、水蜜桃。
(B) 金粲选用木耳、火腿。
(C) 火珊选用金针菇、土豆。
(D) 水仙选用木耳、土豆。
(E) 土润选用水蜜桃、火腿。

【解析】结合上题分析可知,水仙:土豆→¬木耳∧¬火腿。所以,金粲:木耳∧火腿。

得表3-7:

表3-7

食材＼报名者	金粲	木心	水仙	火珊	土润
金针菇			√		√
木耳	√			√	
水蜜桃		√			√
火腿	√	√			
土豆			√	√	

【答案】(B)

48.（2020年管理类联考真题）因业务需要，某公司欲将甲、乙、丙、丁、戊、己、庚7个部门合并到丑、寅、卯3个子公司。已知：

（1）一个部门只能合并到一个子公司。

（2）若丁和丙中至少有一个未合并到丑公司，则戊和甲均合并到丑公司。

（3）若甲、己、庚中至少有一个未合并到卯公司，则戊合并到寅公司且丙合并到卯公司。

根据上述信息，可以得出以下哪项？

（A）甲、丁均合并到丑公司。

（B）乙、戊均合并到寅公司。

（C）乙、丙均合并到寅公司。

（D）丁、丙均合并到丑公司。

（E）庚、戊均合并到卯公司。

【解析】题干：

①¬丁丑∨¬丙丑→戊丑∧甲丑，等价于：（丁丑∧丙丑）∨（戊丑∧甲丑）。

②¬甲卯∨¬己卯∨¬庚卯→戊寅∧丙卯，等价于：（甲卯∧己卯∧庚卯）∨（戊寅∧丙卯），即"甲卯∧己卯∧庚卯"和"戊寅∧丙卯"至少一真。

若"戊丑∧甲丑"为真，则"甲卯∧己卯∧庚卯"和"戊寅∧丙卯"均为假，故与题干条件②矛盾。因此"戊丑∧甲丑"不可能为真。

再由题干条件①中的两个选言肢至少一真（用①逆否也可），可知"丁丑∧丙丑"为真，即(D)项正确。

【答案】(D)

49～50题基于以下题干：

某剧团拟将历史故事"鸿门宴"搬上舞台，该剧有项王、沛公、项伯、张良、项庄、樊哙、范增7个主要角色，甲、乙、丙、丁、戊、己、庚7名演员每人只能扮演其中一个角色，且每个角色只能由其中一人扮演。根据各演员的特点，角色安排如下：

（1）如果甲不扮演沛公，则乙扮演项王。

（2）如果丙或己扮演张良，则丁扮演范增。

（3）如果乙不扮演项王，则丙扮演张良。

（4）如果丁不扮演樊哙，则庚或戊扮演沛公。

49.（2021年管理类联考真题）根据上述信息，可以得出以下哪项？

（A）甲扮演沛公。

（B）乙扮演项王。

（C）丙扮演张良。

（D）丁扮演范增。

（E）戊扮演樊哙。

【解析】假设乙不扮演项王。

由题干信息（1）逆否得：¬乙项王→甲沛公。

由题干信息（3）、（2）、（4）串联可得：¬乙项王→丙张良→丁范增→丁樊哙→庚沛公∨戊沛公。

出现矛盾,故,乙扮演项王。故(B)项正确。

【答案】(B)

50. (2021年管理类联考真题) 若甲扮演沛公而庚扮演项庄,则可以得出以下哪项?

(A) 丙扮演项伯。

(B) 丙扮演范增。

(C) 丁扮演项伯。

(D) 戊扮演张良。

(E) 戊扮演樊哙。

【解析】由上题分析可知,乙扮演项王。

根据本题题干及题干信息(4)、(2)逆否再串联,可得:甲沛公→¬庚沛公∧¬戊沛公→丁樊哙→¬丁范增→¬丙张良∧¬己张良。

综上,已确定信息为:乙扮演项王,庚扮演项庄,甲扮演沛公,丁扮演樊哙。

又由"¬丙张良∧¬己张良"可知,戊扮演张良。故(D)项正确。

【答案】(D)

51～52题基于以下题干:

某高铁线路设有"东沟""西山""南镇""北阳""中丘"5座高铁站。该线路有甲、乙、丙、丁、戊5趟车运行。这5座高铁站中,每站恰好有3趟车停靠,且甲车和乙车停靠的站均不相同,已知:

(1) 若乙车或丙车至少有一车在"北阳"停靠,则它们均在"东沟"停靠。

(2) 若丁车在"北阳"停靠,则丙、丁和戊车均在"中丘"停靠。

(3) 若甲、乙和丙车中至少有2趟车在"东沟"停靠,则这3趟车均在"西山"停靠。

51. (2021年管理类联考真题) 根据上述信息,可以得出以下哪项?

(A) 甲车不在"中丘"停靠。

(B) 乙车不在"西山"停靠。

(C) 丙车不在"东沟"停靠。

(D) 丁车不在"北阳"停靠。

(E) 戊车不在"南镇"停靠。

【解析】题干有以下信息:

①乙北阳∨丙北阳→乙东沟∧丙东沟。

②丁北阳→丙中丘∧丁中丘∧戊中丘。

③甲、乙和丙车中至少有2趟车在"东沟"停靠→甲西山∧乙西山∧丙西山。

④5座高铁站:东沟、西山、南镇、北阳、中丘;5趟运行车:甲、乙、丙、丁、戊。

⑤每站恰好有3趟车停靠。

⑥甲车和乙车停靠的站均不相同。

由题干信息⑥知,题干信息③的后件为假,逆否可得:"甲、乙和丙车中至少有2趟车在'东沟'停靠"为假,即,甲、乙和丙最多有一趟车在"东沟"停靠,故乙和丙不可能同时停靠在"东沟"。

由题干信息①逆否可得：乙、丙均不停靠在"北阳"。

又由题干信息⑤知，每站恰好有3趟车停靠，故甲、丁、戊停靠在"北阳"站。

故由题干信息②、⑤知，（A）项甲车不在"中丘"停靠为真。

【答案】（A）

52. （2021年管理类联考真题）若没有车在每站都停靠，则可以得出以下哪项？

(A) 甲车在"南镇"停靠。
(B) 乙车在"东沟"停靠。
(C) 丙车在"西山"停靠。
(D) 丁车在"南镇"停靠。
(E) 戊车在"西山"停靠。

【解析】由上题分析可知，甲、丁、戊停靠在"北阳"站，由题干信息②知，丙中丘∧丁中丘∧戊中丘。得表3-8：

表3-8

高铁站 运行车	东沟	西山	南镇	北阳	中丘
甲				√	×
乙				×	×
丙				×	√
丁				√	√
戊				√	√

因为甲、乙和丙最多有一趟车在"东沟"停靠，故由题干信息⑤知，丁、戊在"东沟"停靠。可得表3-9：

表3-9

高铁站 运行车	东沟	西山	南镇	北阳	中丘
甲				√	×
乙				×	×
丙				×	√
丁	√			√	√
戊	√			√	√

因为"没有车在每站都停靠"，故丁和戊分别在"西山"和"南镇"中停靠一站且停靠站不同。

又因为甲和乙的停靠站不同，故它们不可能同时停靠"西山"，也不可能同时停靠"南镇"，所以丙必须在"西山"和"南镇"停靠，才能保证这两个站有3趟车停靠。

可得表 3-10：

表 3-10

运行车 \ 高铁站	东沟	西山	南镇	北阳	中丘
甲				√	×
乙				×	×
丙		√	√	×	√
丁	√			√	√
戊	√			√	√

故（C）项正确。

【答案】(C)

53～54 题基于以下题干：

冬奥组委会官网开通全球招募系统，正式招募冬奥会志愿者。张明、刘伟、庄敏、孙兰、李梅 5 人在一起讨论报名事宜。他们商量的结果如下：

(1) 如果张明报名，则刘伟也报名；

(2) 如果庄敏报名，则孙兰也报名；

(3) 只要刘伟和孙兰两人中至少有 1 人报名，则李梅也报名。

后来得知，他们 5 人中恰有 3 人报名了。

53. (2021 年管理类联考真题) 根据以上信息，可以得出以下哪项？

(A) 张明报名了。

(B) 刘伟报名了。

(C) 庄敏报名了。

(D) 孙兰报名了。

(E) 李梅报名了。

【解析】题干有以下信息：

(1) 张明→刘伟。

(2) 庄敏→孙兰。

(3) 刘伟∨孙兰→李梅。

(4) 5 人中恰有 3 人报名。

方法一：使用二难推理。

由题干信息 (1) 逆否可得：¬刘伟→¬张明。又由"5 人中恰有 3 人报名"可知，其余 3 人皆报名，即李梅报名。故有：¬刘伟→李梅。

由题干信息 (3) 可知：刘伟→李梅。

根据二难推理，可得：李梅报名。

方法二：由题干信息 (3) 逆否得：¬李梅→¬刘伟∧¬孙兰。故若李梅不报名，则刘伟和孙兰也不报名，与题干信息 (4) 矛盾，故李梅报名。

所以，(E) 项正确。

【答案】(E)

54. （2021年管理类联考真题）如果增加条件"若刘伟报名，则庄敏也报名"，那么可以得出以下哪项？

(A) 张明和刘伟都报名了。
(B) 刘伟和庄敏都报名了。
(C) 庄敏和孙兰都报名了。
(D) 张明和孙兰都报名了。
(E) 刘伟和李梅都报名了。

【解析】题干又给了一个条件（5）：刘伟→庄敏。

将题干信息（1）、（5）、（2）串联可得：张明→刘伟→庄敏→孙兰。故若张明报名，则与"5人中恰有3人报名"矛盾，所以张明不报名。

由题干信息（3）知：刘伟→李梅。故若刘伟报名，则有刘伟、庄敏、孙兰、李梅4人报名，与"5人中恰有3人报名"矛盾，所以刘伟不报名。

综上，庄敏、孙兰、李梅三人报名。

【答案】(C)

题型 17　其他综合推理题

命题概率

199管理类联考近10年真题命题数量9道，平均每年0.9道。
396经济类联考近10年真题命题数量1道，平均每年0.1道。

母题变化

变化 1　数独问题

解题思路

数独问题常见两种解法：
（1）选项代入法。
（2）较少不确定信息法。
观察数独中的每一行、每一列，其中，确定信息最多、不确定信息最少的行或列就是突破口。

典型真题

1. （2019年管理类联考真题）有一6×6的方阵，如图3-7所示，它所含的每个小方格中可填入一个汉字，已有部分汉字填入。现要求该方阵中的每行每列均含有礼、乐、射、御、书、数6个汉字，不能重复也不能遗漏。

	乐		御	书	
				乐	
射	御	书		礼	
	射			数	礼
御		数			射
					书

图3-7

根据上述要求，以下哪项是方阵底行5个空格中从左至右依次应填入的汉字？
(A) 数、礼、乐、射、御。
(B) 乐、数、御、射、礼。
(C) 数、礼、乐、御、射。
(D) 乐、礼、射、数、御。
(E) 数、御、乐、射、礼。

【解析】方法一：快速得分法（排除法）。
由第三行，只余"数"和"乐"，由第2行中的"乐"可知，第三行只能如图3-8所示：

	乐		御	书	
				乐	
射	御	书	数	礼	乐
	射			数	礼
御		数			射
					书

图3-8

然后用选项排除法：
(B) 项，"礼"与第三行重复，排除。
(C) 项，"御"与第一行重复，排除。
(D) 项，"数"与第三行重复，排除。
(E) 项，"御"和"礼"均与第三行重复，排除。
故（A）项正确。

方法二：正面推理法。说明：$(a，b)$ 代表第 a 行、第 b 列的汉字。如图 3-9 所示：

礼	乐	射	御	书	数
书	数	礼	乐		御
射	御	书	数	礼	乐
乐	射	御	书	数	礼
御	书	数			射
数	礼	乐	射	御	书

图 3-9

很显然，(3，4) 为"数"→(3，6) 为"乐"→(2，6) 为"御"→(1，6) 为"数"→(1，3) 为"射"→(1，1) 为"礼"→(4，1) 为"乐"→(2，1) 为"书"→(6，1) 为"数"→(5，2) 为"书"→(6，2) 为"礼"→(2，3) 为"礼"→(4，3) 为"御"→(6，3) 为"乐"→(4，4) 为"书"→(6，4) 为"射"→(6，5) 为"御"。即可判断（A）项正确。

【答案】（A）

2.（2021年管理类联考真题）下面有一 5×5 的方阵，如图 3-10 所示，它所含的每个小方格中可填入一个词（已有部分词填入）。现要求该方阵中的每行、每列及每个粗线条围住的五个小方格组成的区域中均含有"道路""制度""理论""文化""自信"5 个词，不能重复也不能遗漏。

根据上述要求，以下哪项是方阵顶行①②③④空格中从左至右依次应填入的词？

	①	②	③	④	
		自信	道路		制度
	理论				道路
	制度		自信		
					文化

图 3-10

（A）道路、理论、制度、文化。
（B）道路、文化、制度、理论。
（C）文化、理论、制度、自信。
（D）理论、自信、文化、道路。
（E）制度、理论、道路、文化。

【解析】观察表格发现，第二行中的已知信息最多而未知信息最少，故先填第二行，第二行的两个空格分别为"文化"和"理论"，因为第三行第一列为"理论"，故，第二行第一列为"文化"、第四列为"理论"。

因此，第一列中，剩余的两个空格为"道路"和"自信"，排除（C）、（D）、（E）项。

因为第二行第四列为"理论",故第一行第四列不能为"理论",排除(B)项。

所以,(A)项正确。

【答案】(A)

变化2 含有数量关系的综合推理题

解题思路

题干中含有数量关系时,一般要把数量关系作为突破口。

典型真题

3~4题基于以下题干:

某大学运动会即将召开,经管学院拟组建一支12人的代表队参赛,参赛队员将从该院4个年级的学生中选拔。学校规定:每个年级都须在长跑、短跑、跳高、跳远、铅球5个项目中选择1~2项参加比赛,其余项目可任意选择;一个年级如果选择长跑,就不能选择短跑或跳高;一个年级如果选择跳远,就不能选择长跑或铅球;每名队员只参加1项比赛。已知该院:

(1) 每个年级均有队员被选拔进入代表队。

(2) 每个年级被选拔进入代表队的人数各不相同。

(3) 有两个年级的队员人数相乘等于另一个年级的队员人数。

3. (2015年管理类联考真题) 根据以上信息,一个年级最多可选拔多少人?

(A) 8人。　　(B) 7人。　　(C) 6人。　　(D) 5人。　　(E) 4人。

【解析】(A)项,若一个年级最多选拔8人,则另外三个年级一共选拔4人,只能分别为1人、1人、2人,与条件(2)矛盾,不成立。

(B)项,若一个年级最多选拔7人,则另外三个年级一共选拔5人,只能分别为1人、1人、3人或者1人、2人、2人,均与条件(2)矛盾,不成立。

(C)项,若一个年级最多选拔6人,则另外三个年级一共选拔6人,可以分别为1人、2人、3人,满足条件(1)、(2)、(3),成立。

因为6人成立,所以(D)、(E)两项不必验证。

【答案】(C)

4. (2015年管理类联考真题) 如果某年级队员人数不是最少的,且选择了长跑,那么对于该年级来说,以下哪项是不可能的?

(A) 选择短跑或铅球。　　　　　　(B) 选择短跑或跳远。

(C) 选择铅球或跳高。　　　　　　(D) 选择长跑或跳高。

(E) 选择铅球或跳远。

【解析】由题干知:

长跑→¬(短跑∨跳高) = 长跑→¬短跑∧¬跳高。

跳远→¬(长跑∨铅球) = 长跑∨铅球→¬跳远。

故:该年级队员没有选择短跑、跳高和跳远,所以(B)项,选择短跑或跳远,必然为假。

【答案】(B)

5. （2017年管理类联考真题）某剧组招募群众演员，为配合剧情，需要招4类角色：外国游客1～2名，购物者2～3名，商贩2名，路人若干。仅有甲、乙、丙、丁、戊、已6人可供选择，且每个人在同一场景中只能出演一个角色。已知：

（1）只有甲、乙才能出演外国游客。
（2）上述4类角色在每个场景中至少有3类同时出现。
（3）每一场景中，若乙或丁出演商贩，则甲和丙出演购物者。
（4）购物者和路人的数量之和在每个场景中不超过2。

根据以上信息，可以得出以下哪项？

(A) 在同一场景中，若戊和已出演路人，则甲只可能出演外国游客。
(B) 在同一场景中，若乙出演外国游客，则甲只可能出演商贩。
(C) 至少有2人需要在不同的场景中出演不同的角色。
(D) 甲、乙、丙、丁不会在同一场景中同时出现。
(E) 在同一场景中，若丁和戊出演购物者，则乙只可能出演外国游客。

【解析】使用选项排除法：

(A) 项，若戊和已出演路人，由条件（4）可知，此场景中没有购物者。再由条件（3）可知，乙、丁二人不出演商贩。所以乙可能出演外国游客，且外国游客可能只有1位。故此项错误。

(B) 项，乙出演外国游客，可能丁出演商贩，由条件（3）可知，甲、丙二人出演购物者。所以此项的后件"甲只可能出演商贩"为假，故此项错误。

(C) 项，根据题意并结合条件（2）、（4）可知，不同场景只有购物者和路人的角色不同，可能存在"路人只有1人，且是由另一个场景出演购物者的2人中的其中1人出演"的情况，故此项错误。

(D) 项，甲、乙、丙、丁可能在同一场景中同时出现，即可能乙出演外国游客，丁出演商贩，甲和丙出演购物者。故此项错误。

(E) 项，丁和戊出演购物者，由条件（4）可知，此场景中没有路人，且没有其他人出演购物者。

由条件（3）可得，乙商贩∨丁商贩→甲购物者∧丙购物者，等价于：¬甲购物者∨¬丙购物者→¬乙商贩∧¬丁商贩，故乙、丁二人不出演商贩。

由条件（2）可知，此场景中没有路人，则必然有其他3类角色，故有外国游客和商贩。

故，现知乙不出演商贩、不出演购物者，即乙只能出演外国游客。故此项正确。

【答案】(E)

6～7题基于以下题干：

某影城将在"十一"黄金周7天（周一至周日）放映14部电影，其中，有5部科幻片、3部警匪片、3部武侠片、2部战争片和1部爱情片。限于条件，影城每天放映两部电影。已知：

（1）除两部科幻片安排在周四外，其余6天每天放映的两部电影都属于不同类别。
（2）爱情片安排在周日。
（3）科幻片与武侠片没有安排在同一天。

(4) 警匪片和战争片没有安排在同一天。

6. （2017年管理类联考真题） 根据上述信息，以下哪项中的两部电影不可能安排在同一天放映？

(A) 警匪片和爱情片。　　　　　　　(B) 科幻片和警匪片。

(C) 武侠片和战争片。　　　　　　　(D) 武侠片和警匪片。

(E) 科幻片和战争片。

【解析】将题干信息列成表格，如下表 3-11：

表 3-11

周一	周二	周三	周四	周五	周六	周日
			科幻片			爱情片
			科幻片			

此时，剩余 3 部科幻片、3 部警匪片、3 部武侠片、2 部战争片待安排。

由条件（3）可知，剩余 3 部科幻片和 3 部武侠片不能安排在同一天，故必在周一、二、三、五、六、日各安排一部，即周日有一部是爱情片，另外一部只可能是科幻片或武侠片。故爱情片和警匪片不可能安排在同一天，故（A）项不可能为真。

【答案】（A）

7. （2017年管理类联考真题） 根据上述信息，如果同类影片放映日期连续，则周六可能放映的电影是以下哪项？

(A) 科幻片和警匪片。　　　　　　　(B) 武侠片和警匪片。

(C) 科幻片和战争片。　　　　　　　(D) 科幻片和武侠片。

(E) 警匪片和战争片。

【解析】方法一：直接推理法。

由上题分析可知，得下表 3-12：

表 3-12

周一	周二	周三	周四	周五	周六	周日
			科幻片			爱情片
			科幻片			科幻片或武侠片

又因为，同类影片放映日期连续，故 3 部警匪片只可能安排在周一、二、三。排除（A）、(B)、(E) 项。

又因为，周日放映了科幻片或武侠片，即周五、六、日连续放映科幻片或武侠片中的一部；因为只有战争片是 2 部，故周五、周六只能放映战争片。

故周六可能放映战争片和科幻片，或者战争片和武侠片。

故（C）项可能为真。

方法二：选项排除法。

（A）项，若周六放映科幻片和警匪片，则周日必须放映警匪片才能满足同类影片放映日期连续的要求，根据上题分析，可知与题干矛盾。

（B）项，因为周四放映科幻片，若周六放映武侠片和警匪片，又因为这两部片子均为3部，则无法实现同类影片连续放映。

（C）项，可以满足题干，周一到周三均放映武侠片和警匪片，周四放映两部科幻片，周五与周六均放映科幻片和战争片，周日放映爱情片和科幻片。

（D）项，与题干条件（3）矛盾。

（E）项，周六放映警匪片的话，周日必须放映警匪片才能满足同类影片放映日期连续的要求，由题干条件（2）知，爱情片安排在周日，故周日放映爱情片和警匪片，根据上题分析，可知与题干矛盾。

【答案】（C）

8～9题基于以下题干：

放假3天，小李夫妇除安排1天休息之外，其他2天准备做6件事：①购物（这件事编号为①，以此类推）；②看望双方父母；③郊游；④带孩子去游乐场；⑤去市内公园；⑥去电影院看电影。

他们商定：

（1）每件事均做一次，且在1天内做完，每天至少做2件事。

（2）④和⑤安排在同一天完成。

（3）②在③之前的1天完成。

8.（2020年管理类联考真题） 如果③和④安排在假期的第2天，则以下哪项是可能的？

（A）①安排在第2天。

（B）②安排在第2天。

（C）休息安排在第1天。

（D）⑥安排在最后1天。

（E）⑤安排在第1天。

【解析】由题干可知，假期3天中，1天休息，另外2天做事。

已知③和④安排在假期的第2天，结合题干条件（2）可得：③、④和⑤安排在第2天，故排除（E）项。

再由题干条件（3）可知，②在第1天完成，故排除（B）项。

故第3天休息，不做任何事，由此可排除（C）、（D）项。

故（A）项正确。

【答案】（A）

9.（2020年管理类联考真题） 如果假期第2天只做⑥等3件事，则可以得出以下哪项？

（A）②安排在①的前一天。

（B）①安排在休息一天之后。

（C）①和⑥安排在同一天。

(D) ②和④安排在同一天。

(E) ③和④安排在同一天。

【解析】由题干可知，第 2 天只做⑥等 3 件事，又由于有 1 天休息，可见，其余 2 天各做 3 件事。

由于④和⑤在同一天，且②和③不在同一天，故其中一天的安排为④+⑤+②和③中的一件。

故，另外一天的安排为①+⑥+②和③中的一件，故（C）项正确。

【答案】(C)

10. （2016 年经济类联考真题）小刘和小红都是张老师的学生，张老师的生日是 M 月 N 日，两人都知道张老师的生日是下列 10 天中的一天，这十天分别为 3 月 4 日、3 月 5 日、3 月 8 日、6 月 4 日、6 月 7 日、9 月 1 日、9 月 5 日、12 月 1 日、12 月 2 日、12 月 8 日。张老师把 M 值告诉了小刘，把 N 值告诉了小红，然后有如下对话：

小刘说："如果我不知道的话，小红肯定也不知道。"

小红说："刚才我不知道，听小刘一说我就知道了。"

小刘说："哦，那我也知道了。"

请根据以上对话推断出张老师的生日是哪一天？

(A) 3 月 4 日。 (B) 3 月 5 日。 (C) 3 月 8 日。

(D) 9 月 1 日。 (E) 9 月 5 日。

【解析】由题干信息可知，小刘仅知道月份，小红仅知道日期。

①小刘说：如果我不知道的话，小红肯定也不知道。

②小红说：刚才我不知道，听小刘一说我就知道了。

③小刘说：哦，那我也知道了。

已知所有月份都有重复，所以小刘在仅知道月份的情况下，一定不知道张老师的生日，由①知小红也不知道张老师的生日。既然小刘确信小红也不知道结果，说明小刘所知道的月份的每个日期都应该有重复，故月份只能是 3 月或 9 月。

由②可知，小红得知 3 月或 9 月后，就知道了生日，说明日期在这两个月不能有重复，排除 5 日。生日为 3 月 4 日、3 月 8 日或 9 月 1 日。

由③可知，如果生日的月份是 3 月，3 月有两种可能，小刘仅知 3 月无法得知生日，因此，排除 3 月。

故张老师的生日为 9 月 1 日，即 (D) 项正确。

【答案】(D)

第 3 部分

论证逻辑

第 4 章 论证

题型 18 论证的削弱

命题概率

199 管理类联考近 10 年真题命题数量 8 道，平均每年 0.8 道。

396 经济类联考近 10 年真题命题数量 12 道，平均每年 1.2 道。

母题变化

变化 1 论证的削弱

解题思路

用一些证据来证明一个观点的成立性的过程，称为论证。其中，证据可称为论据，被证明的观点可称为论点。基本的论证结构为：

$$论据 A \xrightarrow{证明} 论点 B。$$

削弱一个论证的基本方法为：

（1）削弱论点。

直接说明对方论点的虚假性。

（2）削弱论据。

说明对方所使用的论据是虚假的，从而论证他的论点是虚假的。

（3）提出反面论据。

提出能够证明对方论点虚假的反面论据。

（4）削弱隐含假设。

隐含假设就是对方在论述中虽未言明，但是其结论要想成立必须具有的一个前提。削弱隐含假设就是指出题干的论证蕴含的假设不成立。

（5）指出论据不充分。

论据虽然成立，但不足以支持结论成立。

（6）举反例。

要说明一个命题是假命题，通常可以举出一个例子，使之具备命题的条件，而不具有命题的结论，这种例子称为反例。

> **（7）归谬法。**
>
> 假设对方的论证成立，从对方的论证出发推出了荒谬的结论，从而证明对方的论证不成立。

典型真题

1. **（2009年管理类联考真题）** 因为照片的影像是通过光线与胶片的接触形成的，所以每张照片都具有一定的真实性。但是，从不同角度拍摄的照片总是反映了物体某个侧面的真实，而不是全部的真实。在这个意义上，照片又是不真实的。因此，在目前的技术条件下，以照片作为证据是不恰当的，特别是在法庭上。

以下哪项如果为真，最能削弱上述论证？

（A）摄影技术是不断发展的，理论上说，全景照片可以从外观上反映物体的全部真实。

（B）任何证据只需要反映事实的某个侧面。

（C）在法庭审理中，有些照片虽然不能成为证据，但有重要的参考价值。

（D）有些照片是通过技术手段合成或伪造的。

（E）就反映真实性而言，照片的质量有很大的差别。

【解析】题干：照片只能反映物体某个侧面的真实，而不是全部的真实 —证明→ 以照片作为证据是不恰当的。

题干隐含一个假设：只能反映物体某个侧面的真实，就不能作为证据。

（A）项，试图削弱论据"照片只能反映物体某个侧面的真实，而不是全部的真实"，但"理论上说"不代表"在目前的技术条件下"已经做到了，故不能削弱题干。

（B）项，削弱隐含假设，可以削弱。

（C）项，此项中的"参考价值"不等于题干中的"证据"，不能削弱。

（D）、（E）项显然均为无关选项。

【答案】（B）

2. **（2010年管理类联考真题）** 现在越来越多的人拥有了自己的轿车，但他们明显地缺乏汽车保养的基本知识。这些人会按照维修保养手册或4S店售后服务人员的提示做定期保养。可是，某位有经验的司机会告诉你，每行驶5 000千米做一次定期检查，只能检查出汽车可能存在问题的一小部分，这样的检查是没有意义的，是浪费时间和金钱。

以下哪项不能削弱该司机的结论？

（A）每行驶5 000千米做一次定期检查是保障车主安全所需要的。

（B）每行驶5 000千米做一次定期检查能发现引擎的某些主要故障。

（C）在定期检查中所做的常规维护是保证汽车正常运行所必需的。

（D）赵先生的新车未做定期检查，行驶到5 100千米时出了问题。

（E）某公司新购的一批汽车未做定期检查，均安全行驶了7 000千米以上。

【解析】司机：每行驶5 000千米的定期检查只能检查出汽车可能存在问题的一小部分 —证明→

每行驶5 000千米的定期检查没有意义。

（A）、（B）、（C）项，均指出定期检查有必要，是有意义的，可以削弱该司机的结论。

（D）项，指出没做定期检查有危害，即用反面事例说明定期检查是有意义的，可以削弱该司机的结论。

（E）项，指出没做定期检查的汽车也可以安全行驶，即定期检查是没有意义的，支持该司机的结论。

【答案】（E）

3. （2012年管理类联考真题）探望病人通常会送上一束鲜花，但某国曾有报道说，医院花瓶养花的水可能含有很多细菌，鲜花会在夜间与病人争夺氧气，还可能影响病房里电子设备的工作。这引起了人们对鲜花的恐慌，该国一些医院甚至禁止病房内摆放鲜花。尽管后来证实鲜花并未导致更多的病人受感染，并且权威部门也澄清，未见任何感染病例与病房里的植物有关，但这并未减轻医院对鲜花的反感。

以下除哪项外，都能减轻医院对鲜花的担心？

（A）鲜花并不比病人身边的餐具、饮料和食物带有更多可能危害病人健康的细菌。

（B）在病房里放置鲜花让病人感到心情愉悦、精神舒畅，有助于病人康复。

（C）给鲜花换水、修剪需要一定的人工，如果花瓶倒了还会导致危险发生。

（D）已有研究证明，鲜花对病房空气的影响微乎其微，可以忽略不计。

（E）探望病人所送的鲜花大多花束小、需水量少、花粉少，不会影响电子设备的工作。

【解析】题干：医院认为鲜花会给病人和医院带来各种负面影响，因此对鲜花产生恐慌和反感。

（A）、（D）、（E）项，削弱论据，表明鲜花不具有某种危害，能减轻医院的担心。

（B）项，表明鲜花具有某种好处，故能减轻医院的担心。

（C）项，支持题干，指出鲜花具有某种危害，加重了医院的担心。

【答案】（C）

4. （2013年管理类联考真题）某科研机构对市民所反映的一种奇异现象进行研究，该现象无法用已有的科学理论进行解释。助理研究员小王由此断言：该现象是错觉。

以下哪项如果为真，最可能使小王的断言不成立？

（A）所有错觉都不能用已有的科学理论进行解释。

（B）有些错觉可以用已有的科学理论进行解释。

（C）有些错觉不能用已有的科学理论进行解释。

（D）错觉都可以用已有的科学理论进行解释。

（E）已有的科学理论尚不能完全解释错觉是如何形成的。

【解析】小王：市民所反映的奇异现象无法用已有的科学理论进行解释，所以该现象是错觉。

（D）项，错觉→可以用已有的科学理论进行解释，逆否命题为：无法用已有的科学理论进行解释→不是错觉，故能削弱小王的断言。

【答案】（D）

5. （2015年管理类联考真题）某市推出一项月度社会公益活动，市民报名踊跃。由于活动规模有限，主办方决定通过摇号抽签的方式选择参与者。第一个月中签率为1：20；随后连创新低，到下半年的10月份已达1：70。大多数市民屡摇不中，但从今年7月至10月，"李祥"这个名字连续4个月中签。不少市民据此认为，有人在抽签过程中作弊，并对主办方提出质疑。

以下哪项如果为真，最能消除上述市民的质疑？
(A) 摇号抽签全过程是在有关部门监督下进行的。
(B) 在报名的市民中，名叫"李祥"的近300人。
(C) 已经中签的申请者中，叫"张磊"的有7人。
(D) 曾有一段时间，家长给孩子取名不回避重名。
(E) 在摇号系统中，每一位申请人都被随机赋予一个不重复的编码。

【解析】题干："李祥"这个名字连续4个月中签 ——证明→ 有人在抽签过程中作弊。

(A) 项，诉诸权威。

(B) 项，说明中签的"李祥"未必是同一个人，削弱题干。

(C)、(D) 项，无关选项。

(E) 项，虽然此项指出每位申请人拥有不同的编码，而题干并没有说明连续4个月中签的"李祥"是否拥有相同的编码，故不能削弱题干。

【答案】(B)

6. **(2016年管理类联考真题)** 某市消费者权益保护条例明确规定，消费者对其所购买的商品可以"7天内无理由退货"。但这项规定出台后并未得到顺利执行，众多消费者在7天内"无理由"退货时，常常遭遇商家的阻挠，他们以商品已做特价处理、商品已经开封或使用等理由拒绝退货。

以下哪项如果为真，最能质疑商家阻挠退货的理由？
(A) 开封验货后，如果商品规格、质量等问题来自消费者本人，他们应为此承担责任。
(B) 那些做特价处理的商品，本来质量就没有保证。
(C) 如果不开封验货，就不能知道商品是否存在质量问题。
(D) 政府总偏向消费者，这对于商家来说是不公平的。
(E) 商品一旦开封或使用了，即使不存在问题，消费者也可以选择退货。

【解析】商家：商品已做特价处理、商品已经开封或使用 ——证明→ 不应退货。

(A) 项，支持商家。

(B) 项，支持商家。

(C) 项，因质量问题退货是有理由的退货，而本题的论证是无理由退货，故无法削弱。

(D) 项，无关选项，题干并未提及公平问题。

(E) 项，指出即使商品开封或使用了消费者也可以选择退货，削弱论证关系，削弱力度最强。

【答案】(E)

7. **(2016年管理类联考真题)** 开车上路，一个人不仅需要有良好的守法意识，也需要有特别的"理性计算"：在拥堵的车流中，只要有"加塞"的，你开的车就一定要让着它；你开着车在路上正常直行，有车不打方向灯在你近旁突然横过来要撞上你，原来它想要变道，这时你也得让着它。

以下除哪项外，均能质疑上述"理性计算"的观点？

（A）有理的让着没理的，只会助长歪风邪气，有悖于社会的法律和道德。

（B）"理性计算"其实就是胆小怕事，总觉得凡事能躲则躲，但有的事很难躲过。

（C）一味退让也会给行车带来极大的危险，不但可能伤及自己，而且也可能伤及无辜。

（D）即使碰上也不可怕，碰上之后如果立即报警，警方一般会有公正的裁决。

（E）如果不让，就会碰上；碰上之后，即使自己有理，也会有许多麻烦。

【解析】开车需要"理性计算"：开车在路上遇到"加塞"的，你开的车就一定要让着它；开车在路上遇到有车不打方向灯在你近旁突然横过来要撞上你，你开的车也得让着它。

（A）、（B）、（C）项，指出"理性计算"的缺点，质疑题干。

（D）项，指出不"理性计算"也没事，质疑题干。

（E）项，指出"理性计算"可以省去许多麻烦，支持题干。

【答案】（E）

8. （2016年管理类联考真题）根据现有的物理学定律，任何物质的运动速度都不能超过光速，但是最近一次天文观测结果向这条定律发起了挑战。距离地球遥远的IC310星系拥有一个活跃的黑洞，掉入黑洞的物质产生了伽马射线冲击波。有些天文学家发现，这束伽马射线的速度超过了光速，因为它只用了4.8分钟就穿越了黑洞边界，而光需要25分钟才能走完这段距离。由此，这些天文学家提出，光速不变定律需要修改了。

以下哪项如果为真，最能质疑上述天文学家所做的结论？

（A）或者光速不变定律已经过时，或者天文学家的观测有误。

（B）如果天文学家的观测没有问题，光速不变定律就需要修改。

（C）要么天文学家的观测有误，要么有人篡改了天文观测数据。

（D）天文观测数据可能存在偏差，毕竟IC310星系离地球很远。

（E）光速不变定律已经历过去多次实践检验，没有出现反例。

【解析】天文学家：伽马射线只用了4.8分钟就穿越了黑洞边界，而光需要25分钟才能走完这段距离——证明→伽马射线的速度超过了光速，光速不变定律需要修改了。

（A）项，光速不变定律已经过时∨天文学家的观测有误，那么"光速不变定律已经过时"还是有可能为真，不能削弱。

（B）项，无法确定天文学家的观测是否有问题，因此，也不知道光速不变定律是否需要修改，无法削弱。

（C）项，说明天文学家的观测数据有问题，而不是光速不变定律需要修改，可以削弱。

（D）项，"可能"存在偏差，可以削弱，但削弱力度较弱。

（E）项，光速不变定律在以前的实践检验中没有出现过反例，不代表它没有问题，无法削弱。

【答案】（C）

9. (2017年管理类联考真题) 人们通常认为，幸福能够增进健康、有利于长寿，而不幸福则是健康状况不佳的直接原因，但最近有研究人员对3 000多人的生活状况调查后发现，幸福或者不幸福并不意味着死亡的风险会相应地变得更低或者更高。他们由此指出，疾病可能会导致不幸福，但不幸福本身并不会对健康状况造成损害。

以下哪项如果为真，最能质疑上述研究人员的论证？

(A) 幸福是个体的一种心理体验，要求被调查对象准确断定其幸福程度有一定的难度。

(B) 有些高寿老人的人生经历较为坎坷，他们有时过得并不幸福。

(C) 有些患有重大疾病的人乐观向上，积极与疾病抗争，他们的幸福感比较高。

(D) 人的死亡风险低并不意味着健康状况好，死亡风险高也不意味着健康状况差。

(E) 少数个体死亡风险的高低难以进行准确评估。

【解析】研究人员：调查发现，幸福或者不幸福并不意味着死亡的风险会相应地变得更低或者更高——证明→不幸福本身并不会对健康状况造成损害。

研究人员的论据是"死亡风险"的高低，结论是对"健康状况"的损害，(D) 项指出这两者的区别，拆桥法。故 (D) 项最能质疑上述研究人员的论证。

(A)、(E) 项，指出调查研究有一定难度，但不代表此项调查研究不可行，削弱力度小。

(B)、(C) 项，个例不能质疑一个针对3 000人的调查。

【答案】(D)

10. (2019年管理类联考真题) 某研究机构以约2万名65岁以上的老人为对象，调查了笑的频率与健康状态的关系。结果显示，在不苟言笑的老人中，认为自身现在的健康状态"不怎么好"和"不好"的比例分别是几乎每天都笑的老人的1.5倍和1.8倍。爱笑的老人对自我健康状态的评价往往较高。他们由此认为，爱笑的老人更健康。

以下哪项如果为真，最能质疑上述调查者的观点？

(A) 乐观的老人比悲观的老人更长寿。

(B) 病痛的折磨使得部分老人对自我健康状态的评价不高。

(C) 身体健康的老人中，女性爱笑的比例比男性高10个百分点。

(D) 良好的家庭氛围使得老年人生活更乐观、身体更健康。

(E) 老年人的自我健康评价往往和他们实际的健康状况之间存在一定的差距。

【解析】调查者：爱笑的老人"对自我健康状态的评价往往较高"——证明→爱笑的老人"更健康"。

(A) 项，无关选项，题干未涉及"乐观的老人"和"悲观的老人"哪个更长寿的比较。

(B) 项，不能削弱，"部分"老人的情况难以代表"整体"的状况。

(C) 项，无关选项，题干不涉及男性和女性的比较。

(D) 项，良好的家庭氛围作为原因，使得老年人乐观（爱笑）而且健康，共因削弱。但和题干中的"对自我健康状态的评价往往较高"这一调查无关，因此削弱力度弱。

(E) 项，直接切断题干中的论据"对自我健康状态的评价往往较高"与"更健康"之间的联系，削弱力度大。

【答案】(E)

11.（2011年、2020年经济类联考真题） 过去，大多数航空公司都尽量减轻飞机的重量，从而达到节省燃油的目的。那时最安全的飞机座椅是非常重的，因此航空公司只安装很少的这类座椅。今年，最安全的座椅卖得最好。这非常明显地证明，现在的航空公司在安全和省油这两方面更倾向重视安全了。

以下哪项如果为真，能够最有力地削弱上述结论？

(A) 去年销售量最大的飞机座椅并不是最安全的座椅。
(B) 所有航空公司总是宣称他们比其他公司更重视安全。
(C) 与安全座椅销售不好的那年相比，今年的油价有所提高。
(D) 由于原材料成本提高，今年的座椅价格比以往都贵。
(E) 由于技术创新，今年最安全的座椅反而比一般的座椅重量轻。

【解析】题干：过去，最安全的飞机座椅非常重，航空公司为了节省燃油，只安装很少的这类座椅；今年，最安全的座椅卖得最好 —证明→ 现在的航空公司在安全和省油这两方面更倾向重视安全。

(A) 项，支持题干，去年销量最大的飞机座椅不是最安全的，而今年销量最大的飞机座椅变成了最安全的座椅，有助于说明现在的航空公司更重视安全了。

(B) 项，无关选项，因为"宣称"不代表是事实。

(C) 项，在今年油价有所提高的情况下仍然选择了重量更重的、不省油的安全座椅，说明航空公司确实更重视安全了，支持题干。

(D) 项，无关选项，因为今年的座椅都更贵了，无法反映安全座椅与其他座椅的比较。

(E) 项，提出反面论据，今年最安全的座椅恰好是重量最轻的座椅，说明航空公司依然重视省油，削弱题干。

【答案】(E)

12.（2011年经济类联考真题） 一位海关检查员认为，他在特殊工作经历中培养了一种特殊的技能，即能够准确地判定一个人是否在欺骗他。他的根据是，在海关通道执行公务时，短短的几句对话就能使他确定对方是否可疑；而在他认为可疑的人身上，无一例外地都查出了违禁物品。

以下哪项如果为真，能削弱上述海关检查员的论证？

Ⅰ．在他认为不可疑而未经检查的入关人员中，有人无意地携带了违禁物品。
Ⅱ．在他认为不可疑而未经检查的入关人员中，有人有意地携带了违禁物品。
Ⅲ．在他认为可疑并查出违禁物品的入关人员中，有人是无意地携带了违禁物品。

(A) 只有Ⅰ。 (B) 只有Ⅱ。 (C) 只有Ⅲ。
(D) 只有Ⅱ和Ⅲ。 (E) Ⅰ、Ⅱ和Ⅲ。

【解析】海关检查员：在海关通道执行公务时，短短的几句对话就能使他确定对方是否可疑；而在他认为可疑的人身上，无一例外地都查出了违禁物品 —证明→ 他能够准确地判定一个人是否在欺骗他。

Ⅰ项，不能削弱，他认为不可疑的人，"无意地"携带违禁物品，并不是欺骗他。

Ⅱ项，可以削弱，他认为不可疑的人，"有意地"携带了违禁物品，说明骗过了他的检查。

Ⅲ项，可以削弱，他认为可疑的人，"无意地"携带了违禁物品，这些人不想骗他，却被他认为可疑，说明他的判断不准确。

【答案】(D)

13. (2014年经济类联考真题) 康和制药公司主任认为，卫生部要求开发的疫苗的开发费用该由政府资助。因为疫苗市场比任何其他药品公司市场利润都小。为支持上述主张，主任给出下列理由：疫苗的销量小，因为疫苗的使用是一个人一次，而治疗疾病尤其是慢性疾病的药物，对每位病人的使用是多次的。

下列哪项如果为真，将最严重地削弱该主任提出的针对疫苗市场的主张的理由？

(A) 疫苗的使用对象比大多数其他药品的使用对象多。
(B) 疫苗所预防的许多疾病都可以由药物成功治愈。
(C) 药物公司偶尔销售既非医学药品也非疫苗的产品。
(D) 除了康和制药公司外，其他制药公司也生产疫苗。
(E) 疫苗的使用费不是由生产疫苗的制药公司承担。

【解析】主任的主张：卫生部要求开发的疫苗的开发费用该由政府资助。

主任的主张的理由：疫苗的销量小，每人使用一次，而治疗慢性疾病的药物，每人使用多次。

(A) 项，说明虽然疫苗的使用频次比其他药品少，但是疫苗的使用对象多，所以，疫苗的使用总销量未必少，削弱主任的理由。

(B) 项，说明疫苗可以被其他药物所替代，导致其销量低，支持主任的理由。

(C) 项，无关选项，偶尔销售的其他产品的销量与疫苗的销量无关。

(D) 项，无关选项，是否有其他制药公司生产疫苗与疫苗的销量及市场利润无关。

(E) 项，无关选项，疫苗的使用费由谁承担与疫苗的销量及市场利润无关。

【答案】(A)

14. (2014年经济类联考真题) 若干年前，鲑鱼无法在这条污染严重的缺氧河中生存，许多其他种类的生物同样无法生存。而如今，经过这些年的人工治理，鲑鱼已经重现。这是该条河不再受污染的可靠指标。

下列各项都表明上述推理中可能存在缺陷，除了：

(A) 重新出现的鲑鱼可能是某个不受该河污染物影响的品种。
(B) 污染可能已经减少到鲑鱼能生存的水平。
(C) 缺氧常是污染的一个后果，这可能已经杀死鲑鱼。
(D) 鲑鱼可能是被一种特定污染物杀死，而这种污染物被除掉，其他还在。
(E) 污染仍存在，但其性质发生改变，鲑鱼能忍受这种改变后的污染。

【解析】题干：①若干年前，鲑鱼无法在这条污染严重的缺氧河中生存。②经过这些年的人工治理，鲑鱼已经重现——证明→该条河不再受污染。

(A) 项，指出重新出现的鲑鱼可能是某个不受该河污染物影响的品种，说明鲑鱼重现不是该条河不再受污染的可靠指标,题干的论证存在缺陷。

(B)项,指出污染可能减少到鲑鱼能够生存的水平,使得鲑鱼重现,但是污染依旧存在,题干的论证存在缺陷。

(C)项,说明污染导致的缺氧可能杀死鲑鱼,那么现在鲑鱼重现就说明由污染导致的缺氧已经得以解决,故支持这条河已不再受污染的结论。

(D)项,指出杀死鲑鱼的特定污染物被除掉,使得鲑鱼重现,但是其他污染物依旧存在,题干的论证存在缺陷。

(E)项,指出污染的性质发生改变后,能被鲑鱼所忍受,使得鲑鱼重现,但是污染依旧存在,题干的论证存在缺陷。

【答案】(C)

15.(2014年、2017年经济类联考真题)佛江市的郊区平均每个家庭拥有2.4部小汽车,因而郊区的居民出行几乎不坐公交车。因此,郊区的市政几乎不可能从享受补贴的服务于郊区的公交系统中受益。

以下哪项如果为真,最能质疑上述结论?

(A)佛江市内的房地产税率比郊区的要高。
(B)去年郊区旨在增加公交线路补贴的市政议案以微小差距被否决了。
(C)郊区许多商店之所以能吸引到足够的雇员正是因为有享受市政补贴的公交系统可用。
(D)公交车在上座率少于35%时每英里①乘客产生的污染超过私家车。
(E)如果公交车乘客数量下降,明年郊区市政大多数投票者都不支持继续补贴公交系统。

【解析】题干:佛江市的郊区平均每个家庭拥有2.4部小汽车,因而郊区的居民出行几乎不坐公交车 —证明→ 郊区的市政不可能从享受补贴的服务于郊区的公交系统中受益。

(B)项,指出增加公交线路补贴的市政议案被否决了,那么郊区的市政可能无法从享受补贴的服务于郊区的公交系统中受益,支持题干。

(C)项,郊区既有郊区的居民,也有非郊区的居民。题干忽视了郊区的非郊区居民对公交的利用,此项说明非郊区居民到郊区的商店上班需要用公交系统。这就说明了郊区的市政可以从享受补贴的服务于郊区的公交系统中受益,故削弱题干。

其余各项与公交系统是否让市政获益无关,均为无关选项。

【答案】(C)

16.(2015年经济类联考真题)每克精制糖所含的热量和每克直接取自水果、蔬菜的普通蔗糖所含的热量几乎没什么区别。因此,如果就是为了获得维持体能需要的热量,则不必专门选择由精制糖而不是由蔗糖制作的食品。

以下哪项如果为真,能削弱上述论证?

Ⅰ.人工食品的含糖比例并不一样。
Ⅱ.糖并不是人工食品中所含热量的唯一来源。

---
① 1英里=1.609千米。

Ⅲ. 蔗糖含有精制糖所没有的许多营养素。

(A) 只有Ⅰ。　　　　(B) 只有Ⅱ。　　　　(C) 只有Ⅲ。

(D) 只有Ⅰ和Ⅱ。　　(E) Ⅰ、Ⅱ和Ⅲ。

【解析】题干：精制糖所含的热量和普通蔗糖所含的热量几乎没什么区别——证明→获得维持体能需要的热量，选择蔗糖制作的食品就可以，不必专门选择由精制糖制作的食品。

题干的论据是有关糖的热量，而结论是含糖食品的热量。把糖的热量等同于含糖的食品的热量，是题干的一个漏洞。

Ⅰ项和Ⅱ项都指出了这一漏洞，能削弱题干。

Ⅲ项，不涉及题干论证的"热量"问题，无关选项。

故（D）项正确。

【答案】（D）

17.（2015年经济类联考真题）市长：当我们5年前重组城市警察部门以节省开支时，批评者们声称重组会导致警察对市民责任心降低，会导致犯罪增长。警察局整理了重组那年以后的偷盗统计资料，结果表明批评者们是错误的，包括小偷小摸在内的各种偷盗报告普遍地减少了。

下列哪一项如果正确，最能削弱市长的论述？

(A) 当城市警察局被认为不负责时，偷盗的受害者们不愿向警察报告偷盗事故。

(B) 市长的批评者们认为警察局关于犯罪报告的统计资料是关于犯罪率的最可靠的有效数据。

(C) 在进行过类似警察部门重组的其他城市里，报告的偷盗数目在重组后一般都上升了。

(D) 市长对警察系统的重组所省的钱比预期目标要少。

(E) 在重组之前的5年中，与其他犯罪报告相比，各种偷盗报告的数目节节上升。

【解析】市长：警察局重组那年以后的偷盗统计资料显示，包括小偷小摸在内的各种偷盗报告普遍地减少了——证明→重组城市警察部门不会导致犯罪增长。

(A) 项，说明偷盗报告减少是因为受害者们认为警察局不负责而不愿向其报告偷盗事故，实际上可能犯罪并没有减少，削弱市长的论述。

(B) 项，说明市长的论据有效，支持市长的论述。

(C) 项，无关选项，其他城市的情况与本市的情况无关（也可以认为此项是用其他城市的情况与本市情况进行类比，但类比对象之间的相似性存在疑问）。

(D) 项，无关选项，产生了与题干无关的新比较。

(E) 项，重组警察部门之前偷盗报告的数目节节上升，重组之后偷盗报告减少，说明重组不会导致犯罪增长，支持市长的论述。

【答案】（A）

18.（2018年经济类联考真题）临床试验显示，对偶尔食用一定量的牛肉干的人而言，大多数品牌牛肉干的添加剂并不会导致动脉硬化。因此，人们可以放心食用牛肉干而无须担心对健康的影响。

以下哪项如果为真，最能削弱上述论证？

（A）食用大量的牛肉干不利于动脉健康。
（B）动脉健康不等于身体健康。
（C）肉类都含有对人体有害的物质。
（D）喜欢吃牛肉干的人往往也喜欢食用其他对动脉健康有损害的食品。
（E）题干所述临床试验大多是由医学院的实习生在医师指导下完成的。

【解析】题干：对偶尔食用一定量的牛肉干的人而言，大多数品牌的牛肉干的添加剂并不会导致动脉硬化——证明→人们可以放心食用牛肉干而无须担心对健康的影响。

题干的论据是"不会导致动脉硬化"，结论却是"健康"，偷换概念，动脉健康不等于身体健康，故（B）项正确。

（A）项，削弱题干，但题干中涉及的是"偶尔食用一定量的牛肉干"，此项涉及的是"食用大量的牛肉干"，因此削弱力度弱。

（C）项，偷换论证对象，题干只涉及"牛肉干"，此项涉及的是"肉类"。

（D）项，偷换论证对象，题干只涉及"牛肉干"，与其他食品无关。

（E）项，显然是无关选项。

【答案】（B）

19. （2019年经济类联考真题） 太阳能不像传统的煤、气能源和原子能那样，它不会产生污染，无须运输，没有辐射的危险，不受制于电力公司，所以，应该鼓励人们使用太阳能。

以下哪项陈述如果为真，能够最有力地削弱上述论证？

（A）很少有人研究过太阳能如何在家庭中应用。
（B）满足四口之家需要的太阳能设备的成本等于该家庭一年所需传统能源的成本。
（C）收集并且长期保存太阳能的有效方法还没有找到。
（D）反对使用太阳能的人认为，这样做会造成能源垄断。
（E）目前，国内传统能源，特别是煤的储存很大，眼前没有发展新能源的必要。

【解析】题干：太阳能不会产生污染，无须运输，没有辐射的危险，不受制于电力公司——证明→应该鼓励人们使用太阳能。

（A）项，无关选项，太阳能应用的研究与是否应该使用太阳能无关。

（B）项，支持题干，说明长期使用太阳能的话，所需成本比使用传统能源低。

（C）项，削弱题干，说明长期使用太阳能存在困难。

（D）项，削弱力度弱，首先，此项仅仅是反对使用太阳能的人的"观点"，未必是事实；其次，即使造成能源垄断，也无法反驳题干中太阳能的种种优势。

（E）项，说明"眼前"发展新能源没必要，但没有比较新旧能源的优劣势，且仅仅是"眼前"的情况，削弱力度弱。

【答案】（C）

20. （2020年经济类联考真题） 在市场经济条件下，每个商品生产经营者都是独立的经济主体，都有充分的自主权。因此，他们生产什么、如何生产都由自己说了算。

以下哪项最能削弱上述结论？

（A）商品生产经营者都是独立的经济主体，就意味着由自己决定自己的命运。

（B）商品生产经营者享有充分的自主权，就意味着由自己决定生产什么。

（C）商品生产经营者必须了解市场行情和消费者的需求等，才能生产出适销对路的产品。

（D）商品生产经营者虽然是独立的经济主体，但是在经营中也要顾及他人利益。

（E）当今社会在道德层面非常尊重个人选择，所以商品生产经营者对于商品的生产有充分的自由。

【解析】题干：每个商品生产经营者都是独立的经济主体，都有充分的自主权 —证明→ 他们生产什么、如何生产都由自己说了算。

（A）、（B）项，显然支持题干。

（C）项，提出反面论据，说明商品生产经营者生产什么产品还需考虑市场行情和消费者的需求，不能由自己说了算，削弱题干中的结论。

（D）项，不能削弱，"在经营中顾及他人利益"与"商品生产经营者生产什么、如何生产"之间的关系未知。

（E）项，支持题干。

【答案】（C）

变化2　归纳论证的削弱

解题思路

归纳论证，又可称为调查统计型题目，题干一般是通过调查、抽样统计、某个人的所见所闻，总结出一个结论。调查统计型题目的论据是某个或某些样本的情况，结论却是全体的情况，所以其结论不一定成立。常见的有以下削弱方式：

（1）样本没有代表性。

调查统计的结论要有效，样本必须能够代表全体的情况。样本的代表性从样本的数量、广度、随机性等方面判断。

需要注意的是，对于多大数量的样本才是有代表性的样本，在统计学领域并没有统一规定。同样，这一问题在逻辑题里也没有具体规定，需要同学们根据题意进行判断。

从统计学的角度讲，样本应该是呈正态分布的，但是对于逻辑考试，我们只需要了解样本应该具有一定的广度、样本的选取应该是随机的。

如果样本没有代表性，我们就可以说这个抽样统计是以偏概全的。

（2）调查机构不中立。

调查机构必须持中立态度，具有独立性。

典型真题

21.（2010年管理类联考真题）为了调查当前人们的识字水平，某实验者列举了20个词语，请30位文化人士识读,这些人的文化程度都在大专以上。识读结果显示,多数人只读对3~5个词语,极少数人读对15个以上,甚至有人全部读错。其中,"蹒跚"的辨识率最高,30人中有19人读对;"呱呱坠地"所有人都读错。20个词语的整体误读率接近80%。该实验者由此得出,当前人们的识字水平并没有提高,甚至有所下降。

以下哪项如果为真,最能对该实验者的结论构成质疑?

(A) 实验者选取的20个词语不具有代表性。
(B) 实验者选取的30位识读者均没有博士学位。
(C) 实验者选取的20个词语在网络流行语言中不常用。
(D) "呱呱坠地"这个词的读音有些大学老师也经常读错。
(E) 实验者选取的30位识读者中约有50%大学成绩不佳。

【解析】题干:实验者列举了"20个词语",请"30位文化人士"识读,误读率很高 —— 证明 → 当前"人们"的"识字水平"并没有提高,甚至有所下降。

题干中的推论要成立,30位文化人士的识字水平必须能代表当前人们的识字水平;实验的20个词语的识别情况必须能代表对所有词语的识别情况。

(A) 项,指出实验者所选的词语没有代表性,可以削弱。

其余各项均不能削弱。

【答案】(A)

变化3 类比论证的削弱

解题思路

(1) 类比的概念。

类比,简单来说,就是以此物比它物,通过两种对象在一些性质上的相似性,得出它们在其他性质上也是相似的。

(2) 类比的典型结构。

对象1: 有性质 A、B;
对象2: 有性质 A;
—————————————
所以,对象2也有性质 B。

(3) 类比的削弱。

①类比对象存在本质差异,使得类比不成立。
②前提属性与结论属性不相关,使得类比不成立。

典型真题

22. (2009年管理类联考真题) 某中学发现有学生在课余时间用扑克玩带有赌博性质的游戏,因此规定学生不得带扑克进入学校,不过即使是硬币,也可以用作赌具,但禁止学生带硬币进入学校是不可思议的,因此,禁止学生带扑克进入学校是荒谬的。

以下哪项如果为真，最能削弱上述论证？

（A）禁止带扑克进入学校不能阻止学生在校外赌博。

（B）硬币作为赌具远不如扑克方便。

（C）很难查明学生是否带扑克进入学校。

（D）赌博不但败坏校风，而且影响学生的学习成绩。

（E）有的学生玩扑克不涉及赌博。

【解析】题干：

$$\frac{\begin{array}{l}硬币：可以用作赌具；\\ 扑克：可以用作赌具；\\ 不禁止学生带硬币进入学校；\end{array}}{所以，没必要禁止学生带扑克进入学校。}$$

（A）项，无关选项，题干中的建议是约束学生在校内的行为，与"校外赌博"无关。

（B）项，指出硬币和扑克有差异（类比对象有差异），题干不当类比，故削弱题干。

（C）项，"很难查明"不代表"不能查明"，故此项不能削弱题干。

（D）项，无关选项，赌博有什么坏处与学生会不会用硬币赌博无关。

（E）项，"有的"学生玩扑克不涉及赌博，不代表"所有"学生都不用扑克赌博，故此项不能削弱题干。

【答案】（B）

题型 19　论证的支持

【命题概率】

199 管理类联考近 10 年真题命题数量 22 道，平均每年 2.2 道。

396 经济类联考近 10 年真题命题数量 6 道，平均每年 0.6 道。

母题变化

变化 1　论证的支持

解题思路

支持一个论证的常见方法：

（1）支持论据。

说明题干的论据成立。

（2）补充新论据。

补充一个新论据，帮助证明结论成立。

（3）支持论点。

直接说明论点成立。

（4）补充隐含假设。

补充题干的隐含前提。

（5）搭桥法。

具体内容及练习详见本题型的变化2。

（6）例证法（力度弱）。

举一个正面的例子，证明题干中的结论成立。需要注意的是，例证法的支持力度很弱，除非没有其他支持选项，否则不选。

典型真题

1. （2010年管理类联考真题）鸽子走路时，头部并不是有规律地前后移动，而是一直在往前伸。行走时，鸽子脖子往前一探，然后，头部保持静止，等待着身体和爪子跟进。有学者曾就鸽子走路时伸脖子的现象做出假设：在等待身体跟进的时候，暂时静止的头部有利于鸽子获得稳定的视野，看清周围的食物。

以下哪项如果为真，最能支持上述假设？

（A）鸽子行走时如果不伸脖子，很难发现远处的食物。

（B）步伐太大的鸟类，伸脖子的幅度远比步伐小的要大。

（C）鸽子行走速度的变化，刺激内耳控制平衡的器官，导致伸脖子。

（D）鸽子行走时一举翅一投足，都可能出现脖子和头部肌肉的自然反射，所以头部不断运动。

（E）如果雏鸽步态受到限制，功能发育不够完善，那么，成年后鸽子的步伐变小，脖子伸缩幅度则会随之降低。

【解析】学者：鸽子在走路时，伸脖子的目的是使得暂时静止的头部可以获得稳定的视野，看清周围的食物。

（A）项，给出对照组：不伸脖子就难以发现远处的食物，支持学者的假设。

（B）项，无关选项，题干的论证对象是"鸽子"，而此项的论证对象是"鸟类"。

（C）项，此项解释了鸽子伸脖子的原因，但并没有对伸脖子的目的进行削弱或支持。

（D）项，此项解释了鸽子伸脖子的原因，但并没有对伸脖子的目的进行削弱或支持。

（E）项，显然是无关选项。

【答案】（A）

2. （2011年管理类联考真题）由于含糖饮料的卡路里含量高，容易导致肥胖，因此无糖饮料开始流行。经过一段时期的调查，李教授认为：无糖饮料尽管卡路里含量低，但并不意味着它不会导致体重增加。因为无糖饮料可能导致人们对于甜食的高度偏爱，这意味着可能食用更多的含糖类食物。而且无糖饮料几乎没什么营养，喝得过多就限制了其他健康饮品的摄入，比如茶和果汁等。

以下哪项如果为真，最能支持李教授的观点？

(A) 茶是中国的传统饮料，长期饮用有益健康。

(B) 有些瘦子也爱喝无糖饮料。

(C) 有些胖子爱吃甜食。

(D) 不少胖子向医生报告他们常喝无糖饮料。

(E) 喝无糖饮料的人很少进行健身运动。

【解析】李教授：无糖饮料尽管卡路里含量低，但并不意味着它不会导致体重增加。

(A) 项，无关选项，题干说的是"无糖饮料"，此项说的是"茶"。

(B) 项，举反例，削弱李教授的观点。

(C) 项，不能支持，因为没有说明"有些胖子爱吃甜食"是不是由无糖饮料导致的。

(D) 项，例证法，支持李教授的观点。

(E) 项，另有他因，不是因为喝过多无糖饮料导致肥胖，而是因为他们不运动，削弱李教授的观点。

【答案】(D)

3. （2011年管理类联考真题）统计数字表明，近年来，民用航空飞机的安全性有很大提高。例如，某国2008年每飞行100万次发生恶性事故的次数为0.2次，而1989年为1.4次。从这些年的统计数字看，民用航空恶性事故发生率总体呈下降趋势。由此看出，乘飞机出行越来越安全。

以下哪项不能加强上述结论？

(A) 近年来，飞机事故中"死里逃生"的概率比以前提高了。

(B) 各大航空公司越来越注意对机组人员的安全培训。

(C) 民用航空公司的空中交通控制系统更加完善。

(D) 避免"机鸟互撞"的技术与措施日臻完善。

(E) 虽然飞机坠毁很可怕，但从统计数字上讲，驾车仍然要危险得多。

【解析】注意此题是选不能加强结论的。

题干：民用航空恶性事故发生率总体呈下降趋势 ——证明→ 乘飞机出行越来越安全。

(A)、(B)、(C)、(D) 四项均补充新论据，说明乘飞机出行越来越安全，支持题干。

(E) 项，无关选项，驾车的安全性与飞机的安全性无关。

【答案】(E)

4. （2011年管理类联考真题、2018年经济类联考真题）科学研究中使用的形式语言和日常生活中使用的自然语言有很大的不同。形式语言看起来像天书，远离大众，只有一些专业人士才能理解和运用。但其实这是一种误解，自然语言和形式语言的关系就像肉眼与显微镜的关系。肉眼的视域广阔，可以从整体上把握事物的信息；显微镜可以帮助人们看到事物的细节和精微之处，尽管用它看到的范围小。所以，形式语言和自然语言都是人们交流和理解信息的重要工具，把它们结合起来使用，具有强大的力量。

以下哪项如果为真，最能支持上述结论？

(A) 通过显微镜看到的内容可能成为新的"风景",说明形式语言可以丰富自然语言的表达,我们应重视形式语言。

(B) 正如显微镜下显示的信息最终还是要通过肉眼观察一样,形式语言表述的内容最终也要通过自然语言来实现,说明自然语言更基础。

(C) 科学理论如果仅用形式语言表达,很难被普通民众理解;同样,如果仅用自然语言表达,有可能变得冗长且很难表达准确。

(D) 科学的发展很大程度上改善了普通民众的日常生活,但人们并没有意识到科学表达的基础——形式语言的重要性。

(E) 采用哪种语言其实不重要,关键在于是否表达了真正想表达的思想内容。

【解析】题干:形式语言和自然语言都是人们交流和理解信息的重要工具 —证明→ 要将二者结合起来使用。

(A)、(D) 项,强调形式语言的重要性,与题干结论不符。

(B) 项,强调自然语言的重要性,与题干结论不符。

(C) 项,支持题干,说明应该将形式语言和自然语言结合起来使用。

(E) 项,说明两种方式的语言都不重要,与题干结论不符。

【答案】(C)

5. (2015年管理类联考真题) 某研究人员在2004年对一些12~16岁的学生进行了智商测试,测试得分为77~135分,4年之后再次测试,这些学生的智商得分为87~143分。仪器扫描显示,那些得分提高的学生,其脑部比此前呈现更多的灰质(灰质是一种神经组织,是中枢神经的重要组成部分)。这一测试表明,个体的智商变化确实存在,那些早期在学校表现并不突出的学生未来仍有可能成为佼佼者。

以下除哪项外,都能支持上述实验结论?

(A) 随着年龄的增长,青少年脑部区域的灰质通常也会增加。
(B) 有些天才少年长大后智力并不出众。
(C) 学生的非言语智力表现与他们大脑结构的变化明显相关。
(D) 部分学生早期在学校表现不突出与其智商有关。
(E) 言语智商的提高伴随着大脑左半球运动皮层灰质的增多。

【解析】论据:智商测试中得分提高的学生,其脑部比此前呈现更多的灰质。

论点:①个体的智商变化确实存在;
②那些早期在学校表现并不突出的学生未来仍有可能成为佼佼者。

(A) 项,说明青少年脑部区域的灰质通常会增加,从而证明个体的智商变化确实存在,支持题干。

(B) 项,例证法,说明个体智商存在变化,支持题干。

(C) 项,支持题干,直接说明大脑结构的变化和智力相关。

(D) 项,说明了部分学生早期在学校表现不突出与其智商有关,但未说明智商是否会产生"变化",故此项不能支持题干。

(E) 项,支持题干,直接说明灰质与智商相关。

【答案】(D)

6. (2016年管理类联考真题) 如今，电子学习机已全面进入儿童的生活。电子学习机将文字与图像、声音结合起来，既生动形象，又富有趣味性，使儿童独立阅读成为可能。但是，一些儿童教育专家却对此发出警告，电子学习机可能不利于儿童成长。他们认为，父母应该抽时间陪孩子一起阅读纸质图书。陪孩子一起阅读纸质图书，并不是简单地让孩子读书识字，而是在交流中促进其心灵的成长。

以下哪项如果为真，最能支持上述专家的观点？

(A) 电子学习机最大的问题是让父母从孩子的阅读行为中走开，减少了父母与孩子的日常交流。

(B) 接触电子产品越早，就越容易上瘾，长期使用电子学习机会形成"电子瘾"。

(C) 在使用电子学习机时，孩子往往更多关注其使用功能而非学习内容。

(D) 纸质图书有利于保护儿童视力，有利于父母引导儿童形成良好的阅读习惯。

(E) 现代生活中年轻父母工作压力较大，很少有时间能与孩子一起阅读。

【解析】专家：陪孩子一起阅读纸质图书可以在交流中促进其心灵的成长 ——证明→ 电子学习机可能不利于儿童成长，父母应该抽时间陪孩子一起阅读纸质图书。

(A) 项，电子学习机让父母从孩子的阅读行为中走开，减少了父母与孩子的日常交流，所以，电子学习机不利于儿童成长，可以支持专家的观点。

(B)、(C) 项，指出使用电子学习机的缺陷，没有谈到父母陪读与纸质图书两点，无法支持。

(D) 项，指出纸质图书有好处，但没有说明父母陪读的重要以及电子图书的缺陷，无法支持。

(E) 项，专家说父母应该抽时间陪孩子一起阅读纸质图书，该项说的是父母有没有时间，无关选项。

【答案】(A)

7. (2017年管理类联考真题) 近年来，我国海外代购业务量快速增长，代购者们通常从海外购买产品，通过各种渠道避开关税，再卖给内地顾客从中牟利，却让政府损失了税收收入。某专家由此指出，政府应该严厉打击海外代购行为。

以下哪项如果为真，最能支持上述专家的观点？

(A) 近期，有位前空乘服务员因在网上开设海外代购店而被我国地方法院判定犯有走私罪。

(B) 国内一些企业生产的同类产品与海外代购产品相比，无论质量还是价格都缺乏竞争优势。

(C) 海外代购提升了人们的生活水平，满足了国内部分民众对于高品质生活的向往。

(D) 去年，我国奢侈品海外代购规模几乎是全球奢侈品国内门店销售额的一半，这些交易大多避开了关税。

(E) 国内民众的消费需求提高是伴随我国经济发展而产生的正常现象，应以此为契机促进国内同类消费品产业的升级。

【解析】专家：海外代购让政府损失了税收收入 ——证明→ 政府应该严厉打击海外代购行为。

(A) 项，无关选项，说明政府确实在打击海外代购，但没有说明这种打击是否应该。

(B)、(C) 项，说明了海外代购快速增长的原因，但不涉及"政府损失税收收入"的问题，无关选项。

(D) 项，支持题干论据，说明了海外代购的产品避开了关税，导致政府损失了税收收入。

(E) 项，无关选项。

【答案】(D)

8. （2017年管理类联考真题）离家300米的学校不能上，却被安排到2千米外的学校就读，某市一位适龄儿童在上小学时就遭遇了所在区教育局这样的安排，而这一安排是区教育局根据儿童户籍所在施教区做出的。根据该市教育局规定的"就近入学"原则，儿童家长将区教育局告上法庭，要求撤销原来安排，让其孩子就近入学，法院对此作出一审判决，驳回原告请求。

下列哪项最可能是法院判决的合理依据？

(A)"就近入学"不是"最近入学"，不能将入学儿童户籍地和学校的直线距离作为划分施教区的唯一依据。

(B) 按照特定的地理要素划分，施教区中的每所小学不一定就处于该施教区的中心位置。

(C) 儿童入学究竟应上哪一所学校，不是让适龄儿童或其家长自主选择，而是要听从政府主管部门的行政安排。

(D)"就近入学"仅仅是一个需要遵循的总体原则，儿童具体入学安排还要根据特定的情况加以变通。

(E) 该区教育局划分施教区的行政行为符合法律规定，而原告孩子按户籍所在施教区的确需要去离家2千米外的学校就读。

【解析】题干：

①区教育局根据儿童户籍所在施教区做出决定，该儿童被安排到离家2千米外的学校就读。

②该儿童家长依据"就近入学"原则，将区教育局告上法庭。

③法院驳回了原告请求。

区教育局和家长的分歧在于，区教育局认为"就近入学"原则是指学校离"户籍所在地"近，而家长认为是离"家"近。但要注意，法院审理的依据是法律，如果确实前者才符合法律规定，则法院会驳回家长的请求。故 (E) 项正确。

(A) 项，干扰项，"不是唯一依据"也可以是"依据之一"。

(B) 项，题干不涉及"施教区的中心位置"，无关选项。

(C) 项，法院判决的合理依据只能是法律，而不是行政安排，故此项排除。

(D) 项，此项指出"儿童具体入学安排还要根据特定的情况加以变通"，但，无法由此判断题干中的情况是否在应该变通之列，故此项排除。

【答案】(E)

9. （2017年管理类联考真题）通识教育重在帮助学生掌握尽可能全面的基础知识，即帮助学生了解各个学科领域的基本常识，而人文教育则重在培育学生了解生活世界的意义，并对自己及他人行为的价值和意义作出合理的判断，形成"智识"。因此有专家指出，相比较而言，人文教育对个人未来生活的影响会更大一些。

以下哪项如果为真，最能支持上述专家的断言？

(A) 当今我国有些大学开设的通识教育课程要远远多于人文教育课程。

(B) "知识"是事实判断，"智识"是价值判断，两者不能相互替代。

(C) 没有知识就会失去应对未来生活挑战的勇气，而错误的价值观可能会误导人的生活。

(D) 关于价值和意义的判断事关个人的幸福和尊严，值得探究和思考。

(E) 没有知识，人依然可以活下去；但如果没有价值和意义的追求，人只能成为没有灵魂的躯壳。

【解析】论据：①通识教育重在帮助学生掌握尽可能全面的基础知识。

②人文教育重在培育学生了解生活世界的意义，并对自己及他人行为的价值和意义作出合理的判断，形成"智识"。

专家：人文教育对个人未来生活的影响会更大一些。

(A) 项，无关选项，哪种课程的多少与其对未来的影响无关。

(B) 项，说明了两者的不可替代性，即人文教育和通识教育都重要，削弱题干。

(C) 项，不能支持，说明了"没有知识"和"错误的价值观"产生的负面影响，但无法说明哪种对人产生的影响更大。

(D) 项，不能支持，此项指出了人文教育的重要性，但没有对人文教育与通识教育进行比较。

(E) 项，可以支持，说明了对个人来说"智识"比"知识"更重要，即人文教育比通识教育更重要。

【答案】(E)

10. (2018年管理类联考真题) 现在许多人很少在深夜11点以前安然入睡，他们未必都在熬夜用功，大多是在玩手机或看电视，其结果就是晚睡，第二天就会头昏脑胀、哈欠连天。不少人常常对此感到后悔，但一到晚上他们多半还会这么做。有专家就此指出，人们似乎从晚睡中得到了快乐，但这种快乐其实隐藏着某种烦恼。

以下哪项如果为真，最能支持上述专家的结论？

(A) 晨昏交替，生活周而复始，安然入睡是对当天生活的满足和对明天生活的期待，而晚睡者只想活在当下，活出精彩。

(B) 晚睡者具有积极的人生态度。他们认为，当天的事须当天完成，哪怕晚睡也在所不惜。

(C) 大多数习惯晚睡的人白天无精打采，但一到深夜就感觉自己精力充沛，不做点有意义的事情就觉得十分可惜。

(D) 晚睡其实是一种表面难以察觉的、对"正常生活"的抵抗，它提醒人们现在的"正常生活"存在着某种令人不满的问题。

(E) 晚睡者内心并不愿意睡得晚，也不觉得手机或电视有趣，甚至都不记得玩过或看过什么，但他们总是要在睡觉前花较长时间磨蹭。

【解析】专家：人们似乎从晚睡中得到了快乐，但这种快乐其实隐藏着某种烦恼。

(A) 项，只是表明了早睡者和晚睡者的不同，但未涉及晚睡是否有"烦恼"，不能支持专家意见。

(B)、(C) 项，说明晚睡有好处，削弱专家意见。

(D) 项，说明晚睡有"烦恼"，支持专家意见。

(E) 项，仅仅说明了人们会晚睡的原因，但其没有说明晚睡的结果如何，不能支持专家意见。

【答案】(D)

11. (**2019 年管理类联考真题**) 据碳-14 检测，卡皮瓦拉山岩画的创作时间最早可追溯到 3 万年前。在文字尚未出现的时代，岩画是人类沟通交流、传递信息、记录日常生活的主要方式。于是今天的我们可以在这些岩画中看到：一位母亲将孩子举起嬉戏，一家人在仰望并试图碰触头上的星空……动物是岩画的另一个主角，比如巨型犰狳、马鹿、螃蟹等。在许多画面中，人们手持长矛，追逐着前方的猎物。由此可以推断，此时的人类已经居于食物链的顶端。

以下哪项如果为真，最能支持上述推断？

(A) 岩画中出现的动物一般是当时人类猎捕的对象。

(B) 3 万年前，人类需要避免自己被虎、豹等大型食肉动物猎杀。

(C) 能够使用工具使得人类可以猎杀其他动物，而不是相反。

(D) 有了岩画，人类可以将生活经验保留下来供后代学习，这极大地提高了人类的生存能力。

(E) 对星空的敬畏是人类脱离动物、产生宗教的动因之一。

【解析】题干：在岩画的许多画面中，人们手持长矛，追逐着前方的猎物 —证明→ 3 万年前的人类已经居于食物链的顶端。

(A) 项，如果此项为真，能够说明人类确实可以捕杀一些动物，但无法确定人类是否居于食物链的顶端，支持力度弱。

(B) 项，削弱了人类居于食物链顶端的结论。

(C) 项，说明使用工具使得人类可以猎杀动物，而不会被动物猎杀，恰当地说明了人类居于食物链的顶端，支持力度大。

(D)、(E) 项，无关选项。

【答案】(C)

12. (**2019 年管理类联考真题**) 近年来，手机、电脑的使用导致工作与生活界限日益模糊，人们的平均睡眠时间一直在减少，熬夜已成为现代人生活的常态。科学研究表明，熬夜有损身体健康，睡眠不足不仅仅是多打几个哈欠那么简单。有科学家据此建议，人们应该遵守作息规律。

以下哪项如果为真，最能支持上述科学家所作的建议？

(A) 长期睡眠不足会导致高血压、糖尿病、肥胖症、抑郁症等多种疾病，严重时还会造成意外伤害或死亡。

(B) 缺乏睡眠会降低体内脂肪调节瘦素激素的水平，同时增加饥饿激素，容易导致暴饮暴食、体重增加。

(C) 熬夜会让人的反应变慢、认知退步、思维能力下降，还会引发情绪失控，影响与他人的交流。

(D) 所有的生命形式都需要休息与睡眠。在人类进化过程中，睡眠这个让人短暂失去自我意识、变得极其脆弱的过程并未被大自然淘汰。

(E) 睡眠是身体的自然美容师，与那些睡眠充足的人相比，睡眠不足的人看上去面容憔悴，缺乏魅力。

【解析】题干：熬夜有损身体健康 —证明→ 人们应该遵守作息规律。

（A）项，提出新论据，说明熬夜确实影响身体健康，支持力度最大。

其余各项都说明了睡眠的重要性或者熬夜的坏处，但与健康不直接相关，故支持力度小。

【答案】(A)

13. (2019年管理类联考真题) 如今，孩子写作业不仅仅是他们自己的事，大多数中小学生的家长都要面临陪孩子写作业的任务，包括给孩子听写、检查作业、签字等。据一项针对3 000余名家长进行的调查显示，84%的家长每天都会陪孩子写作业，而67%的受访家长会因陪孩子写作业而烦恼。有专家对此指出，家长陪孩子写作业，相当于充当学校老师的助理，让家庭成为课堂的延伸，会对孩子的成长产生不利影响。

以下哪项如果为真，最能支持上述专家的论断？

(A) 家长是最好的老师，家长辅导孩子获得各种知识本来就是家庭教育的应有之义，对于中低年级的孩子，学习过程中的父母陪伴尤为重要。

(B) 家长通常有自己的本职工作，有的晚上要加班，有的即使晚上回家也需要研究工作、操持家务，一般难有精力认真完成学校老师布置的"家长作业"。

(C) 家长陪孩子写作业，会使得孩子在学习中缺乏独立性和主动性，整天处于老师和家长的双重压力下，既难生发学习兴趣，更难养成独立人格。

(D) 大多数家长在孩子教育上并不是行家，他们或者早已遗忘了自己曾经学过的知识，或者根本不知道如何将自己拥有的知识传授给孩子。

(E) 家长辅导孩子，不应围绕老师布置的作业，而应着重激发孩子的学习兴趣，培养孩子良好的学习习惯，让孩子在成长中感到新奇、快乐。

【解析】专家：家长陪孩子写作业，会对孩子的成长产生不利影响。

(A) 项，此项说明家长陪孩子写作业有好处，削弱专家的论断。

(B) 项，无关选项，此项与家长陪孩子写作业是否会对孩子的成长产生不利影响无关。

(C) 项，补充论据，说明家长陪孩子写作业确实对孩子的成长产生了不利影响，支持专家的论断。

(D) 项，此项只能说明家长辅导孩子有困难，但不涉及这种辅导是否会对孩子的成长产生不利影响，故不能支持专家的论断。

(E) 项，此项给家长辅导孩子提出了建议，但不涉及这种辅导是否会对孩子的成长产生不利影响，故不能支持专家的论断。

【答案】(C)

14. (2020年管理类联考真题) 1818年前后，纽约市规定，所有买卖的鱼油都要经过检查，同时缴纳每桶25美元的检查费。一天，一名鱼油商人买了三桶鲸鱼油，打算把鲸鱼油制成蜡烛出售，鱼油检查员发现这些鲸鱼油根本没经过检查，根据鱼油法案，该商人需要接受检查并缴费，但该商人声称鲸鱼不是鱼，拒绝缴费，遂被告上法庭。陪审员最后支持了原告，判决该商人支付75美元检查费。

以下哪项如果为真，最能支持陪审员所作的判决？

（A）纽约市相关法律已经明确规定，"鱼油"包括鲸鱼油和其他鱼类的油。

（B）"鲸鱼不是鱼"和中国古代公孙龙的"白马非马"类似，两者都是违反常识的诡辩。

（C）19世纪的美国虽然有许多人认为鲸鱼是鱼，但是也有许多人认为鲸鱼不是鱼。

（D）当时多数从事科学研究的人都肯定鲸鱼不是鱼，而律师和政客持反对意见。

（E）古希腊有先哲早就把鲸鱼归类到胎生四足动物和卵生四足动物之下，比鱼类更高一级。

【解析】本题要求支持陪审员的判决，陪审员最后支持了原告，判决该商人支付75美元检查费，即要削弱商人的说法："鲸鱼不是鱼"。

（A）项，法律规定鲸鱼油是鱼油，而法律恰恰是判决的依据，故此项正确。

（B）项，从逻辑上分析"鲸鱼是鱼"，虽然有道理，但它并不是法律判决的依据，故支持力度不如（A）项。

（C）、（D）、（E）项，均为无关选项，鲸鱼是不是鱼与大家怎么认识这一问题无关。

【答案】（A）

15.（2020年管理类联考真题） 移动互联网时代，人们随时都可进行数字阅读，浏览网页、读电子书是数字阅读，刷微博、朋友圈也是数字阅读。长期以来，一直有人担忧数字阅读的碎片化、表面化，但近来有专家表示，数字阅读具有重要价值，是阅读的未来发展趋势。

以下哪项如果为真，最能支持上述专家的观点？

（A）长有长的用处，短有短的好处，不求甚解的数字阅读，也未尝不可，说不定在未来某一时刻，当初阅读的信息就会浮现出来，对自己的生活产生影响。

（B）当前人们越来越多地通过数字阅读了解热点信息，通过网络进行相互交流，但网络交流者常常伪装或者匿名，可能会提供虚假信息。

（C）有些网络读书平台能够提供精致的读书服务，他们不仅帮你选书，而且帮你读书，你只需"听"即可，但用"听"的方式去读书，效率较低。

（D）数字阅读容易挤占纸质阅读的时间，毕竟纸质阅读具有系统、全面、健康、不依赖电子设备等优点，仍将是阅读的主要方式。

（E）数字阅读便于信息筛选，阅读者能在短时间内对相关信息进行初步了解，也可以此为基础作深入了解，相关网络阅读服务平台近几年已越来越多。

【解析】专家的观点：数字阅读具有重要价值，是阅读的未来发展趋势。

（A）项，诉诸无知，"说不定"是一种猜测。

（B）项，指出数字阅读可能的危害，削弱专家的观点。

（C）项，指出有的网络平台的"听书"的缺点，削弱专家的观点。

（D）项，指出纸质阅读仍将是阅读的主要方式，而数字阅读有缺点，削弱专家的观点。

（E）项，指出数字阅读的价值及发展趋势，支持专家的观点。

【答案】（E）

16.（2021年管理类联考真题） 某高校的李教授在网上撰文指责另一高校张教授早年发表的一篇论文存在抄袭现象。张教授知晓后，立即在同一网站对李教授的指责做出反驳。

以下哪项作为张教授的反驳最为有力？

(A) 自己投稿在先发表在后，所谓论文抄袭其实是他人抄自己。
(B) 李教授的指责纯属栽赃陷害，混淆视听，破坏了大学教授的整体形象。
(C) 李教授的指责是对自己不久前批评李教授学术观点所作的打击报复。
(D) 李教授的指责可能背后有人指使，不排除受到学校不正当竞争的影响。
(E) 李教授早年的两篇论文其实也存在不同程度的抄袭现象。

【解析】李教授：张教授早年发表的一篇论文存在抄袭现象。
张教授：反驳李教授的指责。
(A) 项，补充新论据，说明张教授没有抄袭别人，反而是别人抄袭自己，故支持张教授的反驳。
其余各项均与张教授是否抄袭无关。
【答案】(A)

17. (2021年管理类联考真题) 酸奶作为一种健康食品，既营养丰富又美味可口，深受人们的喜爱。很多人饭后都不忘来杯酸奶。他们觉得，饭后喝杯酸奶能够解油腻、助消化。但近日有专家指出，饭后喝酸奶其实并不能帮助消化。

以下哪项如果为真，最能支持上述专家的观点？

(A) 人体消化需要酶和有规律的肠胃运动，酸奶中没有消化酶，饮用酸奶也不能纠正无规律的肠胃运动。
(B) 酸奶中的益生菌可以维持肠道消化系统的健康，但是这些菌群大多不耐酸，胃部的强酸环境会使其大部分失去活性。
(C) 酸奶含有一定的糖分，吃饱了饭再喝酸奶会加重肠胃负担，同时也会使身体增加额外的营养，容易导致肥胖。
(D) 足量膳食纤维和维生素B_1被人体摄入后可有效促进肠胃蠕动，进而促进食物消化。但酸奶不含膳食纤维，维生素B_1的含量也不丰富。
(E) 酸奶可以促进胃酸分泌，抑制有害菌在肠道内繁殖，有助于维持消化系统的健康，对于食物消化能起到间接帮助作用。

【解析】专家：饭后喝酸奶不能帮助消化。
(A) 项，人体消化需要酶和有规律的肠胃运动，而酸奶没有消化酶，也不能帮助肠胃运动，故而不能帮助消化，支持专家的观点。
(B) 项，说明酸奶中大部分的益生菌可能会失去活性，但是存在没有失去活性的益生菌帮助消化的可能，故不能支持专家的观点。
(C) 项，指出饭后喝酸奶对人身体有害处，但并不涉及饭后喝酸奶是否有助于消化，无关选项。
(D) 项，酸奶中的维生素B_1含量不丰富，但存在酸奶中的少量维生素B_1促进了消化的可能，故不能支持专家的观点。
(E) 项，说明酸奶能够帮助消化，削弱专家的观点。
【答案】(A)

18. (2021年管理类联考真题) 曾几何时，快速阅读进入了我们的培训课堂。培训者告诉学员，要按"之"字形浏览文章。只要精简我们看的地方，就能整体把握文本要义，从而提高阅读速度。真正的快速阅读能将阅读速度提高至少两倍，并且不影响理解。但近来有科学家指出，快速阅读实际上是不可能的。

以下哪项如果为真，最能支持上述科学家的观点？

（A）阅读是一项复杂的任务，首先需要看到一个词，然后要检索其涵义、引申义，再将其与上下文相联系。

（B）科学界始终对快速阅读持怀疑态度，那些声称能帮助人们实现快速阅读的人通常是为了谋生或赚钱。

（C）人的视力只能集中于相对较小的区域，不可能同时充分感知和阅读大范围文本，识别单词的能力限制了我们的阅读理解。

（D）个体阅读速度差异很大，那些阅读速度较快的人可能拥有较强的短时记忆或信息处理能力。

（E）大多声称能快速阅读的人实际上是在浏览，他们可能相当快地捕捉到文本的主要内容，但也会错过众多细枝末节。

【解析】培训者：快速阅读是按"之"字形浏览文章，能将阅读速度提高至少两倍，并且不影响理解。

科学家：快速阅读实际上是不可能的。

要想支持科学家的观点，实际就是反驳培训者的观点。

（A）项，说明了阅读的过程，但并不涉及快速阅读是否可行，无关选项。

（B）项，指出了培训者不中立，但是，快速阅读是否能帮助培训者谋生或赚钱，与快速阅读本身是否有效并无直接关系，比如，袁隆平通过研究杂交水稻谋生，这并不能说明杂交水稻本身有问题。

（C）项，指出人的视力只能集中于相对较小的区域，那么按"之"字形快速浏览文章，会影响理解，从而反驳了培训者的观点，支持了科学家的观点。

（D）项，说明有人拥有快速阅读能力，支持培训者的观点，反驳科学家的观点。

（E）项，指出快速阅读可能相当快地捕捉到文本的主要内容，说明快速阅读还是有效的，反驳科学家的观点。

【答案】（C）

19. **（2014年经济类联考真题）** 有则广告想让读者相信，杜尔公司生产的汽车耐用性能极佳。该广告引用如下事实作为其根据：该公司自20世纪80年代以来生产的汽车，目前有超过一半仍在正常使用，而其他任何品牌的汽车只有不到三分之一。

以下哪项如果为真，最能支持该广告的论证？

（A）考虑到通货膨胀因素，现在一辆杜尔生产的新汽车其价格仅略高于20世纪80年代其生产的新汽车。

（B）杜尔公司汽车年产量自20世纪80年代以来没有显著增加。

（C）杜尔汽车车主特别注意车辆的保养。

（D）自20世纪80年代以来，与其他公司相比，杜尔对汽车所做的改变更少。

（E）杜尔汽车近来的销售价格一直相对稳定。

【解析】题干：杜尔公司自20世纪80年代以来生产的汽车，目前有超过一半仍在正常使用，而其他任何品牌的汽车只有不到三分之一———→该汽车公司生产的汽车的耐用性能极佳。
证明

(A) 项，显然为无关选项。

(B) 项，如果杜尔公司的汽车大多是近年生产的，而其他公司的汽车大多是20世纪80年代左右生产的，则题干中的推论就不能成立了，(B) 项排除了这种可能，故支持题干。

(C) 项，另有他因，题干中现象的原因可能是车主把汽车保养得很好，而非车辆耐用性能极佳，削弱题干。

(D) 项，杜尔公司对汽车所做的改变少于其他公司，可能是因为杜尔公司的汽车本身质量就好，不能支持或削弱题干。

(E) 项，无关选项，杜尔汽车的销售价格是否相对稳定与其是否耐用性能极佳无关。

【答案】(B)

20. **(2015年经济类联考真题)** 一个密码破译员截获了一份完全由阿拉伯数字组成的敌方传递军事情报的密码，并且确悉密码中每个阿拉伯数字表示且只表示一个英文字母。

以下哪项是最无助于破译这份密码的？

(A) 知道英语中元音字母出现的频率。
(B) 知道英语中两个元音字母结合在一起出现的频率。
(C) 知道英语中绝大多数军事专用词汇。
(D) 知道密码中奇数数字相对于偶数数字的出现频率接近于英语中R相对E的出现频率。
(E) 知道密码中的数字3表示英文字母K。

【解析】根据题干信息可知，如果能获知阿拉伯数字和英文字母的对应关系，或者通过分析英语的特征得到这种对应关系，将有助于密码的破译。

(A)、(B) 项，有助于分析数字和元音字母的对应关系。

(C) 项，这是一份军事情报，知道军事专用词汇显然有助于破译密码。

(D) 项，无助于破译，如果奇数和偶数分别对应字母R和E，那么情报将仅由字母R和E组成，不会提供有价值的信息。

(E) 项，直接知道对应关系，有助于破译。

【答案】(D)

21. **(2019年经济类联考真题)** 一项对独立制作影片的消费调查表明，获得最高评价的动作片的百分比超过了获得最高评价的爱情片的百分比。但是，调查方由此得出电影主题决定了影片的受欢迎程度却很可能是错误的，因为动作片都是由那些至少拍过一部热门影片的导演执导，而爱情片都是由较新的导演制作，其中还有许多以前从未拍过电影的。

以下陈述如果为真，都将支持作者关于论证调查者错误地解释了调查数据，除了：

(A) 一个人制作出了一部热门影片，表明此人在制作影片方面的才能。
(B) 消费者对一部新电影的评价受到该电影导演以前制作影片的成功经历的影响。
(C) 动作影片一般比爱情片需要更大的预算，因而阻碍了很多新人导演拍摄此类电影。
(D) 拍摄过至少一部热门电影的导演所拍影片的受欢迎程度，极少有新人导演所拍的电影能够达到。
(E) 那些曾经拍摄过热门电影的导演普遍得到最多的制作预算，并且其随后的电影吸引了最有才华的知名演员。

【解析】题干认为：动作片都是由那些至少拍过一部热门影片的导演执导，而爱情片都是由较新的导演制作,其中还有许多以前从未拍过电影的,因此,不是电影主题决定了影片的受欢迎程度(而是导演的经验影响了影片的受欢迎程度)。

(A)项,可以支持,说明拍过热门影片的导演在制作影片方面有才能,有助于拍出受欢迎的影片,即导演的经验可能影响影片的受欢迎程度。

(B)项,可以支持,说明导演以前制作影片的成功经历会影响消费者对一部电影的评价,进而影响影片的受欢迎程度。

(C)项,削弱题干,若此项为真,则说明是由于预算的客观条件限制了新人导演不能拍摄受欢迎的动作片,而与导演的经验因素无关。

(D)项,可以支持,说明拍摄过热门电影的导演所拍摄的影片更受欢迎,即导演的经验影响影片的受欢迎程度。

(E)项,可以支持,说明拍摄过热门电影的导演得到最多的制作预算,吸引了知名演员,有助于拍出受欢迎的影片。

【答案】(C)

变化2 搭桥法

> **解题思路**
>
> 最典型的使用搭桥法的题目,有三类:
>
> (1)核心概念型。
>
> 题干的论据中有核心概念A,题干的论点中把这一概念偷换成了A′。我们就要说A和A′这两个概念是等同的,从而支持题干,即搭概念A和A′的桥。
>
> (2)论证对象型。
>
> 题干论据的论证对象是A,题干论点的论证对象是B。我们就要说这两个对象具备相关性、相似性或等同性,即搭桥。
>
> (3)论据充分型。
>
> 题干:论据A,因此,结论B。
>
> 搭桥:如果有论据A,一定有结论B,即A→B。那么有了论据A,结论B一定成立,即论据A是得出结论B的充分条件。

典型真题

22. (2011年管理类联考真题)在一次围棋比赛中,参赛选手陈华不时地挤捏指关节,发出的声响干扰了对手的思考。在比赛封盘间歇时,裁判警告陈华:如果再次在比赛中挤捏指关节并发出声响,将判其违规。对此,陈华反驳说,他挤捏指关节是习惯性动作,并不是故意的,因此,不应被判违规。

以下哪项如果成立,最能支持陈华对裁判的反驳?

(A)在此次比赛中,对手不时打开、合拢折扇,发出的声响干扰了陈华的思考。

(B)在围棋比赛中,只有选手的故意行为才能成为判罚的根据。

(C) 在此次比赛中，对手本人并没有对陈华的干扰提出抗议。
(D) 陈华一向恃才傲物，该裁判对其早有不满。
(E) 如果陈华为人诚实、从不说谎，那么他就不应该被判违规。

【解析】陈华认为：他挤捏指关节是习惯性动作，并不是故意的，因此，不应被判违规。

搭桥法：

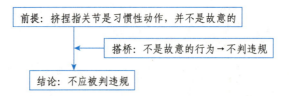

(B) 项，必要条件后推前：故意←判罚，等价于：┐故意→┐判罚，即不是故意的行为不应被判罚，建立因果，支持题干。

【答案】(B)

23. （2014年管理类联考真题）最新研究发现，恐龙腿骨化石都有一定的弯曲度，这意味着恐龙其实并没有人们想象的那么重。以前根据其腿骨为圆柱形的假定计算动物体重时，会使得计算结果比实际体重高出1.42倍。科学家由此认为，过去那种计算方式高估了恐龙腿部所能承受的最大身体重量。

以下哪项如果为真，最能支持上述科学家的观点？
(A) 恐龙腿骨所能承受的重量比之前人们所认为的要大。
(B) 恐龙身体越重，其腿部骨骼也越粗壮。
(C) 圆柱形腿骨能承受的重量比弯曲的腿骨大。
(D) 恐龙腿部的肌肉对于支撑其体重作用不大。
(E) 与陆地上的恐龙相比，翼龙的腿骨更接近圆柱形。

【解析】题干中的论据：
①恐龙腿骨化石都有一定的弯曲度，这意味着恐龙没有人们想象的那么重。
②以前根据腿骨为圆柱形的假定计算动物体重时，会使得计算结果比实际体重高出1.42倍。
题干中的结论：过去那种计算方式高估了恐龙腿部所能承受的最大身体重量。
题干比较的是"圆柱形腿骨"和"弯曲的腿骨"对计算结果产生的影响，(C) 项指出，圆柱形腿骨能承受的重量比弯曲的腿骨大，即用以前的计算方式比现在的计算方式计算出来的体重大，可以支持。本项为搭桥法，即建立不同形状的腿骨与体重的关系。

【答案】(C)

24. （2019年管理类联考真题）研究人员使用脑电图技术研究了母亲给婴儿唱童谣时两人的大脑活动，发现当母亲与婴儿对视时，双方的脑电波趋于同步，此时婴儿也会发出更多的声音尝试与母亲沟通。他们据此认为，母亲与婴儿对视有助于婴儿的学习与交流。

以下哪项如果为真，最能支持上述研究人员的观点？
(A) 在两个成年人交流时，如果他们的脑电波同步，交流就会更顺畅。
(B) 当父母与孩子互动时，双方的情绪与心率可能也会同步。

(C) 当部分学生对某学科感兴趣时,他们的脑电波会渐趋同步,学习效果也随之提升。

(D) 当母亲与婴儿对视时,他们都在发出信号,表明自己可以且愿意与对方交流。

(E) 脑电波趋于同步可优化双方的对话状态,使交流更加默契,增进彼此了解。

【解析】研究人员:母亲与婴儿对视时,双方的脑电波趋于同步且婴儿发声尝试交流 —证明→ 母亲与婴儿对视有助于婴儿的学习与交流。

搭桥法:建立起"脑电波"和"学习与交流"之间的关系,故(E)项正确。

(A)项,无关选项,题干的讨论对象是母亲与婴儿,而不是此项中的"两个成年人"。

(B)项,无关选项,题干不涉及"情绪与心率"。

(C)项,无关选项,题干的讨论对象是母亲与婴儿,而不是此项中的"学生"。

(D)项,无法确定此项中的"信号"是否与脑电波相关,故不能支持题干。

【答案】(E)

25. (2019年管理类联考真题)《淮南子·齐俗训》中有曰:"今屠牛而烹其肉,或以为酸,或以为甘,煎熬燎炙,齐味万方,其本一牛之体。"其中的"熬"便是熬牛肉制汤的意思。这是考证牛肉汤做法的最早的文献资料。某民俗专家由此推测,牛肉汤的起源不会晚于春秋战国时期。

以下哪项如果为真,最能支持上述推测?

(A)《淮南子·齐俗训》完成于西汉时期。

(B) 早在春秋战国时期,我国已经开始使用耕牛。

(C)《淮南子》的作者中有来自齐国故地的人。

(D) 春秋战国时期我国已有熬汤的鼎器。

(E)《淮南子·齐俗训》记述的是春秋战国时期齐国的风俗习惯。

【解析】题干:《淮南子·齐俗训》是考证牛肉汤做法的最早的文献资料 —证明→ 牛肉汤的起源不会晚于春秋战国时期。

(E)项,搭桥法,建立"《淮南子·齐俗训》"和"春秋战国时期"之间的关系,支持题干。

(A)项,指出《淮南子·齐俗训》完成于西汉时期,西汉时期晚于春秋战国时期,故牛肉汤的起源可能晚于春秋战国时期,不能支持题干。

其余各项均为无关选项。

【答案】(E)

26. (2020年管理类联考真题)披毛犀化石多分布在欧亚大陆北部,我国东北平原、华北平原、西藏等地也偶有发现。披毛犀有一种独特的构造——鼻中隔,简单地说就是鼻子中间的骨头。研究发现,西藏披毛犀化石的鼻中隔只是一块不完全的硬骨,早先在亚洲北部、西伯利亚等地发现的披毛犀化石的鼻中隔要比西藏披毛犀的"完全",这说明西藏披毛犀具有更原始的形态。

以下哪项如果为真,最能支持以上论述?

(A) 一个物种不可能有两个起源地。

(B) 西藏披毛犀化石是目前已知最早的披毛犀化石。

(C) 为了在冰雪环境中生存,披毛犀的鼻中隔经历了由软到硬的进化过程,并最终形成一块完整的骨头。

(D) 冬季的青藏高原犹如冰期动物的"训练基地",披毛犀在这里受到耐寒训练。

(E) 随着冰期的到来,有了适应寒冷能力的西藏披毛犀走出西藏,往北迁徙。

【解析】题干:①西藏披毛犀化石的鼻中隔只是一块不完全的硬骨;②早先在亚洲北部、西伯利亚等地发现的披毛犀化石的鼻中隔要比西藏披毛犀的"完全" —证明→ 西藏披毛犀具有更原始的形态。

(A) 项,无关选项,题干讨论的不是"起源地"。

(B) 项,无关选项,题干讨论的是披毛犀化石的鼻中隔与披毛犀的原始形态的关系,而此项仅涉及披毛犀化石的早晚。

(C) 项,搭桥法,建立题干论据中"鼻中隔"与论点中"更原始"的关系。说明披毛犀的鼻中隔的形成是从不完全到完全的过程,那么鼻中隔形成不完全,则披毛犀的形态更原始,支持题干。

(D) 项,无关选项。

(E) 项,无关选项,西藏披毛犀走出西藏,往北迁徙,不能证明它们是"亚洲北部、西伯利亚等地发现的披毛犀"的祖先或者比后者的形态更原始。

【答案】(C)

27.(**2020年管理类联考真题**)尽管近年来我国引进不少人才,但真正顶尖的领军人才还是凤毛麟角。就全球而言,人才特别是高层次人才紧缺已呈常态化、长期化趋势。某专家由此认为,未来10年,美国、加拿大、德国等主要发达国家对高层次人才的争夺将进一步加剧,而发展中国家的高层次人才紧缺状况更甚于发达国家。因此,我国高层次人才引进工作急需进一步加强。

以下哪项如果为真,最能加强上述专家的论证?

(A) 我国理工科高层次人才紧缺程度更甚于文科。

(B) 发展中国家的一般性人才不比发达国家少。

(C) 我国仍然是发展中国家。

(D) 人才是衡量一个国家综合国力的重要指标。

(E) 我国近年来引进的领军人才数量不及美国等发达国家。

【解析】专家:未来10年,美国、加拿大、德国等主要发达国家对高层次人才的争夺将进一步加剧,而"发展中国家"的高层次人才紧缺状况更甚于发达国家 —证明→ "我国"高层次人才引进工作急需进一步加强。

显然需要将论据中"发展中国家"和结论中"我国"进行搭桥,故(C)项正确。

(A) 项,无关选项,出现了与题干无关的新比较。

(B) 项,无关选项,题干论述的是"高层次人才"而不是"一般性人才"。

(D) 项,无关选项,题干讨论的是高层次人才的缺乏情况,而不是人才的重要性。

(E) 项,干扰项,题干讨论的是"未来10年"的情况,此项说明的是"近年来"的情况。

【答案】(C)

28.(**2021年管理类联考真题**)哲学是关于世界观、方法论的学问。哲学的基本问题是思维和存在的关系问题,它是在总结各门具体科学知识的基础上形成的,并不是一门具体科学。因此,经验的个案不能反驳它。

以下哪项如果为真,最能支持以上论述?

(A) 哲学并不能推演出经验的个案。

(B) 任何科学都要接受经验的检验。

(C) 具体科学不研究思维和存在的关系问题。
(D) 经验的个案只能反驳具体科学。
(E) 哲学可以对具体科学提供指导。

【解析】题干：哲学是在总结各门具体科学知识基础上形成的，并不是一门具体科学。因此，经验的个案不能反驳它。

搭桥法：不是具体科学→经验的个案不能反驳，等价于：经验的个案能反驳→是具体科学。

故（D）项最能支持题干。

【答案】(D)

29. （2021年管理类联考真题）今天的教育质量将决定明天的经济实力。PISA 是经济合作与发展组织每隔三年对 15 岁学生的阅读、数学和科学能力进行的一项测试。根据 2019 年最新测试结果，中国学生的总体表现远超其他国家学生。有专家认为，该结果意味着中国有一支优秀的后备力量以保障未来经济的发展。

以下哪项如果为真，最能支持上述专家的论证？

(A) 这次 PISA 测试的评估重点是阅读能力，能很好地反映学生的受教育质量。
(B) 未来经济发展的核心驱动力是创新，中国教育非常重视学生创新能力的培养。
(C) 在其他国际智力测试中，亚洲学生总体成绩最好，而中国学生又是亚洲最好的。
(D) 中国学生在 15 岁时各项能力尚处于上升期，他们未来会有更出色的表现。
(E) 中国学生在阅读、数学和科学三项排名中均位列第一。

【解析】题干：今天的教育质量将决定明天的经济实力（论据①）。PISA 是经济合作与发展组织每隔三年对 15 岁学生的阅读、数学和科学能力进行的一项测试（背景介绍）。根据 2019 年最新测试结果，中国学生的总体表现远超其他国家学生（论据②）。有专家认为，该结果意味着中国有一支优秀的后备力量以保障未来经济的发展（论点）。

(A) 项，此项说明 PISA 测试中的结果能够反映"教育质量"，结合题干论据①知，"教育质量"决定未来的"经济实力"，那就可以得出题干中的结论（搭桥法），支持专家的论证。

(B) 项，与 PISA 测试无关。

(C) 项，"其他国际智力测试"与 PISA 测试无关。

(D) 项，此项解释了中国的 15 岁的学生在未来会有更出色的表现，但这种"未来更出色的表现"与"经济发展"的关系并不明确，因此支持力度不如（A）项。

(E) 项，仅仅重复了题干论据②，但无法说明这对未来经济发展的影响，故不能很好地支持专家的论证。

【答案】(A)

30. （2021年管理类联考真题）水产品的脂肪含量相对较低，而且含有较多不饱和脂肪酸，对预防血脂异常和心血管疾病有一定作用；禽肉的脂肪含量也比较低，脂肪酸组成优于畜肉；畜肉中的瘦肉脂肪含量低于肥肉，瘦肉优于肥肉。因此，在肉类的选择上，应该优先选择水产品，其次是禽肉，这样对身体更健康。

以下哪项如果为真，最能支持以上论述？

(A) 所有人都有罹患心血管疾病的风险。
(B) 肉类脂肪含量越低对人体越健康。
(C) 人们认为根据自己的喜好选择肉类更有益于健康。

(D) 人们须摄入适量的动物脂肪才能满足身体的需要。
(E) 脂肪含量越低，不饱和脂肪酸含量越高。

【解析】题干：①水产品的脂肪含量相对较低，而且含有较多不饱和脂肪酸，对预防血脂异常和心血管疾病有一定作用；②禽肉的脂肪含量也比较低，脂肪酸组成优于畜肉；③畜肉中的瘦肉脂肪含量低于肥肉，瘦肉优于肥肉 —证明→ 在肉类的选择上，应该优先选择水产品，其次是禽肉，这样对身体更健康。

(A) 项，无关选项。
(B) 项，搭桥法，将题干论据中的"脂肪含量低"和论点中"健康"联系起来，支持题干。
(C) 项，无关选项，题干不涉及"喜好"。
(D) 项，说明人们需要摄入适量的动物脂肪，那么就可能得出与题干相反的结论，即不必选择脂肪低的水产品和禽肉，削弱题干。
(E) 项，题干不涉及脂肪含量与不饱和脂肪酸含量之间的关系，无关选项。

【答案】(B)

31. **(2015年经济类联考真题)** 甲：今天早上我在开车上班的途中，被一个警察拦住，他给我开了超速处罚单。当时在我周围有许多其他的车开得和我的车一样快，所以很明显那个警察不公正地对待我。

乙：你没有被不公正地对待。因为很明显那个警察不能拦住所有超速的司机。在那个时间、那个地点所有超速的人被拦住的可能性都是一样的。

下面哪一条原则如果正确，会最有助于证明乙的立场是合理的？

(A) 如果在某一特定场合，所有那些违反同一交通规则的人因违反它而受到惩罚的可能性都是一样的，那么这些人中不管是谁那时受到了惩罚，法律对他来说都是公平的。
(B) 隶属于交通法的处罚不应该作为对违法的惩罚，而应作为对危险驾车的威慑而存在。
(C) 隶属于交通法的处罚应对所有违反那些法律的人实施惩罚，并且仅对那些人实施。
(D) 根本不实施交通法要比仅在它适用的人中的一些人身上实施更公平一些。
(E) 在实施交通法时，公平不是靠所有的违法者都有相同的被惩罚概率来保证，而是靠以相同程度的力度处罚所有已知的违法者来担保。

【解析】乙：在那个时间、那个地点所有超速的人被拦住的可能性都是一样的 —证明→ 甲没有被不公正地对待。

搭桥法：可能性一样→公正，故(A)项正确。

其余各项均为无关选项。

【答案】(A)

32. **(2017年经济类联考真题)** S这个国家的自杀率近年来增长非常明显，这一点有以下事实为证：自从几种非处方安眠药被批准投入市场，仅由过量服用这些药物导致的死亡率几乎翻了一倍。然而，在此期间，一些特定类别的自杀并没有增加。虽然老年人自杀人数增长了70%，但是青少年的自杀人数只占这个国家全部自杀人数的30%，这比1995年——那时青少年自杀人数占这个国家全部自杀人数的65%——有显著下降。

以下哪项如果为真，将最有力地支持S国自杀率处于上升状态？

(A) 服用过量安眠药的人中老年人最多。

(B) 服用过量安眠药在十年前不是最普遍的自杀方式。
(C) 近年来S国的自然死亡人数在下降。
(D) 在因服用过量非处方安眠药而死亡的人中，大多数并非意外。
(E) S国的自杀率高于世界平均自杀率。

【解析】题干：自从几种非处方安眠药被批准投入市场，仅由过量服用这些药物导致的死亡率几乎翻了一倍 ——证明→ S国自杀率处于上升状态。

(A) 项，服用过量安眠药不代表就会"死亡"，无关选项。

(B) 项，"十年前"的情况与"近年来"的情况无关，无关选项。

(C) 项，题干涉及的是"自杀"，而此项是"自然死亡"，无关选项。

(D) 项，过量服用药物导致的死亡或者是意外死亡，或者是自杀，此项排除意外死亡，则肯定了自杀。即搭建题干中"过量服用这些药物导致的死亡率"与"自杀率"的关系，支持题干。

(E) 项，题干不涉及S国与世界其他国家的比较，无关选项。

【答案】(D)

变化3　归纳论证的支持

> **解题思路**
> ① 样本具有代表性。
> ② 调查机构中立。

33. 当前的大学教育在传授基本技能上是失败的。有人对若干大公司人事部门负责人进行了一次调查，发现很大一部分新上岗的工作人员都没有很好地掌握基本的写作、数量和逻辑技能。

以下哪项如果为真，最能支持以上论证？

(A) 有的大学生没有选修基本技能方面的课程。
(B) 新上岗人员中极少有大学生。
(C) 写作、数量、逻辑方面的基本技能对胜任工作很重要。
(D) 大公司的新上岗人员基本代表了当前大学毕业生的水平。
(E) 过去的大学生比现在的大学生接受了更多的基本技能教育。

【解析】题干：若干大公司中很大一部分新上岗的工作人员都没有很好地掌握写作、数量和逻辑技能 ——证明→ 大学技能教育失败。

(A) 项，支持题干，但"有的"是弱化词，支持力度较小。

(B) 项，削弱题干。

(C) 项，无关选项，题干讨论的是新上岗人员是否具有这些技能，没有讨论这些技能的重要性。

(D) 项，说明样本具有代表性，支持题干。

(E) 项，无关选项，题干不存在过去的大学生和现在的大学生之间的比较。

【答案】(D)

变化4 类比论证的支持

解题思路

类比对象本质上相似，可以进行类比。

典型真题

34.（2011年管理类联考真题）抚仙湖虫是泥盆纪澄江动物群中的一种，属于真节肢动物中比较原始的类型，成虫体长10厘米，有31个体节，外骨骼分为头、胸、腹三部分，它的背、腹分节数目不一致。泥盆纪直虾是现代昆虫的祖先，抚仙湖虫化石与直虾类化石类似，这间接表明了抚仙湖虫是昆虫的远祖。研究者还发现，抚仙湖虫的消化道充满泥沙，这表明它是食泥的动物。

以下除哪项外，均能支持上述论证？

（A）昆虫的远祖也有不是食泥的生物。
（B）泥盆纪直虾的外骨骼分为头、胸、腹三部分。
（C）凡是与泥盆纪直虾类似的生物都是昆虫的远祖。
（D）昆虫是由真节肢动物中比较原始的生物进化而来的。
（E）抚仙湖虫消化道中的泥沙不是在化石形成过程中由外界渗透进去的。

【解析】题干：

①抚仙湖虫是真节肢动物中比较原始的类型；抚仙湖虫外骨骼分为头、胸、腹三部分。

②类比论证：抚仙湖虫化石与直虾类化石类似 —证明→ 抚仙湖虫是昆虫的远祖。

③执果索因：抚仙湖虫的消化道充满泥沙 —证明→ 抚仙湖虫是食泥的动物。

（A）项，不能支持，因为由"有的不是食泥的生物"无法判断"有的是食泥的生物"的真假。

（B）项，支持论证②，补充论据，说明泥盆纪直虾和抚仙湖虫类似。

（C）项，支持论证②，与②构成三段论："与泥盆纪直虾类似的生物→昆虫的远祖"，所以"抚仙湖虫与泥盆纪直虾类似→抚仙湖虫是昆虫的远祖"。

（D）项，支持论证②，由此项知，昆虫是由真节肢动物中比较原始的生物进化而来的，再由①知，昆虫可能是由抚仙湖虫进化而来的。

（E）项，排除他因，支持论证③。

【答案】（A）

题型 20　论证的假设

命题概率

199 管理类联考近 10 年真题命题数量 7 道，平均每年 0.7 道。
396 经济类联考近 10 年真题命题数量 19 道，平均每年 1.9 道。

母题变化

◆ 变化 1　论证的假设：搭桥法

解题思路

搭桥法（1）：

题干：论据 A ——证明——→ 结论 B。

指出论据是结论的充分条件，即只要有论据 A，一定有结论 B，即可使题干成立。形式化为："A→B"。就像是在论据和结论之间搭了一个桥，所以称为搭桥法。

搭桥法（2）：

题干论据中的概念和结论中的概念出现了不一致或者明显的跳跃，只需表明这两个概念的一致性，即可使题干的论证成立。就像是在两个概念之间搭了一个桥，所以称为搭桥法。

典型真题

1.（2009 年管理类联考真题、2018 年经济类联考真题）因为照片的影像是通过光线与胶片的接触形成的，所以每张照片都具有一定的真实性。但是，从不同角度拍摄的照片总是反映了物体某个侧面的真实，而不是全部的真实。在这个意义上，照片又是不真实的。因此，在目前的技术条件下，以照片作为证据是不恰当的，特别是在法庭上。

以下哪项是上述论证所假设的？

(A) 不完全反映全部真实的东西不能成为恰当的证据。

(B) 全部的真实性是不可把握的。

(C) 目前的法庭审理都把照片作为重要物证。

(D) 如果从不同角度拍摄一个物体，就可以把握它的全部真实性。

(E) 法庭具有判定任一证据真伪的能力。

【解析】题干：从不同角度拍摄的照片总是反映了物体某个侧面的真实，而不是全部的真实。在这个意义上，照片又是不真实的———证明——→以照片作为证据是不恰当的，特别是在法庭上。

(A) 项，搭桥法，将论据中"照片不能反映全部的真实"与论点中"以照片作为证据不恰当"联系起来，必须假设。

(B) 项，不必假设，题干没有说明全部的真实性是否可以把握。

(C) 项，不必假设，题干论点指出在法庭上以照片作为证据不恰当，未说明目前法庭是否以照片作为证据。

(D) 项，不必假设，题干不涉及如何把握物体的全部真实性。

(E) 项，不必假设，题干不涉及法庭是否具有判定证据真伪的能力。

【答案】(A)

2. (2009年管理类联考真题) 张珊：不同于"刀""枪""剑""戟"，"之""乎""者""也"这些字无确定所指。

李思：我同意。因为"之""乎""者""也"这些字无意义。因此，应当在现代汉语中废止。

以下哪项最有可能是李思认为张珊的断定所蕴含的意思？

(A) 除非一个字无意义，否则一定有确定所指。
(B) 如果一个字有确定所指，则它一定有意义。
(C) 如果一个字无确定所指，则应当在现代汉语中废止。
(D) 只有无确定所指的字，才应当在现代汉语中废止。
(E) 大多数字都有确定所指。

【解析】张珊认为："之""乎""者""也"这些字无确定所指。

李思认为："之""乎""者""也"这些字无意义，因此，这些字应该废止。

题干问的是"李思认为张珊的断定所蕴含的意思"，所以要建立张珊的断定和李思的论据的关系，即建立"无确定所指"与"无意义"的关系，故必须有：如果一个字无确定所指，则这个字无意义，即：无确定所指→无意义。

(A) 项，根据口诀"去'除'去'否'，箭头右划"，得：┐一个字无意义→有确定所指，等价于：无确定所指→无意义，正确。

注意：
(1) 此题不选 (C) 项，因为"废止"是李思新提出的观点。
(2) 如果此题的问题改为"李思的断定所蕴含的意思"，则是"无意义→应该废止"。

【答案】(A)

3. (2010年管理类联考真题) 有位美国学者做了一个实验，给被试儿童看了三幅图画：鸡、牛、青草，然后让儿童将其分为两类。结果大部分中国儿童把牛和青草归为一类，把鸡归为另一类；大部分美国儿童则把牛和鸡归为一类，把青草归为另一类。这位美国学者由此得出：中国儿童习惯于按照事物之间的关系来分类，美国儿童则习惯于把事物按照各自所属的"实体"范畴进行分类。

以下哪项是这位学者得出结论所必须假设的？

(A) 马和青草是按照事物之间的关系被归为一类。
(B) 鸭和鸡蛋是按照各自所属的"实体"范畴被归为一类。
(C) 美国儿童只要把牛和鸡归为一类，就是习惯于按照各自所属"实体"范畴进行分类。
(D) 美国儿童只要把牛和鸡归为一类，就不是习惯于按照事物之间的关系来分类。
(E) 中国儿童只要把牛和青草归为一类，就不是习惯于按照各自所属"实体"范畴进行分类。

【解析】美国学者：

①中国儿童把牛和青草归为一类，把鸡归为另一类 —证明→ 中国儿童习惯于按照事物之间的关系来分类。

②美国儿童则把牛和鸡归为一类，把青草归为另一类 —证明→ 美国儿童则习惯于把事物按照各自所属的"实体"范畴进行分类。

(C)项是②的假设，搭桥法，否则，若美国儿童把牛和鸡归为一类，不是按照各自所属"实体"范畴进行分类，则推翻了题干中的结论（取非法）。故(C)项正确。

【答案】(C)

4.（2011年管理类联考真题）某公司总裁曾经说过："当前任总裁批评我时，我不喜欢那感觉，因此，我不会批评我的继任者。"

以下哪项最有可能是该总裁上述言论的假设？

(A) 当遇到该总裁的批评时，他的继任者和他的感觉不完全一致。
(B) 只有该总裁的继任者喜欢被批评的感觉，他才会批评继任者。
(C) 如果该总裁喜欢被批评，那么前任总裁的批评也不例外。
(D) 该总裁不喜欢批评他的继任者，但喜欢批评其他人。
(E) 该总裁不喜欢被前任总裁批评，但喜欢被其他人批评。

【解析】总裁：我不喜欢被前任总裁批评的感觉 —导致→ 我不会批评我的继任者。

需要补充的假设为：不喜欢→不批评。

(B)项，只有该总裁的继任者喜欢被批评的感觉，他才会批评继任者，符号化：喜欢←批评＝不喜欢→不批评，是正确的假设。

【答案】(B)

5.（2013年管理类联考真题）新近一项研究发现，海水颜色能够让飓风改变方向，也就是说，如果海水变色，飓风的移动路径也会变向。这也就意味着科学家可以根据海水的"脸色"判断哪些地区将被飓风袭击、哪些地区会幸免于难。值得关注的是，全球气候变暖可能已经让海水变色。

以下哪项最可能是科学家作出判断所依赖的前提？
(A) 海水温度变化会导致海水改变颜色。
(B) 海水颜色与飓风移动路径之间存在某种相对确定的联系。
(C) 海水温度升高会导致生成的飓风数量增加。
(D) 海水温度变化与海水颜色变化之间的联系尚不明朗。
(E) 全球气候变暖是最近几年飓风频发的重要原因之一。

【解析】题干：如果海水变色，飓风的移动路径也会变向 —证明→ 可以根据海水的"脸色"判断哪些地区将被飓风袭击，哪些地区会幸免于难。

(B)项，必须假设，搭桥法，即指出海水变色和飓风移动之间因果相关；否则，若海水的颜色与飓风的移动路径之间没有确定关系，则无法根据海水的颜色预测飓风的移动路径（取非法）。

（A）、（C）、（D）、（E）项，无关选项，因为题干中的结论是"海水变色"与"移动路径"的关系，不是"海水变色"与"海水温度"、"飓风数量"与"海水温度"的关系；注意题干最后一句的"全球变暖"是干扰信息，与题干结论无关。

【答案】（B）

6. （2014年管理类联考真题）长期以来，人们认为地球是已知唯一能支持生命存在的星球，不过这一情况开始出现改观。科学家近期指出，在其他恒星周围，可能还存在着更加宜居的行星，他们尝试用崭新的方法开展地外生命搜索，即搜寻放射性元素钍和铀。行星内部含有这些元素越多，其内部温度就会越高，这在一定程度上有助于行星的板块运动，而板块运动有助于维系行星表面的水体，因此，板块运动可被视为行星存在宜居环境的标志之一。

以下哪项最可能是科学家的假设？
（A）行星如能维系水体，就可能存在生命。
（B）行星板块运动都是由放射性元素钍和铀驱动的。
（C）行星内部温度越高，越有助于它的板块运动。
（D）没有水的行星也可能存在生命。
（E）虽然尚未证实，但地外生命一定存在。

【解析】题干：

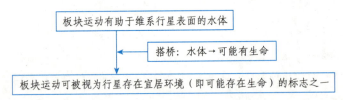

显然，前提是"<u>水体</u>"，结论是"<u>存在宜居环境（即可能有生命）</u>"，搭桥建立二者的因果联系即可，故（A）项必须假设。

【答案】（A）

7. （2017年管理类联考真题）婴儿通过触碰物体、四处玩耍和观察成人的行为等方式来学习，但机器人通常只能按照编定的程序进行学习。于是，有些科学家试图研制学习方式更接近于婴儿的机器人。他们认为，既然婴儿是地球上最有效率的学习者，为什么不设计出能像婴儿那样不费力气就能学习的机器人呢？

以下哪项最可能是上述科学家观点的假设？
（A）婴儿的学习能力是天生的，他们的大脑与其他动物幼崽不同。
（B）通过触碰、玩耍和观察等方式来学习是地球上最有效率的学习方式。
（C）即使是最好的机器人，它们的学习能力也无法超过最差的婴儿学习者。
（D）如果机器人能像婴儿那样学习，它们的智能就有可能超过人类。
（E）成年人和现有的机器人都不能像婴儿那样毫不费力地学习。

【解析】论据：婴儿通过触碰物体、四处玩耍和观察成人的行为等方式来学习，但机器人通常只能按照编定的程序进行学习。

科学家：既然婴儿是地球上最有效率的学习者，那么，应该设计出能像婴儿那样不费力气就能学习的机器人。

（A）项，无关选项，题干没有涉及婴儿的大脑和其他动物幼崽的比较。

（B）项，搭桥法，建立"婴儿的学习方式"与"最有效率"之间的联系，必须假设。

（C）项，无关选项，题干没有对最好的机器人与最差的婴儿学习者的学习能力进行对比。

（D）项，无关选项，此项属于推理过度。

（E）项，不必假设，不排除有个别的成年人可能像婴儿那样毫不费力地学习。

【答案】(B)

8. **（2019年管理类联考真题）** 人们一直在争论猫与狗谁更聪明。最近，有些科学家不仅研究了动物脑容量的大小，还研究了其大脑皮层神经细胞的数量，发现猫平常似乎总摆出一副智力占优的神态，但猫的大脑皮层神经细胞的数量只有普通金毛犬的一半。由此，他们得出结论：狗比猫更聪明。

以下哪项最可能是上述科学家得出结论的假设？

（A）狗善于与人类合作，可以充当导盲犬、陪护犬、搜救犬、警犬等，就对人类的贡献而言，狗能做的似乎比猫多。

（B）狗可能继承了狼结群捕猎的特点，为了互相配合，它们需要做出一些复杂行为。

（C）动物大脑皮层神经细胞的数量与动物的聪明程度呈正相关。

（D）猫的脑神经细胞数量比狗少，是因为猫不像狗那样"爱交际"。

（E）棕熊的脑容量是金毛犬的3倍，但其脑神经细胞的数量却少于金毛犬，与猫很接近，而棕熊的脑容量却是猫的10倍。

【解析】科学家：猫的大脑皮层神经细胞的数量只有普通金毛犬的一半 ——证明→ 狗比猫更聪明。

为使论证成立，必须假设大脑皮层神经细胞的数量和聪明程度相关（搭桥法），故（C）项正确。

其余各项均不必假设。

【答案】(C)

9. **（2020年管理类联考真题）** 黄土高原以前植被丰富，长满大树，而现在千沟万壑，不见树木，这是植被遭破坏后水流冲刷大地造成的惨痛结果。有专家进一步分析认为，现在黄土高原不长植物，是因为这里的黄土其实都是生土。

以下哪项最有可能是上述专家推断的假设？

（A）生土不长庄稼，只有通过土壤改造等手段才适宜种植粮食作物。

（B）因缺少应有的投入，生土无人愿意耕种，无人耕种的土地瘠薄。

（C）生土是水土流失造成的恶果，缺乏植物生长所需要的营养成分。

（D）东北的黑土地中含有较厚的腐殖层，这种腐殖层适合植物的生长。

（E）植物的生长依赖熟土，而熟土的存续依赖人类对植被的保护。

【解析】专家：黄土高原不见树木，是"水土流失的结果"；有专家进一步分析认为，现在黄土高原不长植物，是因为这里的黄土是"生土"。

（A）项，无关选项，引入新内容"土壤改造"。

(B) 项，无关选项，引入新内容"投入"。

(C) 项，搭桥法，建立"水土流失"和"生土"的联系，必须假设。

(D) 项，无关选项，引入新内容"东北的黑土地"。题干讨论的对象是黄土高原，而不是东北。

(E) 项，无关选项，引入新内容"熟土的存续"。

【答案】(C)

10. (2013年经济类联考真题) 小李："人类没有外星人来访地球的文字记录，所以外星人没有来访过地球。"

小李的推理基于以下哪项假设？

(A) 如果外星人来访过地球，则人类会有外星人来访地球的文字记录。

(B) 如果外星人没有来访过地球，则人类没有外星人来访地球的文字记录。

(C) 如果人类有外星人来访地球的文字记录，则外星人来访过地球。

(D) 如果人类没有外星人来访地球的文字记录，则外星人来访过地球。

(E) 即使人类没有外星人来访地球的文字记录，外星人也可能来访过地球。

【解析】小李：人类没有外星人来访地球的文字记录 —证明→ 外星人没有来访过地球。

搭桥法：人类没有外星人来访地球的文字记录 → 外星人没有来访过地球。

逆否得：外星人来访过地球 → 人类有外星人来访地球的文字记录。

故(A)项正确。

【答案】(A)

11. (2014年经济类联考真题) 由微小硅片构成的电脑芯片通常包含数百万的电子开关，电子开关是如此小以至于它无法抵抗辐射，微力学有望开发一种芯片，它可以免受辐射损害。因为它仅使用精微机械开关，但这种开关比电子开关的开关速度慢，而且一个芯片只包含12 000个开关。基于上述关于微力学芯片的优势，人们预测未来会有一个较大的这种芯片的市场。

上述预测要求以下每一项为真，除了：

(A) 有些情况下使用电脑芯片，电子开关快慢不是关键。

(B) 在仅包含的12 000个开关的电子芯片中，这些开关比微力学芯片中的开关更易受辐射损害。

(C) 有些场合需使用计算机芯片，而且要芯片一定能经受住强烈辐射。

(D) 有些使用计算机芯片的装置含有其他元件，元件暴露于辐射后仍可正常工作。

(E) 当有必要时，制造商能保护电子芯片免于暴露在强辐射下。

【解析】微力学芯片的优劣势：①可以免受辐射损害；②使用的精微机械开关，比电子开关的开关速度慢；③一个芯片只包含12 000个开关 —预测→ 微力学芯片在未来会有一个较大的市场。

(A) 项，必须假设，否则微力学芯片使用的精微机械开关比电子开关的开关速度慢会成为其劣势，那么微力学芯片就无法打开市场。

(B) 项，必须假设，否则微力学芯片的防辐射优势就不存在。

(C) 项，必须假设，否则微力学芯片的防辐射功能就没有意义。

（D）项，必须假设，否则，即使微力学芯片暴露于辐射后还能工作，但其余装置无法工作了，那么防辐射芯片就没有意义。

（E）项，不必假设，若制造商能保护电子芯片免于暴露在强辐射下，那么就不需要防辐射的精微机械开关了，微力学芯片的防辐射优势就没有意义了，故此项削弱了题干。

【答案】（E）

12. （2014年经济类联考真题）希望自己撰写的书评获得著名的"宝言教育学评论奖"提名的教育学家，他们所投稿件不应评论超过三本著作。这是因为，如果一篇书评太长，阅读起来过于费力，那它肯定不会被《宝言教育学评论》的编辑选中发表。在该期刊投稿指南中，编辑明确写道：每次讨论涉及超过三本书的书评都将被视为太长，阅读费力。

以下哪项表达了上述论证所依赖的一个假设？

（A）讨论涉及著作最多的书评毕竟是最长的读起来最费力的。

（B）如果一篇书评在《宝言教育学评论》发表了，则它将获得著名的"宝言教育学评论奖"。

（C）所有发表在《宝言教育学评论》上的文章必定被编辑限制在一定的篇幅以内。

（D）相比讨论两本书的书评，《宝言教育学评论》的编辑通常更喜欢涉及一本书的书评。

（E）书评想要获得"宝言教育学评论奖"提名，就必须发表在《宝言教育学评论》上。

【解析】题干：①如果一篇书评太长，阅读起来过于费力，那它肯定不会在《宝言教育学评论》发表。②该期刊编辑明确表示，每次讨论涉及超过三本书的书评都将被视为太长，阅读费力 —证明→ 希望自己撰写的书评获得著名的"宝言教育学评论奖"提名的教育学家，他们所投稿件不应评论超过三本著作。

由①、②可得：每次讨论涉及超过三本书的书评不会被《宝言教育学评论》"发表"，而结论涉及则是能否"获得著名的'宝言教育学评论奖'提名"。因此应使用搭桥法，建立"发表"和"提名"的联系，故（E）项必须假设。

其余各项均不必假设。

【答案】（E）

13. （2014年经济类联考真题）近年来许多橱柜制造商赢得了比肩艺术家的美誉，但是，既然家具一定要有使用价值，橱柜制造商的技艺必须更关注产品的实际功用。由此，制造橱柜并非艺术。

以下哪项是有助于从上述理由推出其结论的假设？

（A）一些家具被陈列在博物馆里，从未被人使用。

（B）一个橱柜制造商比其他人更关心其产品的实际功用。

（C）橱柜制造商应当比目前更加关心其产品的实际功用。

（D）如果一件物品的制造者关注它的实际功用，那它就不是一件艺术品。

（E）艺术家不关心其产品的市场价格。

【解析】题干：橱柜制造商必须更关注产品的实际功用，家具需要具有使用价值 —证明→ 制造橱柜并非艺术。

（D）项，搭桥法，形成三段论推理：橱柜制造→实际功用，实际功用→不是艺术。因此，橱柜制造→不是艺术。故（D）项必须假设。

其余各项均不必假设。

【答案】（D）

14.（2014年、2017年经济类联考真题）科西嘉岛野生欧洲盘羊是8 000年前这个岛上的驯养羊逃到野外后的直系后代。因而它们为考古学家提供了在人为选择培育产生现代驯养羊之前早期驯养羊的模样的图画。

以下哪项是上述论证所依赖的假设？

（A）8 000年前的驯养羊与那时的野生羊极不相像。

（B）现存的羊中已经没有品种与野生欧洲盘羊的祖先在相同时期逃离驯养。

（C）现代驯养羊是8 000年前野生羊的直系后代。

（D）欧洲盘羊比现代驯养羊更像它们8 000年前的祖先。

（E）科西嘉岛的气候在最近8 000年几乎没有发生变化。

【解析】题干：野生欧洲盘羊是8 000年前驯养羊的直系后代 —证明→ 它们为考古学家提供了在人为选择培育产生现代驯养羊之前早期驯养羊的模样的图画。

（D）项，搭桥法，指出"野生欧洲盘羊"和"早期驯养羊（即此项中的现代驯养羊的祖先）"之间的相似性，故此项必须假设。

其余各项均不必假设。

【答案】（D）

15.（2015年经济类联考真题）一项对腐败的检查为我们提供了否决可构建一门严格社会科学的依据。就像所有其他包含蓄意隐秘的社会现象一样，测量腐败本质上是不可能的，并且这不仅仅是由于社会科学目前还没有达到开发出充分的定量技术这个一定可以达到的目标。如果人们愿意回答有关他们贪污受贿的问题，则意味着，这些做法就已经具有合法的、应征税的特征，就不再是腐败了。换言之，如果腐败能被测量，那它一定会消失。

下面哪一项最准确地陈述了上述论证作者必须做出的一个隐含假设？

（A）有些人认为可以构建一门严格的社会科学。

（B）一门严格科学的首要目的是量化并测量现象。

（C）包含有蓄意隐秘的社会现象的一个本质特征是它们不可能被测量。

（D）不可能构建一门研究包含蓄意隐秘的社会现象的严格科学。

（E）只有当所研究的现象能够被测量时，才可能构建一门相关的严格科学。

【解析】如果腐败能被测量，那它一定会消失 —证明→ 测量腐败本质上是不可能的 —证明→ 一项对腐败的检查为我们提供了否决可构建一门严格社会科学的依据（即不可能构建一门严格的社会科学）。

搭桥法，不能被测量→不能构建，即只有当所研究的现象能够被测量时，才可能构建一门相关的严格科学。故（E）项正确。

【答案】（E）

16.（2016年经济类联考真题）恐龙专家：一些古生物学家声称鸟类是一群叫作多罗米奥索

斯的恐龙的后裔。他们求助于化石记录，结果发现，与大多数恐龙相比，多罗米奥索斯具有的特征与鸟类更为相似。但是，他们的论述存在致命的缺点，即已经发现的最早的鸟类的化石比最古老的已知的多罗米奥索斯的化石早几千万年。因此，古生物学家的声称是错误的。

专家的论述依赖于下面哪条假设？

(A) 具有相似的特征并不是不同种类的生物在进化上相联系的标志。
(B) 多罗米奥索斯和鸟类可能会有共同的祖先。
(C) 已知的化石揭示了鸟类和多罗米奥索斯起源的相对日期。
(D) 多罗米奥索斯化石和早期鸟类化石的知识是完整的。
(E) 多罗米奥索斯和鸟类在许多重要方面都不一样。

【解析】恐龙专家：已经发现的最早的鸟类的化石比最古老的已知的多罗米奥索斯的化石早几千万年 —证明→ 古生物学家关于"鸟类是一群叫作多罗米奥索斯的恐龙的后裔"的声称是错误的。

(A) 项，无关选项，恐龙专家观点的依据是化石的时间关系，而本项中的"相似的特征"是古生物学家的观点，与恐龙专家的观点无关。

(B) 项，此项可以说明多罗米奥索斯不是鸟类的祖先，但与恐龙专家的意见无关。

(C) 项，搭桥法，"已经发现的化石"必须能代表鸟类和多罗米奥索斯的起源时间，否则，就不能根据化石的时间先后来判断两种动物起源的时间先后。故此项必须假设。

(D) 项，假设过度，恐龙专家的论述只涉及化石的时间问题，不必要求拥有"完整"的化石知识。

(E) 项，说明鸟类可能不是一群叫作多罗米奥索斯的恐龙的后代，削弱古生物学家的观点，但与恐龙专家的意见无关。

【答案】(C)

17.（2017年经济类联考真题）看电视的儿童需要在屏幕闪现的时间内处理声音和图像，这么短的时间仅仅可以使眼睛和耳朵接受信息；读书则不同，儿童可以以自己想要的速度阅读，电视图像出现的速度如此机械而无情，它阻碍了而不是提高了儿童的想象力。

上述观点最可能基于下面哪个选项？

(A) 当被允许选择一种娱乐时，儿童会更喜欢读书而不是看电视。
(B) 儿童除非可以接触到电视和书，否则其想象力不会得到适当的激发。
(C) 当儿童可以控制娱乐的速度时，他的想象力可以得到更完全的发展。
(D) 儿童刚刚能理解电视上的内容时，就应教他们读书。
(E) 由于每个孩子都是不同的，因此孩子对不同的感官刺激的反应是不可预测的。

【解析】题干：电视图像出现的速度如此机械而无情，儿童在看电视时无法控制速度；但读书时，儿童可以以自己想要的速度阅读 —证明→ 电视机阻碍了儿童的想象力。

搭桥法：搭建"控制速度"与"想象力"的联系，故 (C) 项必须假设。

其余各项均不涉及"控制速度"与"想象力"的关系，均为无关选项。

【答案】(C)

18.（2017年经济类联考真题）在高速公路上行驶时，许多司机都会超速。因此，如果规定所有汽车都必须安装一种装置,这种装置在汽车超速时会发出声音提醒司机减速,那么,高速公路上的交通事故将会明显减少。

上述论证依赖于以下哪项假设?

Ⅰ.在高速公路上超速行驶的司机,大都没有意识到自己超速。

Ⅱ.高速公路上发生交通事故的重要原因是司机超速行驶。

Ⅲ.上述装置的价格十分昂贵。

(A) 只有Ⅰ。　　　　　　(B) 只有Ⅱ。　　　　　　(C) 只有Ⅲ。

(D) 只有Ⅰ和Ⅱ。　　　　(E) Ⅰ、Ⅱ和Ⅲ。

【解析】题干:所有汽车都安装在汽车超速时可以提醒司机减速的装置——以求→高速公路上的交通事故将会明显减少。

Ⅰ项,必须假设,否则,司机本身就知道自己超速了,就不必另外安装装置提醒其超速了(取非法)。

Ⅱ项,必须假设,题干中的前提说的是"减速",结论说的是"事故减少",搭桥法,建立"速度"和"事故"的联系。

Ⅲ项,显然不需要假设。

故(D)项正确。

【答案】(D)

19.(2017年经济类联考真题)实验发现,少量口服某种类型的安定药物,可使人们在测谎器的测验中撒谎而不被发现。测谎器所产生的心理压力能够被这类安定药物有效地抑制,同时没有显著的副作用。因此,这类药物可同样有效地减少日常生活的心理压力而无显著的副作用。

以下哪项最可能是题干的论证所假设的?

(A) 任何类型的安定药物都有抑制心理压力的效果。

(B) 如果禁止测试者服用任何药物,测谎器就有完全准确的测试结果。

(C) 测谎器所产生的心理压力与日常生活中人们面临的心理压力类似。

(D) 大多数药物都有副作用。

(E) 越来越多的人在日常生活中面临日益加重的心理压力。

【解析】题干:测谎器所产生的心理压力能够被这类安定药物有效地抑制,同时没有显著的副作用——证明→这类药物可同样有效地减少日常生活的心理压力而无显著的副作用。

(A)项,不必假设,题干的主体是"某种类型的安定药物"而不是"任何类型的安定药物"。

(B)项,无关选项。

(C)项,搭桥法,指出题干中"测谎器所产生的心理压力"与"日常生活的心理压力"是类似的,必须假设。

(D)项,无关选项,题干论证的重点不是药物的"副作用"问题。

(E)项,不必假设,药物只需要对心理压力的人有作用即可,与有心理压力的人的数量无关。

【答案】(C)

20.(2018年经济类联考真题)委员会成员:作为一名长期的大学信托委员会的成员,我认为在过去的时间里该委员会运作得很好,因为它的每一个成员都有丰富的经历和兴趣。因此,如果将来有些成员被选举主要为了坚持要求某一政策,如减少学费,那么这个委员会就不再会起那么好的作用了。

该委员会成员在得出上述结论的时候,假设了下面哪一项?

(A) 如果委员会减少学费,大学将在经济上受损失。

(B) 如果委员会运行得不如现在好,大学将无法运作。

(C) 委员会之所以起了很好的作用,是因为它的成员主要兴趣在于某一学术政策而非经济政策,例如学费水平。

(D) 一个要被选为委员会的成员必须有广泛的经历和兴趣。

(E) 一个被选入委员会并且主要坚持要求制定某一政策的人都缺乏丰富的经历和兴趣。

【解析】委员会成员:因为大学信托委员会的每一个成员都有丰富的经历和兴趣,所以该委员会运作得很好 —证明→ 如果将来有些成员被选举主要为了坚持要求某一政策,如减少学费,那么这个委员会就不再会起那么好的作用了。

(A) 项,不必假设,题干论证只涉及委员会所起的作用,不涉及经济上是否损失。

(B) 项,不必假设,题干不涉及委员会的运行与大学运作的关系。

(C) 项,不必假设,只需要假设委员会成员的主要兴趣不是在于坚持要求某一政策即可。

(D) 项,不必假设,此项没有涉及"坚持要求某一政策"和"丰富的经历和兴趣"之间的关系。

(E) 项,搭桥法,将题干论据中"委员会成员都有丰富的经历和兴趣"与结论中"有的成员被选举主要为了坚持要求某一政策"联系起来,必须假设。

【答案】(E)

21. (2019年经济类联考真题) 如今这几年参加注册会计师考试的人越来越多了,可以这样讲,所有想从事会计工作的人都想要获得注册会计师证书。小朱也想获得注册会计师证书,所以,小朱一定是想从事会计工作了。

以下哪项如果为真,最能加强上述论证?

(A) 目前越来越多的从事会计工作的人具有了注册会计师证书。

(B) 不想获得注册会计师证书的人,就不是一个好的会计工作者。

(C) 只有获得注册会计师证书的人,才有资格从事会计工作。

(D) 只有想从事会计工作的人,才想获得注册会计师证书。

(E) 想要获得注册会计师证书的人,一定要对会计理论非常熟悉。

【解析】题干:小朱也想获得注册会计师证书 —证明→ 小朱一定是想从事会计工作了。

采用搭桥法,将题干的论据与论点连接,即:想获得注册会计师证书→想从事会计工作。

故(D)项正确,其余各项均为无关选项。

【答案】(D)

变化2　论证的假设：其他假设

> **解题思路**
>
> 1. 充分型、必要型、可能型假设
>
> （1）充分型假设题。
>
> 充分型假设题的一般提问方式如下：
>
> "假设以下哪项，能使上述题干成立？"
>
> 其原理是，补充一个正确的选项作为前提，联合题干中的前提，一定能使题干的结论成立。因此，题干中虽然会出现"假设"的字样，但它其实并不是真正的假设题，称为"补充条件题"也许更为恰当。
>
> 图示如下：
>
>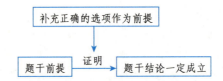
>
> （2）必要型假设题。
>
> 必要型假设题的一般提问方式如下：
>
> "上述结论如果要成立，必须基于以下哪项假设？"
>
> "上述论证假设了以下哪项？"
>
> "以下哪项是张医生的要求所预设的？"
>
> 隐含假设的含义是：虽未言明，但是题干中的论证要想成立所必须具备的一个前提。也就是说，隐含假设是题干论证的隐含必要条件。因此，严格意义上来说，必要型的假设题才真正符合假设的定义。
>
> 必要条件的含义是：没它不行。所以，正确的选项取非以后，会使题干的论证不成立。这种方法称为"取非法"，是必要型假设题的常用方法。
>
> 图示如下：
>
>
>
> （3）可能型假设题。
>
> 可能型假设题的一般提问方式如下：
>
> "以下哪项最可能是上述论证所作的假设？"
>
> 此类题目，如果选项中有题干的必要条件，就选这个必要条件的选项。如果选项中没有题干的必要条件，就选充分条件的选项。

2. 归纳论证的假设

题干：通过抽样统计、调查、某个人的所见所闻等，归纳出一个一般性结论。调查统计型的假设题在真题里面很少出现，它必须假设"样本具有代表性"。

3. 类比论证的假设

类比论证必须假设"类比对象本质上相似，可以进行类比"。

典型真题

22. (2009 年管理类联考真题) 肖群一周工作五天，除非这周内有法定休假日。除了周五在志愿者协会，其余四天肖群都在太平洋保险公司上班。上周没有法定休假日。因此，上周的周一、周二、周三和周四肖群一定在太平洋保险公司上班。

以下哪项是上述论证所假设的？

(A) 一周内不可能出现两天以上的法定休假日。

(B) 太平洋保险公司实行每周四天工作日制度。

(C) 上周的周六和周日肖群没有上班。

(D) 肖群在志愿者协会的工作与保险业有关。

(E) 肖群是个称职的雇员。

【解析】必要型假设题。

题干中的前提：

①没有法定休假日，则工作五天。

②周五在志愿者协会∧其余四天在太平洋保险公司上班。

③上周没有法定休假日。

题干中的结论：上周的周一、周二、周三和周四肖群一定在太平洋保险公司上班。

由①、③知，上周肖群工作了五天，由②知，肖群周五在志愿者协会上班。

所以，肖群可能在周一、周二、周三、周四、周六、周日中的 4 天去太平洋保险公司上班。

故，要推出周一、周二、周三和周四肖群一定在太平洋保险公司上班，必须假定周六、周日肖群没有上班，即 (C) 项正确。

【答案】(C)

23. (2011 年管理类联考真题) 某家长认为，有想象力才能进行创造性劳动，但想象力和知识是天敌。人在获得知识的过程中，想象力会消失。因为知识符合逻辑，而想象力无章可循。换句话说，知识的本质是科学，想象力的特征是荒诞。人的大脑一山不容二虎：学龄前，想象力独占鳌头，脑子被想象力占据；上学后，大多数人的想象力被知识驱逐出境，他们成为知识的附庸，但丧失了想象力，终身只能重复前人的发现。

以下哪项是该家长论证所依赖的假设？

Ⅰ. 科学是不可能荒诞的，荒诞的就不是科学。

Ⅱ. 想象力和逻辑水火不相容。

Ⅲ. 大脑被知识占据后很难重新恢复想象力。

(A) 仅Ⅰ。　　　　(B) 仅Ⅱ。　　　　(C) 仅Ⅰ和Ⅱ。
(D) 仅Ⅱ和Ⅲ。　　(E) Ⅰ、Ⅱ和Ⅲ。

【解析】必要型假设题。

家长：

①有想象力才能进行创造性劳动。

②想象力和知识是天敌。

③知识符合逻辑，而想象力无章可循。

④知识的本质是科学，想象力的特征是荒诞。

⑤人的大脑一山不容二虎。

⑥学龄前，想象力独占鳌头，脑子被想象力占据；上学后，丧失了想象力，成为终身只能重复前人发现的人。

Ⅰ项，是论证④所依赖的假设。因为知识的本质是科学，假设科学是荒诞的，那么知识也是荒诞的，则知识和想象力之间是可以相容的（即不是天敌），与论证②矛盾（取非法）。

Ⅱ项，是论证②、③、④、⑤所依赖的假设。

Ⅲ项，是论证⑥所依赖的假设。因为如果大脑被知识占据后很容易重新恢复想象力，那么人们学了知识后，就不会终身只能重复前人的发现。

【答案】(E)

24. (2015年管理类联考真题) 人类经历了上百万年的自然进化，产生了直觉、多层次抽象等独特智能。尽管现代计算机已经具备了一定的学习能力，但这种能力还需要人类的指导，完全的自我学习能力还有待进一步发展。因此，计算机要达到甚至超过人类的智能水平是不可能的。

以下哪项最可能是上述论证的预设？

(A) 计算机很难真正懂得人类的语言，更不可能理解人类的感情。

(B) 理解人类复杂的社会关系需要自我学习能力。

(C) 计算机如果具备完全的自我学习能力，就能形成直觉、多层次抽象等智能。

(D) 计算机可以形成自然进化能力。

(E) 直觉、多层次抽象等这些人类的独特智能无法通过学习获得。

【解析】可能型假设题。

题干：尽管现代计算机已经具备了一定的学习能力，但直觉、多层次抽象等独特智能还需要人类的指导——证明→计算机要达到甚至超过人类的智能水平是不可能的。

(C) 项，题干说明计算机"不具备完全的自我学习能力"，无法达到人类的智能水平，但并未断言计算机"具备完全的自我学习能力"后是否能形成直觉、多层次抽象等智能，故此项不必假设。

(E) 项，必须假设，否则，如果计算机通过学习可以获得"直觉、多层次抽象等独特智能"，那么计算机就可能达到甚至超过人类的智能水平。

其余各项均为无关选项。

【答案】(E)

25.（2020年管理类联考真题）有学校提出，将效仿免费师范生制度，提供减免学费等优惠条件以吸引成绩优秀的调剂生，提高医学人才培养质量。有专家对此提出反对意见：医生是既崇高又辛苦的职业，要有足够的爱心和兴趣才能做好，因此，宁可招不满，也不要招收调剂生。

以下哪项最可能是上述专家论断的假设？

（A）没有奉献精神，就无法学好医学。
（B）如果缺乏爱心，就不能从事医生这一崇高的职业。
（C）调剂生往往对医学缺乏兴趣。
（D）因优惠条件而报考医学的学生往往缺乏奉献精神。
（E）有爱心并对医学有兴趣的学生不会在意是否收费。

【解析】可能型假设题。

专家的论据：要有足够的爱心和兴趣才能做好医生，即：¬爱心∨¬兴趣→做不好医生。

专家的观点：不建议招收调剂生。

假设（C）项为真，即调剂生对医学缺乏兴趣，结合论据可知，调剂生做不好医生，因此，不招收调剂生。故（C）项是最可能的假设。

其余各项均为无关选项。

【答案】（C）

26.（2011年经济类联考真题）据最近的统计，在需要同等学历的十个不同的职业中，教师的平均工资五年前排名第九位，而目前上升到第六位；另外，目前教师的平均工资是其他上述职业的平均工资的86%，而五年前只是55%。因此，教师工资相对偏低的状况有了较大的改善，教师的相对生活水平有了很大的提高。

上述论证基于以下哪项假设？

Ⅰ．近五年来的通货膨胀率基本保持稳定。
Ⅱ．和其他职业一样，教师中的最高工资和最低工资的差别是很悬殊的。
Ⅲ．学历是确定工资标准的主要依据。
Ⅳ．工资是实际收入的主要部分。

（A）只有Ⅰ和Ⅲ。　　　　　（B）只有Ⅱ和Ⅳ。　　　　　（C）只有Ⅲ。
（D）只有Ⅳ。　　　　　　　（E）只有Ⅲ和Ⅳ。

【解析】必要型假设题。

论据：①教师的平均工资五年前排名第九位，而目前上升到第六位。
②教师的平均工资五年前是其他职业平均工资的55%，而目前是86%。

论点：①教师工资相对偏低的状况有了较大的改善。
②教师的相对生活水平有了很大的提高。

Ⅰ项，不必假设，因为题干比较的是教师工资和其他职业工资的相对情况，所有职业面对的是相同的通货膨胀率。

Ⅱ项，无关选项，题干讨论的是教师的工资和其他职业的工资，而不是教师之间的比较。

Ⅲ项，必须假设，否则题干对"需要同等学历"的职业做比较就没有意义。

Ⅳ项，必须假设，否则就不能由"教师的平均工资的改善"得到"教师的相对生活水平的提高"。

故（E）项正确。

【答案】(E)

27.（2015年、2019年经济类联考真题）某工厂从国外引进了一套自动质量检验设备。开始使用该设备的5月份和6月份，产品的质量不合格率由4月份的0.04％分别提高到0.07％和0.06％。因此，使用该设备对减少该厂的不合格产品进入市场起到了重要的作用。

上述论证基于以下哪项假设？

(A) 上述设备检测为不合格的产品中，没有一件事实上合格。
(B) 上述设备检测为合格的产品中，没有一件事实上不合格。
(C) 4月份检测为合格的产品中，至少有一些事实上不合格。
(D) 4月份检测为不合格的产品中，至少有一些事实上合格。
(E) 上述设备是国内目前同类设备中最先进的。

【解析】必要型假设题。

题干：使用自动质量检验设备后，产品的质量不合格率提高了 ——证明→ 使用新设备可以减少该厂的不合格产品进入市场。

题干中的前提是"产品的质量不合格率提高"，结论是"减少了不合格产品进入市场"。暗含的假设是使用新设备前确实有不合格产品进入市场，故（C）项必须假设。

【答案】(C)

28.（2016年经济类联考真题）林工程师不但专业功底扎实，而且非常有企业管理能力。他担任宏达电机厂厂长的三年来，该厂上缴的产值利润连年上升，这在当前国有企业普遍不景气的情况下是非常不易的。

上述议论一定假设了以下哪项前提？

Ⅰ．该厂上缴的产值利润连年上涨，很大程度上要归结于林工程师的努力。
Ⅱ．宏达电机厂是国有企业。
Ⅲ．产值利润的上缴情况是衡量厂长管理能力的一个重要尺度。
Ⅳ．林工程师企业管理上的成功得益于他扎实的专业功底。

(A) Ⅰ、Ⅱ、Ⅲ和Ⅳ。　　(B) 仅Ⅰ、Ⅱ和Ⅲ。　　(C) 仅Ⅰ和Ⅱ。
(D) 仅Ⅱ和Ⅲ。　　(E) 仅Ⅱ、Ⅲ和Ⅳ。

【解析】必要型假设题。

题干：林工程师担任宏达电机厂厂长的三年来，该厂上缴的产值利润连年上升，这在当前国有企业普遍不景气的情况下是非常不易的 ——证明→ 林工程师专业功底扎实，而且非常有企业管理能力。

Ⅰ项，必须假设，搭桥法，建立前提"利润"与结论"林工程师"之间的关系。

Ⅱ项，必须假设，否则，就难以通过"国有企业普遍不景气的情况"说明"该厂上缴的产值利润连年上升"是不易的。

Ⅲ项，必须假设，搭桥法，建立前提"利润"与结论"有企业管理能力"之间的关系。

Ⅳ项，不必假设，题干没有表述"专业功底扎实"与"有企业管理能力"之间的关系。

【答案】(B)

29. （2019年经济类联考真题）3月，300名大学生在华盛顿抗议削减学生贷款基金的提案，另外有35万名大学生在3月期间涌向佛罗里达的阳光海滩度春假。因为在佛罗里达度春假的人数要多一些，所以他们比在华盛顿提出抗议的学生更能代表当今的学生，因此，国会无须注意抗议学生的呼吁。

上面的论证进行了下面哪个假定？
（A）在佛罗里达度春假的学生不反对国会削减学生贷款基金提案。
（B）在佛罗里达度春假的学生在削减学生贷款基金提议问题上与大多数美国公民意见一致。
（C）在华盛顿抗议的学生比在佛罗里达度春假的学生更关心其学业。
（D）既没去华盛顿抗议，也没有去佛罗里达度春假的学生对政府的教育政策漠不关心。
（E）影响国会关于某政治问题的观点的最好方法是国会与其选出来的代表交流。

【解析】必要型假设题。

题干：在佛罗里达度春假的学生人数要多一些 —证明→ 度春假的学生比在华盛顿提出抗议的学生更能代表当今的学生 —证明→ 国会无须注意抗议学生的呼吁。

（A）项，必须假设，采用取非法，若度春假的学生也反对削减学生贷款基金的提案，那么国会就应该注意抗议学生的呼吁了。

（B）项，不必假设，题干不涉及大多数美国公民的意见。

（C）项，不必假设，题干不涉及学生的学业问题。

（D）项，无关选项，题干不涉及既没去华盛顿抗议，也没有去佛罗里达度春假的学生。

（E）项，不必假设，题干讨论的是国会是否需要注意学生的呼吁，而不是如何去做。

【答案】（A）

题型21 论证的推论

命题概率

199管理类联考近10年真题命题数量5道，平均每年0.5道。
396经济类联考近10年真题命题数量16道，平均每年1.6道。

母题变化

变化1 概括论点题

解题思路

（1）概括论点题的提问方式。

"以下哪项最为恰当地概括了上述断定所要表达的结论？"

（2）概括论点题的做题技巧。

概括论点题最关键的一步是分析论证结构。通过分析论证结构找到论点，类似英语阅读理解的主旨题。

需要注意以下三点：

①避免以偏概全。

这样的选项，符合题干的意思，也能够被题干推出，但是仅仅涉及题干信息中的一部分，不是对整个题干的概括总结。

②淘汰无关选项。

选项涉及题干没有提到的新内容。

③区分论据与论点。

论据是为论点服务的，论据不会是题干的论点。

典型真题

1.（2009年管理类联考真题）一项对西部山区小塘村的调查发现：小塘村约五分之三的儿童入中学后出现中度以上的近视，而他们的父母及祖辈，没有机会到正规学校接受教育，很少出现近视。

以下哪项作为上述断定的结论最为恰当？

（A）接受文化教育是造成近视的原因。
（B）只有在儿童时期接受正式教育才易于成为近视。
（C）阅读和课堂作业带来的视觉压力必然造成儿童的近视。
（D）文化教育的发展和近视现象的出现有密切的关系。
（E）小塘村约五分之二的儿童是文盲。

【解析】题干：小塘村约五分之三的儿童入中学后出现近视，而他们的没有接受正规学校教育的父母及祖辈却很少出现近视。

根据求异法的推理，上述调查比较的现象是"是否近视"，差异因素是"是否接受学校教育"，从而有利于推出结论：文化教育的发展和近视现象的出现有密切的关系。因此，（D）项作为题干断定的结论最为恰当。

因为求异法是或然性的，不能断言接受文化教育是造成近视的原因，故（A）项推理过度。
（B）项，推理过度，"只有"在儿童时期接受正式教育才易出现近视，过于绝对。
（C）项，推理过度，"必然"过于绝对。
（E）项，不能推出，"约五分之三的儿童入中学后出现近视"不等于其他儿童没有接受教育。

【答案】（D）

2.（2012年经济类联考真题）学者们已经证明：效率与公平是一对矛盾统一体。实现共同富裕需要经历若干阶段性过程，不可能一蹴而就，但我们又不能不在每一个阶段为实现共同富裕做具体的准备。

以下哪项从上述题干中推出最为恰当？
（A）我们要在重视效率的前提下兼顾公平。
（B）我们首先要重视公平。
（C）我们要坚持效率优先。
（D）效率与公平之间的矛盾永远不可能得到正确解决。
（E）效率与公平的关系在过去没有得到正确的认识。

【解析】题干认为：效率与公平是一对矛盾统一体，即二者虽然有对立性，但也必须统一兼顾。

题干又认为：实现共同富裕不可能一蹴而就，即要公平就不能兼顾效率，但是我们不能不在每一个阶段为实现共同富裕做具体的准备，即要在重视效率的前提下兼顾公平，故（A）项正确。

（B）、（C）项，只涉及了公平与效率二者之一，没有涉及二者统一兼顾。

（D）、（E）项，无关选项。

【答案】（A）

变化 2　普通推论题

> **解题思路**
>
> （1）普通推论题的解题步骤。
> ①读题目要求，确定题目属于推论题。
> ②读题干，注意有无"如果，那么""除非，否则""只有，才"等关联词。
> ③如果题干有典型的关联词，则可将题目中的逻辑关系符号化，使用之前所学的形式逻辑知识直接进行推理即可。
> ④如果题干没有典型的关联词，则要找出题干中的论证关系或因果关系。
> ⑤拿不准的题目，可采用取非法：推论题要求从题干 A 中推出选项 B，因为 A→B 等价于¬B→¬A，所以 否定正确的选项，一定能否定题干中的结论，由此可以检验推论题选项的正确性。
>
> （2）普通推论题的解题技巧。
> ①相关性。
> 紧扣题干内容，正确的答案应该与题干直接相关，一般来说，与题干重合度越高的选项越可能成为正确答案。切忌用题干之外的信息进一步推理。
> ②关键词。
> 推论题一般都可以找到题干中的关键词，按关键词定位选项可提高解题速度。
> ③典型错误。
> Ⅰ．无关选项。
> 内容与题干不直接相关。
> Ⅱ．推理过度。
> 扩大推理的范围，扩大论证的主体。

Ⅲ. 绝对化。

带有绝对化词汇的选项一般为错误选项，如："所有""只有""最""唯一""完全""仅"，等等。

Ⅳ. 新内容。

出现了新内容的选项一般为错误选项，如：新概念、新名词、新动词、新的比较，等等。

典型真题

3. （2009年管理类联考真题）如果一个学校的大多数学生都具备足够的文学欣赏水平和道德自律意识，那么，像《红粉梦》和《演艺十八钗》这样的出版物就不可能成为在该校学生中销售最多的书。去年在H学院的学生中，《演艺十八钗》的销售量仅次于《红粉梦》。

如果上述断定为真，则以下哪项一定为真？

Ⅰ. 去年H学院的大多数学生都购买了《红粉梦》或《演艺十八钗》。

Ⅱ. H学院的大多数学生既不具备足够的文学欣赏水平，也不具备足够的道德自律意识。

Ⅲ. H学院至少有些学生不具备足够的文学欣赏水平，或者不具备足够的道德自律意识。

(A) 仅Ⅰ。　　　　　(B) 仅Ⅱ。　　　　　(C) 仅Ⅲ。

(D) 仅Ⅱ和Ⅲ。　　　(E) Ⅰ、Ⅱ和Ⅲ。

【解析】题干：在H学院的学生中，《演艺十八钗》的销售量仅次于《红粉梦》，即：《红粉梦》销量第一，《演艺十八钗》销量第二。

故，《红粉梦》和《演艺十八钗》是在H学院学生中销售最多的书，但不能推出：去年H学院的大多数学生都购买了《红粉梦》或《演艺十八钗》。因此，Ⅰ项不一定为真。

题干断定：大多数学生都具备足够的文学欣赏水平和道德自律意识→像《红粉梦》和《演艺十八钗》这样的出版物就不可能成为在该校学生中销售最多的书。

等价于：像《红粉梦》和《演艺十八钗》这样的出版物成为在该校学生中销售最多的书→至少有些学生不具备足够的文学欣赏水平，或者不具备足够的道德自律意识。故Ⅲ项一定为真。

由题干不能确定Ⅱ项的真假情况，故Ⅱ项可真可假。

【答案】(C)

4. （2009年管理类联考真题）在接受治疗的腰肌劳损患者中，有人只接受理疗，也有人接受理疗与药物双重治疗。前者可以得到与后者相同的预期治疗效果。对于上述接受药物治疗的腰肌劳损患者来说，此种药物对于获得预期的治疗效果是不可缺少的。

如果上述断定为真，则以下哪项一定为真？

Ⅰ. 对于一部分腰肌劳损患者来说，要配合理疗取得治疗效果，药物治疗是不可缺少的。

Ⅱ. 对于一部分腰肌劳损患者来说，要取得治疗效果，药物治疗不是不可缺少的。

Ⅲ. 对于所有腰肌劳损患者来说，要取得治疗效果，理疗是不可缺少的。

(A) 仅Ⅰ。　　　　　(B) 仅Ⅱ。　　　　　(C) 仅Ⅲ。

(D) 仅Ⅰ和Ⅱ。　　　(E) Ⅰ、Ⅱ和Ⅲ。

【解析】题干：

①有人接受理疗与药物双重治疗，可以得到预期治疗效果。

②有人只接受理疗，达到相同的预期治疗效果。

③对于上述接受药物治疗的腰肌劳损患者来说，此种药物不可缺少。

由①、③可知，Ⅰ项必然为真。

由②可知，Ⅱ项必然为真。

题干只提到了有的人接受理疗，有的人接受理疗与药物双重治疗，但没有表明"所有腰肌劳损患者"要取得治疗效果都必须理疗。因此，Ⅲ项并不一定为真，扩大了论证对象的范围。

【答案】(D)

5. （2009年管理类联考真题）大李和小王是某报新闻部的编辑，该报总编计划从新闻部抽调人员到经济部。总编决定：未经大李和小王本人同意，将不调动两人。大李告诉总编："我不同意调动，除非我知道小王是否调动。"小王说："除非我知道大李是否调动，否则我不同意调动。"

如果上述三人坚持各自的决定，则可推出以下哪项结论？

(A) 两人都不可能调动。

(B) 两人都可能调动。

(C) 两人至少有一人可能调动，但不可能两人都调动。

(D) 要么两人都调动，要么两人都不调动。

(E) 题干的条件推不出关于两人调动的确定结论。

【解析】由题干可知：要调动大李，先要使大李本人同意调动；要使大李本人同意调动，必须先确定小王是否调动。要调动小王，先要使小王本人同意调动；要使小王本人同意调动，必须先确定大李是否调动。显然，两人的调动是互为条件的，故大李和小王两人都不可能调动，所以(A)项正确。

【答案】(A)

6. （2011年管理类联考真题）一般将缅甸所产的经过风化或经河水搬运至河谷、河床中的翡翠大砾石，称为"老坑玉"。老坑玉的特点是"水头好"、质坚、透明度高，其上品透明如玻璃，故称"玻璃种"或"冰种"。同为老坑玉，其质量相对也有高低之分，有的透明度高一些，有的透明度稍差些，所以价值也有差别。在其他条件都相同的情况下，透明度高的老坑玉比透明度较其低的单位价值高，但是开采的实践告诉人们，没有单位价值最高的老坑玉。

以上陈述如果为真，可以得出以下哪项结论？

(A) 没有透明度最高的老坑玉。

(B) 透明度高的老坑玉未必"水头好"。

(C) "新坑玉"中也有质量很好的翡翠。

(D) 老坑玉的单位价值还决定于其加工的质量。

(E) 随着年代的增加，老坑玉的单位价值会越来越高。

【解析】题干中有以下判断：

①透明度高的老坑玉比透明度较低的单位价值高。

②没有单位价值最高的老坑玉。

(A) 项，必然为真，否则，如果有透明度最高的老坑玉，就有了单位价值最高的老坑玉，与题干的结论矛盾（取非法）。

(B) 项，与题干信息"老坑玉的特点是'水头好'"矛盾，为假。

(C) 项，此项中有题干没有涉及的新内容"新坑玉"，无关选项。

(D) 项，此项中有题干没有涉及的新内容"加工的质量"，无关选项。

(E) 项，此项中有题干没有涉及的新内容"年代"，无关选项。

【答案】(A)

7. （2011年管理类联考真题）按照联合国开发计划署2007年的统计，挪威是世界上居民生活质量最高的国家，欧美和日本等发达国家也名列前茅。如果统计1990年以来居民生活质量改善最快的国家，发达国家则落后了。至少在联合国开发计划署统计的116个国家中，17年来，非洲东南部国家莫桑比克的居民生活质量提高最快，2007年其居民生活质量指数比1990年提高了50%。很多非洲国家取得了和莫桑比克类似的成就。作为世界上最受瞩目的发展中国家，中国的居民生活质量指数在过去17年中也提高了27%。

以下哪项可以从联合国开发计划署的统计中得出？

(A) 2007年，发展中国家的居民生活质量指数都低于西方国家。

(B) 2007年，莫桑比克的居民生活质量指数不高于中国。

(C) 2006年，日本的居民生活质量指数不高于中国。

(D) 2006年，莫桑比克的居民生活质量的改善快于非洲其他各国。

(E) 2007年，挪威的居民生活质量指数高于非洲各国。

【解析】题干信息如下：

①2007年挪威是世界上居民生活质量最高的国家。

②欧美和日本等发达国家也名列前茅。

③17年来，非洲东南部国家莫桑比克的居民生活质量提高最快。

④中国的居民生活质量指数在过去17年中也提高了27%。

(A) 项，欧美和日本等发达国家名列前茅，不代表所有发展中国家的居民生活质量指数都低于西方国家，不能推出。

(B) 项，题干没有涉及莫桑比克和中国关于居民生活质量指数的比较，无关选项。

(C) 项，题干没有涉及日本和中国关于居民生活质量指数的比较，无关选项。

(D) 项，题干信息③中，"17年来"，莫桑比克的居民生活质量提高最快，不意味着"2006年"莫桑比克的居民生活质量指数提高最快，不能推出。

(E) 项，由题干信息①可知，2007年挪威是世界上居民生活质量最高的国家，当然高于非洲各国，必然为真。

【答案】(E)

8. （2012年管理类联考真题）比较文字学学者张教授认为，在不同的民族语言中，字形与字义的关系有不同的表现。他提出，汉字是象形文字，其中大部分是形声字，这些字的字形与字义相互关联；而英语是拼音文字，其字形与字义往往关联不大，需要某种抽象的理解。

以下哪项如果为真，最不符合张教授的观点？

（A）汉语中的"日""月"是象形字，从字形可以看出其所指的对象；而英语中的 sun 与 moon 则感觉不到这种形义结合。

（B）汉语中的"日"与"木"结合，可以组成"東""杲""杳"等不同的字，并可以猜测其语义；而英语中则不存在与此类似的 sun 与 wood 的结合。

（C）英语中也有与汉语类似的象形文字，如，eye 是人的眼睛的象形，两个 e 代表眼睛，y 代表中间的鼻子；bed 是床的象形，b 和 d 代表床的两端。

（D）英语中的 sunlight 与汉语中的"阳光"相对应，而英语的 sun 与 light 和汉语中的"阳"与"光"相对应。

（E）汉语中的"星期三"与英语中的 Wednesday 和德语中的 Mittwoch 意思相同。

【解析】张教授：①在不同的民族语言中，字形与字义的关系有不同的表现。

②汉字是象形文字，字形与字义相互关联。

③英语是拼音文字，字形与字义往往关联不大。

（A）、（B）项，例证法，支持了张教授的观点。

（C）项，说明英语中也有字形与字义关联很大的词汇，与张教授的观点不符。

（D）项，无关选项，张教授的观点不涉及英语和汉语的对应关系。

（E）项，无关选项，张教授的观点不涉及汉语、英语、德语的对应关系。

【答案】（C）

9. （2014年管理类联考真题）某大学顾老师在回答有关招生问题时强调："我们学校招收一部分免费师范生，也招收一部分一般师范生。一般师范生不同于免费师范生。没有免费师范生毕业时可以留在大城市工作，而一般师范生毕业时都可以选择留在大城市工作，任何非免费师范生毕业时都需要自谋职业，没有免费师范生毕业时需要自谋职业。"

根据顾老师的陈述，可以得出以下哪项？

（A）该校需要自谋职业的大学生都可以选择留在大城市工作。

（B）不是一般师范生的该校大学生都是免费师范生。

（C）该校需要自谋职业的大学生都是一般师范生。

（D）该校所有一般师范生都需要自谋职业。

（E）该校可以选择留在大城市工作的唯一一类毕业生是一般师范生。

【解析】题干有以下信息：

①学校招收一部分免费师范生，也招收一部分一般师范生。

②没有免费师范生毕业时可以留在大城市工作，即：免费师范生→¬留在大城市工作。

③一般师范生毕业时都可以选择留在大城市工作，即：一般师范生→可以选择留在大城市工作。

④任何非免费师范生毕业时都需要自谋职业，即：¬免费师范生→自谋职业。

⑤没有免费师范生毕业时需要自谋职业，即：免费师范生→¬自谋职业。

（A）项，自谋职业→可以选择留在大城市工作；由题干信息⑤知，自谋职业→¬免费师范生，（A）项如果为真，必须有前提：¬免费师范生→可以选择留在大城市工作，但题干中无此前提，故（A）项可真可假。

（B）项，￢一般师范生→免费师范生，可真可假，有可能是非师范类学生。

（C）项，由题干信息⑤知：自谋职业→￢免费师范生，故只能得到需要自谋职业的不是免费师范生，但不是免费师范生有可能是其他学生，如非师范类学生，不一定是一般师范生，故（C）项可真可假。

（D）项，一般师范生不是免费师范生，由题干信息④知，必须自谋职业，为真。

（E）项，根据箭头指向原则，由题干信息③知，可真可假。

【答案】（D）

10. (2019年管理类联考真题) 甲：上周去医院，给我看病的医生竟然还在抽烟。

乙：所有抽烟的医生都不关心自己的健康，而不关心自己健康的人也不会关心他人的健康。

甲：是的，不关心他人健康的医生没有医德，我今后再也不会让没有医德的医生给我看病了。

根据上述信息，以下除了哪项，其余各项均可得出？

（A）甲认为他不会再找抽烟的医生看病。

（B）乙认为上周给甲看病的医生不会关心乙的健康。

（C）甲认为上周给他看病的医生不关心医生自己的健康。

（D）甲认为上周给他看病的医生不会关心甲的健康。

（E）乙认为上周给甲看病的医生没有医德。

【解析】题干：

（1）甲：上周给我看病的医生在抽烟。

（2）乙：抽烟的医生→不关心自己的健康→不关心他人的健康。

（3）甲：是的。不关心他人的健康→没有医德→不会找他看病（即抽烟的医生→不关心自己的健康→不关心他人的健康→没有医德→不会找他看病）。

（A）项，由题干条件（3）可知，为真。

（B）项，由题干条件（2）可知，为真。

（C）、（D）项，由题干条件（2）、（3）可知，为真。

（E）项，"没有医德"的观点是甲提出的，乙对此并未涉及，故可真可假。

【答案】（E）

11. (2019年管理类联考真题) 如果一个人只为自己劳动，他也许能够成为著名学者、大哲人、卓越诗人，然而他永远不能成为完美无瑕的伟大人物。如果我们选择了最能为人类福利而劳动的职业，那么重担就不能把我们压倒，因为这是为大家而献身。那时我们所感到的就不是可怜的、有限的、自私的乐趣，我们的幸福将属于千百万人，我们的事业将默默地、但是永恒发挥作用地存在下去，而面对我们的骨灰，高尚的人们将洒下热泪。

根据以上陈述，可以得出以下哪项结论？

（A）如果一个人只为自己劳动，不是为大家而献身，那么重担就能将他压倒。

（B）如果我们为大家而献身，我们的幸福将属于千百万人，面对我们的骨灰，高尚的人们将洒下热泪。

（C）如果我们没有选择最能为人类福利而劳动的职业，我们所感到的就是可怜的、有限的、自私的乐趣。

(D) 如果选择了最能为人类福利而劳动的职业，我们就不但能够成为著名学者、大哲人、卓越诗人，而且还能够成为完美无瑕的伟大人物。

(E) 如果我们只为自己劳动，我们的事业就不会默默地、但是永恒发挥作用地存在下去。

【解析】题干：

(1) 只为自己劳动→永远不能成为伟大人物。

(2) 为人类福利劳动（为大家而献身）→重担不能把我们压倒∧我们所感到的不是可怜的、有限的、自私的乐趣∧幸福属于千百万人∧我们的事业将默默地、但是永恒发挥作用地存在下去∧面对我们的骨灰，高尚的人们将洒下热泪。

根据箭头指向原则，(B) 项正确。

【答案】(B)

12.（**2021年管理类联考真题**）除冰剂是冬季北方用于道路去冰的产品，有五种不同类型的除冰剂，见表4-1：

表4-1

除冰剂类型	融冰速度	破坏道路设施的可能风险	污染土壤	污染水体
Ⅰ	快	高	高	高
Ⅱ	中等	中	低	中
Ⅲ	较慢	低	低	中
Ⅳ	快	中	中	低
Ⅴ	较慢	低	低	低

以下哪项对上述五种除冰剂特征的概括最为准确？

(A) 融冰速度较慢的除冰剂在污染土壤和污染水体方面的风险都低。

(B) 没有一种融冰速度快的除冰剂三个方面风险都高。

(C) 若某种除冰剂至少两个方面风险低，则其融冰速度一定较慢。

(D) 若某种除冰剂三方面风险都不高，则其融冰速度一定也不快。

(E) 若某种除冰剂在破坏道路设施和污染土壤方面的风险都不高，则其融冰速度一定较慢。

【解析】

(A) 项，Ⅲ类型除冰剂融冰速度较慢，但污染水体方面的风险为中，故排除。

(B) 项，Ⅰ类型除冰剂的融冰速度快，其他三方面的风险都高，故排除。

(C) 项，与题干信息不矛盾，故正确。

(D) 项，Ⅳ类型除冰剂三方面风险都不高，但其融冰速度快，故排除。

(E) 项，Ⅱ类型除冰剂在破坏道路设施和污染土壤方面的风险都不高，但其融冰速度中等；Ⅳ类型除冰剂在破坏道路设施和污染土壤方面的风险都不高，但其融冰速度快，故排除。

【答案】(C)

13.（**2011年经济类联考真题**）某公司规定，其所属的各营业分公司，如果年营业额超过800万元，其职员可获得优秀奖；只有年营业额超过600万元，其职员才能获得激励奖。年终统计显示，该公司所属的12个分公司中，6个年营业额超过1 000万元，其余的则不足600万元。

如果上述断定为真，则以下哪项关于该公司获奖情况的断定也一定为真？

Ⅰ．获得激励奖的职员，一定可获得优秀奖。
Ⅱ．获得优秀奖的职员，一定可获得激励奖。
Ⅲ．半数职员获得优秀奖。

(A) 只有Ⅰ。　　　　(B) 只有Ⅱ。　　　　(C) 只有Ⅰ和Ⅱ。
(D) 只有Ⅱ和Ⅲ。　　(E) 只有Ⅰ和Ⅲ。

【解析】题干存在以下论断：

①年营业额超过800万元→优秀奖。
②激励奖→年营业额超过600万元。
③6个分公司年营业额超过1 000万元，其余6个分公司年营业额不足600万元。

Ⅰ项，一定为真，因为：由②知，获得激励奖，则年营业额一定超过600万元；由③知，12个分公司中，营业额超过600万元的都超过了1 000万元；再由①知，获得激励奖的职员，一定能获得优秀奖。

Ⅱ项，不一定为真，由①知，获得优秀奖后面无箭头指向，无法推出任何断定。

Ⅲ项，不一定为真，因为分公司数量的半数和职员数量的半数不是同一个概念。

【答案】(A)

14. (2012年经济类联考真题) 几乎所有的极地冰都是由降雪形成的。极冷的空气无法维持太多湿气，结果就无法产生许多雪。近年来，两极的气团都毫无例外地变得极冷。

以上所述支持下面哪一个结论？

(A) 如果极地冰正处于增厚与膨胀中，这种速度也是极慢的。
(B) 如果极地地区气温相当高，许多极地冰就会融化。
(C) 在过去几年里，极地地区降雪不断。
(D) 极地冰越厚，与之接触的气团越冷。
(E) 由于气候变暖，极地冰不再增厚了。

【解析】题干有以下信息：

①几乎所有的极地冰都是由降雪形成的。
②极冷的空气无法维持太多湿气，结果就无法产生许多雪。
③近年来，两极的气团都毫无例外地变得极冷。

由题干信息③、②可知，近年来，两极的空气变得极冷，无法维持太多湿气，从而导致无法产生许多雪。再由题干信息①可知，几乎所有的极地冰都是由降雪形成的，所以，无法产生很多雪会导致极地冰的形成速度缓慢。

故 (A) 项正确，其余各项均不正确。

【答案】(A)

15. (2012年经济类联考真题) 麦角碱是一种可以在谷物种子的表层大量滋生的菌类，特别多见于黑麦。麦角碱中含有一种危害人体的有毒化学物质。黑麦是中世纪引进欧洲的，由于黑麦可以在小麦难以生长的贫瘠而潮湿的土地上有较好的收成，因此，就成了那个时代贫穷农民的主要食物来源。

上述信息最能支持以下哪项断定?
(A) 在中世纪以前,麦角碱从未在欧洲出现。
(B) 在中世纪以前,欧洲贫瘠而潮湿的土地基本没有得到耕作。
(C) 在中世纪的欧洲,如果不食用黑麦,就可以免受麦角碱所含有毒物质的危害。
(D) 在中世纪的欧洲,富裕农民比贫穷农民较多地意识到麦角碱所含有毒物质的危害。
(E) 在中世纪的欧洲,富裕农民比贫穷农民较少受到麦角碱所含有毒物质的危害。

【解析】题干有以下信息:
①麦角碱多见于黑麦。
②麦角碱中含有一种危害人体的有毒化学物质。
③黑麦是中世纪引进欧洲的,黑麦可以在小麦难以生长的贫瘠而潮湿的土地上有较好的收成。
④黑麦是那个时代贫穷农民的主要食物来源。

(A)项,不正确,由题干信息①、③可知,"麦角碱"多见于"黑麦","黑麦"是中世纪引进欧洲的,不代表"麦角碱"此前从未在欧洲出现过,可能有其他来源的"麦角碱"。

(B)项,不正确,由题干信息③可知,黑麦可以在小麦难以生长的贫瘠而潮湿的土地上有较好的收成,但是并不能确定这些土地是否种植了小麦或者其他作物。

(C)项,不正确,由题干信息①、②可知,麦角碱"多见于"黑麦,而不是"只见于"黑麦,所以即使不食用黑麦,也可能在食用其他食物时受到麦角碱所含有毒物质的危害。

(D)项,无关选项,题干不涉及富裕农民是否"意识到"麦角碱的危害。

(E)项,由题干信息④可知,黑麦是中世纪欧洲贫穷农民的主要食物来源,所以贫穷农民更多地受到来自黑麦中麦角碱所含有毒物质的危害,故此项正确。

【答案】(E)

16. (2013年经济类联考真题) 从表面上看,美国目前所面临的公众吸毒问题和20世纪20年代所面临的公众酗酒问题很相似。当时许多人不顾禁止酗酒的法令而狂喝滥饮。但是,二者之间应该说还是有实质性区别的:在大多数中产阶级分子和其他一些守法的美国人当中,吸毒(吸食海洛因和可卡因等)从来就没有成为一种被广泛接受的社会性行为。

从上述材料中,我们可以得出以下哪项结论?
(A) 20世纪20年代,大多数美国中产阶级分子普遍认为酗酒并不是不可接受的违法行为。
(B) 美国中产阶级的价值观是衡量美国社会公众行为的一种尺度。
(C) 大多数美国人把海洛因和可卡因视为与酒精类似的东西。
(D) 在议会制国家,法律的制定以大多数公民的意志和价值观为基础。
(E) 法律越禁止吸毒,吸毒行为就越肆无忌惮。

【解析】题干:吸毒问题和酗酒问题很相似,但是,二者之间也有实质性区别,即在大多数中产阶级分子和其他一些守法的美国人当中,吸毒从来就没有成为一种被广泛接受的社会性行为。

由题干信息可知,酗酒和吸毒有实质性区别,吸毒不是被广泛接受的社会性行为,可推知酗酒是一种被广泛接受的社会性行为,故(A)项正确。

(B) 项，无关选项，题干只涉及"大多数中产阶级分子和其他一些守法的美国人"的观点，未涉及这种观点对"美国社会公众行为"的影响。

(C) 项，与题干观点相反，题干认为"海洛因和可卡因"与"酒精"有实质性的区别。

(D) 项，无关选项，题干不涉及法律的制定基础。

(E) 项，显然为无关选项。

【答案】(A)

17. (2014年经济类联考真题) 科学研究的日趋复杂性导致多作者科技文章增长，涉及多个医院病人的临床试验报告，通常由每个参与医院的参与医生共同署名。类似地，如果实验运用了多个实验室开展的子系统，物理学论文报道这种实验结果时，每个实验室的参与人员也通常是论文作者。

如果以上所述为真，则下面哪一项一定为真？

(A) 涉及多个医院病人的临床试验绝不是仅由一个医院的医生实施。

(B) 涉及多个医院病人的临床试验报告，大多数有多位作者。

(C) 如果一篇科技论文有多位作者，他们通常来自不同的科研机构。

(D) 多个实验室的研究人员共同署名的物理学论文，通常报道使用了每个实验室开展的子系统的实验结果。

(E) 大多数科技论文的作者仅是那些做了论文所报道的实验的科研人员。

【解析】题干有以下信息：

①涉及多个医院病人的临床试验报告，通常由每个参与医院的参与医生共同署名。

②类似地，如果实验运用了多个实验室开展的子系统，物理学论文报道这种实验结果时，每个实验室的参与人员也通常是论文作者。

(A) 项，不能推出，"绝不是"过于绝对。

(B) 项，根据题干信息①可知，(B) 项为真。

(C) 项，不能推出，他们也可能来自同一个科研机构。

(D) 项，不能推出，由题干信息②可知，"多个实验室开展的子系统的实验结果，物理学论文报道时，作者通常是每个实验室的参与人员"，但不代表"多个实验室参与人员共同署名的物理学论文，报道时使用了每个实验室开展的子系统的实验结果"。

(E) 项，不能推出，题干仅列举了临床试验报告和物理学实验论文的例子，无法判断"大多数科技论文"的情况。

【答案】(B)

18. (2015年经济类联考真题) 山奇是一种有降血脂特效的野花，它数量特别稀少，正濒临灭绝。但是，山奇可以通过和雏菊的花粉自然杂交产生山奇-雏菊杂交种子。因此，在山奇尚存的地域内应当大量地人工培育雏菊。虽然这种杂交品种会失去父本或母本的一些重要特征，例如不再具有降血脂的特效，但这是避免山奇灭绝的几乎唯一的方式。

如果上述论证成立，最能说明以下哪项原则成立？

(A) 为了保护一个濒临灭绝的物种，即使使用的方法会对另一个物种产生负面影响，也是应当的。

(B) 保存一个物种本身就是目的，至于是否能保存该物种的所有特性则无关紧要。

(C) 改变一个濒临灭绝的物种的类型，即使这种改变会使它失去一些重要的特征，也比这个物种的完全灭绝要好。

(D) 在两个生存条件激烈竞争的物种中，只保存其中的一个，也比两个同时灭绝要好。

(E) 保存一个有价值的物种，即使这种保存是个困难的过程，也比接受这个物种的一个没有什么价值的替代品要好。

【解析】题干：虽然这种杂交品种会失去父本或母本的一些重要特征，例如不再具有降血脂的特效，但这是避免山奇灭绝的几乎唯一的方式。

(A) 项，不能推出，题干没有提及杂交对雏菊造成的负面影响。

(B) 项，不能推出，题干认为杂交是避免山奇灭绝的几乎唯一的方式，因此，即使杂交品种会失去父本或母本的一些"重要"特征，但这也是迫不得已的选择。这种选择并不能说明保护该物种的特性不重要。

(C) 项，可以推出，虽然杂交品种失去了山奇降血脂的特效，但是能避免山奇的灭绝。

(D) 项，不能推出，题干并没有提及雏菊是否濒临灭绝。

(E) 项，扩大论证范围，题干仅涉及"山奇"，此项讨论的是"有价值的物种"。

【答案】(C)

19. **(2016年经济类联考真题)** 科学家研究发现，超过1 000个小行星经常穿越地球轨道。即使小行星撞击地球的概率几乎可以忽略不计，但是由于撞击将带来灾难性的后果，应尽可能降低撞击概率。避免撞击的办法是使用核武器摧毁小行星，因此将核武器储存在空间站以备不时之需是有必要的。

科学家的论述会导致如下哪个推论？

(A) 核武器是目前人类可知的唯一阻止小行星撞击地球的方法。

(B) 空间站应当部署核武器。

(C) 小行星撞击地球的事件尚未发生。

(D) 小行星撞击地球的概率极低。

(E) 除了防止小行星撞击地球，没有理由拒绝使用核武器。

【解析】题干有以下信息：

①即使小行星撞击地球的概率几乎可以忽略不计，但是由于撞击将带来灾难性的后果，应尽可能降低撞击概率。

②避免撞击的办法是使用核武器摧毁小行星，因此将核武器储存在空间站以备不时之需是有必要的。

(A) 项，绝对化，题干指出核武器是阻止小行星撞击地球的方法，但不一定是唯一方法。

(B) 项，符合题干信息②。

(C) 项，无关选项，由题干无法得知小行星过去是否撞击过地球。

(D) 项，题干表示"即使小行星撞击地球的概率几乎可以忽略不计"，这是一个让步假设句，并非事实判断，故此项不一定为真。另外，此项只涉及题干的论据，不是题干的推论。

(E) 项，无关选项，题干没有涉及使用核武器的其他理由。

【答案】(B)

20. （2016年经济类联考真题） 近期为了提高劳动生产率，一些制造业企业优化了生产流程，以达到雇佣更少的装配线工人生产更多产品的目的。这些企业因此裁掉了很多员工。被裁掉的员工都是那些资历最浅的，一般都是年轻员工。

以上论述如果为真，则最能支持以下哪个结论？

(A) 企业生产的产品在优化生产流程期间没有进行产品设计的更新。
(B) 对于装配线工人提出的生产流程改进建议，一些会被采纳实施，但大部分都未能实现。
(C) 优化生产流程虽然会提高装配线上劳动力的平均年龄，但可能提高劳动生产率。
(D) 一些为了提高生产率而采取的创新性措施有时反而会适得其反。
(E) 现在的装配线工人需要数学技能来完成他们的工作。

【解析】题干有以下信息：

①为了提高劳动生产率，一些制造业企业优化了生产流程，以达到雇佣更少的装配线工人生产更多产品的目的。

②这些企业因此裁掉了很多员工。

③被裁掉的员工都是那些资历最浅的，一般都是年轻员工。

(A) 项，无关选项，题干没有涉及企业对产品设计的更新。

(B) 项，无关选项，题干没有涉及企业是否会采纳装配线工人提出的建议。

(C) 项，可以推出，因为，企业优化生产流程的目的就是要雇佣更少的装配线工人生产更多的产品，即提高劳动生产率；而期间被裁的员工资历浅且年轻，即提高了劳动力的平均年龄。

(D) 项，无关选项，题干只涉及"优化生产流程"一项措施，不涉及"一些创新性措施"。

(E) 项，无关选项，题干没有涉及装配线工人完成工作需要何种技能。

【答案】(C)

21. （2016年经济类联考真题） 有一种通过寄生方式来繁衍后代的黄蜂，它能够在适合自己后代寄生的各种昆虫的大小不同的虫卵中，注入恰好数量的自己的卵。如果它在宿主的卵中注入的卵过多，它的幼虫就会在互相竞争中因为得不到足够的空间和营养而死亡；如果它在宿主的卵中注入的卵过少，宿主卵中的多余营养部分就会腐败，这又会导致它的幼虫的死亡。

如果上述断定为真，则以下哪项有关断定也一定为真？

Ⅰ．上述黄蜂的寄生繁衍机制中，包括它准确区分宿主虫卵大小的能力。
Ⅱ．在虫卵较大的昆虫聚集区出现的上述黄蜂比虫卵较小的昆虫聚集区多。
Ⅲ．黄蜂注入过多的虫卵比注入过少的虫卵更易引起寄生幼虫的死亡。

(A) 仅Ⅰ。　　　　　(B) 仅Ⅱ。　　　　　(C) 仅Ⅲ。
(D) 仅Ⅰ和Ⅱ。　　　(E) Ⅰ、Ⅱ和Ⅲ。

【解析】题干：某类黄蜂能够在适合自己后代寄生的各种昆虫的大小不同的虫卵中，注入恰好数量的自己的卵。

Ⅰ项，必然为真，此项指出措施可行，否则，如果此类黄蜂不具备准确区分宿主虫卵大小的能力，它就无法注入恰好数量的卵。

Ⅱ项，不一定为真，因为完全有可能虫卵较大的昆虫数量比虫卵较小的昆虫数量少得多，这样，上述黄蜂就会相对集中在虫卵较小的昆虫聚集区。

Ⅲ项，题干不涉及黄蜂注入过多和过少的卵的比较，显然此项不一定为真。

【答案】(A)

22.（2017年经济类联考真题） 在桂林漓江一些地下河流的岩洞中，有许多露出河流水面的石笋。这些石笋是由水滴长年滴落在岩石表面而逐渐积聚的矿物质形成的。

如果上述断定为真，则最能支持以下哪些结论？

(A) 过去漓江的江面比现在高。

(B) 只有漓江的岩洞中才有地下河流。

(C) 漓江的岩洞中大都有地下河流。

(D) 上述岩洞中的地下河流是在石笋形成前出现的。

(E) 上述岩洞中地下河流的水比过去深。

【解析】题干：石笋是由水滴长年滴落在岩石表面而逐渐积聚的矿物质形成的。

由题干信息可知，现在被水淹没的地方，以前是露出水面的，这样才可能有水滴落在岩石表面，说明现在的地下河流的水比过去深，故（E）项正确。

(A) 项，无关选项，题干涉及的是"地下河流"而不是"漓江"。

(B)、(C) 项，显然推理过度。

(D) 项，无法推出，如果地下河流是在石笋形成前出现的，那么水滴可能无法滴落在岩石表面，即石笋可能无法形成。

【答案】(E)

23.（2017年经济类联考真题） 清朝雍正年间，市面流通的铸币，其金属构成是铜六铅四，即六成为铜，四成为铅。不少商人出于利计，纷纷熔币取铜，使得市面的铸币严重匮乏，不少地方出现以物易物的现象。但朝廷征收市民的赋税，须以铸币缴纳，不得代以实物或银子。市民只得以银子向官吏购兑铸币用以纳税，不少官吏因此大发了一笔。这种情况，雍正以前的明清两朝历代从未出现过。

从以上陈述，可推出以下哪项结论？

Ⅰ．上述铸币中所含铜的价值要高于该铸币的面值。
Ⅱ．上述用银子购兑铸币的交易中，不少并不按朝廷规定的比价成交。
Ⅲ．雍正以前明清两朝历代，铸币的铜含量均在六成以下。

(A) 仅Ⅰ。　　　　　(B) 仅Ⅱ。　　　　　(C) 仅Ⅲ。
(D) 仅Ⅰ和Ⅱ。　　　(E) Ⅰ、Ⅱ和Ⅲ。

【解析】

Ⅰ项，必然为真，否则，商人熔币取铜就无利可图。

Ⅱ项，必然为真，否则，如果上述用银子购兑铸币的交易，都能严格按朝廷规定的比价成交，就不会有官吏通过上述交易大发一笔。

Ⅲ项，不一定为真，雍正以前的明清两朝历代从未出现过题干中的现象的可能性很多，例如，有严刑酷法，使商人和官员不敢徇私舞弊等，未必是铸币铜含量均在六成以下的原因。

【答案】(D)

24.（2018年经济类联考真题） 图示方法是几何学课程的一种常用方法。这种方法使得这门课比较容易学，因为学生们得到了对几何概念的直观理解，这有助于培养他们处理抽象运算符号的能力。对代数概念进行图解相信会有同样的教学效果，虽然对数学的深刻理解从本质上说是抽象的而非想象的。

上述议论最不可能支持以下哪项判定？

(A) 通过图示获得直观理解，并不是数学理解的最后步骤。
(B) 具有很强的处理抽象运算符号能力的人，不一定具有抽象的数学理解能力。
(C) 几何学课程中的图示方法是一种有效的教学方法。
(D) 培养处理抽象运算符号的能力是几何学课程的目标之一。
(E) 存在着一种教学方法，可能有效地用于几何学，又用于代数。

【解析】题干有以下信息：

①图示方法可以使学生们得到对几何概念的直观理解，这有助于培养他们处理抽象运算符号的能力。

②对代数概念进行图解相信会有同样的教学效果。

③对数学的深刻理解从本质上说是抽象的而非想象的。

(A) 项，支持题干信息③。

(B) 项，不能支持，题干不涉及"具有处理抽象运算符合能力"与"具有抽象的数学理解能力"之间的关系。

(C) 项，支持题干信息①。

(D) 项，支持题干信息①。

(E) 项，支持题干信息②。

【答案】(B)

25.（2018年经济类联考真题） 在西方经济发展的萧条期，消费需求的萎缩导致许多企业解雇职工甚至倒闭，在萧条期，被解雇的职工很难找到新的工作，这就增加了失业人数。萧条之后的复苏，是指消费需求的增加和社会投资能力的扩张，这种扩张要求增加劳动力。但是经历了萧条之后的企业主大都丧失了经商的自信，他们尽可能地推迟雇用新的职工。

上述断定如果为真，最能支持以下哪项结论？

(A) 经济复苏不一定能迅速减少失业人数。
(B) 萧条之后的复苏至少需要两三年。
(C) 萧条期的失业大军主要由倒闭企业的职工组成。
(D) 萧条通常是由企业主丧失经商自信引起的。
(E) 在西方经济发展中出现萧条是解雇职工造成的。

【解析】题干有以下信息：

①在萧条期，消费需求的萎缩导致许多企业解雇职工甚至倒闭，被解雇的职工很难找到新的工作，这就增加了失业人数。

②萧条之后的复苏，是指消费需求的增加和社会投资能力的扩张，这种扩张要求增加劳动力。但是经历了萧条之后的企业主大都丧失了经商的自信，他们尽可能地推迟雇用新的

职工。

（A）项，可以推出，由题干信息②可知，萧条之后经济复苏初期的企业主尽可能地推迟雇用新的职工，故失业人数不一定马上减少。

（B）项，不能推出，题干不涉及经济复苏的时间问题。

（C）项，推论过度，由题干信息①可知，萧条期有的失业员工来自于企业倒闭解雇员工，但不知这部分失业员工是否是失业大军的主要组成部分。

（D）项，不能推出，题干信息②指出是经历了"萧条之后"的企业主大都丧失了经商的自信。

（E）项，不能推出，题干信息①指出是经济萧条导致了企业解雇职工。

【答案】（A）

26. （2019年经济类联考真题）在阿谷尼尔，司机为汽车事故购买保险而支付的平均费用是被管制的，从而使保险公司取得合法的利润。在这种管制下，部分司机支付的保险费用并不是依赖于该司机的每年行驶距离。所以驾驶距离少于平均水平的阿谷尼尔人所支付的保险费用部分补贴了那些多于平均水平的人。

如果上述结论被恰当得到，那么在阿谷尼尔以下哪项是正确的？

（A）无论何时，若有许多新司机购买保险，那么司机平均支付的事故保险费用就会上升。

（B）对保险公司来讲，花在驾驶距离少于平均水平的人身上的成本低于花在驾驶距离多于平均水平的人身上的成本。

（C）司机年龄越小，支付保险费用越高。

（D）如果按照每年驾驶距离进行分类，保险公司的利润会显著上升。

（E）那些让保险公司付出昂贵的赔偿款的司机支付的事故保险费用等于或低于其他司机。

【解析】题干：①司机为汽车事故购买保险而支付的平均费用是被管制的；②部分司机支付的保险费用并不是依赖于该司机的每年行驶距离 —— 证明 → 驾驶距离少于平均水平的阿谷尼尔人所支付的保险费用部分补贴了那些多于平均水平的人。

（A）项，无关选项，题干不涉及"新司机"的影响。

（B）项，题干的意思是：部分司机不是按自己的实际行驶距离支付保险费用，而是支付一个平均费用，这样就对那些行驶距离少的人不公平，那么就得出了一个结论，即那些行驶距离少的人本应该支付更少的费用，因为这些人发生事故的概率更低，保险公司要承担的成本也更低。故此项是恰当的推论。

（C）项，无关选项，题干不涉及"司机的年龄"对支付保险费用的影响。

（D）项，无关选项，题干不涉及保险公司的利润如何变化。

（E）项，无关选项，题干讨论的是"行驶距离"与"保险费用"的关系，而不是"让保险公司付出的赔偿款"与"保险费用"的关系。

【答案】（B）

27. （2019年经济类联考真题）一项对独立制作影片的消费调查表明，获得最高评价的动作片的百分比超过了获得最高评价的爱情片的百分比。但是，调查方由此得出电影主题决定了影片的受欢迎程度却很可能是错误的，因为动作片都是由那些至少拍过一部热门影片的导演执导，而爱情片都是由较新的导演制作，其中还有许多以前从未拍过电影的。

以上陈述如果为真，最能支持以下哪项推论？

（A）与动作片相比，更少的爱情片获得最高评价。

（B）此调查中被评价的影片的受欢迎程度与这些影片的导演之前的成功，二者之间没有关联。

（C）如果对观众就大预算的主流影片的印象作调查，获得最高评价的爱情片的百分比将比获得最高评价的动作片的百分比更低。

（D）有经验的导演比新导演更有可能拍出一部热门电影。

（E）在那些曾拍摄出相同数量的热门影片的导演中，他们所拍影片的主题差异不会影响人们对这些电影的喜欢程度的评价。

【解析】本题考查的是选言证法。

题干中的差异因素：①导演的经验不同（动作片是由拍过热门影片的导演执导，爱情片是由新人导演执导）；②电影的主题不同（动作片和爱情片）。

题干中的差异结果：调查表明，获得最高评价的动作片的百分比超过了获得最高评价的爱情片的百分比。

题干中的结论：电影主题决定了影片的受欢迎程度却很可能是错误的。

也就是说，题干认为差异因素②"电影的主题不同"不是导致电影受欢迎程度的原因，那么就应该是差异因素①"导演的经验不同"影响了电影的受欢迎程度。

（A）项，不能推出，题干讨论的是获得最高评价的"百分比"，而此项中"更少的"爱情片获得最高评价，讨论的是"数量"。

（B）项，与以上对题干的分析矛盾，不能推出。

（C）项，无关选项，题干涉及的是"独立制作影片"，而此项涉及的是"大预算的主流影片"。

（D）项，可以推出，说明导演的经验影响了电影的受欢迎程度，符合题干。

（E）项，无关选项，题干不涉及"拍出相同数量的热门影片"的导演的比较。

【答案】（D）

题型 22　论证的评价

命题概率

199 管理类联考近 10 年真题命题数量 3 道，平均每年 0.3 道。

396 经济类联考近 10 年真题命题数量 16 道，平均每年 1.6 道。

母题变化

变化1 评价逻辑漏洞

解题思路

评论逻辑漏洞与削弱题有类似之处，但比削弱题更难，它要求考生不仅要找到逻辑漏洞，还要说明这是一个什么样的漏洞。逻辑漏洞一般是常见逻辑谬误，但因为逻辑考试大纲不要求考生掌握逻辑术语，所以选项在描述这些逻辑漏洞时，会回避这些谬误的术语，用其他语言来描述这些术语。所以，考生在平时训练时，不仅要找到正确的选项，还要了解每个选项描述的是何种逻辑谬误，以熟悉真题的描述方式。

常见的逻辑谬误有：

不当类比、自相矛盾、模棱两不可、非黑即白、偷换概念、转移论题、以偏概全、循环论证、因果倒置、不当假设、推不出（论据不充分、虚假论据、必要条件与充分条件混用、推理形式不正确等）、诉诸权威、诉诸人身、诉诸众人、诉诸情感、诉诸无知、合成与分解谬误、数量关系错误等。

【注意】

评价逻辑漏洞题，题干中的论证可能是没有漏洞的。

典型真题

1.（2009年管理类联考真题）这次新机种试飞只是一次例行试验，既不能算成功，也不能算不成功。

以下哪项对于题干的评价最为恰当？

（A）题干的陈述没有漏洞。

（B）题干的陈述有漏洞，这一漏洞也出现在后面的陈述中：这次关于物价问题的社会调查结果，既不能说完全反映了民意，也不能说一点也没有反映民意。

（C）题干的陈述有漏洞，这一漏洞也出现在后面的陈述中：这次考前辅导，既不能说完全成功，也不能说彻底失败。

（D）题干的陈述有漏洞，这一漏洞也出现在后面的陈述中：人有特异功能，既不是被事实证明的科学结论，也不是纯属欺诈的伪科学结论。

（E）题干的陈述有漏洞，这一漏洞也出现在后面的陈述中：在即将举行的大学生辩论赛中，我不认为我校代表队一定能进入前四名，我也不认为我校代表队可能进不了前四名。

【解析】"成功"和"不成功"是一对矛盾命题，必为一真一假。题干对两个命题同时否定，自相矛盾（两不可）。

（A）项，显然不恰当。

（B）项，"完全反映了民意"与"一点也没有反映民意"是反对关系（如：还有"部分反映民意"），不是矛盾关系。

（C）项，"完全成功"与"彻底失败"是反对关系（如：还有"有成功之处也有失败之处"），不是矛盾关系。

（D）项，"被事实证明的科学结论"与"纯属欺诈的伪科学结论"是反对关系（如：还有"尚待证明的科学结论"），不是矛盾关系。

（E）项，"一定进入前四名"和"可能进不了前四名"互相矛盾，不能同时否定，与题干的逻辑漏洞相同。

【答案】（E）

2. （2009年管理类联考真题）所有的灰狼都是狼，这一断定显然是真的。因此，所有的疑似SARS病例都是SARS病例，这一断定也是真的。

以下哪项最为恰当地指出了题干论证的漏洞？

（A）题干的论证忽略了：一个命题是真的，不等于具有该命题形式的任一命题都是真的。

（B）题干的论证忽略了：灰狼与狼的关系，不同于疑似SARS病例和SARS病例的关系。

（C）题干的论证忽略了：在疑似SARS病例中，大部分不是SARS病例。

（D）题干的论证忽略了：许多狼不是灰色的。

（E）题干的论证忽略了：此种论证方式会得出其他许多明显违反事实的结论。

【解析】题干使用了类比论证，其漏洞在于类比不当，这是因为，"灰狼"是"狼"的一种（种属关系），而"疑似SARS病例"不是"SARS病例"的一种，（B）项恰当地指出了这一漏洞。

其余各项均不正确。

【答案】（B）

3. （2009年管理类联考真题、2018年经济类联考真题）违法必究，但几乎看不到违反道德的行为受到惩治，如果这成为一种常规，那么，民众就会失去道德约束。道德失控对社会稳定的威胁并不亚于法律失控。因此，为了维护社会的稳定，任何违反道德的行为都不能不受惩治。

以下哪项对上述论证的评价最为恰当？

（A）上述论证是成立的。

（B）上述论证有漏洞，它忽略了有些违法行为并未受到追究。

（C）上述论证有漏洞，它忽略了由违法必究，推不出缺德必究。

（D）上述论证有漏洞，它夸大了违反道德行为的社会危害性。

（E）上述论证有漏洞，它忽略了由否定"违反道德的行为都不受惩治"，推不出"违反道德的行为都要受惩治"。

【解析】题干的论据：所有违反道德的行为都不受惩治→民众就会失去道德约束→威胁社会稳定。

题干的论点：为了维护社会的稳定，任何违反道德的行为都不能不受惩治（即为了维护社会的稳定，任何违反道德的行为都应该受惩治）。

题干的论据逆否可得：维护社会的稳定→¬ 所有违反道德的行为都不受惩治。

等价于：维护社会的稳定→有的违反道德的行为应该受惩治。

也就是说，从题干的论据只能得到：为了维护社会的稳定，有的违反道德的行为应该受惩治，而不能得出任何违反道德的行为都应该受惩治。

故（E）项正确。

【答案】（E）

4. （2011年管理类联考真题）公达律师事务所以为刑事案件的被告进行有效辩护而著称，成功率达90%以上。老余是一位以专门为离婚案件的当事人成功辩护而著称的律师。因此，老余不可能是公达律师事务所的成员。

以下哪项最为确切地指出了上述论证的漏洞？

(A) 公达律师事务所具有的特征，其成员不一定具有。
(B) 没有确切指出老余为离婚案件的当事人辩护的成功率。
(C) 没有确切指出老余为刑事案件的当事人辩护的成功率。
(D) 没有提供公达律师事务所统计数据的来源。
(E) 老余具有的特征，其所在工作单位不一定具有。

【解析】题干：公达律师事务所因刑事案件的高成功率而著称，而老余是专门办理离婚案件的律师 ——证明→ 老余不是公达律师事务所的成员。

题干由公达律师事务所擅长刑事案件，从而推断公达律师事务所的律师也都擅长刑事案件，进而推断擅长离婚案件的老余不是该律师事务所的律师，犯了"分解谬误"的逻辑错误，即集合体具有的性质，集合体中的个体未必具有，故（A）项正确。

【答案】(A)

5. （2016年管理类联考真题）许多人不仅不理解别人，而且也不理解自己，尽管他们可能曾经试图理解别人，但这样的努力注定会失败，因为不理解自己的人是不可能理解别人的。可见，那些缺乏自我理解的人是不会理解别人的。

以下哪项最能说明上述论证的缺陷？

(A) 使用了"自我理解"的概念，但并未给出定义。
(B) 没有考虑"有些人不愿意理解自己"这样的可能性。
(C) 没有正确把握理解别人和理解自己之间的关系。
(D) 结论仅仅是对其论证前提的简单重复。
(E) 间接指责人们不能换位思考，不能相互理解。

【解析】前提：¬理解自己→¬理解别人。

结论：¬理解自己→¬理解别人。

所以，(D) 项正确，题干犯了 循环论证 的逻辑错误。

【答案】(D)

6. （2011年经济类联考真题）在产品检验中，误检包括两种情况：一是把不合格产品定为合格；二是把合格产品定为不合格。有甲、乙两个产品检验系统，它们依据的是不同的原理，但共同之处在于：第一，它们都能检测出所有送检的不合格产品；第二，都仍有恰好3%的误检率；第三，不存在一个产品会被两个系统都误检。现在把这两个系统合并为一个系统，使得被该系统测定为不合格的产品，包括且只包括两个系统分别工作时都测定的不合格产品。可以得出结论：这样的产品检验系统的误检率为零。

以下哪项最为恰当地评价了上述推理？

(A) 上述推理是必然性的，即如果前提为真，则结论一定为真。

(B) 上述推理很强，但不是必然性的，即如果前提为真，则为结论提供了很强的证据，但附加的信息仍可能削弱该论证。

(C) 上述推理很弱，前提尽管与结论相关，但最多只为结论提供了不充分的根据。

(D) 上述推理的前提中包含矛盾。

(E) 该推理不能成立，因为它把某事件发生的必要条件的根据，当作充分条件的根据。

【解析】一批产品，只有两类：不合格产品、合格产品。

由题干知，甲、乙产品检验系统均能检测出所有不合格产品，故不合格产品不存在误检。

对于合格产品，甲、乙产品检验系统都有3%的误检率，但由题干知，不存在一个产品会被两个系统都误检，所以，被甲系统误检为不合格的产品，若再经乙系统检验，则被测定为合格，同理，被乙系统误检为不合格的产品，若再经甲系统检验，则被测定为合格。

又由题干，被甲、乙组合系统测定为不合格的产品，包括且只包括两个系统分别工作时都测定的不合格产品，所以合格产品不会被误检。

综上，不合格产品和合格产品均不会被误检，该系统误检率为零，题干中的推理为真。

【答案】(A)

7.（2015年经济类联考真题）某辩论赛结束后，七个评委投票决定一名最佳辩手。对任一评委，他或她投辩手小孙的票，这是可能的。因此，所有的评委都投小孙的票，这也是可能的。

以下哪项对上述论证的评价最为恰当？

(A) 上述论证成立。

(B) 上述论证有漏洞：没有陈述任一评委可能投小孙票的理由。

(C) 上述论证有漏洞：把可能性混同于必然性。

(D) 上述论证有漏洞，这一漏洞也出现在下述论证中：七名评委投票决定一名最佳辩手。对任一评委，他或她投辩手小孙的票，这是可能的。因此，有一名辩手得票最多，这是必然的。

(E) 上述论证有漏洞，这一漏洞也出现在下述论证中：在七名辩手中要产生一名最佳辩手。任一辩手都有可能当选。因此，所有辩手都当选，这是可能的。

【解析】题干的论证错误在于将每一个个体的可能性简单相加，得到总体也具有这个可能性的结论，(E)项犯了同样的错误。

【答案】(E)

8.（2017年经济类联考真题）S这个国家的自杀率近年来增长非常明显，这一点有以下事实为证：自从几种非处方安眠药被批准投入市场，仅由过量服用这些药物导致的死亡率几乎翻了一倍。然而，在此期间，一些特定类别的自杀并没有增加。虽然老年人自杀人数增长了70%，但是青少年的自杀人数只占这个国家全部自杀人数的30%，这比1995年——那时青少年自杀人数占这个国家全部自杀人数的65%——有显著下降。

以下哪项指出了上述论证最主要的漏洞？

(A) 它忽视了老年人与青少年之外的人群自杀的可能性。

(B) 它想当然地认为，非处方安眠药准入市场对两种不同人群有相同的效果。

(C) 它假设青少年自杀率下降必然意味着青少年自杀人数下降。

(D) 它忽视了 S 国死亡总人数自 1995 年以来已经增加了。

(E) 它依赖与其结论相矛盾的证据。

【解析】题干：青少年的自杀人数只占这个国家全部自杀人数的 30%，这比 1995 年——那时青少年自杀人数占这个国家全部自杀人数的 65%——有显著下降 —证明→ 一些特定类别的自杀并没有增加。

题干把青少年的自杀人数占国家全部自杀人数的比重当成了青少年的自杀人数，忽略了比重下降并不意味着人数下降。故（C）项正确。

【答案】(C)

9. (2018 年经济类联考真题) 按照上帝创世说，上帝在第一天创造了地球，第二天创造了月亮，第三天创造了太阳。因此，地球存在的头三天没有太阳。

以下哪项最为确切地指出了上述断定的逻辑漏洞？

(A) 没有太阳，一片漆黑，上帝如何创造地球？

(B) 上帝创世说是一种宗教想象，完全没有科学依据。

(C) 上述断定带着地球中心说的痕迹，在科学史上，地球中心说早被证明是错误的。

(D) "一天"的概念是由太阳对于地球的起落周期来定义的。

(E) 众所周知，没有太阳就没有万物。

【解析】题干论据中出现了"一天"的概念，预设了太阳与地球的存在，结论中认为地球存在的头三天没有太阳，犯了自相矛盾的逻辑错误。

故（D）项正确。

【答案】(D)

10. (2018 年经济类联考真题) 李强：在所有其他因素都相同的情况下，其父母拥有博士学位的儿童比那些其父母不曾获得博士学位的儿童，更可能获得博士学位。

张丽：但是考虑这种情况，在博士学位拥有者中，超过 70% 的父母双方都不曾获得博士学位。

以下哪项最准确地评价了张丽的回答？

(A) 它表明李强的观点夸大了。

(B) 张丽所答倘若为真，则有力地表明李强的观点不可能准确。

(C) 它与李强的观点并不矛盾，而是一致的。

(D) 它为接受李强的观点提供了另一种理由。

(E) 它错误地将决定事情发生的必要条件当作了充分条件。

【解析】李强：父母拥有博士学位→其孩子更可能获得博士学位。

张丽：孩子拥有博士学位∧70% 的父母不曾获得博士学位。

张丽事实上反驳的是：孩子拥有博士学位→其父母更可能获得博士学位，即误把李强的必要条件当作了充分条件。故（E）项正确。

（C）项不正确。设在父母获得博士学位的情况中，子女获得博士学位的为 x，子女未获得博士学位的为 y；在父母未获得博士学位的情况中，子女获得博士学位的为 a，子女未获得博士学位的为 b。

根据题干信息，将父母获得博士学位的情况与子女获得博士学位的情况列表如下（见表 4-2）：

表 4-2

	子女获得博士学位	子女未获得博士学位
父母获得博士学位	x	y
父母未获得博士学位	a	b

李强的观点为 $\frac{x}{x+y} > \frac{a}{a+b}$，即 $bx > ay$。张丽的观点为 $\frac{a}{x+a} > 70\%$，所以 $\frac{a}{x+a} > \frac{x}{x+a}$，即 $a > x$。

故李强和张丽的观点不一致。

【答案】(E)

11.（2018 年经济类联考真题） 贾女士：在英国，根据长子继承权的法律，男人的第一个妻子生的第一个儿子有首先继承家庭财产的权利。

陈先生：你说得不对。布朗公爵夫人就合法地继承了她父亲的全部财产。

以下哪项对陈先生所作断定的评价最为恰当？

(A) 陈先生的断定是对贾女士的反驳，因为他举出了一个反例。

(B) 陈先生的断定是对贾女士的反驳，因为他揭示了长子继承权性别歧视的实质。

(C) 陈先生的断定不能构成对贾女士的反驳，因为他对布朗夫人继承财产的合法性并未给予论证。

(D) 陈先生的断定不能构成对贾女士的反驳，因为任何法律都不可能得到完全的实施。

(E) 陈先生的断定不能构成对贾女士的反驳，因为他把贾女士的话误解为只有儿子才有权继承财产。

【解析】贾女士：男人的第一个妻子生的第一个儿子→有首先继承家庭财产的权利。

陈先生：你说得不对。布朗公爵夫人就合法地继承了她父亲的全部财产，即¬儿子∧继承。

故，陈先生事实上反驳的是：¬儿子→¬继承，即继承→儿子。

故（E）项是对陈先生论断的正确评价。

【答案】(E)

12.（2019 年经济类联考真题） 舞蹈学院的张教授批评本市芭蕾舞团最近的演出没能充分表现古典芭蕾舞的特色。他的同事林教授认为这一批评是个人偏见。作为芭蕾舞技巧专家，林教授考察过芭蕾舞团的表演者，结论是每一位表演者都拥有足够的技巧和才能来展现古典芭蕾舞的特色。

以下哪项最为恰当地概括了林教授反驳中的漏洞?
(A) 他对张教授的评论风格进行攻击而不是对其观点加以批驳。
(B) 他无视张教授的批评意见与实际情况是相符的。
(C) 他仅从维护自己的权威地位的角度加以反驳。
(D) 他依据一个特殊的事例轻率地概括出一个普遍结论。
(E) 他不当地假设,如果一个团体每个成员具有某种特征,那么这个团体总能体现这种特征。

【解析】林教授:每一位表演者都拥有足够的技巧和才能来展现古典芭蕾舞的特色——证明→张教授关于本市芭蕾舞团最近的演出没能充分表现古典芭蕾舞的特色的批评是个人偏见。

林教授认为每一个个体具有的性质(即每一位表演者都表现了古典芭蕾舞的特色),这些个体构成的集合体也具有这些性质(即本市芭蕾舞团最近的演出充分表现了古典芭蕾舞的特色),此处犯了合成谬误的逻辑错误。

故(E)项正确。

【答案】(E)

13. **(2020年经济类联考真题)** 免疫研究室的钟教授说:"生命科学院从前的研究生那种勤奋精神越来越不多见了,因为我发现目前在我的研究生中,起早摸黑做实验的人越来越少了。"

以下哪项最为恰当地指出了钟教授推理中的漏洞?
(A) 不当地假设:除了生命科学院以外,其他学院的研究生普遍都不够用功。
(B) 没有考虑到研究生的不勤奋有各自不同的原因。
(C) 只是提出了问题,但没有提出解决问题的办法。
(D) 不当地假设:他的学生状况就是生命科学院所有研究生的一般状况。
(E) 没有设身处地考虑他的研究生毕业后工作的难处。

【解析】钟教授的推论要成立,暗含两个假设:
①"起早摸黑做实验"能代表"勤奋精神"。
②"钟教授的研究生"能代表"生命科学院的研究生"。
(D) 项,指出其暗含的假设②推断不当,犯了以偏概全的逻辑错误。

【答案】(D)

变化2 评价论证与反驳方法

> **解题思路**
>
> 论证方法:归纳论证、类比论证、演绎论证;选言证法、反证法。
> 反驳方法:反驳对方的论据、反驳隐含假设、提出反面论据、指出另有他因、指出因果倒置,等等。

典型真题

14. （2009 年管理类联考真题、2019 年经济类联考真题） 去年经纬汽车专卖店调高了营销人员的营销业绩奖励比例。专卖店李经理打算新的一年继续执行该奖励比例，因为去年该店的汽车销售数量较前年增加了 16%。陈副经理对此持怀疑态度。她指出，他们的竞争对手并没有调整营销人员的奖励比例，但在过去的一年中也出现了类似的增长。

以下哪项最为恰当地概括了陈副经理的质疑方法？

(A) 运用一个反例，否定李经理的一般性结论。
(B) 运用一个反例，说明李经理的论据不符合事实。
(C) 运用一个反例，说明李经理的论据虽然成立，但不足以推出结论。
(D) 指出李经理的论证对一个关键概念的理解和运用有误。
(E) 指出李经理的论证中包含自相矛盾的假设。

【解析】李经理：去年经纬汽车专卖店调高了营销人员的营销业绩奖励比例，汽车销售数量较前年增加了 16% $\xrightarrow{\text{证明}}$ 今年应继续提高奖励比例，以求继续增加销售量。

即李经理认为，提高奖励比例导致了销售量的增加。

陈副经理：他们的竞争对手并没有调整营销人员的奖励比例（无因），但在过去的一年也出现了类似的增长（有果）。

即，陈副经理提出了一个反例，说明销售量的增加并不一定是提高奖励比例的结果。这就说明，李经理的论据虽然成立，但不足以推出结论，故 (C) 项正确。

(A) 项，不恰当，因为李经理的结论只针对经纬汽车专卖店，不是一般性结论。
(B) 项，不恰当，因为陈副经理的论据没有反对李经理的论据。
(D) 项，概念混淆，不恰当。
(E) 项，自相矛盾，不恰当。

【答案】(C)

15. （2009 年管理类联考真题） 张教授：在南美洲发现的史前木质工具存在于 13 000 年以前。有的考古学家认为，这些工具是其祖先从西伯利亚迁徙到阿拉斯加的人群使用的。这一观点难以成立，因为要到达南美洲，这些人群必须在 13 000 年前经历长途跋涉，而在从阿拉斯加到南美洲之间，从未发现 13 000 年前的木质工具。

李研究员：您恐怕忽视了，这些木质工具是在泥煤沼泽中发现的，北美很少有泥煤沼泽。木质工具在普通的泥土中几年内就会腐烂化解。

以下哪项最为准确地概括了李研究员的应对方法？

(A) 指出张教授的论据违背事实。
(B) 引用与张教授的结论相左的权威性研究成果。
(C) 指出张教授曲解了考古学家的观点。
(D) 质疑张教授的隐含假设。
(E) 指出张教授的论据实际上否定其结论。

【解析】张教授的隐含假设是：如果这些工具是从西伯利亚迁徙到阿拉斯加的人群使用的，那么,在从阿拉斯加到南美洲之间,应该能发现13 000年前的木质工具。李研究员对这一假设进行了质疑(质疑隐含假设)。

【答案】(D)

16. (2011年经济类联考真题) 有一种观点认为,到21世纪初,和发达国家相比,发展中国家将有更多的人死于艾滋病。其根据是:据统计,艾滋病病毒感染者人数在发达国家趋于稳定或略有下降,在发展中国家却持续快速发展;到21世纪初,估计全球的艾滋病病毒感染者将达到4 000万至1.1亿人,其中,60%将集中在发展中国家。这一观点缺乏充分的说服力。因为,同样权威的统计数据表明,发达国家的艾滋病病毒感染者从感染到发病的平均时间要大大短于发展中国家,而从发病到死亡的平均时间只有发展中国家的1/2。

以下哪项最为恰当地概括了上述反驳所使用的方法?
(A) 对"论敌"的立论动机提出质疑。
(B) 指出"论敌"把两个相近的概念当作同一个概念来使用。
(C) 对"论敌"的论据的真实性提出质疑。
(D) 提出一个反例来否定"论敌"的一般性结论。
(E) 指出"论敌"在论证中没有明确、具体的时间范围。

【解析】有观点认为:艾滋病病毒感染者人数在发展中国家持续快速发展,因此,到21世纪初,和发达国家相比,发展中国家将有更多的人死于艾滋病。

题干认为:"这一观点"缺乏充分的说服力,是因为"这一观点"(即"论敌")的论据给出的数据是"艾滋病病毒感染者人数",而结论说的却是"死于艾滋病",犯了偷换概念的逻辑错误。故(B)项正确。

【答案】(B)

17. (2020年经济类联考真题) 琼斯博士:远程医疗这种新技术将持续改善农村病患诊疗,因为它能让农村医生向住在很远的专家电视播放医疗检查。专家由此能够提供建议,而倘若没有远程医疗,病人就得不到这些建议。

史密斯博士:并非如此。远程医疗可能在开始的时候能帮助农村病患诊疗。然而小医院不久后就会发现,它们能聘用那些能够运用远程诊疗以传送检查到大医院的技术人员以替代医生,由此将费用降至最低。结果将是,能接受传统的、直接医疗检查的病人更少了。最终导致只有极少的个体能够真正得到个性关怀。因此,与城市的病患诊疗一样,农村的病患诊疗也将遭受损害。

史密斯博士使用了以下哪项策略回应琼斯博士?
(A) 通过列出一组考虑来表明,一种似乎有益于一个病人的治疗方法事实上对该病人有害。
(B) 认为琼斯博士所讨论的技术运用最终会导致一个不好的结局。
(C) 引用这样一个证据:琼斯博士缺少判断所讨论的问题所需要的职业训练。
(D) 运用医疗统计以质疑琼斯博士论证所用的前提。
(E) 提供依据以驳斥琼斯博士对医疗技术中的一个关键术语的解释。

【解析】史密斯博士肯定了琼斯博士的论证中远程医疗最初有益于农村病患诊疗,然后提出一个反面的论据,说明农村的病患诊疗最终也将遭受损害,故(B)项正确。

【答案】(B)

18.（2020年经济类联考真题）那些认为动物园的安全措施已十分齐备的人，面对下面的新闻应当清醒了。昨天，一对年轻父母不慎使自己的小孩落入假山里被群猴抓伤，幸好管理人员及时赶到，驱散群猴，将小孩送入医院抢救，才没有酿成严重后果。因此，需要进一步检查动物园的安全措施。

以下哪项是对上述论证方法的恰当概括？

（A）从一个特定事件得出一个普遍结论。
（B）用个人而非逻辑的理由进行批评。
（C）将一个普遍的原理适用于一个特定的事例。
（D）混淆了某一事件所发生的原因。
（E）对相似但意义不同的术语的混淆。

【解析】题干通过"新闻中某个孩子在动物园被群猴抓伤"的特定事例，得出"需要进一步检查动物园的安全措施"的普遍结论，采用了不完全归纳法，故（A）项正确。

（B）项，诉诸个人经验，与题干不同。
（C）项，演绎论证，与题干不同。
（D）项，归因不当，与题干不同。
（E）项，概念混淆，与题干不同。

【答案】（A）

变化3　评价论证结构

解题思路

美国著名逻辑学家欧文·M·柯匹和卡尔·科恩在他们合著的《逻辑学导论》一书中，介绍了如何用图示的方法表示论证。用图示的方法，可以直观地展示论证的结构，帮助我们去理解论证。

老吕将两位前辈的图示方法略做优化，约定如下：

（1）用带圈号的数字①、②、③、④……标志段落中的句子。
（2）论据总是在左边，论点总是在右边。
（3）论据对论点的支持用"→"标示，若有多个论据支持同一论点，则用"}"标示。

注意，此处的箭头与形式逻辑中的箭头含义不同，此处的"→"仅仅表示论据对论点具有支持作用，但这些论据未必能保证论点一定成立；而形式逻辑中的"A→B"则表示"如果有A，一定有B"。

（4）同级论据写成一列。

根据上述约定，我们将以下例子进行图示。

例1.
①历史上，女性结婚非常早。 ②莎士比亚的《罗密欧与朱丽叶》中的朱丽叶结婚时，还不满十四岁。 ③在中世纪，十三岁是犹太女性通常的结婚年龄。 ④在罗马帝国时期，很多罗马女性在十三岁或者更早就结婚了。

例 2.

①国产影片《英雄》显然是前两年最好的古装武打片。②这部电影是由著名导演、演员、摄影师、武打设计师参与的一部国际化大制作的电影，③票房收入明显领先，④说明观看该片的人数远多于观看进口的美国大片《卧虎藏龙》的人数，尽管《卧虎藏龙》也是精心制作的中国古装武打片。

典型真题

19.（2019 年管理类联考真题） 有一论证（相关语句用序号表示）如下：

①今天，我们仍然要提倡勤俭节约。
②节约可以增加社会保障资源。
③我国尚有不少地区的人民生活贫困，亟需更多社会保障资源，但也有一些人浪费严重。
④节约可以减少资源消耗。
⑤因为被浪费的任何粮食或者物品都是消耗一定的资源得来的。

如果用"甲→乙"表示甲支持（或证明）乙，则以下哪项对上述论证基本结构的表示最为准确？

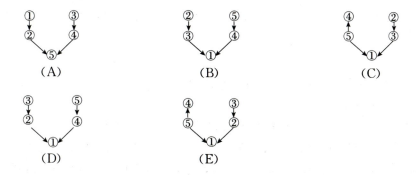

【解析】由题干易知，中心论点是①，而②和④是分论点。
②的论据应该和社会保障资源相关，故论据应该为③。
④的论据应该和资源消耗有关，故论据应该为⑤。
故（D）项正确。
【答案】(D)

变化 4 评价成立性：哪个问题最重要？

解题思路

题干给出一个可能成立也可能不成立的论证，问"回答以下哪个问题对评价以上论证最有帮助？"或者"为了评价上述论证，回答以下哪个问题最不重要？"

我们要找到一个<u>对题干的论证起正反两方面作用的选项，即正着说可以支持题干，反着说又能削弱题干的选项</u>。可见，这类题目的本质还是支持题和削弱题。

常用建立对比实验的方法。

典型真题

20.（2017年管理类联考真题）研究者调查了一组大学毕业即从事有规律的工作正好满 8 年的白领，发现他们的体重比刚毕业时平均增加了 8 公斤。研究者由此得出结论，有规律的工作会增加人们的体重。

关于上述结论的正确性，需要询问的关键问题是以下哪项？

(A) 和该组调查对象其他情况相仿且经常进行体育锻炼的人，在同样的 8 年中体重有怎样的变化？

(B) 该组调查对象的体重在 8 年后是否会继续增加？

(C) 为什么调查关注的时间段是调查对象在毕业工作后 8 年，而不是 7 年或者 9 年？

(D) 该组调查对象中男性和女性的体重增加是否有较大差异？

(E) 和该组调查对象其他情况相仿但没有从事有规律工作的人，在同样的 8 年中体重有怎样的变化？

【解析】研究者：有规律的工作会增加人们的体重。

(A) 项，无关选项，加入经常进行体育锻炼这一因素，则无法得出有规律的工作对体重的影响。

(B) 项，无关选项，说明了时间对体重的影响。

(C) 项，无关选项，说明了时间对体重的影响。

(D) 项，无关选项，说明了性别对体重的影响。

(E) 项，如果回答体重也有增加，则削弱题干，反之，则支持题干。故此项正确。

【答案】(E)

21.（2012年经济类联考真题）根据最近一次调查，婚姻使人变胖，作为证据的是一项调查结果：在 13 年的婚姻生活中，女性平均胖了 23 斤，男性胖了 18 斤。

下列哪一个问题的回答可能对评价上面的调查中所展示的推理最有帮助？

(A) 为什么调查研究时间是 13 年，而不是 12 年或 14 年？

(B) 在结婚的时间里，有一些男性的体重增加少于 18 斤吗？

(C) 与调查对象年龄相当的单身汉在 13 年中的体重增加或减少了多少？

(D) 调查中的女性和调查中的男性在调查中一样积极吗？

(E) 调查中的体重增加将维持一生吗？

【解析】题干：在 13 年的婚姻生活中，女性平均胖了 23 斤，男性胖了 18 斤 —证明→ 婚姻使人变胖。

(A) 项，无关选项，此项中时间的差别并不会影响题干的结论。

(B) 项，无关选项，个别情况无法支持或削弱平均值。

(C) 项，与已结婚的年龄相当的人相比，如果未结婚的年龄相当的人在 13 年中体重没有增加，则支持题干；如果未结婚的年龄相当的人在 13 年中体重也增加了，则说明婚姻和体重增加之间没有关系，削弱题干。

(D) 项，无关选项，题干不涉及被调查者的积极性。

(E) 项，无关选项，题干不涉及这种体重增长是否"维持一生"。

【答案】(C)

22. (2016 年经济类联考真题) 在一个新的警察项目中，当汽车所有者的车不在 1～5 米之间的正常距离驾驶的时候，就会在车窗显示一种特殊的记号，授权警察拦截汽车，以检查驾驶员的执照。采用这种特殊图案的汽车的被盗率要比普通汽车在居民区内被盗的比率低很多。

如果从上述陈述中得到"汽车盗窃被这一项目降低"的结论，则以下哪项将是评价这一结论的最主要的回答？

(A) 这一警察项目是在多少居民区内得以展开的？

(B) 参与了这一项目的居民区内的汽车是不是在白天有时候也被盗？

(C) 他们车窗上装了这种标记，而且觉得有必要在 1～5 米之间驾驶的车主会被警察拦截。

(D) 参与这一项目的车主是不是如此小心，并且采取了其他特别措施以防止他们的车被盗？

(E) 采取这一项目产生效果的居民区是不是在居民所拥有的汽车类型方面具有代表性的检查对象？

【解析】题干：采用特殊图案的汽车要比普通汽车的被盗率低很多 —证明→ 采用特殊图案会降低汽车在居民区内的被盗率。

要评价题干的论证，需要验证采用这种特殊图案是否是汽车被盗率降低的原因。

(A) 项，无关选项，因为题干并没有从警察调查的居民区推广到所有小区，不存在样本问题。

(B) 项，无关选项，题干不涉及"白天"的情况。

(C) 项，无关选项，题干强调的是驾驶者"不在 1～5 米"范围内时特殊图案起作用，而不是"在 1～5 米"范围内时的情况。

(D) 项，如果采取了其他措施，那么说明可能是其他措施防止了汽车被盗，削弱题干的论证，否则加强题干的论证。

(E) 项，无关选项，题干不涉及"汽车类型"与"汽车被盗"之间的关系。

【答案】(D)

23. (2017年经济类联考真题) 在北欧一个称为古堡的城镇的郊外，有一个不乏凶禽猛兽的天然猎场。每年秋季吸引了来自世界各地富于冒险精神的狩猎者。一个秋季下来，古堡镇的居民发现，他们之中在此期间在马路边散步时被汽车撞伤的人的数量，比在狩猎时受到野兽意外伤害的人数多出了两倍。因此，对于古堡镇的居民来说，在狩猎季节，待在狩猎场中比在马路边散步更安全。

为了评价上述结论的可信程度，最可能提出以下哪个问题？

(A) 在这个秋季，古堡镇有多少数量的居民去猎场狩猎？
(B) 在这个秋季，古堡镇有多少比例的居民去猎场狩猎？
(C) 古堡镇的交通安全记录在周边几个城镇中是否是最差的？
(D) 来自世界各地的狩猎者在这个季节中有多少比例的人在狩猎时意外受伤？
(E) 古堡镇的居民中有多少好猎手？

【解析】题干：在马路边散步时被汽车撞伤的人的数量，比在狩猎时受到野兽意外伤害的人数多出了两倍 —证明→ 对于古堡镇的居民来说，在狩猎季节，待在狩猎场中比在马路边散步更安全。

要判断在哪里更安全，衡量标准应该是受伤害率，而不是受伤害人数。

$$受伤害率 = \frac{受伤害人数}{总人数} \times 100\%$$

所以，回答 (B) 项的问题对于评价题干论证的正确性最为重要。

(D) 项是无关选项，因为题干论证的主体是"古堡镇的居民"。

【答案】(B)

题型 23　论证的争议：争论焦点题

命题概率

199 管理类联考近 10 年真题命题数量 2 道，平均每年 0.2 道。
396 经济类联考近 10 年真题命题数量 2 道，平均每年 0.2 道。

母题变化

解题思路

争论焦点题的四大解题原则：

（1）差异原则。

争论的焦点必须是二者观点不同的地方，即有差异的地方。

（2）双方表态原则。

争论的焦点必须是双方均明确表态的地方。如果一方对一个观点表态，另外一方对此观点没有表态，则不是争论的焦点。

（3）论点优先原则。

论据服务于论点，所以当反方质疑对方论据时，往往是为了说明对方论点不成立，这时争论的焦点一般是双方的论点不同。在双方论点相同时，质疑对方论据，争论的焦点才是论据。

（4）举例部分无焦点原则。

使用例证法或者举反例时，例子一般不是争论的焦点。

[注意] 前两个原则必须满足，后两个原则多数题会满足。

典型真题

1.（2009年管理类联考真题）张教授：在南美洲发现的史前木质工具存在于13 000年以前。有的考古学家认为，这些工具是其祖先从西伯利亚迁徙到阿拉斯加的人群使用的。这一观点难以成立，因为要到达南美洲，这些人群必须在13 000年前经历长途跋涉，而在从阿拉斯加到南美洲之间，从未发现13 000年前的木质工具。

李研究员：您恐怕忽视了，这些木质工具是在泥煤沼泽中发现的，北美很少有泥煤沼泽。木质工具在普通的泥土中几年内就会腐烂化解。

以下哪项最为准确地概括了张教授与李研究员所讨论的问题？

（A）上述史前木质工具是否是其祖先从西伯利亚迁徙到阿拉斯加的人群使用的？

（B）张教授的论据是否能推翻上述考古学家的结论？

（C）上述人群是否可能在13 000年前完成从阿拉斯加到南美洲的长途跋涉？

（D）上述木质工具是否只有在泥煤沼泽中才不会腐烂化解？

（E）上述史前木质工具存在于13 000年以前的断定是否有足够的根据？

【解析】张教授：从阿拉斯加到南美洲之间，从未发现13 000年前的木质工具 —证明→ 考古学家的观点是不成立的。

李研究员指出："没发现"木质工具不代表"没有"木质工具，可能是腐烂了。所以，张教授的论据未必能推翻考古学家的观点。

因此，两人争论的问题是张教授的论据是否能推翻上述考古学家的结论。故（B）项正确。

【答案】（B）

2. （2010年管理类联考真题、2018年经济类联考真题）陈先生：未经许可侵入别人的电脑，就好像开偷来的汽车撞伤了人，这些都是犯罪行为。但后者性质更严重，因为它既侵占了有形财产，又造成了人身伤害；而前者只是在虚拟世界中捣乱。

林女士：我不同意，例如，非法侵入医院的电脑，有可能扰乱医疗数据，甚至危及病人的生命。因此，非法侵入电脑同样会造成人身伤害。

以下哪项最为准确地概括了两人争论的焦点？

(A) 非法侵入别人电脑和开偷来的汽车是否同样会危及人的生命？
(B) 非法侵入别人电脑和开偷来的汽车伤人是否都构成犯罪？
(C) 非法侵入别人电脑和开偷来的汽车伤人是否是同样性质的犯罪？
(D) 非法侵入别人电脑的犯罪性质是否和开偷来的汽车伤人一样的严重？
(E) 是否只有侵占有形财产才构成犯罪？

【解析】陈先生：非法侵入别人的电脑只是在虚拟世界中捣乱；而开偷来的汽车撞伤了人既侵占了有形财产，又造成了人身伤害——证明→后者性质更严重。

林女士：非法侵入电脑同样会造成人身伤害——证明→我不同意你的观点（即不同意"后者性质更严重"）。

陈先生的观点认为"后者性质更严重"，林女士不同意"后者性质更严重"，因此，二人争论的焦点是二者性质的严重程度是否一样。故（D）项正确。

(A) 项，此项只涉及陈先生和林女士论据的差异，根据论点优先原则，排除此项。

(B) 项，二人观点相同，违反双方差异原则。

(C) 项，干扰项，陈先生的话里虽然出现了"性质"这两个字，但这两个字不是重点，我们把这两个字去掉后变成"后者更严重"，这并不影响陈先生的意思。因此二人争论的焦点不是"性质"，而是严重程度。

(E) 项，无关选项，二人均未对此表态。

【答案】(D)

3. （2016年管理类联考真题）赵明与王洪都是某高校辩论协会成员，在为今年华语辩论赛招募新队员的问题上，两人发生了争执。

赵明：我们一定要选拔喜爱辩论的人。因为一个人只有喜爱辩论，才能投入精力和时间研究辩论并参加辩论赛。

王洪：我们招募的不是辩论爱好者，而是能打硬仗的辩手，无论是谁，只要能在辩论赛中发挥应有的作用，他就是我们理想的人选。

以下哪项最可能是两人争论的焦点？

(A) 招募的标准是从现实出发还是从理想出发。
(B) 招募的目的是研究辩论规律还是培养实战能力。
(C) 招募的目的是为了培养新人还是赢得比赛。
(D) 招募的标准是对辩论的爱好还是辩论的能力。
(E) 招募的目的是为了集体荣誉还是满足个人爱好。

【解析】赵明：我们一定要选拔喜爱辩论的人（爱好）。

王洪：我们需要招募的是能打硬仗的辩手（能力）。

赵明和王洪争论的焦点是应该招募什么样的新辩手，招募喜爱辩论的还是辩论能力强的，故（D）项正确。（A）、（B）、（C）、（E）项所涉及的内容双方都未明确表态。

【答案】(D)

4. （2017年管理类联考真题）王研究员：我国政府提出的"大众创业、万众创新"激励着每一位创业者。对于创业者来说，最重要的是需要一种坚持精神。不管在创业中遇到什么困难，都要坚持下去。

李教授：对于创业者来说，最重要的是要敢于尝试新技术。因为有些新技术一些大公司不敢轻易尝试，这就为创业者带来了成功的契机。

根据以上信息，以下哪项最准确地指出了王研究员与李教授观点的分歧所在？

（A）最重要的是敢于迎接各种创业难题的挑战，还是敢于尝试那些大公司不敢轻易尝试的新技术。

（B）最重要的是坚持创业，有毅力、有恒心把事业一直做下去，还是坚持创新，做出更多的科学发现和技术发明。

（C）最重要的是坚持把创业这件事做好，成为创业大众的一员，还是努力发明新技术，成为创新万众的一员。

（D）最重要的是需要一种坚持精神，不畏艰难，还是要敢于尝试新技术，把握事业成功的契机。

（E）最重要的是坚持创业，敢于成立小公司，还是尝试新技术，敢于挑战大公司。

【解析】王研究员：对于创业者来说，最重要的是需要一种坚持精神。

李教授：对于创业者来说，最重要的是要敢于尝试新技术。

故两个人的争论焦点是，对于创业者来说最重要的是坚持的精神还是尝试新技术，即（D）项正确。

（A）项，王研究员和李教授两人均没有涉及"迎接各种创业难题的挑战"，违反双方表态原则。

（B）项，王研究员和李教授两人均没有涉及"坚持创新"，违反双方表态原则。

（C）项，王研究员和李教授两人均没有涉及"发明新技术"，违反双方表态原则。

（E）项，王研究员和李教授两人均没有涉及"敢于成立小公司"和"敢于挑战大公司"，违反双方表态原则。

【答案】(D)

5. （2020年经济类联考真题）琼斯博士：远程医疗这种新技术将持续改善农村病患诊疗，因为它能让农村医生向住在很远的专家电视播放医疗检查。专家由此能够提供建议，而倘若没有远程医疗，病人就得不到这些建议。

史密斯博士：并非如此。远程医疗可能在开始的时候能帮助农村病患诊疗。然而小医院不久后就会发现，它们能聘用那些能够运用远程诊疗以传送检查到大医院的技术人员以替代医生，由此将费用降至最低。结果将是，能接受传统的、直接医疗检查的病人更少了。最终导致只有极少的个体能够真正得到个性关怀。因此，与城市的病患诊疗一样，农村的病患诊疗也将遭受损害。

以下哪项是琼斯博士与史密斯博士之间的争论要点？

（A）医疗专家是否普遍会比农村医生提供更好的建议。

（B）是否仅在农村的医院和医疗中心使用远程医疗技术。

（C）远程医疗技术是否可能在未来几年内被广泛采用。

（D）那些最需要医疗专家建议的病人是否可能通过远程医疗接收建议。

（E）远程医疗技术是否最终有益于农村病人。

【解析】琼斯博士：远程医疗能让农村医生向住在很远的专家电视播放医疗检查——证明→远程医疗将持续改善农村病患诊疗。

史密斯博士：远程医疗结果将是，能接受传统的、直接医疗检查的病人更少了。最终导致只有极少的个体能够真正得到个性关怀——证明→农村的病患诊疗将遭受损害。

二者争论的焦点在于农村的病患诊疗是否会得益于远程医疗，故（E）项正确。

【答案】（E）

第 5 章　因果关系

题型 24　因果关系的削弱

命题概率

199 管理类联考近 10 年真题命题数量 10 道，平均每年 1 道。
396 经济类联考近 10 年真题命题数量 18 道，平均每年 1.8 道。

母题变化

◆ 变化 1　因果关系的削弱：找原因

解题思路

"找原因"型削弱题

如果题干是已知发现了某种现象（某个事件），推测这种现象（这个事件）产生的原因，就称为"找原因"型题目。题干的基本结构为：

$$现象（论据是果）\xrightarrow{推测} 原因（论点是因）。$$

常见的削弱方法有以下几种：

（1）否因削弱。
指出对方的原因没有发生。
（2）否果削弱。
指出对方的结果没有发生。
（3）另有他因。
其他原因导致了结果 B 的发生，而不是原因 A。另有他因是万能命题法，所有因果关系都可以用"另有他因"来削弱。
（4）有因无果。
出现了原因 A，却没有出现结果 B。
（5）无因有果。
没有原因 A，也出现了结果 B。

>（6）因果倒置。
>
>　　B 是造成 A 的原因，而非 A 是造成 B 的原因。
>
>（7）因果无关。
>
>　　题干中的因和果并不存在因果关系。
>
>【注意】
>
>　　如果一个选项的内容不涉及题干中的论证，对题干论证成立与否起不到作用，则称为无关选项。
>
>　　无关选项是最常见的错误选项。因为无关选项一般不涉及题干中的关键词，所以使用关键词定位法一般可以迅速排除无关选项。
>
>　　需要注意的是，"另有他因"和"无关选项"都是在选项中出现了题干中没有提及的新内容。如果这个新内容可以造成题干中的结果，则称为另有他因。但是如果这个新内容和题干中的论据不相关，也不能造成题干中的结果，则称为无关选项。

典型真题

1.（2009 年管理类联考真题）S 市持有驾驶证的人员数量较五年前增加了数十万，但交通死亡事故却较五年前有明显的减少。由此可以得出结论：目前 S 市驾驶员的驾驶技术熟练程度较五年前有明显的提高。

以下各项如果为真，都能削弱上述论证，除了：

(A) 交通事故的主要原因是驾驶员违反交通规则。

(B) 目前 S 市的交通管理力度较五年前有明显加强。

(C) S 市加强对驾校的管理，提高了对新驾驶员的培训标准。

(D) 由于油价上涨，许多车主改乘公交车或地铁上下班。

(E) S 市目前的道路状况及安全设施较五年前有明显改善。

【解析】题干的论证关系：S 市持有驾驶证的人员数量增加，但交通死亡事故却明显减少（现象）——证明→S 市驾驶员的驾驶技术提高了。

本题是一个果因推理：S 市持有驾驶证的人员数量增加，但交通死亡事故却明显减少（果）←导致——S 市驾驶员的驾驶技术提高了（因）。

(C) 项，支持题干，驾校的培训标准提高了，意味着驾驶员的驾驶技术通过培训得到了提高。

其余各项均为另有他因，削弱题干。

【答案】(C)

2.（2010 年管理类联考真题）一般认为，剑乳齿象是从北美洲迁入南美洲的。剑乳齿象的显著特征是具有较直的长剑型门齿，颚骨较短，齿的齿冠隆起，齿板数目为 7～8 个，并呈乳状凸起，剑乳齿象因此得名。剑乳齿象的牙齿比较复杂，这表明它能吃草，在南美洲的许多地方都有证据显示史前人类捕捉过剑乳齿象。由此可以推测，剑乳齿象的灭绝可能与人类的过度捕杀有密切关系。

以下哪项如果为真，最能反驳上述结论？
（A）史前动物之间经常发生大规模相互捕杀的现象。
（B）剑乳齿象在遇到人类攻击时缺乏自我保护能力。
（C）剑乳齿象也存在由南美洲进入北美洲的回迁现象。
（D）由于人类活动范围的扩大，大型食草动物难以生存。
（E）幼年剑乳齿象的牙齿结构比较简单，自我生存能力弱。

【解析】题干：人类的过度捕杀 —导致→ 剑乳齿象的灭绝。

（A）项，另有他因，指出可能是史前动物之间经常发生的大规模相互捕杀导致了剑乳齿象的灭绝，削弱题干。

（B）项，支持题干，说明了剑乳齿象为什么会因为人类捕杀而灭绝。

（C）项，无关选项，"回迁现象"与"灭绝"无关。

（D）项，支持题干，"人类活动"包含"捕杀"。

（E）项，削弱力度弱，剑乳齿象幼年时自我生存能力弱，不代表它们不能生存（例如：在成年象抚育下生存）。

【答案】（A）

3. （2011年管理类联考真题）某教育专家认为："男孩危机"是指男孩调皮捣蛋、胆小怕事、学习成绩不如女孩好等现象。近些年，这种现象已经成为儿童教育专家关注的一个重要问题。这位专家在列出一系列统计数据后，提出了"今日男孩为什么从小学、中学到大学全面落后于同年龄段的女孩"的疑问，这无疑加剧了无数男生家长的焦虑。该专家通过分析指出，恰恰是家庭和学校不适当的教育方法导致了"男孩危机"现象。

以下哪项如果为真，最能对该专家的观点提出质疑？
（A）家庭对独生子女的过度呵护，在很大程度上限制了男孩发散思维的拓展和冒险性格的养成。
（B）现在的男孩比以前的男孩在女孩面前更喜欢表现出"绅士"的一面。
（C）男孩在发展潜能方面要优于女孩，大学毕业后他们更容易在事业上有所成就。
（D）在家庭、学校教育中，女性充当了主要角色。
（E）现代社会游戏泛滥，男孩天性比女孩更喜欢游戏，这耗去了他们大量的精力。

【解析】专家：家庭和学校不适当的教育方法 —导致→ "男孩危机"现象。

（A）项，支持专家的观点，为家庭的不恰当教育提供了新的论据。

（B）、（C）、（D）项，无关选项，与"男孩危机"现象的产生无关。

（E）项，另有他因，不是家庭和学校的教育方法不当，而是游戏泛滥导致了"男孩危机"现象，削弱专家的观点。

【答案】（E）

4. （2013年管理类联考真题）某公司自去年初开始实施一项"办公用品节俭计划"，每位员工每月只能免费领用限量的纸笔等各类办公用品。年末统计时发现，公司用于各类办公用品的支出较上年度下降了30%。在未实施该计划的过去5年间，公司年均消耗办公用品10万元。公司总经理由此得出：该计划去年已经为公司节约了不少经费。

以下哪项如果为真，最能构成对总经理推论的质疑？

（A）另一家与该公司规模及其他基本情况均类似的公司，未实施类似的节俭计划，在过去的5年间办公用品年均消耗也为10万元。

（B）在过去的5年间，该公司大力推广无纸化办公，并且取得很大成效。

（C）"办公用品节俭计划"是控制支出的重要手段，但说该计划为公司"一年内节约不少经费"，没有严谨的数据分析。

（D）另一家与该公司规模及其他基本情况均类似的公司，未实施类似的节俭计划，但在过去的5年间办公用品人均消耗额越来越低。

（E）去年，该公司在员工困难补助、交通津贴等方面的开支增加了3万元。

【解析】公司总经理："办公用品节俭计划" ——导致→ 节约经费。

（A）项，不能削弱，"节约经费"的意思是经费呈下降趋势。但仅本项中的办公用品"年均消耗额"不能说明其办公用品的消耗是递增的还是递减的。

（B）项，削弱力度弱，因为无法判断无纸化办公取得的"很大成效"是不是"节约经费"，例如"很大成效"可以是提高办公效率等成效。

（C）项，不能削弱，因为此项承认了"办公用品节俭计划"可以控制支出，并且（C）项中说没有严谨的数据分析，实际上题干是有数据分析的。

（D）项，无因有果，没有实施办公用品节俭计划的公司，人均消耗额也越来越低，故能削弱题干。

（E）项，无关选项，题干仅涉及"节约办公经费"，与其他方面的开支无关。

【答案】（D）

5.（2021年管理类联考真题）某医学专家提出一种简单的手指自我检测法：将双手放在眼前，把两个食指的指甲那一面贴在一起，正常情况下，应该看到两个指甲床之间有一个菱形的空间；如果看不到这个空间，则说明手指出现了杵状改变，这是患有某种心脏或肺部疾病的迹象。该专家认为，人们通过手指自我检测能快速判断自己是否患有心脏或肺部疾病。

以下哪项如果为真，最能质疑上述专家的论断？

（A）杵状改变可能由多种肺部疾病引起，如肺纤维化、支气管扩张等，而且这种病变需要经历较长的一段过程。

（B）杵状改变不是癌症的明确标志，仅有不足40%的肺癌患者有杵状改变。

（C）杵状改变检测只能作为一种参考，不能用来替代医生的专业判断。

（D）杵状改变有两个发展阶段，第一阶段的畸变不是很明显，不足以判断人体是否有病变。

（E）杵状改变是手指末端软组织积液造成，而积液是由于过量血液注入该区域导致，其内在机理仍然不明。

【解析】专家的论据中暗含一个因果关系：患有某种心脏或肺部疾病，导致手指出现杵状改变。因此，专家认为，人们通过手指自我检测能快速判断自己是否患有心脏或肺部疾病。

（A）项，此项指出杵状改变可能由多种肺部疾病引起，支持专家的论断。

（B）项，此项说明通过手指杵状改变判断肺癌并不准确，但不排除可以用这种方式判断其他肺部疾病或者心脏疾病，故此项削弱力度小。

（C）项，此项指出该种检测方式可以作为一种参考方式，支持专家的论断。

（D）项，此项指出在杵状改变的第一阶段，不能判断疾病，但无法确定在其第二阶段是否能判断疾病，故削弱力度小。

（E）项，另有他因，说明杵状改变是由手指末端软组织积液造成的，而不是患有某种心脏或肺部疾病所致，削弱专家论据中隐含的因果关系，削弱力度大。注意此项不是诉诸无知，因为要通过杵状改变来判断心脏或肺部疾病，那么杵状改变与心脏或肺部疾病之间的关系应该是明确的，但此项指出其机理并不明确，是可以削弱专家的论断的。

【答案】（E）

6. （2011年经济类联考真题）据S市的卫生检疫部门统计，和去年相比，今年该市肠炎患者的数量有明显的下降。权威人士认为，这是由于该市的饮用水净化工程正式投入了使用。

以下哪项最不能削弱上述权威人士的结论？

（A）和天然饮用水相比，S市经过净化的饮用水中缺少了几种重要的微量元素。
（B）S市饮用水净化工程在五年前动工，于前年正式投入了使用。
（C）去年S市对餐饮业特别是卫生条件较差的大排档进行了严格的行业检查和整顿。
（D）由于引进了新的诊断技术，许多以前被诊断为肠炎的病例，今年被确诊为肠溃疡。
（E）一项全国范围的统计数据显示，我国肠炎患者的数量呈逐年明显下降的趋势。

【解析】权威人士：S市的饮用水净化工程投入了使用 —导致→ 今年该市肠炎患者的数量有明显的下降。

（A）项，无关选项，饮用水中是否缺少微量元素，与肠炎患者的数量没有直接关系。

（B）项，削弱题干，前年"饮用水净化工程"已经在使用了，而不是今年才投入使用的，否因削弱。

（C）项，另有他因，对餐饮业的行业检查和整顿降低了肠炎患者的数量，可以削弱。

（D）项，另有他因，原来被诊断为肠炎的患者现在被确诊为其他疾病，可以削弱。

（E）项，全国范围内肠炎患者的数量都是逐年下降的，未必是"饮用水净化工程"的原因，可以削弱。

【答案】（A）

7. （2012年经济类联考真题）甲校学生的数学考试成绩比乙校学生的数学考试成绩好，因此，甲校的数学教学方法比乙校好。

除以下哪项外，其余各项若为真都会削弱上述结论？

（A）甲校的数学考试题比乙校学生的容易。
（B）甲校学生的数学基础比乙校学生好。
（C）乙校选用的数学教材比甲校难。
（D）乙校的数学老师比甲校的工作更勤奋。
（E）乙校学生数学课的课时比甲校少。

【解析】题干：甲校学生的数学考试成绩比乙校学生的数学考试成绩好 —证明→ 甲校的数学教学方法比乙校好（原因）。

(A) 项，另有他因，是甲校的数学考试题比乙校的更容易导致甲校学生的数学考试成绩更好，削弱题干。

(B) 项，另有他因，是甲校学生的数学基础更好导致甲校学生的数学考试成绩好，削弱题干。

(C) 项，另有他因，是因为乙校选用的数学教材难导致乙校学生的数学考试成绩差，不代表乙校的数学教学方法不好，削弱题干。

(D) 项，排除他因，排除乙校学生的数学考试成绩差是因为乙校的数学老师工作不勤奋的可能，支持题干。

(E) 项，另有他因，是因为乙校学生的数学课时少导致其数学考试成绩差，削弱题干。

【答案】(D)

8. (2012年经济类联考真题) 有一种生产毒素的微生物会使海水变成红色，这种现象被称为赤潮。当海獭的主要食物来源蛤蜊被赤潮毒素污染时，海獭就不会在那些区域觅食了。对于海獭的这种行为，一种解释认为，海獭在某个地方正式觅食之前会先尝几个蛤蜊，并且能够察觉出其中的任何毒素。

以下哪项如果为真，将最有力地表明上述解释是不正确的？

(A) 在赤潮出现的某些海域，既没有蛤蜊也没有海獭。
(B) 少量的赤潮毒素不会产生什么危害，但是大量的这种毒素会使海獭死亡。
(C) 当没有受到赤潮影响的一片海水被人为地染成棕红色时，海獭也不吃那些地方的蛤蜊。
(D) 海獭在某个海域出现是一种显著的标志，表明那里可以找到其他海洋生物。
(E) 海獭的味觉系统具有比其视觉系统高得多的辨别能力。

【解析】题干中的现象：当海獭的主要食物来源蛤蜊被赤潮毒素污染时，海獭就不会在那些区域觅食了。

题干的解释（原因）：海獭在某个地方正式觅食之前会先尝几个蛤蜊，并且能够察觉出其中的任何毒素。

(A) 项，无关选项。

(B) 项，无关选项，题干的论证不涉及毒素量。

(C) 项，另有他因，说明海獭是因为海水变成红色才不在那些区域觅食，不是因为察觉出其中的毒素，说明上述解释是不正确的。

(D) 项，无关选项，题干的论证不涉及是否可以找到其他海洋生物。

(E) 项，无关选项，题干不涉及海獭的视觉系统和味觉系统的比较。

【答案】(C)

9. (2013年经济类联考真题) 最近十年地球上的自然灾害，比如地震、火山爆发、极端天气等给人类造成的伤亡比过去几十年更严重。所以，地球环境变得更恶劣了，我们应该为地球科学家、气象学家投入更多的科研基金使他们研究地球环境变化的原因。

下列哪项最能削弱上述结论？

(A) 自然灾害国际援助组织配备了更先进的救援设备。
(B) 气象学家和地球科学家近十年研制出了更好的预报系统。
(C) 过去十年人类在土地使用的方式上并不会引起气候的变化。
(D) 过去几十年也记录了地球上重要的自然灾害,比如地震、旱涝、火山爆发、山体滑坡,等等。
(E) 近十年来,人类数量的剧增以及贫穷的加剧使得更多的人居住在更易遭到自然灾害的区域。

【解析】题干:最近十年地球上的自然灾害给人类造成的伤亡比过去几十年更严重 —证明→ 地球环境变得更恶劣了(原因)。

(A)项,无关选项,题干讨论的是自然灾害造成的伤亡,与救援设备无关。
(B)项,无关选项。
(C)项,支持题干,排除是人类使用土地方式导致气候变化的可能(排除他因)。
(D)项,无关选项,此项中的记录涉及的是"自然灾害",而非"自然灾害给人类造成的伤亡"。
(E)项,另有他因,削弱题干,说明不是地球环境变得更恶劣,而是近十年来人类数量的剧增和贫穷的加剧导致越来越多的人居住在自然灾害高发地区,从而导致自然灾害给人类造成的伤亡比过去更严重。

【答案】(E)

10. (2013年经济类联考真题) 自1945年以来,局部战争几乎不断,但是未发生像第二次世界大战那样严重的世界战争。这是因为人们恐惧于世界大战的破坏力。

下列哪项如果正确,最能削弱上述结论?
(A) 1945年以后发生的局部战争的破坏力没有第二次世界大战的破坏力强。
(B) 人们对第二次世界大战的破坏力的恐惧感一直没有减弱。
(C) 人们对局部战争的破坏力没有恐惧感。
(D) 第一次世界大战后,人们对世界大战有同样的恐惧感,但是仍然发生了第二次世界大战。
(E) 参与第二次世界大战的国家之间仍然有国际争端。

【解析】题干:人们恐惧于世界大战的破坏力 —导致→ 自1945年以来,局部战争几乎不断,但是未发生像第二次世界大战那样严重的世界战争。

(A)项,无关选项,出现了与题干无关的新比较。
(B)项,支持题干,说明人们对第二次世界大战确实有恐惧感。
(C)项,支持题干,无因无果,人们对局部战争没有恐惧感,所以局部战争不断。
(D)项,指出对世界大战有恐惧感,但仍然发生了第二次世界大战,有因无果,削弱题干。
(E)项,无关选项,题干讨论的是"世界战争",此项讨论的是"国际争端"。

【答案】(D)

11. (2013年经济类联考真题) 有一项调查报告指出,服用某种药品会提高人的注意力。

下列哪项如果正确,最能质疑题干信息?

(A) 有些没有服用该药品的学生的考试成绩不理想。

(B) 学校周围的许多药店出售这种药品。

(C) 有学生反映,服用该药品后与服用该药品前相比,注意力没有改善。

(D) 药品在学生中很受欢迎。

(E) 教师劝导学生不要服用这种药品,因为这种药品会对身体造成伤害。

【解析】题干:服用某种药品会提高人的注意力。

(A) 项,无关选项,题干涉及的是服药会提高注意力,没有涉及考试成绩。

(B) 项,无关选项,学校周围的许多药店出售这种药品和该药品是否会提高注意力无关。

(C) 项,有因无果,服用了该药品,但是没有提高注意力,可以削弱。

(D) 项,无关选项,药品很受欢迎和服用该药品是否会提高注意力无关。

(E) 项,无关选项,该药品是否会对身体造成伤害(即该药品是否有副作用)和服用该药品是否会提高注意力无关。

【答案】(C)

12. (2015年经济类联考真题) 一般人认为,广告商为了吸引顾客会不择手段。但广告商并不都是这样。最近,为了扩大销路,一家名为《港湾》的家庭类杂志改名为《炼狱》,主要刊登暴力与色情内容。结果,原先《港湾》杂志的一些常年广告客户拒绝续签合同,转向其他刊物。这说明这些广告商不只考虑经济效益,而且顾及道德责任。

以下各项如果为真,都能削弱上述论证,除了:

(A) 《炼狱》杂志所登载的暴力与色情内容在同类杂志中较为节制。

(B) 刊登暴力与色情内容的杂志通常销量较高,但信誉度较低。

(C) 上述拒绝续签合同的广告商主要推销家居商品。

(D) 改名后的《炼狱》杂志的广告费比改名前提高了数倍。

(E) 《炼狱》因登载虚假广告被媒体曝光,一度成为新闻热点。

【解析】题干:为了扩大销路,一家名为《港湾》的家庭类杂志改名为《炼狱》,主要刊登暴力与色情内容。结果,原先《港湾》杂志的一些常年广告客户拒绝续签合同,转向其他刊物——证明→这些广告商不只考虑经济效益,而且顾及道德责任。

(A) 项,即使"节制",也是"暴力与色情内容",不能削弱题干。

(B) 项,指出广告商因为杂志信誉度低而拒绝续签合同,另有他因,削弱题干。

(C) 项,指出广告商因为杂志受众变化而拒绝续签合同,另有他因,削弱题干。

(D) 项,指出广告商因为杂志的广告费用上涨而拒绝续签合同,另有他因,削弱题干。

(E) 项,指出广告商因为杂志被曝光登载虚假广告而拒绝续签合同,另有他因,削弱题干。

【答案】(A)

13. (2016年经济类联考真题) 巴西赤道雨林的面积每年以惊人的比例减少,引起了全球的关注。但是,卫星照片的数据显示,去年巴西赤道雨林面积缩小的比例明显低于往年。去年,巴西政府支出数百万美元用以制止滥砍滥伐和防止森林火灾。巴西政府宣称,上述卫星照片的数据说明,本国政府保护赤道雨林的努力取得了显著成效。

以下哪项如果为真，最能削弱巴西政府的上述结论？

(A) 去年巴西用以保护赤道雨林的财政投入明显低于往年。
(B) 与巴西毗邻的阿根廷的赤道雨林的面积并未缩小。
(C) 去年巴西的旱季出现了异乎寻常的大面积持续降雨。
(D) 巴西用于保护赤道雨林的费用只占年度财政支出的很小比例。
(E) 森林面积的萎缩是全球性的环保问题。

【解析】题干：去年巴西赤道雨林面积缩小的比例明显低于往年（结果）——证明→本国政府保护赤道雨林的努力取得了成效（原因）。

(A) 项，不能削弱，题干的论证不涉及去年和往年财政投入的比较。

(B) 项，无关选项，阿根廷的赤道雨林面积缩小的情况与巴西的情况无关。

(C) 项，另有他因，去年巴西赤道雨林面积缩小的比例低于往年，可能真正原因是在旱季出现了大面积持续降雨，而不是政府保护赤道雨林的努力，可以削弱题干。

(D) 项，不能削弱，因为即使巴西用于保护赤道雨林的费用占年度财政支出的比例很小，也无法说明费用不够用或者无效果。

(E) 项，无关选项，不涉及题干的论证。

【答案】(C)

14. **(2017年经济类联考真题)** 当大学生被问到他们童年时代的经历时，那些记得其父母经常经历病痛的正是那些成年后本人也经常经历一些病痛（如头痛）的人。这个证据说明，一个人在儿童时代对成人病痛的观察会使其本人在成年后容易感染病痛。

下面哪项如果为真，能最严重地削弱以上论述？

(A) 那些记得自己小时候常处于病痛的学生不比其他大多数学生更容易经历病痛。
(B) 经常处于病痛状态的父母在孩子长大后仍然经常经历病痛。
(C) 大学生比其他成年人经历的常见病痛少。
(D) 成年人能清晰地记住儿童时期病痛时周围的情形，却很少能想起孩提时代自身病痛的感觉。
(E) 一个人成年时对童年的回忆，总是注意那些能够反映本人成年后经历的事情。

【解析】题干：那些记得其父母经常经历病痛的正是那些成年后本人也经常经历一些病痛（如头痛）的人——证明→一个人在儿童时代对成人病痛的观察会使其本人在成年后容易感染病痛。

(A) 项，排除他因，支持题干。

(B) 项，无关选项，题干讨论的是孩子长大后的情况，而不是父母。

(C) 项，无关选项，题干调查的样本就是大学生，不涉及大学生与其他成年人的比较。

(D) 项，无关选项，题干不涉及儿童时代病痛时周围的情形和自身病痛的感觉。

(E) 项，说明一个人成年后感染了病痛，导致更容易回忆起童年时代经历的病痛，指出题干因果倒置，削弱题干。

【答案】(E)

变化 2　因果关系的削弱：预测结果

解题思路

1. 如果题干是基于某个事件，推测这个事件在未来会引发的结果，就称为"预测结果"型题目。题干的基本结构为：

$$原因 \xrightarrow{预测} 结果。$$

削弱方法最常见的有两种：一是实际发生的结果与预测结果不符，二是指出由于某种原因，使得题干推测的这个结果并不会出现（结果推断不当）。

2. 需要注意的是，预测结果的论证也是论证的种类之一，因此，有些同学无法分辨此类论证与普通论证的区别，实在分不清楚的同学，也可以不做区分，通过论证的削弱方式进行理解也可以解题，如：提出反面论据、反驳对方的论据等。

典型真题

15.（2010年管理类联考真题）在某次课程教学改革的研讨会上，负责工程类教学的程老师说，在工程设计中，用于解决数学问题的计算机程序越来越多了，这样就不必要求工程技术类大学生对基础数学有深刻的理解。因此，在未来的教学体系中，基础数学课程可以用其他重要的工程类课程替代。

以下哪项如果为真，能削弱程老师的上述论证？

Ⅰ．工程类基础课程中已经包含了相关的基础数学内容。
Ⅱ．在工程设计中，设计计算机程序需要对基础数学有全面的理解。
Ⅲ．基础数学课程的一个重要目标是培养学生的思维能力，这种能力对工程设计来说很关键。

(A) 仅Ⅱ。　　　　　　(B) 仅Ⅰ和Ⅱ。　　　　　　(C) 仅Ⅰ和Ⅲ。
(D) 仅Ⅱ和Ⅲ。　　　　(E) Ⅰ、Ⅱ和Ⅲ。

【解析】程老师：计算机程序可以解决数学问题 $\xrightarrow{导致}$ 工程技术类大学生不必深刻理解基础数学 $\xrightarrow{预测}$ 在未来的教学体系中，基础数学课程可以被其他重要的工程类课程替代（对未来结果的预测）。

Ⅰ项，工程类基础课程中已经包含了相关的基础数学内容，那么基础数学课程就没必要开了（即可以被其他重要的工程类课程替代），支持程老师的论证。

Ⅱ、Ⅲ项，指出了基础数学课程的重要性，不可以被替代，削弱程老师的论证。

【答案】(D)

16.（2011年管理类联考真题）3D立体技术代表了当前电影技术的尖端水准，由于使电影实现了高度可信的空间感，故它可能成为未来电影的主流。3D立体电影中的银幕角色虽然由计算机生成，但是那些包括动作和表情的电脑角色的"表演"，都以真实演员的"表演"为基础，就像数码时代的化妆技术一样。这也引起了某些演员的担心：随着计算机技术的发展，未来计算机生成的图像和动画会替代真人表演。

以下哪项如果为真，最能减弱上述演员的担心？

（A）所有电影的导演只能和真人交流，而不是和电脑交流。
（B）任何电影的拍摄都取决于制片人的选择，演员可以跟上时代的发展。
（C）3D 立体电影目前的高票房只是人们一时图新鲜的结果，未来尚不可知。
（D）掌握 3D 立体技术的动画专业人员不喜欢去电影院看 3D 电影。
（E）电影故事只能用演员的心灵、情感来表现，其表现形式与导演的喜好无关。

【解析】演员的担心：随着计算机技术的发展，未来计算机生成的图像和动画会替代真人表演（对未来结果的预测）。

（E）项能削弱演员的担心，因为：如果电影故事只能用演员的心灵、情感来表现，则由于计算机生成的图像和动画并没有心灵、情感等，所以不太可能会替代作为真人的演员来进行表演。

（A）项，可以削弱，但导演只能和"真人"交流，不代表导演只能和"演员"交流，比如，导演可以和电脑动画制作者交流，再由电脑动画制作者完成电影，所以（A）项的削弱力度不如（E）项。

其余各项均不正确。

【答案】（E）

17.（2011 年管理类联考真题、2018 年经济类联考真题）随着互联网的发展，人们的购物方式有了新的选择。很多年轻人喜欢在网络上选择自己满意的商品，通过快递送上门，购物足不出户，非常便捷。刘教授据此认为，那些实体商场的竞争力会受到互联网的冲击，在不远的将来，会有更多的网络商店取代实体商店。

以下哪项如果为真，最能削弱刘教授的观点？
（A）网络购物虽然有某些便利，但容易导致个人信息被不法分子利用。
（B）有些高档品牌的专卖店，只愿意采取街面实体商店的销售方式。
（C）网络商店与快递公司在货物丢失或损坏的赔偿方面经常互相推诿。
（D）购买黄金珠宝等贵重物品，往往需要现场挑选，且不适宜网络支付。
（E）通常情况下，网络商店只有在其实体商店的支撑下才能生存。

【解析】刘教授：网络购物便捷 —预测→ 在不远的将来，会有更多的网络商店取代实体商店（对未来结果的预测）。

（A）项，提出反面论据，说明网络购物存在漏洞，有缺点，削弱力度弱。

（B）项，不能削弱，"有些"高档品牌的专卖店不会被网络商店取代，不能反驳"有更多"实体商店会被取代（典型干扰项"有的不"）。

（C）项，提出反面论据，指出网络购物的劣势，削弱力度弱。

（D）项，举反例，说明黄金珠宝等贵重物品不能在网络商店购买，削弱力度弱。

（E）项，削弱隐含假设，网络商店→实体商店，说明没有实体商店的支撑，网络商店无法生存，削弱力度最强。

【答案】（E）

18.（2011年管理类联考真题）国外某教授最近指出，长着一张娃娃脸的人意味着他将享有更长的寿命，因为人们的生活状况很容易反映在脸上。从1990年春季开始，该教授领导的研究小组对1 826对70岁以上的双胞胎进行了体能和认知测试，并拍摄了他们的面部照片。在不知道他们确切年龄的情况下，三名研究助手先对不同年龄组的双胞胎进行年龄评估。结果发现，即使是双胞胎，被猜出的年龄也相差很大。然后，研究小组用若干年时间对这些双胞胎的晚年生活进行了跟踪调查，直至他们去世。调查表明：双胞胎中，外表年龄差异越大，看起来老的那个就越可能先去世。

以下哪项如果为真，最能形成对该教授调查结论的反驳？

(A) 如果把调查对象扩大到40岁以上的双胞胎，结果可能有所不同。

(B) 三名研究助手比较年轻，从事该项研究的时间不长。

(C) 外表年龄是每个人生活环境、生活状况和心态的集中体现，与生命老化关系不大。

(D) 生命老化的原因在于细胞分裂导致染色体末端不断损耗。

(E) 看起来越老的人，在心理上一般较为成熟，对于生命有更深刻的理解。

【解析】题干：双胞胎中，外表年龄差异越大，看起来老的那个就越可能先去世（对未来结果的预测）。

(A) 项，诉诸无知，"结果可能有所不同"仅仅是一种猜测，也可能会相同。

(B) 项，诉诸人身，研究助手年轻不代表研究结果不准确。

(C) 项，因果无关，指出外表年龄与生命老化无关，因此不能由外表年龄预测去世时间，削弱教授的结论。

(D)、(E) 项，无关选项，题干的论证不涉及外表显老和先去世的关系。

【答案】(C)

19.（2014年管理类联考真题）随着光纤网络带来的网速大幅度提高，高速下载电影、在线看大片等都不再是困扰我们的问题。即使在社会生产力发展水平较低的国家，人们也可以通过网络随时随地获得最快的信息、最贴心的服务和最佳体验。有专家据此认为：光纤网络将大幅度提高人们的生活质量。

以下哪项如果为真，最能质疑该专家的观点？

(A) 网络上所获得的贴心服务和美妙体验有时是虚幻的。

(B) 即使没有光纤网络，同样可以创造高品质的生活。

(C) 随着高速网络的普及，相关上网费用也随之增加。

(D) 人们生活质量的提高仅决定于社会生产力的发展水平。

(E) 快捷的网络服务可能使人们将大量时间消耗在娱乐上。

【解析】专家：人们通过网络随时随地获得最快的信息、最贴心的服务和最佳体验 —预测→ 光纤网络将大幅度提高人们的生活质量。

(A) 项，不能削弱，"有时虚幻"无法削弱整体体验。

(B) 项，无关选项，没有光纤网络，同样可以创造高品质的生活，不代表光纤网络不能提高人们的生活质量。

(C) 项，无关选项，上网费用是否增加与光纤网络能否提高人们的生活质量无关。

(D) 项，可以削弱，人们生活质量的提高仅决定于社会生产力的发展水平，而与光纤网络无关，则光纤网络不能大幅度提高人们的生活质量，结果推断不当。

(E) 项，不能削弱，可能有恶果不等于事实如此。

【答案】(D)

20. **(2019 年管理类联考真题)** 旅游是一种独特的文化体验。游客可以跟团游，也可以自由行。自由行游客虽避免了跟团游的集体束缚，但也放弃了人工导游的全程讲解，而近年来他们了解旅游景点的文化需求却有增无减。为适应这一市场需求，基于手机平台的多款智能导游 App 被开发出来。它们可定位用户位置，自动提供景点讲解、游览问答等功能。有专家就此指出，未来智能导游必然会取代人工导游，传统的导游职业将消亡。

以下哪项如果为真，最能质疑上述专家的论断？

(A) 至少有 95% 的国外景点所配备的导游讲解器没有中文语音，中国出境游客因为语言和文化上的差异，对智能导游 App 的需求比较强烈。

(B) 旅行中才会使用的智能导游 App，如何保持用户黏性、未来又如何取得商业价值等都是待解问题。

(C) 好的人工导游可以根据游客需求进行不同类型的讲解，不仅关注景点，还可表达观点，个性化很强，这是智能导游 App 难以企及的。

(D) 目前发展较好的智能导游 App 用户量在百万级左右，这与当前中国旅游人数总量相比还只是一个很小的比例，市场还没有培养出用户的普遍消费习惯。

(E) 国内景区配备的人工导游需要收费，大部分导游讲解的内容都是事先背好的标准化内容。但是，即便人工导游没有特色，其退出市场也需要一定的时间。

【解析】专家：智能导游 App 可定位用户位置，自动提供景点讲解等功能——预测→未来智能导游必然会取代人工导游，传统的导游职业将消亡（对未来结果的预测）。

(A) 项，提供论据，支持"智能导游 App 将会取代人工导游"的观点。

(B) 项，无关选项，题干的论证与"用户黏性""商业价值"等无关。

(C) 项，提出反面论据，直接指出了智能导游 App 无法代替人工导游，最能削弱题干。

(D) 项，此项是"目前"的情况，而题干论证的是"未来"的情况，无关选项。

(E) 项，说明人工导游的讲解是标准化的，是可以被智能导游 App 取代的，只是退出市场需要时间而已，支持在"未来"智能导游会取代人工导游。

【答案】(C)

21. **(2020 年管理类联考真题)** 移动支付如今正在北京、上海等大中城市迅速普及，但是，并非所有中国人都熟悉这种新的支付方式，许多老年人仍然习惯传统的现金交易。有专家因此断言，移动支付的迅速普及会将老年人阻挡在消费经济之外，从而影响他们晚年的生活质量。

以下哪项如果为真，最能质疑上述专家的论断？

(A) 到 2030 年，中国 60 岁以上人口将增至 3.2 亿，老年人的生活质量将进一步引起社会关注。

(B) 有许多老年人因年事已高，基本不直接进行购物消费，所需物品一般由儿女或社会提供，他们的晚年生活很幸福。

（C）国家有关部门近年来出台多项政策指出，消费者在使用现金支付被拒时可以投诉，但仍有不少商家我行我素。

（D）许多老年人已在家中或社区活动中心学会移动支付的方法以及防范网络诈骗的技巧。

（E）有些老年人视力不好，看不清手机屏幕；有些老年人记忆力不好，记不住手机支付密码。

【解析】专家：许多老年人仍然习惯传统的现金交易（原因）——预测→移动支付的迅速普及会将老年人阻挡在消费经济之外，从而影响他们晚年的生活质量（对未来结果的预测）。

（B）项，此项说明即使老年人不会移动支付，也可以由子女代购，并不会影响老年人的生活质量，削弱专家的论断。

（D）项，如果题干说的是所有老年人都不会移动支付，则此项是很好的削弱，但题干的论证只涉及一部分老年人不会移动支付，与有许多老年人会移动支付并不矛盾。故此项是干扰项。

其余各项均为无关选项。

【答案】（B）

22. （2012年经济类联考真题）在美国，实行死刑的州，其犯罪率要比不实行死刑的州低，因此死刑能够减少犯罪。

以下哪项如果为真，最可能质疑上述推断？

（A）犯罪的青少年，较之守法的青少年更多出自单亲家庭。

（B）美国的法律规定了在犯罪地起诉并按其法律裁决，许多罪犯因此经常流窜犯罪。

（C）在最近几年，美国民间呼吁废除死刑的力量在不断减弱，一些政治人物也不再像过去那样在竞选中承诺废除死刑了。

（D）经过长期的跟踪研究发现，监禁在某种程度上成为酝酿进一步犯罪的温室。

（E）调查结果表明：犯罪分子在犯罪时多数都曾经想过自己的行为可能会判死刑或受到监禁的惩罚。

【解析】题干：在美国，实行死刑的州，其犯罪率比不实行死刑的州低——证明→死刑能够减少犯罪。

（A）项，无关选项，出现了与题干无关的新比较。

（B）项，指出许多罪犯为了躲避死刑，采取流窜犯罪的方式，选择在不实行死刑的州作案。在一定程度上，虽然可能整个美国的犯罪率并未下降，但使实行死刑的州的犯罪率下降了，支持题干。

（C）项，无关选项。

（D）项，指出监禁在某种程度上会酝酿进一步犯罪，那么不监禁（即实行死刑），可能会减少犯罪，略支持题干。

（E）项，指出犯罪分子在犯罪时想到可能会判死刑，但依旧犯罪，说明死刑并未阻止他们的犯罪，从而说明死刑并未减少犯罪，削弱题干。

【答案】（E）

23.（2019年经济类联考真题）Chanterelle 是一种野生的蘑菇，生长在能为它提供所需糖分的寄主树木——例如道格拉斯冷杉下面。反过来，Chanterelle 在地下的根茎细丝可以分解这些糖分并为其寄主提供养分和水分。正是因为这种互惠的关系，采割道格拉斯冷杉下面生长的 Chanterelle 会给这种树木造成严重的伤害。

下面哪项如果正确，对上面的结论提出了最强有力的质疑？

（A）近年来，野生蘑菇的采割数量一直在增加。
（B）Chanterelle 不仅生长在道格拉斯冷杉树下，也生长在其他寄主树木下面。
（C）许多野生蘑菇只能在森林里找到，它们不能轻易在别处被种植。
（D）对野生蘑菇的采割激发了这些蘑菇将来的生长。
（E）如果离开了 Chanterelle 根茎细丝所提供的养分和水分，幼小的道杉树就会死掉。

【解析】题干：Chanterelle 和道格拉斯冷杉的互惠关系 —导致→ 采割道格拉斯冷杉下面生长的 Chanterelle 会给这种树木造成严重的伤害。

（A）项，不能削弱，此项说明了野生蘑菇的采割数量在增加，但没有说明这种行为对寄主树木造成的影响。

（B）项，无关选项，题干不涉及"其他寄主树木"。

（C）项，无关选项，题干不涉及野生蘑菇的种植地。

（D）项，说明采割野生蘑菇会激发蘑菇的生长，从而对道格拉斯冷杉有益，削弱题干结论。

（E）项，支持题干，说明采割野生蘑菇 Chanterelle 会对道格拉斯冷杉有害。

【答案】(D)

变化3　因果关系的削弱：求异法

解题思路

求异法题目的题干，一般是两组对象进行比较（横向对比），或者同一组对象前后进行比较（纵向对比）的形式。

横向对比：

第一组对象：有 A，有 B;
第二组对象：无 A，无 B;
故有：A —导致→ B。

纵向对比：

同一对象有因素 A 前：没有 B;
同一对象有因素 A 后：有 B;
故有：A —导致→ B。

削弱方法：

使用求异法，要保证只能有一个差异因素。所以，最常用的削弱方式是"还有其他差异因素"对结果产生影响（另有他因）。常见的差异因素有：比较的对象本身有差异、比较的起点不一致、比较的对象所处环境不一致，等等。因果倒置也常在选项中出现。

典型真题

24. (2013年管理类联考真题) 某国研究人员报告说,与心跳速度每分钟低于58次的人相比,心跳速度每分钟超过78次者心脏病发作或者发生其他心血管问题的概率高出39%,死于这类疾病的风险高出77%,其整体死亡率高出65%。研究人员指出,长期心跳过快导致了心血管疾病。

以下哪项如果为真,最能对该研究人员的观点提出质疑?

(A) 各种心血管疾病影响身体的血液循环机能,导致心跳过快。
(B) 在老年人中,长期心跳过快的不到39%。
(C) 在老年人中,长期心跳过快的超过39%。
(D) 野外奔跑的兔子心跳很快,但是很少发现它们患心血管疾病。
(E) 相对老年人,年轻人生命力旺盛,心跳较快。

【解析】研究人员:

心跳速度每分钟低于58次的人:得心血管疾病的概率低;

心跳速度每分钟超过78次的人:得心血管疾病的概率高出39%,死亡率高出65%;

故:心跳过快 —导致→ 心血管疾病。

(A) 项,心血管疾病导致心跳过快,而不是心跳过快导致心血管疾病,指出题干<u>因果倒置</u>,削弱该研究人员的观点。

(D) 项,兔子心跳很快(有因),但是很少发现它们患心血管疾病(无果)。但兔子与人差异过大,存在类比不当,故削弱力度小。

其余各项均为无关选项。

【答案】(A)

25. (2016年管理类联考真题) 研究人员发现,人类存在3种核苷酸基因类型:AA 型、AG 型以及 GG 型。一个人有36%的概率是 AA 型,有48%的概率是 AG 型,有16%的概率是 GG 型。在1 200名参与实验的老年人中,拥有 AA 型和 AG 型基因类型的人都在上午11时之前去世,而拥有 GG 型基因类型的人几乎都在下午6时左右去世。研究人员据此认为:GG 型基因类型的人会比其他人平均晚死7个小时。

以下哪项如果为真,最能质疑上述研究人员的观点?

(A) 拥有 GG 型基因类型的实验对象容易患上心血管疾病。
(B) 当死亡临近的时候,人体会还原到一种更加自然的生理节律感应阶段。
(C) 有些人是因为疾病或者意外事故等其他因素而死亡的。
(D) 对人死亡时间的比较,比一天中的哪一时刻更重要的是哪一年、哪一天。
(E) 平均寿命的计算依据应是实验对象的生命存续长度,而不是实验对象的死亡时间。

【解析】题干使用求异法:拥有 AA 型和 AG 型基因类型的人都在上午11时之前去世,拥有 GG 型基因类型的人几乎都在下午6时左右去世 —证明→ GG 型基因类型的人会比其他人平均晚死7个小时。

(A)、(B) 项,无关选项。

(C) 项，无关选项，无法确定此项中的"有些人"是哪种基因类型的人。

(D) 项，可以削弱。比如 2017 年 1 月 1 日 18 点死亡的人，要比 2017 年 1 月 2 日 11 点死亡的人的死亡时间更早，而不是更晚。

(E) 项，此项为干扰项，因为题干的结论是 GG 型基因类型的人会比其他人平均"晚死"7 个小时，即只比较了死亡时间，而没有比较寿命。而此项讨论的是"平均寿命"，为无关选项。

【答案】(D)

26. **（2020年管理类联考真题）** 某教授组织了 120 名年轻的参试者，先让他们熟悉电脑上的一个虚拟城市，然后让他们以最快的速度寻找由指定地点到达关键地标的最短路线，最后再让他们识别茴香、花椒等 40 种芳香植物的气味。结果发现，寻路任务中得分较高者其嗅觉也比较灵敏。该教授由此推测，一个人空间记忆力好、方向感强，就会使其嗅觉更为灵敏。

以下哪项如果为真，最能质疑该教授的上述推测？

(A) 大多数动物主要是靠嗅觉寻找食物、躲避天敌，其嗅觉进化有助于"导航"。

(B) 有些参试者是美食家，经常被邀请到城市各处的特色餐馆品尝美食。

(C) 部分参试者是马拉松运动员，他们经常参加一些城市举办的马拉松比赛。

(D) 在同样的测试中，该教授本人在嗅觉灵敏度和空间方向感方面都不如年轻人。

(E) 有的年轻人喜欢玩方向感要求较高的电脑游戏，因过分投入而食不知味。

【解析】某教授：寻路任务中得分较高者其嗅觉也比较灵敏 —证明→ 一个人空间记忆力好、方向感强，就会使其嗅觉更为灵敏。

(A) 项，因果倒置，说明是嗅觉灵敏导致方向感强，而不是方向感强导致嗅觉灵敏，削弱题干。

(B) 项，不确定此项中的"有些参试者"是寻路任务中得分高的人还是得分低的人，因此无法削弱或支持题干。

(C) 项，无关选项，不确定"马拉松运动员"与题干中测试的关系。

(D) 项，无关选项，题干不涉及"教授"和"年轻人"的比较。

(E) 项，典型干扰项"有的不"，另外"食不知味"是指心里有事，因此吃东西不香，而不是嗅觉不灵敏。

【答案】(A)

27. **（2014年经济类联考真题）** 是过度集权经济而非气候变化，导致 S 国自其政府掌权以来农业歉收。S 国的邻国 T 国，经历了同样的气候条件，然而，其农业产量一直在增加，尽管 S 国的一直在下滑。

以下哪项如果为真，将最严重地削弱以上论证？

(A) S 国的工业产量也一直下滑。

(B) S 国拥有一个港口城市，但 T 国是个内陆国家。

(C) S 国与 T 国都一直遭受严重的干旱。

(D) S 国一直种植的农作物不同于 T 国种植的农作物。

(E) S 国的新政府制定了一项旨在确保产品平均分配的集权经济政策。

【解析】题干：①T国与S国经历了同样的气候条件；②T国农业产量上升，S国农业产量下降 —证明→ 是过度集权经济而非气候变化导致S国农业歉收。

(A)项，无关选项，题干论证的是"农业产量"，此项论证的是"工业产量"。

(B)项，不能削弱，无法得知拥有港口城市的国家和内陆国家之间的区别是否会导致农业产量不同。

(C)项，支持题干，说明两国确实在经历相同的气候条件。

(D)项，另有他因，指出农作物的种类不同导致农业产量的差异，削弱题干。

(E)项，支持题干，指出S国确实存在集权经济。

【答案】(D)

28. (2015年经济类联考真题) 有90个病人，都患难治疾病T且都服用过同样的常规药物。这些病人被分为人数相等的两组：第一组服用一种用于治疗T的实验药物W素；第二组服用不含有W素的安慰剂。10年后的统计显示，两组都有44人死亡。因此，这种实验药物是无效的。

以下哪项如果为真，最能削弱上述论证？

(A) 在上述死亡的病人中，第二组的平均死亡年份比第一组早两年。

(B) 在上述死亡的病人中，第二组的平均寿命比第一组小两岁。

(C) 在上述活着的病人中，第二组的比第一组的病情更严重。

(D) 在上述活着的病人中，第二组的比第一组的更年长。

(E) 在上述活着的病人中，第二组的比第一组的更年轻。

【解析】题干使用求异法：

第一组：服用含W素的实验药物，10年后44人死亡；
第二组：服用不含有W素的安慰剂（即不服用含W素的实验药物），10年后44人死亡；

故，含W素的实验药物无效。

(A)项，削弱题干，说明虽然两组10年后都死了44个人，但是第一组发病后存活时间更长，药物有效。

(B)项，无关选项，"平均寿命"的长短与"发病到死亡的时间"长短没有关系。

(C)、(D)、(E)项均为无关选项。

【答案】(A)

29. (2017年经济类联考真题) 直到最近专家还相信是环境而非基因对人类个性影响最大，但是，一项新的研究却表明：一起成长起来的同卵双胞胎的个性相似之处比一起成长起来的非同卵双胞胎多。因此，这项研究得出的结论认为，基因在决定个性方面确实起着重要的作用。

下面哪项如果为真，对该研究的结论提出了最大的质疑？

(A) 在不同家庭抚养的同卵双胞胎表现出的性格相似之处比同种情况下非同卵双胞胎表现出来的相似之处多。

(B) 不论双胞胎举止如何，父母对待同卵双胞胎的方式总是容易激发出相似的性格特征，而对待非同卵双胞胎的方式却并非如此。

(C) 拥有同卵双胞胎和非同卵双胞胎的父母一致认为他们的孩子从婴儿起性格就已固定了。

(D) 亲生父母和他们的同卵双胞胎之间会有许多相似的性格，而养父母和双胞胎之间的相似性格则没有多少。

(E) 无论同卵双胞胎还是非同卵双胞胎，在他们成长过程中，他们的个人性格都不会发生明显变化。

【解析】题干：同卵双胞胎的个性相似之处比非同卵双胞胎多 —证明→ 基因在决定个性方面确实起着重要的作用。

(A) 项，支持题干，说明基因在决定个性方面确实起着重要的作用。

(B) 项，另有他因，是因为父母对待同卵双胞胎的方式导致他们容易具有相似的性格特征，而非基因决定他们的个性，削弱题干。

(C) 项，无关选项，父母的看法并不代表事实。

(D) 项，支持题干，亲生父母与孩子之间存在基因关系，二者的相似性多，说明基因影响个性。

(E) 项，排除他因，排除成长过程影响性格的可能，从而支持性格是由基因决定的，支持题干。

【答案】(B)

变化4　因果关系的削弱：百分比对比型

解题思路

百分比对比型题目的本质是求异法，一般分为三种场合：正面场合（如得糖尿病的人）、反面场合（如不得糖尿病的人）、全体场合（所有人）。

根据求异法，如果正面场合和反面场合、全体场合的百分比有差异，则支持因果关系；如果正面场合和反面场合、全体场合的百分比没有差异，则削弱因果关系。

例如：

正面场合：得糖尿病的人，60%肥胖；
反面场合：不得糖尿病的人，40%肥胖；
_____
支持：肥胖引发糖尿病。

又如：

正面场合：得糖尿病的人，60%肥胖；
全体场合：所有人，40%肥胖；
_____
支持：肥胖引发糖尿病。

再如：

正面场合：得糖尿病的人，60%肥胖；
全体场合：所有人，60%肥胖；
_____
削弱：肥胖引发糖尿病。

口诀：同比削弱，差比加强。

典型真题

30.（2010年管理类联考真题） 对某高校本科生的某项调查统计发现：在因成绩优异被推荐免试攻读硕士研究生的文科专业学生中，女生占有70%。由此可见，该校本科生文科专业的女生比男生优秀。

以下哪项如果为真，能最有力地削弱上述结论？

(A) 在该校本科生文科专业学生中，女生占30%以上。
(B) 在该校本科生文科专业学生中，女生占30%以下。
(C) 在该校本科生文科专业学生中，男生占30%以下。
(D) 在该校本科生文科专业学生中，女生占70%以下。
(E) 在该校本科生文科专业学生中，男生占70%以上。

【解析】题干：在因成绩优异被推荐免试攻读硕士研究生的文科专业学生中，女生占70% ——证明→ 该校本科生文科专业的女生比男生优秀。

(C) 项与题干形成求异法：

题干：推荐免试攻读硕士研究生的文科专业学生中，女生占70%；
(C) 项：所有文科专业学生中，男生占30%以下（即女生占70%以上）；

正面场合和全体场合无差异，削弱：该校本科生文科专业的女生比男生优秀。

【答案】(C)

31.（2011年经济类联考真题） 据国际卫生与保健组织2005年年会"通讯与健康"公布的调查报告显示，70%的脑癌患者都有经常使用移动电话的历史。这充分说明，经常使用移动电话将会极大地增加一个人患脑癌的可能性。

以下哪项如果为真，将最严重地削弱上述结论？

(A) 进入21世纪以来，使用移动电话者的比例有惊人的增长。
(B) 有经常使用移动电话的历史的人在2000年到2005年超过世界总人口的67%。
(C) 在2005年全世界经常使用移动电话的人数比2004年增加了68%。
(D) 使用普通电话与移动电话的通话者同样有导致脑癌的风险。
(E) 没有使用过移动电话的人数在20世纪90年代超过世界总人口的50%。

【解析】　题干中脑癌患者：70%有经常使用移动电话的历史；
(B) 项中所有人：67%有经常使用移动电话的历史；

两组数据差异不大，因此，削弱"经常使用移动电话会增加患脑癌的可能性"的结论。

【答案】(B)

变化5　因果关系的削弱：共变法

解题思路

共变法，是指在其他条件不变的情况下，如果一个现象发生变化，另一个现象就随之发生变化，那么这两个现象间可能存在因果关系。使用共变法，最常犯的错误是因果倒置。

另外，两个共变的现象很可能是由另外一个共同的原因导致的，所以共变法的因果关系可以用另有他因来削弱，此时，也称为共因削弱。

【注意】

①穆勒五法是求因果的方法，因此，这类题型本质上还是因果型的题目，以上所有关于因果关系的削弱方法也适用于求因果五法型题目。

②求因果五法的作用是探求某个现象的原因，所以题干一般先写结果，后写原因，且原因常常是题干的结论。

典型真题

32.（2010年管理类联考真题）一般认为，出生地间隔较远的夫妻所生子女的智商较高。有资料显示，夫妻均是本地人，其所生子女的平均智商为102.45；夫妻是省内异地的，其所生子女的平均智商为106.17；而隔省婚配的，其所生子女的智商则高达109.35。因此，异地通婚可提高下一代的智商水平。

以下哪项如果为真，最能削弱上述结论？

（A）统计孩子平均智商的样本数量不够多。

（B）不难发现，一些天才儿童的父母均是本地人。

（C）不难发现，一些低智商儿童的父母的出生地间隔较远。

（D）能够异地通婚者是智商比较高的，他们自身的高智商促成了异地通婚。

（E）一些情况下，夫妻双方出生地间隔很远，但他们的基因可能接近。

【解析】题干使用共变法：夫妻均是本地人，其所生子女的平均智商为102.45；夫妻是省内异地的，其所生子女的平均智商为106.17；而隔省婚配的，其所生子女的智商则高达109.35。因此，异地通婚可提高下一代的智商水平。

（A）项，质疑样本的数量，可以削弱，但是没有（D）项削弱力度大。

（B）项和（C）项的错误相同，个体数据不能削弱全体的平均数。

（D）项，另有他因，不是异地通婚导致孩子智商高，而是他们本身智商高导致他们异地通婚，进而导致孩子的智商较高（共因削弱）。

（E）项，无关选项，题干没有提及基因相近与否和智商高低的关系。

【答案】（D）

33.（2014年管理类联考真题、2017年经济类联考真题）不仅人上了年纪会难以集中注意力，就连蜘蛛也有类似的情况。年轻蜘蛛结的网整齐均匀，角度完美；年老蜘蛛结的网可能出现缺口，形状怪异。蜘蛛越老，结的网就越没有章法。科学家由此认为，随着时间的流逝，这种动物的大脑也会像人脑一样退化。

以下哪项如果为真，最能质疑科学家的上述论证？

(A) 优美的蛛网更容易受到异性蜘蛛的青睐。
(B) 年老蜘蛛的大脑较之年轻蜘蛛，其脑容量明显偏小。
(C) 运动器官的老化会导致年老蜘蛛结网能力下降。
(D) 蜘蛛结网只是一种本能的行为，并不受大脑控制。
(E) 形状怪异的蛛网较之整齐均匀的蛛网，其功能没有大的差别。

【解析】题干使用共变法：蜘蛛越老，结的网就越没有章法（结果）——证明→随着时间的流逝，这种动物的大脑也会像人脑一样退化（原因）。

前提说的是"结网"，结论说的是"大脑"，只要说明"结网"和"大脑"不相关，就能削弱题干。

(A) 项，无关选项，题干不涉及"异性蜘蛛的青睐"。
(B) 项，"脑容量偏小"与"大脑退化"的关系没有明确指出，故不能削弱。
(C) 项，另有他因，但存在"运动能力下降"与"大脑退化"这两种原因共存的可能，故此项并非必然的削弱，削弱力度不如（D）项。
(D) 项，说明"结网"与"大脑"不相关，即因果无关，是必然的削弱。
(E) 项，无关选项，题干不涉及蜘蛛网的功能。

【答案】(D)

34. (2014年管理类联考真题、2018年经济类联考真题) 人们普遍认为适量的体育运动能够有效降低中风的发生率，但科学家还注意到有些化学物质也有降低中风风险的效用。番茄红素是一种让番茄、辣椒、西瓜和番木瓜等果蔬呈现红色的化学物质。研究人员选取一千余名年龄在46～55岁之间的人，进行了长达12年的跟踪调查，发现其中番茄红素水平最高的四分之一的人中有11人中风，番茄红素水平最低的四分之一的人中有25人中风。他们由此得出结论：番茄红素能降低中风的发生率。

以下哪项如果为真，最能对上述研究结论提出质疑？

(A) 番茄红素水平较低的中风者中有三分之一的人病情较轻。
(B) 吸烟、高血压和糖尿病等会诱发中风。
(C) 如果调查56～65岁之间的人，情况也许不同。
(D) 番茄红素水平高的人中约有四分之一喜爱进行适量的体育运动。
(E) 被跟踪的另一半人中有50人中风。

【解析】题干使用求异法：

番茄红素水平最高的四分之一的人：11人中风；
番茄红素水平最低的四分之一的人：25人中风；
————————————————————
所以，番茄红素能降低中风的发生率。

(A) 项，无关选项，题干只讨论发生中风与否，没有讨论中风的严重性。
(B) 项，无关选项，题干讨论的是"番茄红素水平"与中风的关系，此项不涉及此论证。

(C) 项,诉诸无知。

(D) 项,另有他因,但是因为不知道有多少番茄红素水平低的人喜爱适量的体育活动,如果少于四分之一,则质疑题干;如果也有四分之一甚至多于四分之一,则不能质疑题干。所以此项削弱力度弱。

(E) 项,此项与题干构成共变法实验:

番茄红素水平最高的四分之一的人:11 人中风;

番茄红素水平居中的二分之一的人:50 人中风;

番茄红素水平最低的四分之一的人:25 人中风。

如果番茄红素水平确实影响中风的发生率,那么,应该是番茄红素水平高的,中风率最低;番茄红素水平居中的,中风率居中;番茄红素水平最低的,中风率最高。但由此项却发现,番茄红素水平居中和最低的人,发病率一样,说明番茄红素水平并不是影响中风发生率的关键因素,削弱题干。

【答案】(E)

题型 25　因果关系的支持

命题概率

199 管理类联考近 10 年真题命题数量 15 道,平均每年 1.5 道。
396 经济类联考近 10 年真题命题数量 9 道,平均每年 0.9 道。

母题变化

变化 1　因果关系的支持:找原因

解题思路

如果题干是已知发现了某种现象,寻找这个事件产生的原因,就称为"找原因"型题目。题干的基本结构为:

$$\text{现象(论据是果)} \xrightarrow{\text{推测}} \text{原因(论点是因)}。$$

支持方法如下:

(1) 因果相关。

直接说明题干中的因果关系成立。

(2) 排除他因。

题干说原因 A 导致了结果 B 的发生,正确的选项指出不是别的原因导致了 B 发生,当然就支持了题干。

（3）无因无果。

题干：有原因 A 时，有结果 B；

选项：无原因 A 时，无结果 B。

根据求异法，支持 A、B 之间存在因果关系。

（4）并非因果倒置。

题干认为 A 是 B 的原因，正确的选项排除 B 是 A 的原因这种可能。

典型真题

1. **（2010年管理类联考真题）** 一种常见的现象是，从国外引进的一些畅销科普读物在国内并不畅销。有人对此解释说，这与我们多年来沿袭的文理分科有关。文理分科人为地造成了自然科学与人文社会科学的割裂，导致科普类图书的读者市场还没有真正形成。

以下哪项如果为真，最能加强上述观点？

(A) 有些自然科学工作者对科普读物也不感兴趣。

(B) 科普读物不是没有需求，而是有效供给不足。

(C) 由于缺乏理科背景，非自然科学工作者对科学敬而远之。

(D) 许多科普电视节目都拥有固定的收视群，相应的科普读物也大受欢迎。

(E) 国内大部分科普读物只是介绍科学常识，很少真正关注科学精神的传播。

【解析】题干：文理分科 —导致→ 自然科学与人文社会科学的割裂 —导致→ 科普类图书的读者市场还没有真正形成 —导致→ 国外畅销科普读物在国内并不畅销。

(A) 项，不能支持，"有些"自然科学工作者的情况，无法支持整体状况。

(B) 项，另有他因，削弱题干。

(C) 项，补充新论据，缺乏理科背景的人，对科学敬而远之，从而导致他们不喜欢阅读科普类图书，说明题干中的现象确实是"文理分科"的结果，加强题干。

(D)、(E) 项，无关选项，没有涉及"文理分科"。

【答案】(C)

2. **（2010年管理类联考真题）** S市环保检测中心的统计分析表明，2009年空气质量为优的天数为150天，比2008年多出22天。二氧化碳、一氧化碳、二氧化氮、可吸入颗粒物四项污染物浓度平均值，与2008年相比分别下降了约21.3％、25.6％、26.2％、15.4％。S市环保负责人指出，这得益于近年来本市政府持续采取的控制大气污染的相关措施。

以下除哪项外，均能支持上述市环保负责人的看法？

(A) S市广泛展开环保宣传，加强了市民的生态理念和环保意识。

(B) S市启动了内部控制污染方案，凡是不达标的燃煤锅炉停止运行。

(C) S市执行了机动车排放国Ⅳ标准，单车排放比Ⅲ降低了49％。

(D) S市市长办公室最近研究了焚烧秸秆的问题，并着手制定相关条例。

(E) S市制定了"绿色企业"标准，继续加快污染重、能耗高的企业的退出。

【解析】S市环保负责人：近年来S市政府持续采取控制大气污染的措施——导致→S市空气质量改善。

（A）、（B）、（C）、（E）四项均补充论据，指出了S市政府为控制大气污染采取的具体措施，支持题干中S市环保负责人的看法。

（D）项，相关措施尚未实施，所以不能支持题干中S市环保负责人的看法。

【答案】（D）

3. **（2015年管理类联考真题）** 自闭症会影响社会交往、语言交流和兴趣爱好等方面的行为。研究人员发现，实验鼠体内神经连接蛋白的蛋白质如果合成过多，就会导致自闭症。由此他们认为，自闭症与神经连接蛋白的蛋白质合成量具有重要关联。

以下哪项如果为真，最能支持上述观点？

（A）生活在群体之中的实验鼠较之独处的实验鼠患自闭症的比例要小。

（B）雄性实验鼠患自闭症的比例是雌性实验鼠的5倍。

（C）抑制神经连接蛋白的蛋白质合成可缓解实验鼠的自闭症状。

（D）如果将实验鼠控制蛋白合成的关键基因去除，其体内的神经连接蛋白就会增加。

（E）神经连接蛋白正常的老年实验鼠患自闭症的比例很低。

【解析】研究人员：实验鼠体内神经连接蛋白的蛋白质如果合成过多，就会导致自闭症——证明→自闭症与神经连接蛋白的蛋白质合成量具有重要关联。

（A）、（B）、（E）项，另有他因，指出自闭症可能与"独处""性别""年龄"有关，削弱研究人员的观点。

（C）项，无因无果，支持研究人员的观点。

（D）项，无关选项。

【答案】（C）

4. **（2018年管理类联考真题）** 分心驾驶是指驾驶人为满足自己的身体舒适、心情愉悦等需求而没有将注意力全部集中于驾驶过程的驾驶行为，常见的分心行为有抽烟、饮水、进食、聊天、刮胡子、使用手机、照顾小孩等。某专家指出，分心驾驶已成为我国道路交通事故的罪魁祸首。

以下哪项如果为真，最能支持上述专家的观点？

（A）一项统计研究表明，相对于酒驾、药驾、超速驾驶、疲劳驾驶等情形，我国由分心驾驶导致的交通事故占比最高。

（B）驾驶人正常驾驶时反应时间为0.3～1.0秒，使用手机时反应时间则延迟3倍左右。

（C）开车使用手机会导致驾驶人注意力下降20％；如果驾驶人边开车边发短信，则发生车祸的概率是其正常驾驶时的23倍。

（D）近来使用手机已成为我国驾驶人分心驾驶的主要表现形式，59％的人开车过程中看微信，31％的人玩自拍，36％的人刷微博、微信朋友圈。

（E）一项研究显示，在美国超过1/4的车祸是由驾驶人使用手机引起的。

【解析】专家：分心驾驶已成为我国道路交通事故的罪魁祸首。

（A）项，指出相对于其他情况，我国由分心驾驶导致的交通事故占比最高，支持"分心驾驶

(B)、(C) 项，说明使用手机可能会引发交通事故，但使用手机只是分心驾驶的一种情况，支持力度弱。

(D) 项，无关选项，此项仅说明"使用手机"和"分心驾驶"之间的关系，未涉及"使用手机"是否引发"交通事故"。

(E) 项，无关选项，题干仅涉及"我国"，与"美国"的情况无关。

【答案】(A)

5. (2021年管理类联考真题) 孩子在很小的时候，对接触到的东西都要摸一摸、尝一尝，甚至还会吞下去。孩子天生就对这个世界抱有强烈的好奇心。但随着孩子慢慢长大，特别是进入学校之后，他们的好奇心越来越少，对此专家认为这是由于孩子受到外在的不当激励所造成的。

以下哪项如果为真，最能支持上述专家的观点？

(A) 现在许多孩子迷恋电脑、手机，对书本知识感到索然无味。
(B) 野外郊游可以激发孩子的好奇心，长时间宅在家里就会产生思维惰性。
(C) 老师和家长只看考试成绩，导致孩子只知道死记硬背书本知识。
(D) 现在孩子所做的很多事情大多迫于老师、家长等的外部压力。
(E) 孩子助人为乐能获得褒奖，损人利己往往受到批评。

【解析】题干：随着孩子慢慢长大，特别是进入学校之后，他们的好奇心越来越少（结果），专家认为这是由于孩子受到外在的不当激励所造成的（原因）。

(A) 项，指出许多孩子迷恋电脑、手机等，导致他们的好奇心越来越少，属于自身问题，与"外在的不当激励"无关，故不能支持专家的观点。

(B) 项，指出"长时间宅在家里"导致好奇心越来越少，但与"外在的不当激励"无关，故不能支持专家的观点。

(C) 项，指出是由于老师和家长只看考试成绩（进入学校以后的不当外部激励），导致孩子只知道死记硬背书本知识，从而削弱了孩子的好奇心，支持专家的观点。

(D) 项，指出现在孩子所做的很多事情大多迫于老师、家长等的外部压力，但并未指出这是否导致孩子的好奇心越来越少，故不能支持专家的观点。

(E) 项，孩子"助人为乐"和"损人利己"的结果均与"好奇心越来越少"无关，故不能支持专家的观点。

【答案】(C)

6. (2011年经济类联考真题) 在19世纪，英国的城市人口上升，而农村人口下降。一位历史学家推理说，工业化并非是产生这种变化的原因，这种变化是由一系列人口向城市地区的迁移而造成的，而这种迁移都是发生在每次农业经济的衰退时期。为了证明这种假说，这位历史学家将经济数据同人口普查数据作了对比。

以下哪项如果为真，最支持该历史学家的假说？

(A) 工业经济增长最大的时期总伴随着农业人口数目的相对减少。
(B) 农业经济最衰弱的时期总伴随着总人口数目的相对减少。
(C) 在农业经济相对强大、工业经济相对衰弱的时期，总伴随着农村人口的快速减少。

(D) 在农业和工业经济都强劲的时期伴随着城市人口尤其快速的增长。
(E) 在农业经济最强劲的时期,伴随着城市人口的相对稳定。

【解析】历史学家:农业经济衰退——导致——>农村人口向城市地区迁移——导致——>城市人口上升,农村人口下降。

(A) 项,不能支持,题干讨论的是农业经济衰退对人口的影响,而不是工业经济的影响。

(B) 项,不能支持,此项指出农业经济最衰弱的时期总伴随着总人口数目的相对减少,而"总人口数目"相对减少无法确定"农村人口"是否下降,可能是城市人口下降。

(C) 项,农业经济强大时农村人口减少,与题干相反,削弱题干;而且本项中有农业、工业两个影响因素,无法判断哪个因素是真正的原因。

(D) 项,不能支持,本项中有农业、工业两个影响因素,无法判断哪个因素是真正的原因。

(E) 项,无因无果,支持题干。

【答案】(E)

7. (2013年经济类联考真题) 某家媒体公布了某市二十所高中的高考升学率,并按升学率的高低进行排序。专家指出,升学率并不能作为评价这些高中的教学水平的标准。

以下哪项不能作为支持专家论断的论据?

(A) 学生在进入这些高中前,需要参加本市的高中入学考试。而这些高中中的录取分数线有明显的差距。

(B) 本市升学率高的中学配备了优秀的教师。

(C) 有些高考升学率较高的中学其平均高考成绩却低于升学率较低的中学。

(D) 有些升学率较低的中学出现了很多高考成绩优异的毕业生。

(E) 有些中学之所以升学率较低,很大程度上是因为很多考生虽然高考成绩很好,但是由于选择专业和大学的倾向性,而决定复读。

【解析】专家:升学率不能作为评价这些高中的教学水平的标准。

(A) 项,另有他因,说明是因为学生原本成绩好导致升学率高,故支持升学率不能作为评价这些高中的教学水平的标准。

(B) 项,升学率高的高中配备了优秀教师,说明可能是优秀教师的教学水平高导致升学率高,所以升学率可以评价教学水平,削弱专家的观点。

(C) 项,说明升学率高的学校平均成绩并不一定好,故支持升学率不能作为评价这些高中的教学水平的标准。

(D) 项,说明升学率低的学校的学生高考成绩也可能优异,故支持升学率不能作为评价这些高中的教学水平的标准。

(E) 项,说明高分复读的人数很多,导致其升学率低,故支持升学率不能作为评价这些高中的教学水平的标准。

【答案】(B)

8. (2014年经济类联考真题) 对一群以前从不吸烟的青少年进行追踪研究,以确定他们是否抽烟及其精神健康状态的变化。一年后,开始吸烟的人患忧郁症的人数是那些不吸烟的人患忧郁症的四倍。因为香烟中的尼古丁令大脑发生化学变化，可能进而影响情绪。所以，吸烟很可能促使青少年患忧郁症。

下面哪项如果为真，最能加强上述论证？

（A）研究开始时就已患忧郁症的实验参与者与那时候没有患忧郁症的实验参与者，一年后吸烟者的比例一样。

（B）这项研究没有在参与者中区分偶尔吸烟者与烟瘾很大者。

（C）研究中没有或者极少的参与者是朋友亲戚关系。

（D）在研究进行的一年里，一些参与者开始出现忧郁症后又恢复正常了。

（E）研究人员没有追踪这些青少年的酒精摄入量。

【解析】题干：追踪研究一年后发现，开始吸烟的人患忧郁症的人数是那些不吸烟的人患忧郁症的四倍 ——证明→ 吸烟很可能促使青少年患忧郁症。

（A）项，并非因果倒置，若已患有忧郁症的实验参与者一年后吸烟比例变高，就可能是忧郁症导致吸烟人数变多，而不是吸烟导致了忧郁症。此项否定了这种可能性，支持了题干。

（B）项，无关选项，题干讨论的是吸烟和忧郁症的关系，与吸烟的频率和烟瘾程度无关。

（C）项，无关选项，吸烟能否导致忧郁症和参与者是否是朋友或者亲戚无关。

（D）项，无关选项，题干仅涉及吸烟是否引发忧郁症，不涉及忧郁症是否能恢复。

（E）项，无关选项，题干讨论的是"吸烟"和忧郁症的关系，与"酒精"的摄入量无关。

【答案】（A）

9. (2014年经济类联考真题)"好写"与"超快"两家公司都为使用他们开发的文字处理软件的顾客提供24小时的技术援助热线电话服务。因为顾客只有在使用软件困难时才会拨打热线，而"好写"热线的电话是四倍于"超快"的，因此"好写"的文字处理软件使用起来一定比"超快"的困难。

以下哪项如果为真，最能加强上述论证？

（A）打给"超快"热线的电话平均时长差不多是打给"好写"热线的两倍。

（B）"超快"的文字处理软件的顾客数量是"好写"的三倍。

（C）"超快"收到的对其文字处理软件的投诉信件数量是"好写"所收到的两倍。

（D）打给两家公司热线的数量都呈逐步增长趋势。

（E）"好写"的热线电话号码比"超快"的更易记住。

【解析】题干：顾客只有在使用软件困难时才会拨打热线，而"好写"热线的电话是四倍于"超快"的 ——证明→ "好写"的文字处理软件使用起来一定比"超快"的困难。

（A）项，无关选项，题干讨论的是"热线电话的数量"和"文字处理软件使用困难"之间的关系，与"热线电话的平均时长"无关。

（B）项，说明"好写"的顾客更少，收到的热线电话却更多，支持"好写"的文字处理软件更难用的结论。

（C）项，削弱题干，指出"超快"收到的对其文字处理软件的投诉信件数量比"好写"收到的更多，说明"超快"的文字处理软件使用起来更难。

(D) 项，打给两家的热线数量都是呈逐步增长的趋势，无法确定哪家的热线数量多，故无法支持或削弱题干。

(E) 项，另有他因，削弱题干，"好写"的热线电话更容易记住，才使"好写"接到的热线电话更多。

【答案】(B)

10. （2015年经济类联考真题）一般人认为，广告商为了吸引顾客会不择手段。但广告商并不都是这样。最近，为了扩大销路，一家名为《港湾》的家庭类杂志改名为《炼狱》，主要刊登暴力与色情内容。结果，原先《港湾》杂志的一些常年广告客户拒绝续签合同，转向其他刊物。这说明这些广告商不只考虑经济效益，而且顾及道德责任。

以下哪项如果为真，最能加强题干的论证？
(A)《炼狱》的成本与售价都低于《港湾》。
(B) 上述拒绝续签合同的广告商在转向其他刊物后效益未受影响。
(C) 家庭类杂志的读者一般对暴力与色情内容不感兴趣。
(D) 改名后《炼狱》杂志的广告客户并无明显增加。
(E) 一些在其他家庭杂志做广告的客户转向《炼狱》杂志。

【解析】题干：为了扩大销路，一家名为《港湾》的家庭类杂志改名为《炼狱》，主要刊登暴力与色情内容。结果，原先《港湾》杂志的一些常年广告客户拒绝续签合同，转向其他刊物——证明→这些广告商不只考虑经济效益，而且顾及道德责任。

有两种因素影响广告商的选择：经济效益 V 道德责任，要肯定上述广告商是受"道德责任"的影响，需要排除"经济效益"这一因素。

(A) 项，无关选项，杂志的成本与售价与广告商拒绝续签合同无关。

(B) 项，说明这些广告商并不是因为经济效益的原因选择其他刊物（排除他因），故支持题干。

(C) 项，说明广告商因为杂志受众变化而拒绝续签合同，另有他因，削弱题干。

(D) 项，无关选项，是否增加新的广告客户与原先的广告客户拒绝续签合同无关。

(E) 项，支持题干，《炼狱》杂志吸引到了新的广告客户，这说明在《炼狱》杂志做广告是有利可图的，从而反证那些离开的广告客户不是因为经济原因离开。但是这种解释成立的前提是，新来的广告客户和离开的这些广告客户具有本质上的相似性，但这一点是存疑的，比如说两类广告客户销售的产品不同，选择的广告渠道可能就会不同，因此新来的广告客户有利可图并不能说明走的那些广告客户如果留下来也有利可图。故此项的支持力度不如 (B) 项。

注意：此题在 (B)、(E) 项的选择上存在争议。由于2020年之前的经济类联考真题不是由教育部统一命题，也不公布官方答案，故建议大家不用过于纠结争议题。

【答案】(B)

11. （2016年经济类联考真题）近年来，全球的青蛙数量有所下降，而同时地球接受的紫外线辐射有所增加。因为青蛙的遗传物质在受到紫外线辐射时会受到影响，且青蛙的卵通常为凝胶状而没有外壳或皮毛的保护。所以可以认为，青蛙数量的下降至少部分是由于紫外线辐射的上升导致的。

下列哪一项如果为真，最能支持以上论述？

(A) 即使在紫外线没有显著上升的地方，青蛙的产卵数量仍然显著下降。

(B) 在青蛙数量下降最少的地方，作为青蛙猎物的昆虫的数量显著下降。

(C) 数量显著下降的青蛙种群中杀虫剂的浓度要高于数量没有下降的青蛙种群。

(D) 在很多地方，海龟会和青蛙共享栖息地，虽然海龟的卵有外壳保护，海龟的数量仍然有所下降。

(E) 有些青蛙种群会选择将它们的卵藏在石头或沙子下，而这些种群的数量下降要明显少于不这样做的青蛙种群。

【解析】题干：青蛙数量的下降至少部分是由于紫外线辐射的上升导致的。

(A) 项，无因有果，削弱题干。

(B) 项，无关选项，题干不涉及昆虫数量与青蛙数量的关系。

(C) 项，另有他因，说明是杀虫剂的浓度高导致了青蛙数量的下降，削弱题干。

(D) 项，采用类比的方法说明海龟的卵有外壳保护从而不受紫外线辐射的影响，海龟数量却依然下降，无因有果，削弱题干。

(E) 项，指出将卵藏在石头或沙子下（即不受紫外线辐射）的青蛙种群的数量下降得少，无因无果，支持题干。

【答案】(E)

变化2　因果关系的支持：求因果五法

解题思路

（1）求异法。

①使用求异法要求只能有一个差异因素，因此，常用排除其他差异因素的方法支持（排除他因）。

②若题干为有因有果，选项为无因无果即可支持（增加对照组）。

③并非因果倒置。

（2）求同法。

①使用求同法要求只能有一个共同因素，因此，常用排除其他共同因素的方法支持（排除他因）。

②并非因果倒置。

（3）共变法。

共变法，是指在其他条件不变的情况下，如果一个现象发生变化，另一个现象就随之发生变化，那么，这两个现象间可能存在因果关系。使用共变法，最常犯的错误是因果倒置，因此，要支持共变法，就要排除因果倒置的可能。

典型真题

12．（2012年管理类联考真题）葡萄酒中含有白藜芦醇和类黄酮等对心脏有益的抗氧化剂。

一项新研究表明白藜芦醇能防止骨质疏松和肌肉萎缩。由此,有关研究人员推断,那些长时间在国际空间站或宇宙飞船上的宇航员或许可以补充一下白藜芦醇。

以下哪项如果为真,最能支持上述研究人员的推断?

(A) 研究人员发现由于残疾或者其他因素而很少活动的人会比经常活动的人更容易出现骨质疏松和肌肉萎缩等症状,如果能喝点葡萄酒,则可以获益。

(B) 研究人员模拟失重状态,对老鼠进行试验,一个对照组未接受任何特殊处理,另一组则每天服用白藜芦醇。结果对照组的老鼠骨头和肌肉的密度都降低了,而服用白藜芦醇的一组则没有出现这些症状。

(C) 研究人员发现由于残疾或者其他因素而很少活动的人,如果每天服用一定量的白藜芦醇,则可以改善骨质疏松和肌肉萎缩等症状。

(D) 研究人员发现,葡萄酒能对抗失重所造成的负面影响。

(E) 某医学博士认为,白藜芦醇或许不能代替锻炼,但它能减缓人体某些机能的退化。

【解析】研究人员:白藜芦醇能防止骨质疏松和肌肉萎缩 —证明→ 那些长时间在国际空间站或宇宙飞船上的宇航员或许可以补充一下白藜芦醇。

(B) 项,使用求异法:

不服用白藜芦醇组:骨头和肌肉的密度都降低了;

服用白藜芦醇组:没有出现这些症状;

故:白藜芦醇能防止骨质疏松和肌肉萎缩。

(B) 项,使用类比法,虽然用的是老鼠实验,但还是有支持"白藜芦醇防止骨质疏松和肌肉萎缩"的作用的。

(A)、(C) 项,研究对象是"由于残疾或者其他因素而很少活动的人",与题干中"宇航员"的生存环境等方面不同,不能进行简单地类比,因此不能支持题干中研究人员的推断。

(D) 项,扩大了讨论范围,题干是"防止骨质疏松和肌肉萎缩",此项是"负面影响"。

(E) 项,诉诸权威。

【答案】(B)

13. (2013年管理类联考真题) 人们知道鸟类能感觉到地球磁场,并利用它们导航。最近某国科学家发现,鸟类其实是利用右眼"查看"地球磁场的。为检验该理论,当鸟类开始迁徙的时候,该国科学家把若干知更鸟放进一个漏斗形状的庞大的笼子里,并给其中部分知更鸟的一只眼睛戴上一种可屏蔽地球磁场的特殊金属眼罩。笼壁上涂着标记性物质,鸟要通过笼子细口才能飞出去。如果鸟碰到笼壁,就会黏上标记性物质,以此来判断鸟能否找到方向。

以下哪项如果为真,最能支持研究人员的上述发现?

(A) 戴眼罩的鸟,不论左眼还是右眼,顺利从笼中飞了出去;没戴眼罩的鸟朝哪个方向飞的都有。

(B) 没戴眼罩的鸟和左眼戴眼罩的鸟顺利从笼中飞了出去,右眼戴眼罩的鸟朝哪个方向飞的都有。

(C) 没戴眼罩的鸟和右眼戴眼罩的鸟顺利从笼中飞了出去,左眼戴眼罩的鸟朝哪个方向飞的都有。

(D) 没戴眼罩的鸟顺利从笼中飞了出去；戴眼罩的鸟，不论左眼还是右眼，朝哪个方向飞的都有。

(E) 没戴眼罩的鸟和左眼戴眼罩的鸟朝哪个方向飞的都有，右眼戴眼罩的鸟顺利从笼中飞了出去。

【解析】题干中的结论：鸟类利用右眼判断地球磁场和方向。

(B) 项使用求异法，将可以使用右眼和不能使用右眼的鸟进行了对比，支持题干：

左眼戴眼罩的和不戴眼罩的知更鸟：顺利从笼中飞出；

右眼戴眼罩的知更鸟：朝哪个方向飞的都有；
_____

故：知更鸟利用右眼判断地球磁场和方向。

【答案】(B)

14. (2014年管理类联考真题) 实验发现，孕妇适当补充维生素D可降低新生儿感染呼吸道合胞病毒的风险。科研人员检测了156名新生儿脐带血中维生素D的含量，其中54%的新生儿被诊断为维生素D缺乏，这当中有12%的孩子在出生后一年内感染了呼吸道合胞病毒，这一比例远高于维生素D正常的孩子。

以下哪项如果为真，最能对科研人员的上述发现提供支持？

(A) 上述实验中，54%的新生儿维生素D缺乏是由于他们的母亲在妊娠期间没有补充足够的维生素D造成的。

(B) 孕妇适当补充维生素D可降低新生儿感染流感病毒的风险，特别是在妊娠后期补充维生素D，预防效果会更好。

(C) 上述实验中，46%补充维生素D的孕妇所生的新生儿也有一些在出生一年内感染呼吸道合胞病毒。

(D) 科研人员实验时所选的新生儿在其他方面跟一般新生儿的相似性没有得到明确验证。

(E) 维生素D具有多种防病健体功能，其中包括提高免疫系统功能、促进新生儿呼吸系统发育、预防新生儿呼吸道病毒感染等。

【解析】题干使用求异法：

维生素D缺乏的孩子：有12%在出生后一年内感染了呼吸道合胞病毒；

维生素D正常的孩子：没有这么高的比例；
_____

所以，孕妇适当补充维生素D可降低新生儿感染呼吸道合胞病毒的风险。

(A) 项，指出新生儿"维生素D缺乏"是由于"母亲缺乏维生素D"造成的，支持孕妇适当补充维生素D可使新生儿补充足够的维生素D，但不支持孕妇适当补充维生素D可降低新生儿感染呼吸道合胞病毒的风险。因此，支持力度小。

(B) 项，无关选项，"流感病毒"与题干无关。

(C) 项，不能支持，"有一些"不能支持或削弱整体比例的大小。

(D) 项，诉诸无知，无法确定是否有"其他方面"原因使新生儿感染呼吸道合胞病毒。

(E) 项，支持题干，直接说明了维生素D具有预防新生儿呼吸道病毒感染的作用，支持力度大。

【答案】(E)

15.（2014年管理类联考真题）某研究中心通过实验对健康男性和女性听觉的空间定位能力进行了研究。起初，每次只发出一种声音，要求被试者说出声源的准确位置，男性和女性都非常轻松地完成了任务；后来多种声音同时发出，要求被试者只关注一种声音并对声源进行定位，与男性相比，女性完成这项任务要困难得多，有时她们甚至认为声音是从声源相反方向传来的。研究人员由此得出：在嘈杂环境中准确找出声音来源的能力，男性要胜过女性。

以下哪项如果为真，最能支持研究者的结论？

（A）在实验使用的嘈杂环境中，有些声音是女性熟悉的声音。
（B）在实验使用的嘈杂环境中，有些声音是男性不熟悉的声音。
（C）在安静的环境中，女性注意力更易集中。
（D）在嘈杂的环境中，男性注意力更易集中。
（E）在安静的环境中，人的注意力容易分散；在嘈杂的环境中，人的注意力容易集中。

【解析】题干使用求异法：

安静环境中：男性和女性都说出了声源的准确位置；

嘈杂环境中：男性可以准确说出声源位置，女性很难准确说出声源位置；

所以，在嘈杂环境中准确找出声音来源的能力，男性要胜过女性。

（A）项，"有些"声音是女性熟悉的声音，"有些"是弱化词，微弱支持题干。
（B）项，"有些"声音是男性不熟悉的声音，"有些"是弱化词，微弱支持题干。

注意：（A）、（B）两项一正一反，但是对于题干来说起到的作用是相同的，要选的话应该都选，因此可迅速排除。

（C）项，无关选项，定位关键词"嘈杂环境"，迅速排除此项。
（D）项，提供新论据，支持题干，具体说明了造成男性和女性在嘈杂环境中准确说出声音来源的能力不同的原因。
（E）项，无关选项，题干对比的是男女差异，此项说的是两种环境中的差异。

【答案】（D）

16.（2015年管理类联考真题）研究人员安排了一次实验，将100名受试者分为两组：喝一小杯红酒的实验组和不喝酒的对照组。随后，让两组受试者计算某段视频中篮球队员相互传球的次数。结果发现，对照组的受试者都计算准确，而实验组中只有18%的人计算准确。经测试，实验组受试者的血液中酒精浓度只有酒驾法定值的一半。由此专家指出，这项研究结果或许应该让立法者重新界定酒驾法定值。

以下哪项如果为真，最能支持上述专家的观点？

（A）酒驾法定值设置过低，可能会把许多未饮酒者界定为酒驾。
（B）即使血液中酒精浓度只有酒驾法定值的一半，也会影响视力和反应速度。
（C）饮酒过量不仅损害身体健康，而且影响驾车安全。
（D）只要血液中酒精浓度不超过酒驾法定值，就可以驾车上路。
（E）即使酒驾法定值设置较高，也不会将少量饮酒的驾车者排除在酒驾范围之外。

【解析】专家：实验发现，虽然实验组受试者的血液中酒精浓度只有酒驾法定值的一半，但他们在实验中只有18％的人对传球次数的计算准确 —证明→ 应该让立法者重新界定酒驾法定值。

(B) 项，补充论据，说明受试者的情况足以影响驾驶，支持重新界定酒驾法定值的结论。

(A)、(D)、(E) 项，均说明不需要重新界定酒驾法定值，削弱专家的观点。

(C) 项，无关选项，此项说明饮酒过量会带来危害，与题干中重新界定酒驾法定值无关。

【答案】(B)

17. (2016年管理类联考真题) 考古学家发现，那件仰韶文化晚期的土坯砖边缘整齐，并且没有切割的痕迹，由此他们推测，这件土坯砖应当是使用木质模具压制成型的，而其他5件由土坯砖经过烧制而成的烧结砖，经检测其当时的烧制温度为850℃～900℃。由此考古学家进一步推测，当时的砖是先使用模具将黏土做成土坯，然后再经过高温烧制而成的。

以下哪项如果为真，最能支持上述考古学家的推测？

(A) 仰韶文化晚期的年代约为公元前3500年—公元前3000年。
(B) 仰韶文化晚期，人们已经掌握了高温冶炼技术。
(C) 出土的5件烧结砖距今已有5 000年，确实属于仰韶文化晚期的物品。
(D) 没有采用模具而成型的土坯砖，其边缘或者不整齐，或者有切割痕迹。
(E) 早在西周时期，中原地区的人就可以烧制铺地砖和空心砖。

【解析】推测①：土坯砖边缘整齐并且没有切割痕迹 —证明→ 这件土坯砖由木质模具压制成型。

推测②：由土坯砖经过烧制而成的烧结砖烧制温度为850℃～900℃ ＋ 推测① —证明→ 当时的砖是先使用模具将黏土做成土坯，然后再经过高温烧制而成的。

(A) 项，与题干的两个推测无关，是无关选项。
(B) 项，"烧制"并不等于"冶炼"，无关选项。
(C) 项，题干论证并不涉及烧结砖的年代，无关选项。
(D) 项，没有采用模具而成型的土坯砖→边缘不整齐∨有切割痕迹，等价于：边缘整齐∧没有切割痕迹→采用模具而成型的土坯砖，支持推测①。
(E) 项，无关选项。

【答案】(D)

变化3　因果关系的支持：预测结果

解题思路

如果题干是基于某个事件，推测这个事件引发的结果，就称为"预测结果"型题目。题干的基本结构为：

原因 —预测→ 结果。

支持方法：给一个理由，说明这种结果预测会出现。

典型真题

18.（2017年管理类联考真题）进入冬季以来，内含大量有毒颗粒物的雾霾频繁袭击我国部分地区。有关调查显示，持续接触高浓度污染物会直接导致10%至15%的人患有眼睛慢性炎症或干眼症。有专家由此认为，如果不采取紧急措施改善空气质量，这些疾病的发病率和相关的并发症将会增加。

以下哪项如果为真，最能支持上述专家的观点？

（A）有毒颗粒物会刺激并损害人的眼睛，长期接触会影响泪腺细胞。
（B）空气质量的改善不是短期内能够做到的，许多人不得不在污染环境中工作。
（C）眼睛慢性炎症或干眼症等病例通常集中出现于花粉季。
（D）上述被调查的眼疾患者中有65%是年龄在20~40岁之间的男性。
（E）在重污染环境中采取戴护目镜、定期洗眼等措施有助于预防干眼症等眼疾。

【解析】论据：持续接触高浓度污染物会直接导致10%至15%的人患有眼睛慢性炎症或干眼症。

专家观点：如果不采取紧急措施改善空气质量，这些疾病的发病率和相关的并发症将会增加。

（A）项，可以支持，说明了有毒颗粒物对人眼睛的影响。
（B）项，无关选项，是否在污染环境中工作与污染环境是否造成眼部疾病无关。
（C）项，无关选项，花粉季出现的眼睛问题与题干中冬季雾霾导致的眼睛问题无关。
（D）项，无关选项，无法由此项断定题干中的样本是否具有代表性。
（E）项，削弱题干，说明采用其他方式也可以预防眼疾问题，不一定要改善空气质量。

【答案】（A）

19.（2017年管理类联考真题）译制片配音，作为一种特有的艺术形式，曾在我国广受欢迎。然而时过境迁，现在许多人已不喜欢看配过音的外国影视剧。他们觉得还是听原汁原味的声音才感觉到位。有专家由此断言，配音已失去观众，必将退出历史舞台。

以下各项如果为真，则除哪项外都能支持上述专家的观点？

（A）很多上了年纪的国人仍然习惯看配过音的外国影视剧，而在国内放映的外国大片有的仍然是配过音的。
（B）配音是一种艺术再创作，倾注了配音艺术家的心血，但有的人对此并不领情，反而觉得配音妨碍了他们对原剧的欣赏。
（C）许多中国人通晓外文，观赏外国原版影视剧并不存在语言困难；即使不懂外文，边看中文字幕边听原声也不影响理解剧情。
（D）随着对外交流的加强，现在外国影视剧大量涌入国内，有的国人已经等不及慢条斯理、精工细作的配音了。
（E）现在有的外国影视剧配音难以模仿剧中演员的出色嗓音，有时也与剧情不符，对此观众并不接受。

【解析】专家：配音已失去观众，必将退出历史舞台。
（A）项，削弱论据，说明有的人习惯且愿意看有配音的外国影视剧，配音并未失去观众。

(B) 项，可以支持，说明有的人认为配音妨碍了对原剧的欣赏。

(C) 项，可以支持，说明无须配音也不影响理解剧情。

(D) 项，可以支持，说明有的人不愿等配音，那么配音就失去了其作用。

(E) 项，可以支持，说明有的配音不被观众接受。

【答案】(A)

20. (2018年管理类联考真题) 有研究发现，冬季在公路上撒盐除冰，会让本来要成为雌性的青蛙变成雄性，这是因为这些路盐中的钠元素会影响青蛙受体细胞并改变原可能成为雌性青蛙的性别。有专家据此认为，这会导致相关区域青蛙数量的下降。

以下哪项如果为真，最能支持上述专家的观点？

(A) 大量的路盐流入池塘可能会给其他水生物造成危害，破坏青蛙的食物链。

(B) 如果一个物种以雄性为主，该物种的个体数量就可能受到影响。

(C) 在多个盐含量不同的水池中饲养青蛙，随着水池中盐含量的增加，雌性青蛙的数量不断减少。

(D) 如果每年冬季在公路上撒很多盐，盐水流入池塘，就会影响青蛙的生长发育过程。

(E) 雌雄比例会影响一个动物种群的规模，雌性数量的充足对物种的繁衍生息至关重要。

【解析】专家：路盐中的钠元素会影响青蛙受体细胞并改变原可能成为雌性青蛙的性别——导致相关区域青蛙数量的下降（预测结果）。

(A) 项，说明路盐流入池塘会破坏青蛙的食物链，确实可能会造成青蛙数量下降的结果。但这和题干中"影响青蛙受体细胞并改变青蛙的性别"无关。

(B) 项，支持题干，但"可能"是弱化词，支持力度弱。

(C)、(D) 项，无关选项。

(E) 项，指出雌性数量的充足对物种的繁衍生息至关重要，支持题干。其中"至关重要"一词力度大。

【答案】(E)

21. (2020年管理类联考真题) 王研究员：吃早餐对身体有害，因为吃早餐会导致皮质醇峰值更高，进而导致体内胰岛素异常，这可能引发Ⅱ型糖尿病。

李教授：事实并非如此，因为上午皮质醇水平高只是人体生理节律的表现，而不吃早餐不仅会增加患Ⅱ型糖尿病的风险，还会增加患其他疾病的风险。

以下哪项如果为真，最能支持李教授的观点？

(A) 一日之计在于晨，吃早餐可以补充人体消耗，同时为一天的工作准备能量。

(B) 糖尿病患者若在9点至15点之间摄入一天所需的卡路里，血糖水平就能保持基本稳定。

(C) 经常不吃早餐，上午工作处于饥饿状态，不利于血糖调节，容易患上胃溃疡、胆结石等疾病。

(D) 如今，人们工作繁忙，晚睡晚起现象非常普遍，很难按时吃早餐，身体常常处于亚健康状态。

(E) 不吃早餐的人通常缺乏营养和健康方面的知识，容易形成不良的生活习惯。

【解析】李教授：上午皮质醇水平高只是人体生理节律的表现，而不吃早餐不仅会增加患Ⅱ型糖尿病的风险，还会增加患其他疾病的风险——证明→不吃早餐会对身体有害。

（A）项，不能支持，此项指出吃早餐的益处，但没有体现不吃早餐的害处。

（B）项，无关选项，题干讨论的是不吃早餐会引发Ⅱ型糖尿病，但不涉及不吃早餐对糖尿病患者的影响。

（C）项，可以支持，说明经常不吃早餐"不利于血糖调节"，且容易引发其他疾病。

（D）项，可以支持，说明不按时吃早餐有害处，但"亚健康"与（C）项中引发的疾病相比，支持力度弱。

（E）项，不能支持，"不良生活习惯"与"对身体有害"不是同一概念。

【答案】（C）

22.（2020年管理类联考真题） 日前，科学家发明了一项技术，可以把二氧化碳等物质"电成"有营养价值的蛋白粉，这项技术不像种庄稼那样需要具备合适的气温、湿度和土壤条件。他们由此认为，这项技术开辟了未来新型食物生产的新路，有助于解决全球饥饿问题。

以下各项如果为真，则除了哪项均能支持上述科学家的观点？

（A）让二氧化碳、水和微生物一起接受电流电击，可以产生出有营养价值的食物。

（B）粮食问题是全球性重大难题，联合国估计到2050年将有20亿人缺乏基本营养。

（C）把二氧化碳等物质"电成"蛋白粉的技术将彻底改变农业，还能避免对环境造成的不利影响。

（D）由二氧化碳等物质"电成"的蛋白粉约含50%的蛋白质、25%的碳水化合物、核酸及脂肪。

（E）未来这项技术将被引入沙漠和其他面临饥荒的地区，为解决那里的饥饿问题提供重要帮助。

【解析】科学家：这项技术可以把二氧化碳等物质"电成"有营养价值的蛋白粉，不像种庄稼那样需要具备合适的气温、湿度和土壤条件——证明→这项技术开辟了未来新型食物生产的新路，有助于解决全球饥饿问题。

（A）项，可以支持，说明该项技术可以产生出有营养价值的食物。

（B）项，不能支持，粮食问题是否是全球性重大难题，与该项技术能否解决这一难题无关。

（C）项，可以支持，说明该项技术不仅改变了农业，还有额外的好处。

（D）项，可以支持，说明该项技术可以产生出有营养价值的食物。

（E）项，可以支持，说明该项技术有助于解决沙漠和面临饥荒地区的饥饿问题。

【答案】（B）

23.（2021年管理类联考真题） 研究人员招募了300名体重超标的男性，将其分成餐前锻炼组和餐后锻炼组，进行每周三次相同强度和相同时段的晨练。餐前锻炼组晨练前摄入零卡路里安慰剂饮料，晨练后摄入200卡路里的奶昔；餐后锻炼组晨练前摄入200卡路里的奶昔，晨练后摄入零卡路里安慰剂饮料。三周后发现，餐前锻炼组燃烧的脂肪比餐后锻炼组多。该研究人员由此推断，肥胖者若持续这样的餐前锻炼，就能在不增加运动强度或时间的情况下改善代谢能力，从而达到减肥效果。

以下哪项如果为真，最能支持该研究人员的上述推断？

(A) 餐前锻炼组额外的代谢与体内肌肉中的脂肪减少有关。

(B) 有些餐前锻炼组的人知道他们摄入的是安慰剂，但这并不影响他们锻炼的积极性。

(C) 肌肉参与运动所需要的营养，可能来自最近饮食中进入血液的葡萄糖和脂肪成分，也可能来自体内储存的糖和脂肪。

(D) 餐前锻炼可以增强肌肉细胞对胰岛素的反应，促使它更有效地消耗体内的糖分和脂肪。

(E) 餐前锻炼组觉得自己在锻炼中消耗的脂肪比餐后锻炼组多。

【解析】题干使用求异法：餐前锻炼组燃烧的脂肪比餐后锻炼组多，因此，肥胖者若持续这样的餐前锻炼，就能在不增加运动强度或时间的情况下改善代谢能力，从而达到减肥效果。

(A) 项，题干不涉及"额外的代谢"，无关选项。

(B) 项，此项指出有些人知道他们摄入的是安慰剂"并不影响他们锻炼的积极性"，说明，这对实验结果没有影响，因此与研究人员的推断无关。

(C) 项，肌肉参与运动所需要的营养来自哪里与餐前锻炼是否有助于减肥无关，无关选项。

(D) 项，补充新论据，说明餐前锻炼确实能够消耗体内的糖分和脂肪，从而达到减肥效果，支持题干。

(E) 项，"觉得"是主观观点，不代表是事实，故不能支持题干。

【答案】(D)

24. **(2014年经济类联考真题)** 在美洲某个国家，希望戒烟的人使用一种尼古丁皮肤贴，它可释放小剂量的尼古丁透过皮肤。从下个月开始，人们可以不用医生处方购买这种皮肤贴，尽管非处方购买的皮肤贴并不比使用处方购买的皮肤贴更有效，而且二者价格同样昂贵，但是皮肤贴制造商预计非处方购买的方式将令近年来销量一直低迷的皮肤贴销量大增。

以下哪项所述如果在这个国家为真，将最有力地支持制造商的预测？

(A) 大多数想戒烟并发现尼古丁皮肤贴有助于戒烟的人都已经戒烟了。

(B) 尼古丁皮肤贴通常比其他帮助人们戒烟的手段更昂贵。

(C) 几种旨在帮助人们戒烟的非处方手段好几年前就可以广泛获取了。

(D) 许多想戒烟的烟民感到没办法前往看医生从而获取处方。

(E) 使用尼古丁皮肤贴帮助人们戒烟的成功比例与使用其他手段的成功比例大致相同。

【解析】制造商的预测：非处方购买的方式将令近年来销量一直低迷的尼古丁皮肤贴销量大增。

(A) 项，指出大多数人已经成功戒烟，那么就不再需要尼古丁皮肤贴，即尼古丁皮肤贴的销量不会大增，削弱题干。

(B) 项，指出尼古丁皮肤贴通常比其他戒烟手段昂贵，那么人们可能会选择其他戒烟手段去戒烟，即尼古丁皮肤贴的销量未必会大增，削弱题干。

(C) 项，说明有其他的手段帮助人们戒烟，那么人们未必会选择尼古丁皮肤贴，即尼古丁皮肤贴的销量未必会大增，削弱题干。

(D) 项，指出获取处方购买尼古丁皮肤贴有困难，那么非处方购买的方式会刺激销量增加，支持题干。

（E）项，指出使用尼古丁皮肤贴戒烟和使用其他手段戒烟的效果一样，那么人们未必会选择尼古丁皮肤贴，即尼古丁皮肤贴的销量未必会大增，削弱题干。

【答案】（D）

25.（2019年经济类联考真题） 在计算机技术高度发达的今天，我们可以借助计算机完成许多工作，但正是因为对计算机的过度依赖，越来越多的青少年使用键盘书写，手写汉字的能力受到抑制，因此，过多使用计算机解决学习和生活问题的青少年实际的手写汉字能力要比其他孩子差。

以下最能支持上述结论的一项是：

（A）过度依赖计算机的青少年和较少接触计算机的青少年在智力水平上差别不大。
（B）大多数青少年在使用计算机解决问题的同时也会自己动手解决一些问题。
（C）青少年能利用而非依赖计算机来解决实际问题本身也是对动手能力的训练。
（D）那些较少使用计算机的青少年手写汉字的能力较强。
（E）书写汉字有利于弘扬中华民族精神。

【解析】题干：对计算机的过度依赖，越来越多的青少年使用键盘书写，手写汉字的能力受到抑制 —证明→ 过多使用计算机解决学习和生活问题的青少年实际的手写汉字能力要比其他孩子差。

（A）项，不能支持，题干未指明青少年智力水平与手写汉字能力之间的因果关系。
（B）项，无关选项，未体现使用计算机对手写汉字能力的影响。
（C）项，无关选项，未体现使用计算机对手写汉字能力的影响。
（D）项，无因无果，支持题干。
（E）项，无关选项。

【答案】（D）

26.（2020年经济类联考真题） 具有大型天窗的百货商场的经验表明，商场内射入的阳光可增加销售额。某百货商场的大天窗使得商场的一半地方都有阳光射入（从而可以降低灯光照明的需要），商场的另一半地方只能采用灯光照明。从该商场两年前开张开始，天窗一边的各部门的销售额要远高于另一边各部门的销售额。

以下哪项如果正确，最能支持上述结论？

（A）除了天窗，商场两部分的建筑之间还有一些明显的差别。
（B）在阴天里，商场天窗下面的部分需要更多的灯光来照明。
（C）位于商场天窗下面部分的各部门，在该商场的一些其他连锁店中也是销售额最高的部门。
（D）商场另一半地方的灯光照明强度并不比阳光照明强度低。
（E）在商场夜间开放的时间里，天窗一边的各部门的销售额不比另一边各部门的销售额高。

【解析】题干：百货商场的天窗有阳光射入 —导致→ 销售额高。

（A）项，削弱题干，说明还有其他差异因素。
（B）项，无关选项。

(C) 项，支持题干，但此项没有对有天窗和无天窗的部门进行比较，故支持力度弱。

(D) 项，无关选项，与销售额无关。

(E) 项，支持题干，无因无果，夜间销售时，天窗下的部门也失去了阳光的照射，结果销售额与无天窗的部门差不多，这就支持了阳光影响了销售额的结论。

【答案】(E)

题型 26 因果关系的假设

命题概率

199 管理类联考近 10 年真题命题数量 0 道，平均每年 0 道。

396 经济类联考近 10 年真题命题数量 2 道，平均每年 0.2 道。

母题变化

变化 1 因果关系的假设：找原因

解题思路

因果型假设题的常用方法如下：

（1）因果相关。

指出题干的原因和结果确实存在因果关系。

（2）排除他因。

题干说原因 A 导致了结果 B 的发生，其隐含假设是没有别的原因会导致 B 的发生。

（3）并非因果倒置。

题干认为 A 是 B 的原因，要排除 B 是 A 的原因这种可能。

典型真题

1. （2011 年管理类联考真题、2018 年经济类联考真题）有医学研究显示，行为痴呆症患者大脑组织中往往含有过量的铝。同时有化学研究表明，一种硅化合物可以吸收铝。陈医生据此认为，可以用这种硅化合物治疗行为痴呆症。

以下哪项是陈医生最可能依赖的假设？

(A) 行为痴呆症患者大脑组织的含铝量通常过高，但具体数量不会变化。

(B) 该硅化合物在吸收铝的过程中不会产生副作用。

(C) 用来吸收铝的硅化合物的具体数量与行为痴呆症患者的年龄有关。

(D) 过量的铝是导致行为痴呆症的原因，患者脑组织中的铝不是痴呆症引起的结果。

(E) 行为痴呆症患者脑组织中的铝含量与病情的严重程度有关。

【解析】陈医生：行为痴呆症患者大脑组织中往往含有过量的铝 —证明→ 可用可以吸收铝的硅化合物治疗行为痴呆症。

（A）项，不必假设，行为痴呆症患者大脑组织的含铝量是否变化不影响硅化合物是否可以治疗行为痴呆症。

（B）项，假设过度，只需假设其副作用在可接受范围内即可。

（C）项，不必假设，题干不涉及可吸收铝的硅化合物的具体数量与患者年龄的关系。

（D）项，必须假设，若过量的铝是行为痴呆症引起的结果，而不是导致行为痴呆症的原因的话，那么即使用硅化合物吸收掉行为痴呆症患者大脑组织中过量的铝，依然无法治疗行为痴呆症（此项的命题手法为"并非因果倒置"）。

（E）项，不必假设，题干不涉及患者脑组织中的铝含量与病情严重程度的关系。

【答案】（D）

变化2　因果关系的假设：预测结果

解题思路

指出题干中的结果确实会发生，常用取非法。

注意：很多同学对于预测结果型的题目会有一些苦恼，感觉好像考的还是论证。其实你的感觉是对的，因为预测结果本身就是论证的一种类型，这种论证的论点是对未来结果的预测。因此，如果你实在无法分辨二者的细微区别，就可以直接按论证来做。

典型真题

2.（2017年经济类联考真题）用卡车能把蔬菜在2天内从某一农场运到新墨西哥州的市场上，总费用是300美元。而用火车运输蔬菜则需4天，总费用是200美元。如果减少运输时间比减少运输费用对于蔬菜主人更重要的话，那么他就会用卡车运蔬菜。

下面哪项是上面论述所作的一个假设？

（A）用火车运的蔬菜比用卡车运的蔬菜在出售时获利更多。

（B）除了速度和费用以外，用火车和卡车来进行从农场到新墨西哥州的运输之间没有什么差别。

（C）如果运费提高的话，用火车把蔬菜从农场运到新墨西哥州的时间可以减少到2天。

（D）该地区的蔬菜主人更关心的是运输成本而不是把蔬菜运往市场花费的时间。

（E）用卡车运输蔬菜对该农业区的蔬菜主人而言每天至少值200美元。

【解析】题干：

①用卡车能把蔬菜在2天内运到市场上，总费用是300美元。

②用火车运输蔬菜则需4天，总费用是200美元。

③如果减少运输时间比减少运输费用对于蔬菜主人更重要的话，那么他就会用卡车运蔬菜。

题干的隐含假设是：除了速度和费用以外，用火车和卡车来进行从农场到新墨西哥州的运输之间没有什么差别，排除他因，故（B）项正确。

【答案】（B）

题型 27 因果关系的推论

命题概率

199 管理类联考近 10 年真题命题数量 0 道,平均每年 0 道。
396 经济类联考近 10 年真题命题数量 1 道,平均每年 0.1 道。

母题变化

解题思路

因果关系的推论,本质上就是通过求因果五法来寻找原因。掌握求因果五法的知识即可。

典型真题

(2013 年经济类联考真题)有一项调查报告指出,服用某种药品会提高人的注意力。
如果上述信息正确,那么以下哪项可由上述信息推出?
(A) 长期服用这种药品,会产生药物依赖,并且伤害身体。
(B) 考生服用这种药品将视为考试作弊。
(C) 很多考生服用了这种药品。
(D) 有些考生不愿服用这种药品。
(E) 小李服用了这种药品,提高了注意力。
【解析】题干:服用某种药品会提高人的注意力。
(E) 项,小李服用了这种药品,提高了注意力,是合理的推论。
其余各项均为无关选项。
【答案】(E)

题型 28 找原因:解释题

命题概率

199 管理类联考近 10 年真题命题数量 12 道,平均每年 1.2 道。
396 经济类联考近 10 年真题命题数量 12 道,平均每年 1.2 道。

母题变化

变化 1 解释现象

解题思路

1. 解释现象

题干给出一段关于某些事实、现象或差异的客观描述,要求找到一个正确的选项,用来解释事实、现象或差异发生的原因。

2. 解释矛盾

题干中存在两个相互矛盾的现象,要求找到正确的选项以化解矛盾或者解释为什么会存在这种矛盾。

3. 解题技巧

(1) 转折词。

解释题中往往有转折词,如"但是""然而"等,转折词的前后一般就是矛盾或差异的双方。

(2) 关键词。

矛盾或差异的双方如果有关键词不同,可能是因为这个不同导致矛盾或差异。

(3) 另有他因。

要找到差异或矛盾的原因,往往通过寻找他因的方法。

(4) 不质疑现象。

题干中给出的现象默认为事实,我们需要找到这种现象发生的原因,而不能质疑这些事实。

(5) 不质疑矛盾的任何一方。

题干中给出矛盾的双方,我们不质疑任何一方,只解释为什么出现矛盾,或者找个选项化解矛盾。

典型真题

1.(2010 年管理类联考真题)美国某大学医学院的研究人员在《小儿科》杂志上发表论文指出,在对 2 702 个家庭的孩子进行跟踪调查后发现,如果孩子在 5 岁前每天看电视超过 2 小时,他们长大后出现行为问题的风险将会增加 1 倍多。所谓行为问题是指性格孤僻、言行粗鲁、侵犯他人、难与他人合作等。

以下哪项最好地解释了以上论述?

(A) 电视节目会使孩子产生好奇心,容易导致孩子出现暴力倾向。

(B) 电视节目中有不少内容容易使孩子长时间处于紧张、恐惧的状态。

(C) 看电视时间过长,会影响孩子与其他人的交往,久而久之,孩子便会缺乏与他人打交道的经验。

(D) 儿童模仿能力强，如果只对电视节目感兴趣，长此以往，会阻碍他们分析能力的发展。
(E) 每天长时间地看电视，容易使孩子神经系统产生疲劳，影响身心发展。

【解析】需要解释的现象：为什么孩子在5岁前看电视时间过长会导致行为问题？

各选项中，只有（C）项和（E）项涉及看电视时间过长的影响，其中（C）项直接解释了题干中行为问题产生的原因；（E）项中，影响身心发展不一定导致题干中的行为问题，也可能是其他方面的身心发展问题，所以解释力度不如（C）项。

【答案】(C)

2. **（2012年管理类联考真题）** 乘客使用手机及便携式电脑等电子设备会通过电磁波谱频繁传输信号，机场的无线电话和导航网络等也会使用电磁波谱，但电信委员会已根据不同用途把电磁波谱分成几大块。因此，用手机打电话不会对专供飞机通信系统或全球定位系统使用的波段造成干扰。尽管如此，各大航空公司仍然规定，禁止机上乘客使用手机等电子设备。

以下哪项如果为真，能解释上述现象？

Ⅰ. 乘客在空中使用手机等电子设备可能对地面导航网络造成干扰。
Ⅱ. 乘客在起飞和降落时使用手机等电子设备，可能影响机组人员工作。
Ⅲ. 便携式电脑或者游戏设备可能导致自动驾驶仪出现断路或仪器显示发生故障。

(A) 仅Ⅰ。　　　　　　(B) 仅Ⅱ。　　　　　　(C) 仅Ⅰ和Ⅱ。
(D) 仅Ⅱ和Ⅲ。　　　　(E) Ⅰ、Ⅱ和Ⅲ。

【解析】需要解释的现象：用手机打电话不会对专供飞机通信系统或全球定位系统使用的波段造成干扰，但是，各大航空公司仍然禁止机上乘客使用手机等电子设备。

Ⅰ项、Ⅱ项和Ⅲ项均为另有他因，用手机打电话或者使用电子设备会给飞行造成其他危害，导致航空公司禁止机上乘客使用电子设备，可以解释题干中的现象。

【答案】(E)

3. **（2013年管理类联考真题）** 若成为白领的可能性无性别差异，按正常男女出生率102：100计算，当这批人中的白领谈婚论嫁时，女性与男性数量应当大致相等。但实际上，某市妇联近几年举办的历次大型白领相亲活动中，报名的男女比例约为3：7，有时甚至达到2：8。这说明，文化越高的女性越难嫁，文化低的反而好嫁，男性则正好相反。

以下除哪项外，都有助于解释上述分析与实际情况的不一致？

(A) 与男性白领不同，女性白领要求高，往往只找比自己更优秀的男性。
(B) 与本地女性竞争的外地优秀女性多于与本地男性竞争的外地优秀男性。
(C) 大学毕业后出国的精英分子中，男性多于女性。
(D) 一般来说，男性参加大型相亲会的积极性不如女性。
(E) 男性因长相身高、家庭条件等被女性淘汰者多于女性因长相身高、家庭条件等被男性淘汰者。

【解析】理论：白领谈婚论嫁时，女性与男性数量应当大致相等。

实际：白领相亲活动中，女性的报名比例多于男性。

结论：文化越高的女性越难嫁，文化低的反而好嫁；男性则正好相反。

题干涉及两类对象：女性白领和男性白领，需要找到二者的差异因素。

(A) 项，可以解释，解释了女性白领难嫁的原因。

(B) 项，可以解释，解释了相亲活动中女性多于男性的原因。

(C)、(D) 项，可以解释，解释了相亲活动中男性更少的原因。

(E) 项，不能解释，因为如果男性被淘汰的多，剩男应该更多，那么相亲活动中应该是男性多于女性，加剧了题干中的矛盾。

【答案】(E)

4. （2014年管理类联考真题）英国有家小酒馆采取客人吃饭付费"随便给"的做法，即让顾客享用葡萄酒、蟹柳及三文鱼等美食后，自己决定付账金额。大多数顾客均以公平或慷慨的态度结账，实际金额比那些酒水、菜肴本来的价格高出20％。该酒馆老板另有4家酒馆，而这4家酒馆每周的利润与付账"随便给"的酒馆相比少5％。这位老板因此认为，"随便给"的营销策略很成功。

以下哪项如果为真，最能解释老板营销策略的成功？

(A) 部分顾客希望自己看上去有教养，愿意掏足够甚至更多的钱。

(B) 如果客人支付低于成本价格，就会受到提醒而补足差价。

(C) 另外4家酒馆的位置不如这家"随便给"酒馆。

(D) 客人常常不知道酒水、菜肴的实际价格，不知道该付多少钱。

(E) 对于过分吝啬的顾客，酒馆老板常常也无可奈何。

【解析】需要解释的现象：为什么"随便给"的营销策略很成功？

(A) 项，可以解释，说明"随便给"的营销策略可能收到更多钱，但是"部分顾客"，解释力度小。

(B) 项，可以解释，说明"随便给"的营销策略只可能赚钱，不可能赔钱，解释力度大于(A) 项。

(C) 项，另有他因，指出盈利的原因并非来自"随便给"的营销策略，削弱了题干而不是解释题干。

(D) 项，既然"客人不知道该付多少钱"，那么客人就存在给得过少的可能，因此，不能解释"随便给"营销策略的成功。

(E) 项，说明"随便给"的营销策略在遇到"过分吝啬的顾客"时会失效，削弱了题干而不是解释题干。

【答案】(B)

5. （2015年管理类联考真题）晴朗的夜晚我们可以看到满天星斗，其中有些是自身发光的恒星，有些是自身不发光但可以反射附近恒星光的行星。恒星尽管遥远，但是有些可以被现有的光学望远镜"看到"。和恒星不同，由于行星本身不发光，而且体积远小于恒星，所以，太阳系外的行星大多无法用现有的光学望远镜"看到"。

以下哪项如果为真，最能解释上述现象？

(A) 现有的光学望远镜只能"看到"自身发光或者反射光的天体。

(B) 有些恒星没有被现有的光学望远镜"看到"。

(C) 如果行星的体积够大，现有的光学望远镜就能够"看到"。

(D) 太阳系外的行星因距离遥远，很少能将恒星光反射到地球上。

(E) 太阳系内的行星大多可以用现有的光学望远镜"看到"。

【解析】待解释的矛盾：为什么我们可以看到自身发光的恒星和自身不发光但可以反射附近恒星光的行星，但是，太阳系外的行星大多无法用现有的光学望远镜"看到"。

(A) 项，不能解释，因为由题干可知，行星可以反射附近恒星的光，若光学望远镜可以"看到"反射光的天体，那么行星也应该被观测到。

(B) 项，无关选项，不能解释。

(C) 项，此项只涉及行星的体积问题，但不涉及题干中"发光"和"反射光"这一核心因素，故不能很好地解释题干。

(D) 项，可以解释，说明太阳系外的行星无法被"看到"的原因是距离遥远。

(E) 项，无关选项，题干的论证对象是"太阳系外的行星"，此项是"太阳系内的行星"。

【答案】(D)

6. （2016年管理类联考真题）2014年，为迎接APEC会议的召开，北京、天津、河北等地实施"APEC治理模式"，采取了有史以来最严格的减排措施。果然，令人心醉的"APEC蓝"出现了。然而，随着会议的结束，"APEC蓝"也渐渐消失了。对此，有些人士表示困惑，既然政府能在短期内实施"APEC治理模式"取得良好效果，为什么不将这一模式长期坚持下去呢？

以下除哪项外，均能解释人们的困惑？

(A) 最严格的减排措施在落实过程中已产生很多难以解决的实际困难。

(B) 如果近期将"APEC治理模式"常态化，将会严重影响地方经济和社会发展。

(C) 任何环境治理都需要付出代价，关键在于付出的代价是否超出收益。

(D) 短期严格的减排措施只能是权宜之计，大气污染治理仍需从长计议。

(E) 如果APEC会议期间北京雾霾频发，就会影响我们国家的形象。

【解析】题干中待解释的差异：政府能在短期内实施"APEC治理模式"取得良好效果，却不能将这一模式长期坚持下去。

(A)、(B)、(C)、(D) 项，均指出"APEC治理模式"不能长期坚持下去的原因，可以解释。

(E) 项，无关选项，因为此项说明的是为什么在APEC会议期间要采取"APEC治理模式"的原因，但并不涉及APEC会议之后这一模式为何不坚持下去。

【答案】(E)

7. （2016年管理类联考真题）某公司办公室茶水间提供自助式收费饮料。职员拿完饮料后，自己把钱放到特设的收款箱中。研究者为了判断职员在无人监督时，其自律水平会受哪些因素的影响，特地在收款箱上方贴了一张装饰图片，每周一换。装饰图片有时是一些花朵，有时是一双眼睛。一个有趣的现象出现了：贴着"眼睛"的那一周，收款箱里的钱远远超过贴其他图片的情形。

以下哪项如果为真，最能解释上述实验现象？

(A) 该公司职员看到"眼睛"图片时，就能联想到背后可能有人看着他们。

(B) 在该公司工作的职员，其自律能力超过社会中的其他人。

(C) 该公司职员看着"花朵"图片时，心情容易变得愉快。

(D) 眼睛是心灵的窗口，该公司职员看到"眼睛"图片时会有一种莫名的感动。

(E) 在无人监督的情况下，大部分人缺乏自律能力。

【解析】待解释的现象：无人监督时，贴着"眼睛"图片的那一周，收款箱里的钱远远超过贴其他图片的情形。

(A) 项，指出差异原因，当图片为"眼睛"时，职员会认为有人监督，因此，更可能会自愿去放钱，可以解释。

(B)、(E) 项，并未指出自律能力与不同图片之间是否有关系，无法解释。

(C) 项，并未说明心情愉快与自愿放钱的关系，无法解释。

(D) 项，并未说明感动与自愿放钱的关系，无法解释。

【答案】(A)

8. （2018年管理类联考真题）我国中原地区如果降水量比往年偏低，该地区的河流水位会下降，流速会减缓。这有利于河流中的水草生长，河流中的水草总量通常也会随之而增加。不过，去年该地区在经历了一次极端干旱之后，尽管该地区某河流的流速十分缓慢，但其中的水草总量并未随之而增加，只是处于一个很低的水平。

以下哪项如果为真，最能解释上述看似矛盾的现象？

(A) 经过极端干旱之后，该河流中以水草为食物的水生动物数量大量减少。

(B) 我国中原地区多平原，海拔差异小，其地表河水流速比较缓慢。

(C) 该河流在经历了去年极端干旱之后干涸了一段时间，导致大量水生物死亡。

(D) 河流流速越慢，其水温变化就越小，这有利于水草的生长和繁殖。

(E) 如果河中水草数量达到一定的程度，就会对周边其他物种的生存产生危害。

【解析】待解释的现象：河流流速减缓有利于水草生长，河流中的水草总量通常也会随之而增加，但是，去年该地区在经历了一次极端干旱之后，尽管该地区某河流的流速十分缓慢，但其中的水草总量并未随之而增加，只是处于一个很低的水平。

(C) 项，可以解释，说明水草总量没有增加，是因为极端干旱导致的死亡。

(A)、(D) 项加剧了题干中的矛盾，其余各项均为无关选项。

【答案】(C)

9. （2021年管理类联考真题）气象台的实测气温与人实际的冷暖感受常常存在一定的差异。在同样的低温条件下，如果是阴雨天，人会感到特别冷，即通常说的"阴冷"；如果同时赶上刮大风，人会感到寒风刺骨。

以下哪项如果为真，最能解释上述现象？

(A) 人的体感温度除了受气温的影响外，还受风速与空气湿度的影响。

(B) 低温情况下，如果风力不大、阳光充足，人不会感到特别寒冷。

(C) 即使天气寒冷，若进行适当锻炼，人也不会感到太冷。

(D) 即使室内外温度一致，但是走到有阳光的室外，人会感到温暖。

(E) 炎热的夏日，电风扇转动时，尽管不改变环境温度，但人依然感到凉快。

【解析】待解释的现象：气象台的实测气温与人实际的冷暖感受常常存在一定的差异。在同样的低温条件下，如果是阴雨天，人会感到特别冷，即通常说的"阴冷"；如果同时赶上刮大风，人会感到寒风刺骨。

（A）项，人的体感温度除了受气温的影响外，还受风速与空气湿度的影响，这就解释了为什么在阴雨天和刮大风时人们会感觉更冷。

其余各项均与"阴雨天"和"刮大风"无关，故无法解释。

【答案】（A）

10. (2011年经济类联考真题) 尽管是航空业萧条的时期，各家航空公司也没有节省广告宣传的开支。翻开许多城市的晚报，最近一直都在连续刊登如下广告：飞机远比汽车安全！你不要被空难的夸张报道吓破了胆。根据航空业协会的统计，飞机每飞行1亿千米死1人，而汽车每行驶5 000万千米死1人。汽车工业协会对这个广告大为恼火，他们通过电视公布了另外一个数字：飞机每20万飞行小时死1人，而汽车每200万行驶小时死1人。

如果以上资料均为真，则以下哪项最能解释上述这种看起来矛盾的结论？

（A）安全性只是人们在进行交通工具选择时所考虑问题的一个方面，便利性、舒适感以及某种特殊的体验都会影响消费者的选择。

（B）尽管飞机的驾驶员所受的专业训练远远超过汽车司机，但是，因为飞行高度的原因，飞机失事的生还率低于车祸。

（C）飞机的确比汽车安全，但是，空难事故所造成的新闻轰动要远远超过车祸，所以，给人们留下的印象也格外深刻。

（D）两种速度完全不同的交通工具，用运行的距离作单位来比较安全性是不全面的，用运行的时间来比较也会出现偏差。

（E）媒体只关心能否提高收视率和发行量，根本不尊重事情的本来面目。

【解析】待解释的矛盾：根据航空业协会的统计，飞机每飞行1亿千米死1人，而汽车每行驶5 000万千米死1人，飞机比汽车安全；但是，汽车工业协会公布了另外一个数字：飞机每20万飞行小时死1人，而汽车每200万行驶小时死1人，汽车比飞机安全。

（A）项，无关选项。

（B）项，说明飞机更危险，支持汽车工业协会的观点，削弱航空业协会的观点，但不能解释题干中的矛盾（注意：解释题是找现象发生的原因，不能支持或削弱一方）。

（C）项，说明汽车更危险，支持航空业协会的观点，削弱汽车工业协会的观点，但不能解释题干中的矛盾。

（D）项，说明两个协会的统计标准不一致，由此造成了题干中的"矛盾"，可以解释。

（E）项，上述数据来自两个协会，而不是来自媒体，媒体只是进行了转载，对媒体的质疑不能解释题干中两组数字的偏差。

【答案】（D）

11. (2012年经济类联考真题) 某公司拟在总部及全国各地分公司安装一种电脑话务员系统。该系统使消费者通过电脑话务员拨打接线员协助电话，即便如此，在可预见的将来，人工接线员的数量仍不会减少。

以下选项均有助于解释人工接线员不会减少，除了：

（A）人们对接线员协助电话的需求正在剧增。

(B) 新的电子接线员系统尽管已通过检验，但在正式开通之前仍需要极大调整。

(C) 若在目前合同期内解雇工人，接线员将很快对有关公司罢工。

(D) 新电子接线员完成接线员协助电话的速度是人工接线员的3倍。

(E) 该公司的产品销量逐年递增。

【解析】待解释的现象：某公司拟在总部及全国各地分公司安装一种电脑话务员系统，即便如此，在可预见的将来，人工接线员的数量仍不会减少。

(A) 项，电话总量变多，可以解释。

(B) 项，电子接线员系统在正式开通之前需要调整，解释了题干中"在可预见的将来"人工接线员不会减少的原因。

(C) 项，指出若在目前合同期内解雇工人，接线员将很快对有关公司罢工，解释了题干中"在可预见的将来"人工接线员不会减少的原因。

(D) 项，电子接线员完成接线员协助电话的速度是人工接线员的3倍，那么应该减少人工接线员才对，加剧了题干中的矛盾。

(E) 项，产品销量增加，就需要更多的接线员，其中也包括人工接线员，可以解释。

【答案】(D)

12. （2012年经济类联考真题）用甘蔗提炼乙醇比用玉米提炼乙醇需要更多的能量，但奇怪的是，多数酿酒者却偏爱用甘蔗做原料。

以下哪项最能解释上述的矛盾现象？

(A) 任何提炼乙醇的原料的价格都随季节波动，而提炼的费用则相对稳定。

(B) 用玉米提炼乙醇比用甘蔗节省时间。

(C) 玉米质量对乙醇产品的影响较甘蔗小。

(D) 用甘蔗制糖或其他食品的生产时间比提炼乙醇的时间长。

(E) 燃烧甘蔗废料可提供向乙醇转化所需的能量，而用玉米提炼乙醇则完全需额外提供能量。

【解析】待解释的现象：用甘蔗提炼乙醇比用玉米提炼乙醇需要更多的能量，但是，多数酿酒者却偏爱用甘蔗做原料。

(A) 项，指出原料的价格随季节波动，但无法判断玉米和甘蔗哪个便宜，不能解释题干中的现象。

(B)、(C) 项，说明玉米比甘蔗有优势，那么更应该用玉米做原料，加剧题干中的矛盾。

(D) 项，无关选项，题干与"糖和其他食品"无关。

(E) 项，说明用甘蔗提炼乙醇虽然消耗更多的能量，但是这些能量可以用燃烧甘蔗废料来提供，指出了甘蔗相对于玉米的优势，可以解释题干中的现象。

【答案】(E)

13. （2012年经济类联考真题）某市警察局的统计数字显示，汽车防盗装置降低了汽车被盗的危险性。但是汽车保险业却不以为然，他们声称，装了汽车防盗装置的汽车反而比那些没有装此类装置的汽车更有可能被偷。

以下哪项如果为真，最能解释这个明显的矛盾？

(A) 被盗汽车的失主总是在案发后向警察局报告失窃事件，却延缓向保险公司发出通知。

(B) 大多数被盗汽车都没有安装防盗装置，大多数安装防盗装置的汽车都没被偷。

(C) 最常见的汽车防盗装置是发声报警器，这些报警器对每一起试图偷车的事件通常都会发出过多的警报。

(D) 那些最有可能给他们的汽车安装防盗系统的人，都是汽车特别容易被盗的人，而且都居住在汽车被盗事件高发地区。

(E) 大多数汽车被盗事件都是职业窃贼所为，对他们的手段和能力来说，汽车防盗装置所提供的保护是不够的。

【解析】待解释的矛盾：警察局的统计数字显示，汽车防盗装置降低了汽车被盗的危险性。但汽车保险业声称，装了汽车防盗装置的汽车反而比那些没有装此类装置的汽车更有可能被偷。

(A) 项，不能解释，延缓报告不代表不报告，若被盗汽车的失主会向"警察局"和"保险公司"都报告，那么二者的统计数据应该是一致的。

(B) 项，削弱汽车保险业的观点，支持警察局的观点，但并不能解释矛盾。

(C) 项，无关选项。

(D) 项，可以解释，汽车被盗事件高发地区的居民最有可能安装防盗系统，由于保险业对比的是安装了防盗系统的汽车的被盗率和没安装防盗系统的汽车的被盗率，这就解释了保险业的观点；但安装防盗系统可能降低了汽车的整体被盗率，而警察局统计的就是汽车的整体被盗率，二者的统计数据才会有差异。

(E) 项，无关选项。

【答案】(D)

14. (2013年经济类联考真题) 统计局报告指出，2011年中产家庭的收入较之 2010 年提高了 1.6%。一般来说，家庭收入的提高会使贫困率下降。但是 2011 年国家的贫困率较之 2010 年却没有下降。

下面哪一项如果正确，最能解释上述矛盾？

(A) 中产家庭的模式在 2010—2011 年发生了有利于家庭收入增长的改变。

(B) 中产家庭的消费在 2010—2011 年有所增长。

(C) 家庭的收入变化不会影响国家的贫困率。

(D) 贫困人口的比例下降。

(E) 2009—2010 年国家发生了经济萧条，而经济萧条的影响将会持续，并且会在 5 年之内使国家贫困率维持在较高的水平上。

【解析】待解释的矛盾：①2011 年中产家庭的收入较之 2010 年提高了 1.6%。一般来说，家庭收入的提高会使贫困率下降。②但是 2011 年国家的贫困率较之 2010 年却没有下降。

(A) 项，不能解释，此项只说明了中产家庭的收入为什么提高了，但却没有解释国家的贫困率为什么没有下降。

(B) 项，无关选项，题干的论证不涉及"消费"。

(C) 项，不能解释，此项与题干信息①中"一般来说，家庭收入的提高会使贫困率下降"矛盾，而解释题默认题干中的信息为真。

(D) 项，不能解释，此项与题干信息②矛盾。

(E)项,另有他因,是因为经济萧条的持续影响导致国家的贫困率没有下降,可以解释。

【答案】(E)

15. (**2014年经济类联考真题**)从事与皮肤病相关的职业仍是医学院校毕业生的一个安全选择。与太阳紫外线照射相关的皮肤癌病例每年都保持相对稳定的数量,即使与20年前盛行晒太阳相比,现在特意将自己暴晒于太阳下的成年人要少得多。

以下选项如果为真,都可以解释上述统计数字上的差异,除了:
(A) 因为大气层顶层臭氧含量减少,现在更多的人都将无意识地暴露在过量的太阳紫外线下。
(B) 继续特意在太阳底下暴晒的人比过去太阳浴者吸收更大剂量的有害放射物。
(C) 来自太阳以外的紫外线辐射量逐年增加。
(D) 尽管现在更少的女性特意地在太阳下暴晒,但这样做的男性人数显著增长。
(E) 大多数皮肤癌同患者病症发作前30年经常暴露于紫外线下相关。

【解析】题干中待解释的差异:与太阳紫外线照射相关的皮肤癌病例每年都保持相对稳定的数量,但是,即使与20年前盛行晒太阳相比,现在特意将自己暴晒于太阳下的成年人要少得多。

(A)项,可以解释,指出虽然现在特意将自己暴晒于太阳下的人减少了,但是无意识地暴露在过量的太阳紫外线下的人增多了,导致与太阳紫外线照射相关的皮肤癌病例增多。

(B)项,可以解释,指出虽然特意在太阳底下暴晒的人减少了,但是这些人患病比例可能提高,从而导致与太阳紫外线照射相关的皮肤癌病例增多。

(C)项,可以解释,说明可能是太阳以外的其他辐射导致了皮肤癌病例增多。

(D)项,不能解释,题干指出现在特意将自己暴晒于太阳下的成年人比过去减少,所以男性和女性的数量不管怎么变化,都改变不了总数少了这个事实。

(E)项,可以解释,指出虽然现在特意将自己暴晒于太阳下的成年人数减少,但是现在的皮肤癌发病率受患者30年前经常暴露于紫外线的影响。

【答案】(D)

16. (**2014年经济类联考真题**)除了价格上涨伴随产品质量能成功地改进这种情况外,价格上涨通常会降低产品的销售量。但是,酒是个例外,一种酒的价格上涨常常导致其销量增加,即使酒本身并没有任何改变。

以下哪项如果为真,最有助于解释上述所说的例外?
(A) 零售市场上存在极具竞争力的多个品牌的酒。
(B) 许多顾客在决定买哪种酒时是基于书或期刊中关于酒的评论。
(C) 顾客在商场里选购酒时常常以酒的价格作为评判酒的质量的主要参考依据。
(D) 酒的零售商和制造商使用打折办法一般可以短期增加某种酒的销量。
(E) 定期购买酒的顾客一般对其钟爱的酒持有强烈的认同感。

【解析】题干中待解释的现象:价格上涨通常会降低产品的销售量。但是,酒是个例外,一种酒的价格上涨常常导致其销量增加,即使酒本身并没有任何改变。

(C)项,指出酒的价格是作为评判酒的质量的主要参考依据,说明价格上涨时,顾客认为酒的质量也提高了,进而销量增加,可以解释题干。

(D)项,"打折"的办法是降价,与题干中的"价格上涨"不符,无法解释题干。

（E）项，可以解释为什么酒的价格上涨没有导致销量降低，但是无法解释其销量增加。

其余各项均为无关选项。

【答案】(C)

17. **(2017年经济类联考真题)** 西双版纳植物园中有两种樱草，一种自花授粉，另一种非自花授粉，而要依靠昆虫授粉。近几年来，授粉昆虫的数量显著减少。另外，一株非自花授粉的樱草所结的种子比自花授粉的要少。显然，非自花授粉樱草的繁殖条件比自花授粉的要差。但是游人在植物园多见的是非自花授粉樱草而不是自花授粉樱草。

以下哪项判定最无助于解释上述现象？

（A）和自花授粉樱草相比，非自花授粉樱草的种子发芽率较高。

（B）非自花授粉樱草是本地植物，而自花授粉樱草是几年前从国外引进的。

（C）前几年，上述植物园中非自花授粉樱草和自花授粉樱草的数量比大约是5∶1。

（D）当两种樱草杂生时，土壤中的养分更易被非自花授粉樱草吸收，这又往往导致自花授粉樱草的枯萎。

（E）在上述植物园中，为保护授粉昆虫免受游客伤害，非自花授粉樱草多植于园林深处。

【解析】需要解释的现象：非自花授粉樱草的繁殖条件比自花授粉的要差，但是，游人在植物园多见的是非自花授粉樱草而不是自花授粉樱草。

（E）项，不能解释题干，非自花授粉樱草多植于园林深处，那么游人应该更少见到非自花授粉樱草，加剧了题干中的矛盾。

其余各项均可以解释题干，说明了非自花授粉樱草比自花授粉樱草多的原因。

【答案】(E)

18. **(2018年经济类联考真题)** 某湖泊在白天时，浮游生物X游到湖泊深处缺乏食物且水冷的地方，浮游生物Y则留在食物充足的水面，虽然浮游生物Y生长和繁殖较快，但它的数目却常常不如浮游生物X多。

下列哪项最能解释上述矛盾现象？

（A）住在湖底的浮游生物数量是住在湖面的浮游生物的两倍。

（B）浮游生物的掠食者如白鱼和鸟等，白天都在湖面生活和觅食。

（C）为了使稀少的食物发挥最大效用，浮游生物X成长得较浮游生物Y慢。

（D）在一天中最热的时候，浮游生物Y在植物底下群集，以躲避阳光的照射。

（E）浮游生物Y在任何时间段的繁殖速度都是浮游生物X的两倍。

【解析】待解释的现象：在白天时，浮游生物X游到湖泊深处缺乏食物且水冷的地方，浮游生物Y则留在食物充足的水面，虽然浮游生物Y生长和繁殖较快，但它的数目却常常不如浮游生物X多。

（A）项，不能解释，题干讨论的是浮游生物X和Y，不是住在湖底和湖面的浮游生物。

（B）项，可以解释，说明浮游生物Y白天在湖面可能会被掠食者捕食，导致其数量少。

（C）项，不能解释，题干讨论的是浮游生物的数量而不是浮游生物的成长速度。

（D）项，不能解释，该项不会影响浮游生物的数量。

（E）项，此项说明浮游生物Y在任何时间段的繁殖速度都是浮游生物X的两倍，那么浮游生物Y的数量应该比浮游生物X的数量多，故此项加剧了题干的矛盾。

【答案】(B)

19.（2020 年经济类联考真题） 康克巴族每个与世隔绝的部落，在其书写文明出现以前都有叙事大师，叙事大师的功能是将该部落的传统一代一代地口头传承下去。当书写在这个民族的一些部落中出现以后，它们的叙事大师在几代之内消失了。这一现象可以理解，因为有了书面记录，就无须精通口头表达的叙事者使得部落的文明传统传承下去。然而，令考古学家困惑的是，在一些现代不识字的康克巴部落中，竟然完全没有叙事大师。

以下哪项如果为真，最有助于解释上述令人困惑的现象？

（A）现代不识字的康克巴部落的成员展现的个性特征更像其祖先，而不太像现代识字的康克巴部落的成员。

（B）与大多数现代识字的康克巴部落相比，现代不识字的康克巴部落会参加更多的典礼仪式，但是他们参加的典礼仪式也比他们的共同祖先参加的典礼仪式要少。

（C）现代不识字的康克巴部落的庆典涉及大量的歌舞，该部落的儿童自小就被教授部落的歌曲与舞蹈。

（D）现代不识字的康克巴部落都是来自很早的识字部落，这些识字部落由于一场持续了近百年的战争而未能将读写技能传承下来。

（E）现代不识字的康克巴部落的传统融合了前几代的经历与当前部落成员对于先辈遗产的革新。

【解析】待解释的现象：康克巴族每个与世隔绝的部落，在其书写文明出现以前都有叙事大师，叙事大师的功能是将该部落的传统一代一代地口头传承下去。当书写在这个民族的一些部落中出现以后，它们的叙事大师在几代之内消失了。然而，在一些现代不识字的康克巴部落中，竟然完全没有叙事大师。

（A）项，不能解释，部落成员展现的"个性特征"与部落的传承无关。

（B）项，不能解释，不能确定"典礼仪式"与叙事大师的关系。

（C）项，不能解释，不能确定"庆典与歌舞"与叙事大师的关系。

（D）项，可以解释，因为在识字部落代代相传的叙事大师已经消失，而现在的部落来自原先的识字部落，因此也没有叙事大师。

（E）项，不能解释，因为不确定这种融合与革新的方式是"口口相传"还是"文字记载"。

【答案】(D)

变化 2　解释差异

> **解题思路**
>
> 解释差异型的题目，题干涉及两类看起来相似、实际上不同的对象，这两类对象在某些方面表现出差异，要求找到造成这种差异的原因。
>
> 解释差异题的本质是求异法，前提中的差异因素造成了结果的差异。因此，找到两类对象的差异因素就找到了答案。

典型真题

20. （2011年管理类联考真题） 巴斯德认为，空气中的微生物浓度与环境状况、气流运动和海拔高度有关。他在山上的不同高度分别打开装着煮过的培养液的瓶子，发现海拔越高，培养液被微生物污染的可能性越小。在山顶上，20个装了培养液的瓶子，只有1个长出了微生物。普歇另用干草浸液做材料重复了巴斯德的实验，却得出不同的结果：即使在海拔很高的地方，所有装了培养液的瓶子都很快长出了微生物。

以下哪项如果为真，最能解释普歇和巴斯德实验所得到的不同结果？

(A) 只要有氧气的刺激，微生物就会从培养液中自发地生长出来。

(B) 培养液在加热消毒、密封、冷却的过程中会被外界细菌污染。

(C) 普歇和巴斯德的实验设计都不够严密。

(D) 干草浸液中含有一种耐高温的枯草杆菌，培养液一旦冷却，枯草杆菌的孢子就会复活，迅速繁殖。

(E) 普歇和巴斯德都认为，虽然他们用的实验材料不同，但是经过煮沸，细菌都能被有效地杀灭。

【解析】前提差异：巴斯德的实验中，使用普通培养液；普歇的实验中，采用干草浸液。

结果差异：巴斯德的实验中，海拔越高，培养液被微生物污染的可能性越小；普歇的实验中，即使在海拔很高的地方，所有装了培养液的瓶子都很快长出了微生物。

(D) 项指出了前提中的差异为什么可以造成实验结果的不同，可以解释题干。

其余各项均没有指出两个实验的差异，故不能解释题干。

【答案】(D)

21. （2011年管理类联考真题） 随着数字技术的发展，音频、视频的播放形式出现了革命性转变。人们很快接受了一些新形式，比如 MP3、CD、DVD 等。但是对于电子图书的接受并没有达到专家所预期的程度，现在仍有很大一部分读者喜欢捧着纸质出版物。纸质书籍在出版业中依然占据重要地位。因此有人说，书籍可能是数字技术需要攻破的最后一个堡垒。

以下哪项最不能对上述现象提供解释？

(A) 人们固执地迷恋着阅读纸质书籍时的舒适体验，喜欢纸张的质感。

(B) 在显示器上阅读，无论是笨重的阴极射线管显示器还是轻薄的液晶显示器，都会让人无端地心浮气躁。

(C) 现在仍有一些怀旧爱好者喜欢收藏经典图书。

(D) 电子书显示设备技术不够完善，图像显示速度较慢。

(E) 电子书和纸质书籍的柔软沉静相比，显得面目可憎。

【解析】需要解释的现象：为什么仍有很大一部分读者喜欢捧着纸质出版物而不是使用电子图书？

题干是两类对象的比较：电子图书和纸质出版物，找到二者的差异之处即可解释。

(A) 项，指出纸质图书的优势，可以解释。

(B) 项，指出电子图书的劣势，可以解释。

(C) 项，一些怀旧爱好者喜欢收藏经典图书并不能解释很大一部分读者喜欢纸质图书。

(D) 项，指出电子图书的劣势，可以解释。

（E）项，指出电子图书的劣势，可以解释。

【答案】（C）

22.（2011年管理类联考真题） 随着文化知识越来越重要，人们花在读书上的时间越来越多，文人学子近视患者的比例也越来越高。即便在城里工人、乡镇农民中，也能看到不少人戴近视眼镜。然而，在中国古代很少发现患有近视的文人学子，更别说普通老百姓了。

以下除哪项外，均可以解释上述现象？

（A）古时候，只有家庭条件好或者有地位的人才读得起书；即便读书，用在读书上的时间也很少，那种头悬梁、锥刺股的读书人更是凤毛麟角。

（B）古时交通工具不发达，出行主要靠步行、骑马，足量的运动对于预防近视有一定的作用。

（C）古人生活节奏慢，不用担心交通安全，所以即使患了近视，其危害也非常小。

（D）古代自然科学不发达，那时学生读的书很少，主要是四书五经，一本《论语》要读好几年。

（E）古人书写用的是毛笔，眼睛和字的距离比较远，写的字也相对大些。

【解析】题干中的差异：古代的文人学子很少患有近视，而现代的文人学子近视患者的比例越来越高。

找到造成古代人和现代人差异的原因即可解释题干中的差异。

（C）项说的是患有近视的危害，而不是患有近视的原因，所以不能解释题干。

其余各项均解释了古代文人学子很少患有近视的原因。

【答案】（C）

23.（2012年管理类联考真题） 一般商品只有在多次流通过程中才能不断增值，但艺术品作为一种特殊商品却体现出了与一般商品不同的特性。在拍卖市场上，有些古玩、字画的成交价有很大的随机性，往往会直接受到拍卖现场气氛、竞价激烈程度、买家心理变化等偶然因素的影响，成交价有时会高于底价几十倍乃至数百倍，使得艺术品在一次"流通"中实现大幅度增值。

以下哪项最无助于解释上述现象？

（A）艺术品的不可再造性决定了其交换价格有可能超过其自身价值。

（B）不少买家喜好收藏，抬高了艺术品的交易价格。

（C）有些买家就是为了炒作艺术品，以期获得高额利润。

（D）虽然大量赝品充斥市场，但对艺术品的交易价格没有什么影响。

（E）国外资金进入艺术品拍卖市场，对价格攀升起到了拉动作用。

【解析】题干中的差异：一般商品只有在多次流通过程中才能不断增值，但是，艺术品在一次"流通"中就能实现大幅度增值。

找到造成"一般商品"和"艺术品"价格差异的因素即可解释题干中的差异。

（A）、（B）、（C）、（E）项都提供了艺术品增值的原因，故能解释题干。

（D）项，指出赝品对艺术品的交易价格没有影响，当然也就无法解释艺术品价格的上涨的原因。

【答案】（D）

24. **(2014年管理类联考真题)** 有气象专家指出,全球变暖已经成为人类发展最严重的问题之一,南北极地区的冰川由于全球变暖而加速融化,已导致海平面上升;如果这一趋势不变,今后势必淹没很多地区。但近几年来,北半球许多地区的民众在冬季感到相当寒冷,一些地区甚至出现了超强降雪和超低气温,人们觉得对近期气候的确切描述似乎更应该是"全球变冷"。

以下哪项如果为真,最能解释上述现象?

(A) 除了南极洲,南半球近几年冬季的平均温度接近常年。

(B) 近几年来,全球夏季的平均气温比常年偏高。

(C) 近几年来,由于两极附近海水温度升高导致原来洋流中断或者减弱,而北半球经历严寒冬季的地区正是原来暖流影响的主要区域。

(D) 近几年来,由于赤道附近海水温度升高导致了原来洋流增强,而北半球经历严寒冬季的地区不是原来寒流影响的主要区域。

(E) 北半球主要是大陆性气候,冬季和夏季的温差通常比较大,近年来冬季极地寒流南侵比较频繁。

【解析】题干中的矛盾:全球变暖,极地冰川融化,但是,北半球许多地区的民众在冬季感到相当寒冷,一些地区甚至出现了超强降雪和超低气温。

(A) 项,不能解释,题干说的是"北半球",此项说的是"南半球"。

(B) 项,不能解释,题干说的是"冬季",此项说的是"夏季"。

(C) 项,说明全球变暖中断了原来影响这些出现寒冷天气地区的暖流,可以解释。

(D) 项,不能解释,"北半球经历严寒冬季的地区不是原来寒流影响的主要区域",那么这些地区不应受洋流增强的影响。

(E) 项,只能解释北半球为什么感觉寒冷,没有说明和"全球变暖"的关系,解释力度不如 (C) 项。

【答案】(C)

25. **(2016年管理类联考真题)** 在一项关于"社会关系如何影响人的死亡率"的课题研究中,研究人员惊奇地发现:不论种族、收入、体育锻炼等因素,一个乐于助人、和他人相处融洽的人,其平均寿命长于一般人,在男性中尤其如此;相反,心怀恶意、损人利己、和他人相处不融洽的人70岁之前的死亡率比正常人高出1.5~2倍。

以下哪项如果为真,最能解释上述发现?

(A) 身心健康的人容易和他人相处融洽,而心理有问题的人与他人很难相处。

(B) 男性通常比同年龄段的女性对他人有更强的"敌视情绪",多数国家男性的平均寿命也因此低于女性。

(C) 与人为善带来轻松愉悦的情绪,有益身体健康;损人利己则带来紧张的情绪,有损身体健康。

(D) 心存善念、思想豁达的人大多精神愉悦、身体健康。

(E) 那些自我优越感比较强的人通常"敌视情绪"也比较强,他们长时间处于紧张状态。

【解析】题干中的差异:乐于助人的人平均寿命长于一般人,心怀恶意的人70岁之前的死亡率比正常人高1.5~2倍。

(A) 项，并未涉及平均寿命，无法解释。

(B) 项，引入了新比较，可能是性别原因导致平均寿命差异，无法解释。

(C) 项，指出与人为善带来轻松愉悦的情绪，有益身体健康；损人利己则带来紧张的情绪，有损身体健康，可以解释题干。

(D) 项，只涉及心存善念的人大多身体健康，并未说明心怀恶意的人是否大多身体健康，缺少比较，无法解释。

(E) 项，没有说明敌视情绪和身体健康的关系，无法解释。

【答案】(C)

26. (2017年管理类联考真题) 通常情况下，长期在寒冷环境中生活的居民可以有更强的抗寒能力。相比于我国的南方地区，我国北方地区冬天的平均气温要低很多。然而有趣的是，现在许多北方地区的居民并不具有我们所以为的抗寒能力，相当多的北方人到南方来过冬，竟然难以忍受南方的寒冷天气，怕冷程度甚至远超过当地人。

以下哪项如果为真，最能解释上述现象？

(A) 一些北方人认为南方温暖，他们去南方过冬时往往对保暖工作做得不够充分。

(B) 南方地区冬天虽然平均气温比北方高，但也存在极端低温的天气。

(C) 北方地区在冬天通常启用供暖设备，其室内温度往往比南方高出很多。

(D) 有些北方人是从南方迁过去的，他们还没有完全适应北方的气候。

(E) 南方地区湿度较大，冬天感受到的寒冷程度超出气象意义上的温度指标。

【解析】待解释的现象：相比于我国的南方地区，我国北方地区冬天的平均气温要低很多，通常情况下，长期在寒冷环境中生活的居民可以有更强的抗寒能力，但是相当多的北方人到南方来过冬，竟然难以忍受南方的寒冷天气，怕冷程度甚至远超过当地人。

(C) 项，可以解释，北方有供暖设备，南方没有，所以北方人到了南方会感觉冷。

(E) 项，可以解释，说明南方虽然温度并不算低，但是由于湿度大，导致人们感觉比较寒冷。南方湿度较大，所以体感温度要低于实际温度，但是不是低于北方温度则难以确定。比如实际温度是0℃，体感温度达到了−5℃，但能不能和哈尔滨的−20℃作比较？因此，此项解释力度弱。

其余各项均为个别情况，无法很好地解释题干。

【答案】(C)

27. (2011年经济类联考真题) 在美国与西班牙作战期间，美国海军曾经广为散发海报，招募兵员。当时最有名的一个海军广告是这样说的：美国海军的死亡率比纽约市民的死亡率还要低。海军的官员具体就这个广告解释说："据统计，现在纽约市民的死亡率是每千人有16人，而尽管是战时，美国海军士兵的死亡率也不过每千人只有9人。"

如果以上资料为真，则以下哪项最能解释上述这种看起来很让人怀疑的结论？

(A) 在战争期间，海军士兵的死亡率要低于陆军士兵。

(B) 在纽约市民中包括生存能力较差的婴儿和老人。

(C) 敌军打击美国海军的手段和途径没有打击普通市民的手段和途径来得多。

(D) 美国海军的这种宣传主要是为了鼓动入伍，所以，要考虑其中夸张的成分。

(E) 尽管是战时，纽约的犯罪仍然很猖獗，报纸的头条不时地有暴力和色情的报道。

【解析】需要解释的现象：美国海军的死亡率比纽约市民的死亡率还要低。

(A) 项，无关选项，出现了与题干无关的新比较。

(B) 项，可以解释，说明了纽约市民死亡率高的原因（对比对象有差异）。

(C) 项，不能解释，因为材料中广告对比的是战时美国海军士兵的死亡率与现在的纽约市民（即未被卷入战争的纽约市民）的死亡率。

(D) 项，不能解释，违反了题干中"如果以上资料为真"的假设。

(E) 项，可以解释，但犯罪不一定导致死亡，故解释力度不如 (B) 项。

【答案】(B)

28. （2017年经济类联考真题）胡萝卜、西红柿和其他一些蔬菜中含有较丰富的β-胡萝卜素，β-胡萝卜素具有防止细胞癌变的作用。近年来从一些蔬菜中提炼出较丰富的β-胡萝卜素被制成片剂并建议吸烟者服用，以防止吸烟引起的癌变。然而，意大利博洛尼亚大学和美国得克萨斯大学的科学家发现，经常服用β-胡萝卜素片剂的吸烟者反而比不常服用β-胡萝卜素片剂的吸烟者更易患癌症。

以下哪项如果为真，最能解释上述矛盾？

(A) 有些β-胡萝卜素片剂含有不洁物质，其中有致癌物。

(B) 意大利博洛尼亚大学和美国得克萨斯大学地区的居民吸烟者中癌症患者的比例都较其他地区高。

(C) 经常服用β-胡萝卜素片剂的吸烟者有其他许多易于患癌症的不良习惯。

(D) β-胡萝卜素片剂都不稳定，易于分解变性，从而与身体发生不良反应，易于致癌，而自然β-胡萝卜素性质稳定，不会致癌。

(E) 吸烟者吸入体内的烟雾中的尼古丁与β-胡萝卜素发生作用，生成一种比尼古丁致癌作用更强的物质。

【解析】题干：β-胡萝卜素具有防止细胞癌变的作用，但是，经常服用β-胡萝卜素片剂的吸烟者反而比不常服用β-胡萝卜素片剂的吸烟者更易患癌症。

(A) 项，"有些"β-胡萝卜素片剂的情况未必具有代表性，"有些"是弱化词，解释力度弱。

(B) 项，无关选项，题干不涉及不同地区间的比较。

(C) 项，可以解释，另有他因导致经常服用β—胡萝卜素片剂的吸烟者易患癌症，但由于题干中出现了"结果的差异"，故应该找到"原因的差异"，即"经常服用β—胡萝卜素片剂的吸烟者"与"不经常服用β—胡萝卜素片剂的吸烟者"之间的不同，此项没有指出这种不同，故解释力度弱。

(D) 项，可以解释，但解释的是"β-胡萝卜素"与"β-胡萝卜素片剂"的差异，而不是"经常服用β-胡萝卜素片剂的吸烟者"与"不常服用β-胡萝卜素片剂的吸烟者"的差异。

(E) 项，直接指出"经常服用β-胡萝卜素片剂的吸烟者"与"不常服用β-胡萝卜素片剂的吸烟者"的差异原因（即尼古丁会与β-胡萝卜素发生作用，产生更强的致癌物），解释力度最强。

【答案】(E)

题型 29　论证结构相似题

命题概率

199 管理类联考近 10 年真题命题数量 10 道，平均每年 1 道。
396 经济类联考近 10 年真题命题数量 4 道，平均每年 0.4 道。

母题变化

◆ 变化 1　论证方法相似

解题思路

论证方法：归纳论证、类比论证、演绎论证、反证法、选言证法。
反驳方法：直接反驳、间接反驳（归谬法）。
求因果五法：求同法、求异法、求同求异用共法、共变法、剩余法。

典型真题

1.（2009 年管理类联考真题）一些人类学家认为，如果不具备应付各种自然环境的能力，人类在史前年代就不可能幸存下来。然而相当多的证据表明，阿法种南猿——一种与早期人类有关的史前物种，在各种自然环境中顽强生存的能力并不亚于史前人类，但最终灭绝了。因此，人类学家的上述观点是错误的。

上述推理的漏洞也类似地出现在以下哪项中？

（A）大张认识到赌博是有害的，但就是改不掉。因此，"不认识错误就不能改正错误"这一断定是不成立的。

（B）已经找到了证明造成艾克矿难是操作失误的证据。因此，关于艾克矿难起因于设备老化、年久失修的猜测是不成立的。

（C）大李图便宜，买了双旅游鞋，没穿几天就坏了。因此，怀疑"便宜无好货"是没道理的。

（D）既然不怀疑小赵可能考上大学，那就没有理由担心小赵可能考不上大学。

（E）既然怀疑小赵一定能考上大学，那就没有理由怀疑小赵一定考不上大学。

【解析】题干：①人类学家：不具备应付各种自然环境的能力（¬A），人类就不可能幸存（¬B）。②例证：阿法种南猿，具备应付各种自然环境的能力（A），但最终灭绝了（¬B）。因此，人类学家的观点是错误的。

符号化：①¬A→¬B。②例证：A∧¬B。因此，①错误。此推论是错误的。

（A）项，①不认识错误（¬A）就不能改正错误（¬B）。②例证：大张认识到赌博是有害的（A），但就是改不掉（¬B）。因此，①错误，与题干相同。

（B）项，艾克矿难（A）的原因是操作失误（B），因此，艾克矿难（A）的原因不是设备老化、年久失修（¬C），与题干不同。

(C) 项，①便宜（A）无好货（¬B）。②例证：大李图便宜（A），不是好货（¬B）。因此，①正确，与题干不同。

(D)、(E) 项，显然与题干不同。

【答案】(A)

2. (2010年管理类联考真题) 化学课上，张老师演示了两个同时进行的教学实验：一个实验是 $KClO_3$ 加热后，有 O_2 缓慢产生；另一个实验是 $KClO_3$ 加热后迅速撒入少量 MnO_2，这时立即有大量的 O_2 产生。张老师由此指出：MnO_2 是 O_2 快速产生的原因。

以下哪项与张老师得出结论的方法类似？

(A) 同一品牌的化妆品价格越高卖得就越火。由此可见，消费者喜欢价格高的化妆品。

(B) 居里夫人在沥青矿物中提取放射性元素时发现，从一定量的沥青矿物中提取的全部纯铀的放射性强度比同等数量的沥青矿物中放射性强度低数倍。她据此推断，沥青矿物中还存在其他放射性更强的元素。

(C) 统计分析发现，30岁至60岁之间，年纪越大，胆子越小。有理由相信：岁月是勇敢的腐蚀剂。

(D) 将闹钟放在玻璃罩里，使它打铃，可以听到铃声；然后把玻璃罩里的空气抽空，再使闹钟打铃，就听不到铃声了。由此可见，空气是声音传播的介质。

(E) 人们通过对绿藻、蓝藻、红藻的大量观察，发现结构简单、无根叶是藻类植物的主要特征。

【解析】题干使用求异法：

没有 MnO_2：有 O_2 缓慢产生；
加入少量 MnO_2：立即有大量的 O_2 产生；
————————————————————
所以，MnO_2 是 O_2 快速产生的原因。

(A) 项，共变法，与题干不同。

(B) 项，剩余法，与题干不同。

(C) 项，共变法，与题干不同。

(D) 项，求异法，与题干相同。

(E) 项，求同法，与题干不同。

【答案】(D)

3. (2010年管理类联考真题) 湖队是不可能进入决赛的。如果湖队进入决赛，那么太阳就从西边出来了。

以下哪项与上述论证方式最相似？

(A) 今天天气不冷。如果冷，湖面怎么结冰了？

(B) 语言是不能创造财富的。若语言能够创造财富，则夸夸其谈的人就是世界上最富有的了。

(C) 草木之生也柔脆，其死也枯槁。故坚强者死之徒，柔弱者生之徒。

(D) 天上是不会掉馅饼的。如果你不相信这一点，那上当受骗是迟早的事。

(E) 古典音乐不流行。如果流行，那就说明大众的音乐欣赏水平大大提高了。

【解析】题干：如果湖队进入决赛，那么太阳就从西边出来了。"太阳从西边出来"显然是荒谬的，所以湖队不可能进入决赛（归谬法）。

(B) 项，若语言能够创造财富，则夸夸其谈的人就是世界上最富有的了。"夸夸其谈的人是世界上最富有的"显然是荒谬的，所以语言不能创造财富，也是使用归谬法，故与题干相同。

其余各项均与题干的论证方式不同。

【答案】(B)

4. (2011年管理类联考真题) 一艘远洋帆船载着5位中国人和几位外国人由中国开往欧洲。途中，除5位中国人外，全患上了败血症。同乘一艘船，同样是风餐露宿、漂洋过海，为什么中国人和外国人如此不同呢？原来这5位中国人都有喝茶的习惯，而外国人却没有。于是得出结论：喝茶是这5位中国人未得败血症的原因。

以下哪项和题干中得出结论的方法最为相似？

(A) 警察锁定了犯罪嫌疑人，但是从目前掌握的事实看，都不足以证明他犯罪。专案组由此得出结论，必有一种未知的因素潜藏在犯罪嫌疑人身后。

(B) 在两块土壤情况基本相同的麦地上，对其中一块施氮肥和钾肥，另一块只施钾肥。结果施氮肥和钾肥的那块麦地的产量远高于另一块。可见，施氮肥是麦地产量较高的原因。

(C) 孙悟空："如果打白骨精，师父会念紧箍咒；如果不打，师父就会被妖精吃掉。"孙悟空无奈得出结论："我还是回花果山算了。"

(D) 天文学家观测到天王星的运行轨道有特征a、b、c，已知特征a、b分别是由两颗行星甲、乙的吸引所造成的，于是猜想还有一颗未知行星造成天王星的轨道特征c。

(E) 一定压力下的一定量气体，温度升高，体积增大；温度降低，体积缩小。气体体积与温度之间存在一定的相关性，说明气体温度的改变是其体积改变的原因。

【解析】题干采用的是求异法：

5位中国人：喝茶，没有得败血症；

外国人：没有喝茶，得了败血症；

———————————————————————

所以，喝茶是这5位中国人未得败血症的原因。

(B) 项，与题干一样，也是采用求异法：

施氮肥和钾肥的麦地：产量高；

只施钾肥的麦地：产量低；

———————————————————————

所以，施氮肥是麦地产量较高的原因。

(A) 项是剩余法，(C) 项是二难推理，(D) 项是剩余法，(E) 项是共变法。

【答案】(B)

5. (2012年管理类联考真题) 我国著名的地质学家李四光，在对东北的地质结构进行了长期、深入的调查研究后发现，松辽平原的地质结构与中亚细亚极其相似。他推断，既然中亚细亚蕴藏大量的石油，那么松辽平原很可能也蕴藏着大量的石油。后来，大庆油田的开发证明了李四光的推断是正确的。

以下哪项与李四光的推理方式最为相似?

(A) 他山之石,可以攻玉。

(B) 邻居买彩票中了大奖,小张受此启发,也去买了体育彩票,结果没有中奖。

(C) 某乡镇领导在考察了荷兰等国的花卉市场后认为要大力发展规模经济,回来后组织全乡镇种大葱,结果导致大葱严重滞销。

(D) 每到炎热的夏季,许多商店会腾出一大块地方卖羊毛衫、长袖衬衣、冬靴等冬令商品,进行反季节销售,结果都很有市场。小王受此启发,决定在冬季种植西瓜。

(E) 乌兹别克地区盛产长绒棉。新疆塔里木河流域和乌兹别克地区在日照情况、霜期长短、气温高低、降雨量等方面均相似,科研人员受此启发,将长绒棉移植到塔里木河流域,果然获得了成功。

【解析】李四光采用的是类比论证:松辽平原的地质结构与中亚细亚极其相似,中亚细亚蕴藏大量的石油,所以,松辽平原很可能也蕴藏着大量的石油。

(E) 项,塔里木河流域和乌兹别克地区在日照情况、霜期长短等方面均相似,乌兹别克地区盛产长绒棉,所以,塔里木河流域可能也适合种植长绒棉。此项也是类比论证,与题干相同。

(D) 项,虽然也是类比论证,但是商品销售和种植西瓜差异较大,而且也未指出种植西瓜的结果如何,与题干的类似程度不如(E) 项。

其余各项显然均与题干不同。

【答案】(E)

6. **(2015年管理类联考真题)** 研究人员将角膜感觉神经断裂的兔子分为两组:实验组和对照组。他们给实验组兔子注射一种从土壤霉菌中提取的化合物。3 周后检查发现,实验组兔子的角膜感觉神经已经复合;而对照组兔子未注射这种化合物,其角膜感觉神经没有复合。研究人员由此得出结论:该化合物可以使兔子断裂的角膜感觉神经复合。

以下哪项与上述研究人员得出结论的方式最为类似?

(A) 科学家在北极冰川地区的黄雪中发现了细菌,而该地区的寒冷气候与木卫二的冰冷环境有着惊人的相似。所以,木卫二可能存在生命。

(B) 绿色植物在光照充足的环境下能茁壮成长,而在光照不足的环境下只能缓慢生长。所以,光照有助于绿色植物的生长。

(C) 一个整数或者是偶数,或者是奇数。0 不是奇数,所以,0 是偶数。

(D) 昆虫都有三对足,蜘蛛并非三对足。所以,蜘蛛不是昆虫。

(E) 年逾花甲的老王戴上老花眼镜可以读书看报,不戴则视力模糊。所以,年龄大的人都要戴老花眼镜。

【解析】题干使用的是求异法,(B) 项也是求异法。

(A) 项,类比论证。

(C) 项,选言证法。

(D) 项,演绎推理。

(E) 项,例证法。

【答案】(B)

7. **(2016年管理类联考真题)** 注重对孩子的自然教育,让孩子亲身感受大自然的神奇与美妙，可促进孩子释放天性，激发自身潜能；而缺乏这方面教育的孩子容易变得孤独，道德、情感与认知能力的发展都会受到一定的影响。

以下哪项与以上陈述方式最为类似？

（A）脱离环境保护搞经济发展是"竭泽而渔"，离开经济发展抓环境保护是"缘木求鱼"。

（B）只说一种语言的人，首次被诊断出患阿尔茨海默症的平均年龄约为71岁；说双语的人，首次被诊断出患阿尔茨海默症的平均年龄约为76岁；说三种语言的人，首次被诊断出患阿尔茨海默症的平均年龄约为78岁。

（C）老百姓过去"盼温饱"，现在"盼环保"；过去"求生存"，现在"求生态"。

（D）注重调查研究，可以让我们掌握第一手资料；闭门造车，只能让我们脱离实际。

（E）如果孩子完全依赖电子设备来进行学习和生活，将会对环境越来越漠视。

【解析】题干使用求异法：

注重对孩子的自然教育，能激发其自身的潜能；不注重对孩子的自然教育，其发展会受到一定影响。

（D）项，注重调查研究，可以掌握第一手资料；闭门造车（即不注重调查研究），会让我们脱离实际。与题干相同。

其余各项显然均与题干不相同。

【答案】（D）

8. (2018年管理类联考真题) 甲：读书最重要的目的是增长知识、开拓视野。

乙：你只见其一，不见其二。读书最重要的是陶冶性情、提升境界。没有陶冶性情、提升境界，就不能达到读书的真正目的。

以下哪项与上述反驳方式最为相似？

（A）甲：文学创作最重要的是阅读优秀文学作品。

乙：你只见现象，不见本质。文学创作最重要的是观察生活、体验生活。任何优秀的文学作品都来源于火热的社会生活。

（B）甲：做人最重要的是要讲信用。

乙：你说得不全面。做人最重要的是要遵纪守法。如果不遵纪守法，就没法讲信用。

（C）甲：作为一部优秀的电视剧，最重要的是能得到广大观众的喜爱。

乙：你只见其表，不见其里。作为一部优秀的电视剧最重要的是具有深刻寓意与艺术魅力。没有深刻寓意与艺术魅力，就不能成为优秀的电视剧。

（D）甲：科学研究最重要的是研究内容的创新。

乙：你只见内容，不见方法。科学研究最重要的是研究方法的创新。只有实现研究方法的创新，才能真正实现研究内容的创新。

（E）甲：一年中最重要的季节是收获的秋天。

乙：你只看结果，不问原因。一年中最重要的季节是播种的春天。没有春天的播种，哪来秋天的收获？

【解析】题干：

甲：读书的目的（A）最重要的是增长知识、开拓视野（B）。

乙：读书的目的（A）最重要的是陶冶性情、提升境界（C）。没有陶冶性情、提升境界（¬C），就达不到读书的目的（¬A）。

（C）项，甲：优秀的电视剧（A）最重要的是能得到广大观众的喜爱（B）。

乙：优秀的电视剧（A）最重要的是具有深刻寓意与艺术魅力（C）。没有深刻寓意与艺术魅力（¬C），就不能成为优秀的电视剧（¬A）。故此项与题干相同。

其余各项均与题干不同。

【答案】(C)

9. **（2018年管理类联考真题）** 甲：知难行易，知然后行。

乙：不对。知易行难，行然后知。

以下哪项与上述对话方式最为相似？

(A) 甲：知人者智，自知者明。

　　乙：不对。知人不易，知己更难。

(B) 甲：不破不立，先破后立。

　　乙：不对。不立不破，先立后破。

(C) 甲：想想容易做起来难，做比想更重要。

　　乙：不对。想到就能做到，想比做更重要。

(D) 甲：批评他人易，批评自己难；先批评他人，后批评自己。

　　乙：不对。批评自己易，批评他人难；先批评自己，后批评他人。

(E) 甲：做人难做事易，先做人再做事。

　　乙：不对。做人易做事难，先做事再做人。

【解析】题干：

甲：知（A）难行（B）易，知（A）然后行（B）。

乙：不对。知（A）易行（B）难，行（B）然后知（A）。

(E) 项：

甲：做人（A）难做事（B）易，先做人（A）再做事（B）。

乙：不对。做人（A）易做事（B）难，先做事（B）再做人（A）。

故 (E) 项与题干相同。

【答案】(E)

10. **（2020年管理类联考真题）** 学问的本来意义与人的生命、生活有关。但是，如果学问成为口号或者教条，就会失去其本来的意义。因此，任何学问都不应该成为口号或者教条。

以下哪项与上述论证方式最为相似？

(A) 椎间盘没有血液循环的组织。但是，如果要确保其功能正常运转，就需依靠其周围流过的血液提供养分。因此，培养功能正常运转的人工椎间盘应该很困难。

(B) 大脑会改编现实经历。但是，如果大脑只是储存现实经历的"文件柜"，就不会对其进行改编。因此，大脑不应该只是储存现实经历的"文件柜"。

(C) 人工智能应该可以判断黑猫和白猫都是猫。但是，如果人工智能不预先"消化"大量照片，就无从判断黑猫和白猫都是猫。因此，人工智能必须预先"消化"大量照片。

(D) 机器人没有人类的弱点和偏见。但是，只有数据得到正确采集和分析，机器人才不会"主观臆断"。因此，机器人应该也有类似的弱点和偏见。

(E) 历史包含必然性。但是，如果坚信历史只包含必然性，就会阻止我们用不断积累的历史数据去证实或证伪它。因此，历史不应该只包含必然性。

【解析】本题考的是归谬法（证假设真）：如果学问成为口号或者教条，就会失去其本来的意义（与"学问的本来意义"矛盾），故，学问不应该成为口号或者教条。

(A) 项，论证中出现了新内容"人工椎间盘"，与题干的论证方式不同。

(B) 项，如果大脑只是储存现实经历的"文件柜"，就不会对现实经历进行改编（与"大脑会改编现实经历"矛盾），故，大脑不应该只是储存现实经历的"文件柜"，与题干的论证方式相同。

(C) 项，如果人工智能不预先"消化"大量照片，就无从判断黑猫和白猫都是猫（与"人工智能应该可以判断黑猫和白猫都是猫"矛盾），因此，人工智能必须预先"消化"大量照片。本项是个反证法（证真设假），与题干的论证方式不同。

(D) 项，"只有，才"与题干中的"如果，那么"结构不同。

(E) 项，显然与题干的论证方式不同。

【答案】(B)

11. **(2020年经济类联考真题)** 小张和小李来自两个不同的学校，但两人都是三好学生，因为他们有共同的特点：学习好、品德好、身体好。所以，学习好、品德好、身体好，是小张和小李成为三好学生的原因。

以下哪项与上述推理方式最为接近？

(A) 全国各地的寺庙虽然规模大小不一，但都摆放着佛像，小李家有佛像。所以，小李家是寺庙。

(B) 蚂蚁能辨别气味和方向，但将其触角剪掉，它就会像"没头的苍蝇"。所以，蚂蚁依靠触角辨别气味和方向。

(C) 独生子女和非独生子女的性格差异是由环境造成的。所以，要想改变独生子女和非独生子女的性格就必须改变环境。

(D) 艺术家都有很好的艺术鉴赏能力，小赵有很好的艺术鉴赏能力。所以，小赵是艺术家。

(E) 某医院同时有不同的腹泻病人前来就诊，当得知他们都吃了某超市出售的田螺时，医生判断腹泻可能是由田螺引起的。

【解析】题干采用了求同法。

(A) 项，寺庙→佛像，小李家→佛像。所以，小李家→寺庙，犯了充分条件与必要条件误用的逻辑错误。

(B) 项，采用了求异法。

(C) 项，采用了求异法。

(D) 项，艺术家→有很好的艺术鉴赏能力，小赵→有很好的艺术鉴赏能力。所以，小赵→艺术家，犯了充分条件与必要条件误用的逻辑错误。

(E) 项，采用了求同法，与题干的推理方式一致。

【答案】(E)

变化 2　逻辑谬误相似

解题思路

常见逻辑谬误：

不当类比、自相矛盾、模棱两不可、非黑即白、偷换概念、转移论题、以偏概全、循环论证、因果倒置、归因不当、不当假设、推不出（论据不充分、虚假论据、必要条件与充分条件混用、推理形式不正确等）、诉诸权威、诉诸人身、诉诸众人、诉诸情感、诉诸无知、合成与分解谬误、数量关系错误等。

典型真题

12.（2009 年管理类联考真题）主持人：有网友称你为"国学巫师"，也有网友称你为"国学大师"。你认为哪个名称更适合你？

上述提问中的不当也存在于以下各项中，除了：

（A）你要社会主义的低速度，还是资本主义的高速度？
（B）你主张为了发展可以牺牲环境，还是主张宁可不发展也不能破坏环境？
（C）你认为人都自私，还是认为人都不自私？
（D）你认为"9·11"恐怖袭击必然发生，还是认为有可能避免？
（E）你认为中国队必然夺冠，还是认为不可能夺冠？

【解析】题干："国学巫师"与"国学大师"是反对关系而非矛盾关系，提问不当，因为对方可能既不是"国学巫师"，也不是"国学大师"。

（D）项，"必然发生"和"可能避免"（即"可能不发生"）为矛盾关系，与题干不同。

其余各项中的概念均为反对关系，与题干相同。

【答案】（D）

13.（2010 年管理类联考真题、2018 年经济类联考真题）学生：IQ 和 EQ 哪个更重要？您能否给我指点一下？

学长：你去书店问问工作人员关于 IQ 和 EQ 的书，哪类销得快，哪类就更重要。

以下哪项与题干中的问答方式最为相似？

（A）员工：我们正制定一个度假方案，你说是在本市好，还是去外地好？
　　经理：现在年终了，各公司都在安排出去旅游，你去问问其他公司的同行，他们计划去哪里，我们就不去哪里，不凑热闹。
（B）平平：母亲节那天我准备给妈妈送一份礼物，你说是送花好，还是送巧克力好？
　　佳佳：你在母亲节前一天去花店看一下，看看买花的人多不多就行了嘛。
（C）顾客：我准备买一件毛衣，你看颜色是鲜艳一点好，还是素一点好？
　　店员：这个需要结合自己的性格与穿衣习惯，各人可以有自己的选择与喜好。
（D）游客：我们前面有两条山路，走哪一条更好？
　　导游：你仔细看看，哪一条山路上车马的痕迹深，我们就走哪一条。

(E) 学生：我正在准备期末复习，是做教材上的练习重要，还是理解教材内容更重要？

老师：你去问问高年级得分高的同学，他们是否经常背书、做练习。

【解析】学长：关于IQ和EQ的书，哪类销得快，哪类就更重要，学长犯了诉诸众人的逻辑错误。

（A）项，不是诉诸众人。

（B）项，诉诸众人，但是题干还进行了两类对象的比较，而（B）项没有比较，因此类似度不高。

（C）项，店员并没有正面回答顾客的问题，诉诸无知。

（D）项，诉诸众人，且有两类对象的比较，与题干最为相似。

（E）项，"高年级得分高的同学"可视为权威，诉诸权威。

【答案】（D）

14. （2010年管理类联考真题）克鲁特是德国家喻户晓的"明星"北极熊，北极熊是北极名副其实的霸主。因此，克鲁特是名副其实的北极霸主。

以下除哪项外，均与上述论证中出现的谬误相似？

（A）儿童是祖国的花朵，小雅是儿童。因此，小雅是祖国的花朵。

（B）鲁迅的作品不是一天能读完的，《祝福》是鲁迅的作品。因此，《祝福》不是一天能读完的。

（C）中国人是不怕困难的，我是中国人。因此，我是不怕困难的。

（D）康怡花园坐落在清水街，清水街的建筑属于违章建筑。因此，康怡花园的建筑属于违章建筑。

（E）西班牙语是外语，外语是普通高等学校招生的必考科目。因此，西班牙语是普通高等学校招生的必考科目。

【解析】题干：克鲁特是德国家喻户晓的"明星"北极熊（类概念）；北极熊（集合概念）是北极名副其实的霸主，所以题干犯了偷换概念的逻辑错误。

也可以认为题干误把事物的全体具有的性质，认为其中每个事物也具有（分解谬误）。

（A）项，儿童（集合概念）是祖国的花朵，小雅是儿童（类概念），偷换概念，与题干相同。

（B）项，鲁迅的作品（集合概念）不是一天能读完的，《祝福》是鲁迅的作品（类概念），偷换概念，与题干相同。

（C）项，中国人（集合概念）是不怕困难的，我是中国人（类概念），偷换概念，与题干相同。

（D）项，康怡花园坐落在清水街（类概念），清水街的建筑（类概念）属于违章建筑，所以此项的推理是正确的，与题干不同。

（E）项，西班牙语是外语（类概念），外语（集合概念）是普通高等学校招生的必考科目，偷换概念，与题干相同。

【答案】（D）

15. （2012年管理类联考真题）居民苏女士在菜市场看到某摊位出售的鹌鹑蛋色泽新鲜、形态圆润，且价格便宜，于是买了一箱。回家后发现有些鹌鹑蛋打不破，甚至丢到地上也摔不坏，再细闻已经打破的鹌鹑蛋，有一股刺鼻的消毒液味道。她投诉至菜市场管理部门，结果一位工作人员声称：鹌鹑蛋目前还没有国家质量标准，无法判定它有质量问题，所以他坚持这箱鹌鹑蛋没有质量问题。

以下哪项与该工作人员得出结论的方式最为相似？

（A）不能证明宇宙是没有边际的，所以宇宙是有边际的。

（B）"驴友论坛"还没有论坛规范，所以管理人员没有权力删除帖子。

（C）小偷在逃跑途中跳入 2 米深的河中，事主认为没有责任，因此不予施救。

（D）并非外星人不存在，所以外星人存在。

（E）慈善晚会上的假唱行为不属于商业管理的范围，因此相关部门无法对此进行处罚。

【解析】工作人员：鹌鹑蛋目前还没有国家质量标准，无法判定它有质量问题，所以这箱鹌鹑蛋没有质量问题。

符号化：不能证明 A（质量问题），所以¬A（没有质量问题），犯了诉诸无知的逻辑错误。

（A）项，不能证明 A（没有边际），所以¬A（有边际），与题干相同，诉诸无知。

（B）项，没有 A（论坛规范），所以不能 B（删除帖子），与题干不同。

（D）项，并非外星人不存在＝外星人存在。故此项可表述为"外星人存在，因此，外星人存在"，犯了循环论证的逻辑错误，与题干不同。

（C）、（E）项，显然均与题干不同。

【答案】（A）

16.（2012 年管理类联考真题）小李将自家护栏边的绿地毁坏，种上了黄瓜。小区物业管理人员发现后，提醒小李：护栏边的绿地是公共绿地，属于小区的所有人。物业为此下发了整改通知书，要求小李限期恢复绿地。小李对此辩称："我难道不是小区的人吗？护栏边的绿地既然属于小区的所有人，当然也属于我。因此，我有权在自己的土地上种黄瓜。"

以下哪项论证和小李的错误最为相似？

（A）所有人都要对他的错误行为负责，小梁没有对他的这次行为负责，所以小梁的这次行为没有错误。

（B）所有参展的兰花在这次博览会上被订购一空，李阳花大价钱买了一盆花。由此可见，李阳买的必定是兰花。

（C）没有人能够一天读完大仲马的所有作品，没有人能够一天读完《三个火枪手》，因此，《三个火枪手》是大仲马的作品之一。

（D）所有莫尔碧骑士组成的军队在当时的欧洲是不可战胜的，翼雅王是莫尔碧骑士之一，所以翼雅王在当时的欧洲是不可战胜的。

（E）任何一个人都不可能掌握当今世界的所有知识，"地心说"不是当今世界的知识，因此，有些人可以掌握"地心说"。

【解析】题干："公共绿地，属于小区的所有人"，此处的"所有人"是个集合概念。集合概念的全体具有的性质，组成集合的个体不一定具有。

题干中小李误认为集合体具有的性质，集合体中的每个个体也具有。

（D）项，所有莫尔碧骑士组成的军队（集合概念）是不可战胜的，翼雅王是莫尔碧骑士（类概念）之一，所以翼雅王是不可战胜的。此项误认为集合体具有的性质，集合体中的每个个体也具有。故（D）项所犯的逻辑错误与题干相同。

其余各项均与题干不同。

【答案】(D)

17.（2014年管理类联考真题） 李栋善于辩论，也喜欢诡辩。有一次他论证道："郑强知道数字87654321，陈梅家的电话号码正好是87654321，所以郑强知道陈梅家的电话号码。"

以下哪项与李栋论证中所犯的错误最为类似？

（A）中国人是勤劳勇敢的，李岚是中国人，所以李岚是勤劳勇敢的。

（B）金砖是由原子构成的，原子不是肉眼可见的，所以金砖不是肉眼可见的。

（C）黄兵相信晨星在早晨出现，而晨星其实就是暮星，所以黄兵相信暮星在早晨出现。

（D）张冉知道如果1∶0的比分保持到终场，他们的队伍就会出线，现在张冉听到了比赛结束的哨声，所以张冉知道他们的队伍出线了。

（E）所有蚂蚁都是动物，所以所有大蚂蚁都是大动物。

【解析】题干："数字87654321"与"电话号码正好是87654321"不是同一概念，因此，题干犯了偷换概念的逻辑错误。

推理形式为：A 知道 B_1，C 是 B_2，所以，A 知道 C。

（A）项，第一个"中国人"是集合概念，第二个"中国人"是类概念，也犯了偷换概念的逻辑错误，但是，在其推理形式上，不如（C）项更相似。

（B）项，A 由 B 构成，B 具有性质 C，所以，A 具有性质 C，与题干不同。

（C）项，晨星是指"早晨的金星"，暮星是指"傍晚的金星"，存在偷换概念，而且在推理形式上为：A 相信 B_1，B_2 是 C（等价于 C 是 B_2），所以，A 相信 C。故本项与题干最为相似。

（D）项，显然与题干不同。

（E）项，蚂蚁是动物的一种，这里没涉及动物的大小，大蚂蚁只是蚂蚁中大的一种，而不是动物中大的一种，与题干不同。

【答案】(C)

18.（2019年管理类联考真题） 作为一名环保爱好者，赵博士提倡低碳生活，积极宣传节能减排。但我不赞同他的做法，因为作为一名大学老师，他这样做占用了大量的科研时间，到现在连副教授都没评上，他的观点怎么能令人信服呢？

以下哪项论证中的错误和上述最为相似？

（A）张某提出要同工同酬，主张在质量相同的情况下，不分年龄、级别一律按件计酬。她这样说不就是因为她年轻、级别低吗？其实她是在为自己谋利益。

（B）公司的绩效奖励制度是为了充分调动广大员工的积极性，它对所有员工都是公平的。如果有人对此有不同的意见，则说明他反对公平。

（C）最近听说你对单位的管理制度提了不少意见，这真令人难以置信！单位领导对你差吗？你这样做，分明是和单位领导过不去。

（D）单位任命李某担任信息科科长，听说你对此有意见。大家都没提意见，只有你一个人有意见，看来你的意见是有问题的。

(E) 有一种观点认为,只有直接看到的事物才能确信其存在。但是没有人可以看到质子、电子,而这些都被科学证明是客观存在的。所以,该观点是错误的。

【解析】题干:赵博士占用了大量的科研时间,到现在连副教授都没有评上,因此,他的节能减排的观点不可信。

题干所犯的逻辑谬误为"诉诸人身",即赵博士连副教授都不是,因此,他的观点不可信。

(A) 项,张某太年轻,因此,张某的观点不可信。故此项也犯了诉诸人身的逻辑谬误,与题干相同。

(B) 项,绩效奖励制度→公平,反对绩效奖励制度→反对公平,属于形式逻辑错误。

(C) 项,诉诸情感。

(D) 项,诉诸众人。

(E) 项,质子、电子:存在∧¬看到,与"存在→看到"矛盾,可以证明"只有直接看到的事物才能确信其存在"的观点是错误的。因此,此项论证正确。

【答案】(A)

19. (2019年经济类联考真题) 对同一事物,有的人说"好",有的人说"不好",这两种人之间没有共同语言。可见,不存在全民族通用的共同语言。

以下除哪项外,都与题干推理所犯的逻辑错误类似?

(A) 甲:"厂里规定,工作时禁止吸烟。"乙:"当然,可我吸烟时从不工作。"

(B) 有的写作教材上讲,写作中应当讲究语言形式的美,我的看法不同。我认为语言就应该朴实,不应该追求那些形式主义的东西。

(C) 有意杀人者应处死刑,行刑者是有意杀人者,所以行刑者应处死刑。

(D) 象是动物,所以小象是小动物。

(E) 这种观点既不属于唯物主义,又不属于唯心主义,我看两者都有点像。

【解析】题干中的推理犯了偷换概念的逻辑错误。前一个"共同语言",指的是对同一事物的评价;后一个"共同语言",是指语言,即说话使用的语种。

(A) 项,甲所说的"工作时"是时间概念,乙所说的"工作"是动作概念。

(B) 项,"形式"和"形式主义"是不同的概念。

(C) 项,第一个"有意杀人"属于不被法律允许的行为,第二个"有意杀人"属于法律赋予的行为,不是同一概念。

(D) 项,"小象"中的"小"是指年龄小,"小动物"中的"小"是指体型小,不是同一概念。

(E) 项,唯物主义与唯心主义是矛盾的概念,矛盾双方必有一真一假,不可能两者都像,犯了自相矛盾的逻辑错误。

【答案】(E)

20. (2020年经济类联考真题) 群众是真正的英雄,我是群众,所以我是真正的英雄。

这个推理中的逻辑错误,与下列哪项中出现的最为类似?

(A) 作案者都有作案时间,王某有作案时间,所以王某一定是作案者。

(B) 各级干部都要遵纪守法,我不是干部,所以我不要遵纪守法。

(C) 世间万物中，人是第一个可宝贵的。我是人，所以我是世间万物中第一个可宝贵的。

(D) 公民都要遵守法律，你没有遵守法律，所以你不是公民。

(E) 想当翻译就要学外语，我不想当翻译，何必费力学外语？

【解析】题干：第一个"群众"是集合概念，第二个"群众"是类概念，犯了偷换概念的逻辑错误。

（A）项，作案者→有作案时间，王某→有作案时间，所以王某→作案者，犯了充分条件与必要条件误用的逻辑错误。

（B）项，干部→遵纪守法，我→¬干部，所以我→¬遵纪守法，犯了充分条件与必要条件误用的逻辑错误。

（C）项，第一个"人"是集合概念，第二个"人"是类概念，犯了偷换概念的逻辑错误。

（D）项，公民→遵守法律，你→¬遵守法律，所以你→¬公民，无逻辑错误。

（E）项，想当翻译→学外语，我→¬想当翻译，所以我→¬学外语，犯了充分条件与必要条件误用的逻辑错误。

【答案】(C)

第 6 章 措施目的

题型 30 措施目的的削弱

命题概率

199 管理类联考近 10 年真题命题数量 6 道，平均每年 0.6 道。
396 经济类联考近 10 年真题命题数量 4 道，平均每年 0.4 道。

母题变化

解题思路

措施目的型题目的题干结构一般为：因为某个原因，导致计划采取某个措施（方法、建议），以达到某种目的（解决某个问题），即：

$$原因 \xrightarrow{导致} 措施 \xrightarrow{以求} 目的。$$

对"措施目的"关系的削弱方式如下面的例子：

注射青霉素（措施），以治疗甲型流感（目的）。

符号化：注射青霉素 $\xrightarrow{以求}$ 治疗甲型流感。

削弱理由	削弱方式
青霉素尚未提取成功	措施不可行
青霉素治不好甲型流感	措施达不到目的（措施无效）
青霉素会导致严重的过敏	措施有恶果（副作用）

【注意】

一般来说，措施都或多或少地有一些副作用，但如果措施有效并且副作用的危害不是很大，就值得采取这一措施。所以措施有恶果（副作用）常常用作干扰项。

当措施的副作用太大，采取这一措施弊大于利时，这一措施就不值得采取了。此时，措施有恶果（副作用）的削弱力度就很大了。

典型真题

1. (2011年管理类联考真题) 一些城市,由于作息时间比较统一,加上机动车太多,很容易形成交通早高峰和晚高峰,市民们在高峰时间上下班很不容易。为了缓解人们上下班的交通压力,某政府顾问提议采取不同时间段上下班制度,即不同单位可以在不同的时间段上下班。

以下哪项如果为真,最可能使该顾问的提议无法取得预期效果?

(A) 有些上班时间段与员工的用餐时间冲突,会影响他们生活的乐趣,从而影响他们的工作积极性。

(B) 许多上班时间段与员工的正常作息时间不协调,他们需要较长一段时间来调整适应,这段时间的工作效率难以保证。

(C) 许多单位的大部分工作通常需要员工们在一起讨论,集体合作才能完成。

(D) 该市的机动车数量持续增加,即使不在早晚高峰期,交通拥堵也时有发生。

(E) 有些单位员工的住处与单位很近,步行即可上下班。

【解析】市政府顾问:采取不同时间段上下班制度(措施)——以求→缓解人们上下班的交通压力(目的)。

(A) 项,措施有恶果,但是注意"有些",这是典型的弱化词,在削弱题中一般不选。

(B) 项,措施有恶果,但是这个影响是暂时的,是可以调整的,削弱力度弱。

(C) 项,不影响题干中的措施。因为采取错峰上下班制度可能是A单位8点上班,B单位9点上班,这样并不影响同一单位的人共同工作。

(D) 项,措施达不到目的,即使采取了错开上下班时间的措施避开早高峰和晚高峰,交通拥堵仍然会经常发生,削弱题干。

(E) 项,不能削弱,"有些"员工步行上下班,不代表交通不拥堵。

【答案】(D)

2. (2012年管理类联考真题) 1991年6月15日,菲律宾吕宋岛上的皮纳图博火山突然大爆发,2 000万吨二氧化硫气体冲入平流层,形成的霾像毯子一样盖在地球上空,把部分要照射到地球的阳光反射回太空。几年之后,气象学家发现这层霾使得当时地球表面的温度累计下降了0.5℃。而皮纳图博火山爆发前的一个世纪,因人类活动而造成的温室效应已经使地球表面温度升高了1℃。某位持"人工气候改造论"的科学家据此认为,可以用火箭弹等方式将二氧化硫充入大气层,阻挡部分阳光,达到给地球表面降温的目的。

以下哪项如果为真,最能对该科学家提议的有效性构成质疑?

(A) 如果利用火箭弹将二氧化硫充入大气层,会导致航空乘客呼吸不适。

(B) 如果在大气层上空放置反光物,就可以避免地球表面受到强烈阳光的照射。

(C) 可以把大气中的碳提取出来存储到地下,减少大气层中的碳含量。

(D) 不论任何方式,"人工气候改造"都将破坏地球的大气层结构。

(E) 火山喷发形成的降温效应只是暂时的,经过一段时间温度将再次回升。

【解析】科学家:用火箭弹等方式将二氧化硫充入大气层,阻挡部分阳光(措施)——以求→给地球表面降温(目的)。

（A）项，措施有恶果，但是"航空乘客呼吸不适"这样的恶果较小，削弱力度较弱。

（B）、（C）项，都提出了给地球表面降温的新措施，但即使这种新措施是有效的，也无法说明题干中的措施无效，故不能削弱。

（D）项，措施有恶果，但是无法知道此种方式对大气层的影响有多大，故削弱力度较小。

（E）项，措施达不到目的，直接说明措施无效，削弱力度最大。

【答案】（E）

3. **（2015年管理类联考真题）** 长期以来，手机产生的电磁辐射是否威胁人体健康一直是极具争议的话题。一项长达10年的研究显示，每天使用移动电话通话30分钟以上的人患神经胶质瘤的风险比从未使用者要高出40％。由此某专家建议，在获得进一步证据之前，人们应该采取更加安全的措施，如尽量使用固定电话通话或使用短信进行沟通。

以下哪项如果为真，最能表明该专家的建议不切实际？

（A）大多数手机产生的电磁辐射强度符合国家规定的安全标准。
（B）现在人类生活空间中的电磁辐射强度已经超过手机通话产生的电磁辐射强度。
（C）经过较长一段时间，人的身体能够逐渐适应强电磁辐射的环境。
（D）在上述实验期间，有些人每天使用移动电话通话超过40分钟，但他们很健康。
（E）即使以手机短信进行沟通，发送和接收信息的瞬间也会产生较强的电磁辐射。

【解析】某专家：人们应该采取更加安全的措施，如尽量使用固定电话通话或使用短信进行沟通——以求→避免手机产生的电磁辐射威胁人体健康。

（A）项，诉诸权威，手机产生的辐射强度符合国家安全标准不代表其辐射不会威胁人体健康。
（B）项，说明不使用移动电话通话并不能避免电磁辐射，措施达不到目的，削弱题干。
（C）项，无关选项。
（D）项，"有些人"的情况，无法质疑整体情况，削弱力度弱。
（E）项，干扰项，"发送和接收信息的瞬间"会产生较强的电磁辐射，如果和使用移动电话相比减少了电磁辐射，那么也可以有效降低电磁辐射对人体健康的威胁，故不能削弱题干。

【答案】（B）

4. **（2016年管理类联考真题）** 近年来，越来越多的机器人被用于在战场上执行侦察、运输、拆弹等任务，甚至将来冲锋陷阵的都不再是人，而是形形色色的机器人。人类战争正在经历自核武器诞生以来最深刻的革命。有专家据此分析指出，机器人战争技术的出现可以使人类远离危险，更安全、更有效率地实现战争目标。

以下哪项如果为真，最能质疑上述专家的观点？

（A）现代人类掌控机器人，但未来机器人可能会掌控人类。
（B）因不同国家之间军事科技实力的差距，机器人战争技术只会让部分国家远离危险。
（C）机器人战争技术有助于摆脱以往大规模杀戮的血腥模式，从而让现代战争变得更为人道。
（D）掌握机器人战争技术的国家为数不多，将来战争的发生更为频繁也更为血腥。
（E）全球化时代的机器人战争技术要消耗更多资源，破坏生态环境。

【解析】专家：机器人战争技术——以求→使人类远离危险，更安全、更有效率地实现战争目标。

（A）项，无关选项。

（B）项，说明机器人战争技术确实会让部分国家远离危险，支持专家的观点。

（C）项，指出机器人战争技术的优点，支持专家的观点。

（D）项，措施达不到目的，削弱专家的观点。

（E）项，措施有恶果，削弱力度较弱。

【答案】（D）

5. （2016年管理类联考真题）田先生认为，绝大部分笔记本电脑运行速度慢的原因不是CPU性能太差，也不是内存容量太小，而是硬盘速度太慢，给老旧的笔记本电脑换装固态硬盘可以大幅提升使用者的游戏体验。

以下哪项如果为真，最能质疑田先生的观点？

（A）一些笔记本电脑使用者的使用习惯不好，使得许多运行程序占据大量内存，导致电脑运行速度缓慢。

（B）销售固态硬盘的利润远高于销售传统的笔记本电脑硬盘。

（C）固态硬盘很贵，给老旧笔记本换装硬盘费用不低。

（D）使用者的游戏体验很大程度上取决于笔记本电脑的显卡，而老旧笔记本电脑显卡较差。

（E）少部分老旧笔记本电脑的CPU性能很差，内存也小。

【解析】田先生：绝大部分笔记本电脑运行速度慢的原因是硬盘速度太慢──导致→给老旧的笔记本电脑换装固态硬盘──以求→大幅提升使用者的游戏体验。

（A）项，另有他因，但说的是"有些"电脑，削弱力度小。

（B）项，无关选项。

（C）项，采取此措施的费用高低与采取此措施是否能达到目的无关，不能削弱。

（D）项，使用者的游戏体验在很大程度上取决于笔记本电脑的显卡，所以换装固态硬盘不能大幅提升使用者的游戏体验，措施达不到目的，可以削弱，力度最大。

（E）项，无关选项。

【答案】（D）

6. （2016年管理类联考真题）钟医生："通常，医学研究的重要成果在杂志上发表之前需要经过匿名评审，这需要耗费不少时间。如果研究者能放弃这段等待时间而事先公开其成果，我们的公共卫生水平就可以伴随着医学发现更快获得提高。因为新医学信息的及时公布将允许人们利用这些信息提高他们的健康水平。"

以下哪项如果为真，最能削弱钟医生的论证？

（A）大部分医学杂志不愿意放弃匿名评审制度。

（B）社会公共卫生水平的提高还取决于其他因素，并不完全依赖于医学新发现。

（C）匿名评审常常能阻止那些含有错误结论的文章发表。

（D）有些媒体常常会提前报道那些匿名评审杂志准备发表的医学研究成果。

（E）人们常常根据新发表的医学信息来调整他们的生活方式。

【解析】钟医生：放弃匿名评审而事先公开其成果──导致→人们能及时利用这些信息提高他们的

健康水平 ——以求→ 我们的公共卫生水平可以伴随着医学发现更快获得提高。

(A) 项，医学杂志是否愿意放弃匿名评审制度与放弃能否达到目的无关，不能削弱。

(B) 项，此项中"并不完全依赖于医学新发现"，说明医学新发现是社会公共卫生水平提高的因素之一，只是不是唯一因素，还是肯定了医学新发现对提高社会公共卫生水平的作用，因此，不能削弱钟医生的论证。

(C) 项，措施有恶果，放弃匿名评审会让人们更多地使用错误结论，可能会降低人们的健康水平，削弱钟医生的论证。

(D) 项，无关选项。

(E) 项，措施可达目的，支持钟医生的论证。

【答案】(C)

7. **(2019年管理类联考真题)** 阔叶树的降尘优势明显，吸附PM2.5的效果最好，一棵阔叶树一年的平均滞尘量达3.16公斤。针叶树叶面积小，吸附PM2.5的功效较弱。全年平均下来，阔叶林的吸尘效果要比针叶林强不少，阔叶树也比灌木和草的吸尘效果好得多。以北京常见的阔叶树国槐为例，成片的国槐林吸尘效果比同等面积普通草地约高30%。有些人据此认为，为了降尘北京应大力推广阔叶树，并尽量减少针叶林面积。

以下哪项如果为真，最能削弱上述有关人员的观点？

(A) 阔叶树与针叶树比例失调，不仅极易暴发病虫害、火灾等，还会影响林木的生长和健康。

(B) 针叶树冬天虽然不落叶，但基本处于"休眠"状态，生物活性差。

(C) 植树造林既要治理PM2.5，也要治理其他污染物，需要合理布局。

(D) 阔叶树冬天落叶，在寒冷的冬季，其养护成本远高于针叶树。

(E) 建造通风走廊，能把城市和郊区的森林连接起来，让清新的空气吹入，降低城区的PM2.5。

【解析】题干：全年平均下来，阔叶林的吸尘效果要比针叶林强不少，阔叶树也比灌木和草的吸尘效果好得多 ——导致→ 大力推广阔叶树，并尽量减少针叶林面积 ——以求→ 降尘。

(A) 项，措施有恶果，此项指出大力推广阔叶树，并尽量减少针叶林面积，造成的阔叶树与针叶树比例失调，极易暴发病虫害、火灾等，还会影响林木的生长和健康，可以削弱。

(B) 项，支持题干，此项指出针叶树在冬天基本处于"休眠"状态，生物活性差，可能无法保证吸尘效果，故支持可以减少针叶林面积。

(C) 项，无关选项。

(D) 项，措施有恶果，阔叶树的养护成本高，但是如果成本高，可以达到预期的降尘效果，也是可行的，削弱力度不如(A)项。

(E) 项，有其他方式可以降尘，不能削弱大力推广阔叶树可以起到降尘的作用。

【答案】(A)

8. **(2011年经济类联考真题)** 政治家：每年，小企业比大型老牌公司要创造更多的就业机会。因此，为减少长期的失业率，我们应当鼓励推动兴办中小企业而不是扩大老牌的大公司。

下列哪项如果为真，能对政治家的论证提出最大质疑？

（A）通常，小企业的雇员比大公司的雇员对工作的满意程度要高。

（B）在当前失业人员中，有许多人具有足够的完成小企业提出的工作要求的技能。

（C）提供创办企业的有效刺激通常比为扩大一个大公司提供的有效刺激要小得多。

（D）有很大比例的小公司在开办3年内由于它们的所有者缺乏经验而倒闭。

（E）一般大公司给社会捐款比一般小企业多。

【解析】政治家：小企业比大型老牌公司要创造更多的就业机会（原因）——导致——>应当鼓励推动兴办中小企业而不是扩大老牌的大公司（措施）——以求——>减少长期的失业率（目的）。

（A）项，说明小企业雇员辞职的可能性比大公司小，失业的可能性也小，微弱支持题干。

（B）项，说明当前的失业人员具备在中小企业再就业的能力，因此，鼓励推动兴办中小企业来减少失业率这一措施是可行的，支持题干。

（C）项，题干比较的是中小企业与大企业，而此项比较的是创办企业和扩大公司，无关选项（和题干无关的新比较）。

（D）项，指出很大比例的小公司存活时间短，不能减少"长期"失业率，措施达不到目的，削弱题干。

（E）项，题干不存在大公司和小企业捐款数量的比较，无关选项（和题干无关的新比较）。

【答案】(D)

9. (2016年经济类联考真题) 骨质疏松会降低骨骼密度，导致骨骼脆弱，从而容易骨折。目前治疗骨质疏松的方法如使用雌激素和降血钙素，会阻止骨质的进一步流失，但并不会增加骨骼密度。氟化物可以增加骨骼密度，因此，骨质疏松症患者使用氟化物能够帮助他们强化骨质，降低骨折风险。

以下哪项如果为真，最能削弱以上论述？

（A）大多数患有骨质疏松症的人都没有意识到氟化物可以增加骨骼密度。

（B）在很多地方氟化物都被添加在水中以促进牙齿健康。

（C）患骨质疏松和其他骨骼受损疾病的风险会因为运动以及充足的钙摄入而降低。

（D）雌激素和降血钙素对很多人会产生严重的副作用，而使用氟化物则不会有这种问题。

（E）通过使用氟化物增加密度之后的骨骼比起正常的骨骼组织更脆更易受损。

【解析】题干：氟化物可以增加骨骼密度——证明——>骨质疏松症患者使用氟化物能够帮助他们强化骨质，降低骨折风险。

（A）项，无关选项，患者是否意识到氟化物的作用与氟化物本身有无作用无关。

（B）项，无关选项，"牙齿健康"与"骨骼健康"不是同一概念。

（C）项，无关选项，"运动以及钙"的作用与"氟化物"的作用无关。

（D）项，措施无恶果，支持题干。

（E）项，说明骨质疏松症患者使用氟化物后无法降低骨折风险，措施达不到目的，削弱题干。

【答案】(E)

10.（2018年经济类联考真题）某些种类的海豚利用回声定位来发现猎物：它们发射出嘀嗒的声音，然后接收水域中远处物体反射的回音。海洋生物学家推测这些嘀嗒声可能有另一个作用：海豚用异常高频的嘀嗒声使猎物的感官超负荷，从而击晕近距离的猎物。

以下哪项如果为真，最能对上述推测构成质疑？

（A）海豚用回声定位不仅能发现远距离的猎物，而且能发现中距离的猎物。

（B）作为一种发现猎物的讯号，海豚发出的嘀嗒声，是它的猎物的感官不能感知的，只有海豚能够感知从而定位。

（C）海豚发出的高频讯号即使能击晕它们的猎物，这种效果也是很短暂的。

（D）蝙蝠发出的声波不仅能使它发现猎物，而且这种声波能对猎物形成特殊刺激，从而有助于蝙蝠捕获它的猎物。

（E）海豚想捕获的猎物离自己越远，它发出的嘀嗒声就越高。

【解析】海洋生物学家：海豚用异常高频的嘀嗒声使猎物的感官超负荷（措施），从而击晕近距离的猎物（目的）。

（A）项，无关选项，题干讨论的是海豚发出的嘀嗒声是否可以击晕近距离的猎物，不涉及远距离和中距离的猎物。

（B）项，削弱题干，猎物的感官不能感知海豚发出的"嘀嗒声"，则无法达到"击晕近距离的猎物"的效果，措施达不到目的。

（C）项，支持题干，说明海豚发出的讯号确实可以击晕猎物。

（D）项，无关选项，题干的论证对象是海豚，不是蝙蝠。

（E）项，不能削弱，题干不涉及海豚想捕获的猎物距离的远近与嘀嗒声的高低之间的共变关系。

【答案】（B）

11.（2019年经济类联考真题）这里有一个控制农业杂草的新办法，它不是试图合成那种能杀死特殊野草而对谷物无害的除草剂，而是使用对所有植物都有效的除草剂，同时运用特别的基因工程来使谷物对除草剂具有免疫力。

以下哪项如果正确，将是上述提出的新办法实施的最严重障碍？

（A）对某些特定种类杂草有效的除草剂，施用后两年内会阻碍某些作物的生长。

（B）最新研究表明，进行基因重组并非想象的那样可以使农作物中的营养成分有所提高。

（C）大部分的只能除掉少数特定杂草的除草剂含有的有效成分对家禽、家畜及野生动物有害。

（D）这种万能除草剂已经上市，但它的万能作用使得人们认为它不适合作农业控制杂草的方法。

（E）虽然基因重组已使单个的谷物植株免受万能除草剂的影响，但这些作物产出的种子却由于万能除草剂的影响而不发芽。

【解析】题干：不是试图合成那种能杀死特殊野草而对谷物无害的除草剂，而是使用对所有植物都有效的除草剂，同时运用特别的基因工程来使谷物对除草剂具有免疫力——以求→控制农业杂草。

（A）项，无关选项，此项涉及的是"对某些特定种类杂草有效的除草剂"，而题干中的措施是使用"对所有植物都有效的除草剂"。

（B）项，无关选项，题干论证的是控制农业杂草的新办法是否有效，并不涉及提高农作物中的营养成分。

(C) 项，无关选项，此项涉及的是"只能除掉少数特定杂草的除草剂"而题干中的措施是使用"对所有植物都有效的除草剂"。

(D) 项，诉诸众人。

(E) 项，措施有恶果，指出新的除草办法导致谷物的种子不发芽，说明新的除草办法在实施中会遇到严重阻碍。

【答案】(E)

题型 31　措施目的的支持

命题概率

199 管理类联考近 10 年真题命题数量 3 道，平均每年 0.3 道。
396 经济类联考近 10 年真题命题数量 0 道，平均每年 0 道。

母题变化

解题思路

1. 措施目的的支持题的题干结构为：措施 A $\xrightarrow{\text{以求}}$ 目的 B。
2. 常见支持方法为：
（1）措施可行。
（2）措施可达目的。
（3）措施无恶果（或利大于弊）。
（4）补充要采取这个措施的原因（措施有必要）。

典型真题

1.（2016 年管理类联考真题）有专家指出，我国城市规划缺少必要的气象论证，城市的高楼建得高耸而密集，阻碍了城市的通风循环。有关资料显示，近几年国内许多城市的平均风速已下降 10%。风速下降，意味着大气扩散能力减弱，导致大气污染物滞留时间延长，易形成雾霾天气和热岛效应。为此，有专家提出建立"城市风道"的设想，即在城市里制造几条通畅的通风走廊，让风在城市中更加自由地进出，促进城市空气的更新循环。

以下哪项如果为真，最能支持上述建立"城市风道"的设想？
(A) 城市风道形成的"穿街风"，对建筑物的安全影响不大。
(B) 风从八方来，"城市风道"的设想过于主观和随意。
(C) 有风道但没有风，就会让城市风道成为无用的摆设。
(D) 有些城市已拥有建立"城市风道"的天然基础。
(E) 城市风道不仅有利于"驱霾"，还有利于散热。

【解析】题干：城市雾霾天气、热岛效应 —导致→ 建立"城市风道" —以求→ 促进空气循环，驱霾散热。

(A) 项，措施无恶果，支持题干但力度较小。

(B)、(C) 项，措施达不到目的，削弱题干。

(D) 项，措施可行，支持题干，但"有些"是弱化词，支持力度小。

(E) 项，措施可达目的，支持力度最大。

【答案】(E)

2. (2017 年管理类联考真题) 针对癌症患者，医生常采用化疗的手段将药物直接注入人体杀伤癌细胞，但这也可能将正常细胞和免疫细胞一同杀灭，产生较强的副作用。近来，有科学家发现，黄金纳米粒子很容易被人体癌细胞吸收，如果将其包上一层化疗药物，就可作为"运输工具"，将化疗药物准确地投放到癌细胞中。他们由此断言，微小的黄金纳米粒子能提升癌症化疗的效果，并降低化疗的副作用。

以下哪项如果为真，最能支持上述科学家所做出的论断？

(A) 黄金纳米粒子用于癌症化疗的疗效有待大量临床检验。

(B) 在体外用红外线加热已进入癌细胞的黄金纳米粒子，可以从内部杀灭癌细胞。

(C) 因为黄金所具有的特殊化学性质，黄金纳米粒子不会与人体细胞发生反应。

(D) 现代医学手段已能实现黄金纳米粒子的精准投送，让其所携带的化疗药物只作用于癌细胞，并不伤及其他细胞。

(E) 利用常规计算机断层扫描，医生容易判定黄金纳米粒子是否已投放到癌细胞中。

【解析】科学家：黄金纳米粒子很容易被人体癌细胞吸收，如果将其包上一层化疗药物，就可作为"运输工具"，将化疗药物准确地投放到癌细胞中，因此，微小的黄金纳米粒子能提升癌症化疗的效果，并降低化疗的副作用。

(A) 项，诉诸无知。

(B) 项，无关选项，题干的措施是用黄金纳米粒子携带的化疗药物治疗癌症，(B) 项的措施与此无关。

(C) 项，黄金纳米粒子不会与人体细胞发生反应，不能说明其表面的药物是否有作用，故此项不能很好地支持题干。

(D) 项，支持题干，说明题干的措施可行。

(E) 项，支持题干，但力度较弱。因为能否容易判定黄金纳米粒子是否已投放到癌细胞中与其是否有效并不直接相关。

【答案】(D)

3. (2021 年管理类联考真题) 最近一项科学观测显示，太阳产生的带电粒子流即太阳风，含有数以千计的"滔天巨浪"，其时速会突然暴增，可能导致太阳磁场自行反转，甚至会对地球产生有害影响。但目前我们对太阳风的变化及其如何影响地球知之甚少。据此有专家指出，为了更好地保护地球免受太阳风的影响，必须更新现有的研究模式，另辟蹊径研究太阳风。

以下哪项如果为真，最能支持上述专家的观点？

(A) 最新观测结果不仅改变了天文学家对太阳风的看法，而且将改变其预测太空天气事件的能力。

(B) 目前，根据标准太阳模型观测太阳风变化所获得的最新结果与实际观测相比，误差为 10～20 倍。

(C) 对太阳风的深入研究,将有助于防止太阳风大爆发时对地球的卫星和通信系统乃至地面电网造成的影响。

(D) 太阳风里有许多携带能量的粒子和磁场,而这些磁场会发生意想不到的变化。

(E) "高速"太阳风源于太阳南北极的大型日冕洞,而"低速"太阳风则来自太阳赤道上的较小日冕洞。

【解析】专家:目前我们对太阳风的变化及其如何影响地球知之甚少,因此,为了更好地保护地球免受太阳风的影响,必须更新现有的研究模式,另辟蹊径研究太阳风。

注意,专家的结论中有"必须"二字,那么就要说明现在的研究模式不能保护地球免受太阳风的影响,否则,如果用现在的研究模式有效,就不用"必须"另辟蹊径研究太阳风。

(B) 项,说明现有的研究模式误差太大,不可行,因此"必须"用新模式,故支持专家的观点(措施有必要)。

(C) 项,说明研究太阳风的重要性,但并没有指出采用"新的"研究方法的必要性,故不能支持专家的观点。

其余各项均没有说明采用新模式研究太阳风的必要性,故均为无关选项。

【答案】(B)

题型 32 措施目的的假设

命题概率

199 管理类联考近 10 年真题命题数量 4 道,平均每年 0.4 道。
396 经济类联考近 10 年真题命题数量 5 道,平均每年 0.5 道。

母题变化

解题思路

1. "措施目的型"题目的假设方法

(1) 补充一个原因,说明采取这个措施的必要性(措施有必要)。
(2) 措施可行。
(3) 措施可达目的。
(4) 措施利大于弊。

要注意的是,对于假设题,我们一般并不要求措施没有恶果(副作用),因为,为了达到我们的目的,有点副作用也是可以接受的。

2. 题干结构

因为某种原因,导致需要采取某个措施,以达到某个目的或解决某个问题。

$$原因 \xrightarrow{导致} 措施 \xrightarrow{以求} 目的。$$

典型真题

1.（2015 年管理类联考真题） 美国扁桃仁于 20 世纪 70 年代出口到我国，当时被误译成"美国大杏仁"。这种误译导致大多数消费者根本不知道扁桃仁、杏仁是两种完全不同的产品。对此，尽管我国林果专家一再努力澄清，但学界的声音很难传达到相关企业和普通大众。因此，必须制定林果的统一行业标准，这样才能还相关产品以本来面目。

以下哪项最可能是上述论证的假设？

(A) 美国扁桃仁和中国大杏仁的外形很相似。
(B) 进口商品名称的误译会扰乱我国企业正常的对外贸易活动。
(C) "美国大杏仁"在中国市场上的销量超过中国杏仁。
(D) 我国相关企业和普通大众并不认可我国林果专家的意见。
(E) 长期以来，我国没有关于林果的统一行业标准。

【解析】题干："美国扁桃仁"被误译成"美国大杏仁"（原因）——导致——>制定林果的统一行业标准（措施）——以求——>还相关产品以本来面目（目的）。

(B) 项，无关选项，题干的论证不涉及进口商品名称的误译对对外贸易活动的影响。

(E) 项，措施有必要，必须假设，否则，如果我国已经有了林果的统一行业标准，那么就不需要制定这一标准了。

其余各项显然均不必假设。

【答案】(E)

2.（2015 年管理类联考真题） 张教授指出，生物燃料是指利用生物资源生产的燃料乙醇或生物柴油，它们可以替代由石油制取的汽油和柴油，是可再生能源开发利用的重要方向。受世界石油资源短缺、环保和全球气候变化的影响，20 世纪 70 年代以来，许多国家日益重视生物燃料的发展，并取得显著成效。所以，应该大力开发和利用生物燃料。

以下哪项最可能是张教授论证的预设？

(A) 发展生物燃料可有效降低人类对石油等化石燃料的消耗。
(B) 发展生物燃料会减少粮食供应，而当今世界有数以百万计的人食不果腹。
(C) 生物柴油和燃料乙醇是现代社会能源供给体系的适当补充。
(D) 生物燃料在生产与运输的过程中需要消耗大量的水、电和石油等。
(E) 目前我国生物燃料的开发和利用已经取得很大的成绩。

【解析】张教授：大力开发和利用生物燃料（措施）——以求——>替代由石油制取的汽油和柴油（目的）。

(A) 项，措施可达目的，必须假设。

(B)、(D) 项，指出措施有恶果，削弱题干。

(C) 项，无关选项。

(E) 项，无关选项，此项只说明生物燃料的开发和利用已经取得很大的成绩，没有说明是否达到"替代由石油制取的汽油和柴油"的目的。

【答案】(A)

3. (2016年管理类联考真题) 超市中销售的苹果常常留有一定的油脂痕迹,表面显得油光滑亮。牛师傅认为,这是残留在苹果上的农药所致,水果在收摘之前都喷洒了农药,因此,消费者在超市购买水果后,一定要清洗干净方能食用。

以下哪项最可能是牛师傅的看法所依赖的假设?

(A) 除了苹果,其他许多水果运至超市时也留有一定的油脂痕迹。
(B) 超市里销售的水果并未得到彻底清洗。
(C) 只有那些在水果上能留下油脂痕迹的农药才可能被清洗掉。
(D) 许多消费者并不在意超市销售的水果是否清洗过。
(E) 在水果收摘之前喷洒的农药大多数会在水果上留下油脂痕迹。

【解析】牛师傅:超市中销售的苹果有油脂痕迹,这是残留在苹果上的农药所致——导致→食用前一定要清洗干净——以求→去除农药残留。

(A) 项,扩大了论证范围,过度假设。

(B) 项,补充一个原因,说明措施有必要,是必须假设,如果超市里销售的水果已经彻底被清洗,就不会有农药残留,则消费者买到也不必清洗。

(C) 项,削弱题干,如果只有那些在水果上能留下油脂痕迹的农药才可能被清洗掉,则达不到题干中去除水果表面的农药残留的目的。

(D) 项,不必假设,题干的论证只涉及清洗水果的目的,而不涉及消费者对此是否"在意"。

(E) 项,不必假设"大多数"农药会在水果上留下油脂痕迹,只要"存在"这样的农药即可。

【答案】(B)

4. (2016年管理类联考真题) 钟医生:"通常,医学研究的重要成果在杂志上发表之前需要经过匿名评审,这需要耗费不少时间。如果研究者能放弃这段等待时间而事先公开其成果,我们的公共卫生水平就可以伴随着医学发现更快获得提高。因为新医学信息的及时公布将允许人们利用这些信息提高他们的健康水平。"

以下哪项最可能是钟医生论证所依赖的假设?

(A) 即使医学论文还没有在杂志上发表,人们还是会使用已公开的相关新信息。
(B) 因为工作繁忙,许多医学研究者不愿成为论文评审者。
(C) 首次发表于匿名评审杂志上的新医学信息一般无法引起公众的注意。
(D) 许多医学杂志的论文评审者本身并不是医学研究专家。
(E) 部分医学研究者愿意放弃在杂志上发表,而选择事先公开其成果。

【解析】钟医生:放弃匿名评审而事先公开其成果——导致→人们能及时利用这些信息提高他们的健康水平——以求→我们的公共卫生水平可以伴随着医学发现更快获得提高。

(A) 项,人们会利用放弃匿名评审的论文,搭桥法,措施可达目的,必须假设。

(B)、(C)、(D) 项,无关选项。

(E) 项,医学研究者是否愿意放弃发表与放弃发表能否达到目的无关。

【答案】(A)

5. (2011年经济类联考真题) 北京市是个水资源严重缺乏的城市，但长期以来水价格一直偏低。最近北京市政府根据价格规律拟调高水价，这一举措将对节约使用该市的水资源产生巨大的推动作用。

若上述结论成立，则以下哪项必须是真的？

Ⅰ．有相当数量的用水浪费是因为水价格偏低造成的。

Ⅱ．水价格的上调幅度足以对浪费用水的用户产生经济压力。

Ⅲ．水价格的上调不会引起用户的不满。

(A) 只有Ⅰ。　　　　　　(B) 只有Ⅱ。　　　　　　(C) 只有Ⅰ和Ⅱ。

(D) 只有Ⅰ和Ⅲ。　　　　(E) Ⅰ、Ⅱ和Ⅲ。

【解析】题干：北京市是个水资源严重缺乏的城市，但长期以来水价格一直偏低（原因）——导致→调高水价（措施）——以求→节约用水（目的）。

Ⅰ项，措施有必要，必须假设，否则，如果用水浪费与水价低无关，调高水价就起不到节约用水的目的。

Ⅱ项，措施可达目的，必须假设，否则，调高水价不能使浪费用水的用户节约用水。

Ⅲ项，措施无恶果，不必假设，调高水价是否引起用户不满与用户是否能节约用水没有必然联系。

【答案】(C)

6. (2012年经济类联考真题) 尽管世界市场上部分可以获得的象牙来自非法捕杀的野象，但是有些象牙的来源是合法的，比如说大象的自然死亡。所以当那些在批发市场上购买象牙的人只买合法象牙的时候，世界上所剩很少的野象群就不会受到危害了。

上面的论述所依赖的假设是：

(A) 目前世界上，合法象牙的批发源较之非法象牙少。

(B) 目前世界上，合法象牙的批发源较之非法象牙多。

(C) 试图只买合法象牙的批发商确实能够区分合法象牙和非法象牙。

(D) 通常象牙产品批发商没有意识到象牙供应减少的原因。

(E) 今后对合法象牙制品的需要将持续增加。

【解析】题干：当那些在批发市场上购买象牙的人只买合法象牙的时候，世界上所剩很少的野象群就不会受到危害了。

只买合法象牙的前提：购买者必须能够准确地区分合法象牙和非法象牙（措施可行），否则，如果不能准确地区分合法象牙和非法象牙，那么就无法避免非法捕杀的野象的象牙流入市场，从而使世界上所剩很少的野象群受到危害。故 (C) 项正确。

其余各项均为无关选项。

【答案】(C)

7. (2014年经济类联考真题) 喜热蝙蝠是一种罕见的杂食蝙蝠种类，仅见于高温环境。由于动物园里的食物通常主要由水果与浆果构成，生活在那儿的喜热蝙蝠大多数都内分泌失调。所以，喂养这种蝙蝠的最健康方法是，主要供给坚果、幼虫、蔬菜和极少量的水果与浆果。

以下哪项最能显示上述论证所依赖的假设?

(A) 那些在动物园里照顾喜热蝙蝠的人不应给它们喂养导致内分泌失调的食物。

(B) 动物园里的喜热蝙蝠不会因食物包含极少量的水果与浆果而营养不良。

(C) 动物园里的喜热蝙蝠需要吃由坚果、幼虫及蔬菜而不包含水果与浆果的食物。

(D) 动物园里的喜热蝙蝠通过主要由坚果、幼虫与蔬菜构成的食物可以获取充分的营养。

(E) 对动物园里的喜热蝙蝠来说,因食物主要由坚果、幼虫与蔬菜构成而导致的任何健康问题都不会比由内分泌失调引起的健康问题更严重。

【解析】题干:活在食物通常主要由水果与浆果构成的动物园中的蝙蝠大多数都内分泌失调——导致→主要供给坚果、幼虫、蔬菜和极少量的水果与浆果——以求→改善喜热蝙蝠内分泌失调,使其健康。

(E) 项,必须假设,否则,改变饮食带来的健康问题大于内分泌失调造成的健康问题,措施达不到目的。

其余各项均不必假设。

【答案】(E)

8. **(2015 年经济类联考真题)** 山奇是一种有降血脂特效的野花,它数量特别稀少,正濒临灭绝。但是,山奇可以通过和雏菊的花粉自然杂交产生山奇-雏菊杂交种子。因此,在山奇尚存的地域内应当大量地人工培育雏菊。虽然这种杂交品种会失去父本或母本的一些重要特征,例如不再具有降血脂的特效,但这是避免山奇灭绝的几乎唯一的方式。

上述论证依赖于以下哪项假设?

Ⅰ. 只有人工培育的雏菊才能和山奇自然杂交。

Ⅱ. 在山奇尚存的地域内没有野生雏菊。

Ⅲ. 山奇-雏菊杂交种子具有繁衍后代的能力。

(A) 仅Ⅰ。　　　　(B) 仅Ⅱ。　　　　(C) 仅Ⅲ。
(D) 仅Ⅱ和Ⅲ。　　(E) Ⅰ、Ⅱ和Ⅲ。

【解析】题干:山奇和雏菊的花粉自然杂交产生山奇-雏菊杂交种子——导致→在山奇尚存的地域内应当大量地人工培育雏菊——以求→避免山奇灭绝。

Ⅰ项,不必假设,人工培育的雏菊是避免山奇灭绝的充分条件,不是必要条件。

Ⅱ项,不必假设,即使山奇尚存的地域有一定量的野生雏菊,但如果其数量不足以避免山奇的灭绝,那么也仍然需要人工培育。

Ⅲ项,必须假设,否则就不可避免山奇的灭绝,也失去了杂交的意义。

故 (C) 项正确。

【答案】(C)

9. **(2020 年经济类联考真题)** 政府应该禁止烟草公司在其营业收入中扣除广告费用。这样的话,烟草公司将会缴纳更多的税金。它们只好提高自己的产品价格,而产品价格的提高正好可以起到减少烟草购买的作用。

以下哪项是上述论点的前提?

(A) 烟草公司不可能降低其他方面的成本来抵销多缴的税金。
(B) 如果它们需要付高额的税金，那么烟草公司将不再继续做广告。
(C) 如果烟草公司不做广告，那么香烟的销售量将受到很大影响。
(D) 政府从烟草公司的应税收入增加所得的收入将用于宣传吸烟的害处。
(E) 烟草公司由此增加的税金应该等于产品价格上涨所增加的盈利。

【解析】题干：禁止烟草公司在其营业收入中扣除广告费用，烟草公司将会缴纳更多的税金——导致→烟草公司只好提高自己的产品价格——以求→减少烟草购买。

(A) 项，必须假设，题干的结论中含有"只好"两个字，说明该措施是唯一有效的措施，那么就必须排除其他措施的有效性。此项说明其他措施都不能抵销多缴的税金，那么烟草公司就"只好"提高产品价格。

(B) 项，不必假设，题干的意思是用提高价格的方式来抵销广告费用和税金的影响，暗含的意思是会继续做广告。

(C) 项，不必假设，此项不涉及题干中税金的影响。

(D) 项，不必假设，题干不涉及税金的用途。

(E) 项，假设过度，烟草公司由此增加的税金"小于等于"产品价格上涨所增加的盈利即可，不必假设"等于"。

【答案】(A)

第 7 章　数量关系

题型 33　数量关系的推理

命题概率

199 管理类联考近 10 年真题命题数量 8 道，平均每年 0.8 道。
396 经济类联考近 10 年真题命题数量 10 道，平均每年 1 道。

母题变化

◆ 变化 1　一类对象的两次或三次分类问题

解题思路

题干中出现一类对象的两次或三次分类问题，使用九宫格法。

典型真题

1.（2009 年管理类联考真题）某综合性大学只有理科与文科，理科学生多于文科学生，女生多于男生。
如果上述断定为真，则以下哪项关于该大学学生的断定也一定为真？
Ⅰ．文科的女生多于文科的男生。
Ⅱ．理科的男生多于文科的男生。
Ⅲ．理科的女生多于文科的男生。
(A) 仅Ⅰ和Ⅱ。　　　　　(B) 仅Ⅲ。　　　　　(C) 仅Ⅱ和Ⅲ。
(D) Ⅰ、Ⅱ和Ⅲ。　　　　(E) Ⅰ、Ⅱ和Ⅲ都不一定是真的。

【解析】设某综合性大学的理科女生为 a，理科男生为 b，文科女生为 m，文科男生为 n。根据题干信息，则有下表 7-1：

表 7-1

学生	女生	男生
理科	a	b
文科	m	n

①理科学生多于文科学生，即 $a+b>m+n$。

②女生多于男生，即 $a+m>b+n$。

①+②得：$2a+m+b>m+b+2n$，故 $a>n$。

即理科女生多于文科男生，故Ⅲ项一定为真。

从已知条件中无法判断Ⅰ项和Ⅱ项的真假，故可真可假。

【答案】(B)

2. (2010 年管理类联考真题) 参加某国际学术研讨会的 60 名学者中，亚裔学者 31 人，博士 33 人，非亚裔学者中无博士学位的 4 人。

根据上述陈述，参加此次国际研讨会的亚裔博士有几人？

(A) 1 人。　　　　　　(B) 2 人。　　　　　　(C) 4 人。

(D) 7 人。　　　　　　(E) 8 人。

【解析】设亚裔学者中博士有 a 人，非博士有 c 人；非亚裔学者中博士有 b 人。根据题干信息，可得表 7-2：

表 7-2

学者 60 人	亚裔 31 人	非亚裔 29 人
博士 33 人	a	b
非博士 27 人	c	4

故有：$\begin{cases} c=27-4=23, \\ a=31-c=8, \\ b=29-4=25。 \end{cases}$

所以，亚裔博士有 8 人。

【答案】(E)

3. (2013 年管理类联考真题) 据统计，去年某校参加高考的 385 名文、理科考生中，女生 189 人，文科男生 41 人，非应届男生 28 人，应届理科考生 256 人。

由此可见，去年在该校参加高考的考生中：

(A) 非应届文科男生多于 20 人。　　　　　(B) 应届理科女生少于 130 人。

(C) 非应届文科男生少于 20 人。　　　　　(D) 应届理科女生多于 130 人。

(E) 应届理科男生多于 129 人。

【解析】由题意，去年某校参加高考的总人数为 385 人，女生为 189 人，故男生为 $385-189=196$（人）。设应届理科男生为 x 人，应届理科女生为 y 人，应届文科男生为 a 人，非应届文科男生为 b 人，根据题干中的信息，可得表 7-3、表 7-4：

表 7-3

男生 196 人	文科 41 人	理科 155 人
应届生 168 人	a	x
非应届生 28 人	b	

表 7-4

女生 189 人	文科	理科
应届生		y
非应届生		

当 $a=13$，$b=28$ 时，$x_{\max}=168-13=155$，$y_{\min}=256-x_{\max}=256-155=101$；

当 $a=41$，$b=0$ 时，$x_{\min}=168-41=127$，$y_{\max}=256-x_{\min}=256-127=129$。

故，应届理科女生最少有 101 人，最多有 129 人，即（B）项正确。

【答案】(B)

4. (2020 年管理类联考真题) 某市 2018 年的人口发展报告显示，该市常住人口 1 170 万，其中常住外来人口 440 万，户籍人口 730 万。从区级人口分布情况来看，该市 G 区常住人口 240 万，居各区之首；H 区常住人口 200 万，位居第二；同时，这两个区也是吸纳外来人口较多的区域，两个区常住外来人口 200 万，占全市常住外来人口的 45% 以上。

根据以上陈述，可以得出以下哪个选项？

(A) 该市 G 区的户籍人口比 H 区的常住外来人口多。
(B) 该市 H 区的户籍人口比 G 区的常住外来人口多。
(C) 该市 H 区的户籍人口比 H 区的常住外来人口多。
(D) 该市 G 区的户籍人口比 G 区的常住外来人口多。
(E) 该市其他各区的常住外来人口都没有 G 区或 H 区的多。

【解析】设 G 区常住外来人口为 a 万人，户籍人口为 b 万人；H 区常住外来人口为 c 万人，户籍人口为 d 万人。根据题干信息，可得表 7-5：

表 7-5

万人

区域＼常住人口	常住外来人口 200	户籍人口
G 区 240	a	b
H 区 200	c	d

由上表可得 $\begin{cases} a+b=240 \\ a+c=200 \end{cases}$，两式相减得：$b-c=40$。

故该市 G 区的户籍人口比 H 区的常住外来人口多，即（A）项正确。

【答案】(A)

5. (2012 年经济类联考真题) 公司规定，将全体职工按工资数额从大到小排序。排在最后 5% 的人提高工资，排在最前 5% 的人降低工资。小王的工资数额高于全体职工的平均工资，小李的工资数额低于全体职工的平均工资。

如果严格执行公司规定，则以下哪种情况是不可能的？

Ⅰ. 小王和小李都提高了工资。

Ⅱ. 小王和小李都降低了工资。

Ⅲ. 小王提高了工资，小李降低了工资。

Ⅳ. 小王降低了工资，小李提高了工资。

(A) Ⅰ、Ⅱ、Ⅲ和Ⅳ。　　(B) 仅Ⅰ、Ⅱ和Ⅲ。　　(C) 仅Ⅰ、Ⅱ和Ⅳ。

(D) 仅Ⅲ。　　　　　　(E) 仅Ⅳ。

【解析】题干有以下信息：

①工资数额排在最后5%的人提高工资，排在最前5%的人降低工资。

②小王的工资数额高于全体职工的平均工资。

③小李的工资数额低于全体职工的平均工资。

Ⅰ项，当小王和小李的工资数额都排在最后5%，小王的工资数额是后5%中最高的，略高于全体职工的平均工资，而这5%中其他人的工资数额都极低，且前95%的人的工资数额也仅仅是略高于全体职工的平均工资，则此时小王和小李都要提高工资，可能为真。

Ⅱ项，当小王和小李的工资数额都排在最前5%，小李的工资数额是前5%中最低的，略低于全体职工的平均工资，而这5%中其他人的工资数额都比全体职工的平均工资高很多，且后95%的人的工资数额仅略低于全体职工的平均工资，则此时小王和小李都要降低工资，可能为真。

Ⅲ项，由题干信息②、③可知，小王的工资数额比小李高，故不可能小王排在最后5%提高工资，小李排在最前5%降低工资，此项为假。

Ⅳ项，由题干信息②、③可知，小王的工资数额比小李高，可能小王排在前5%，而小李排在后5%，所以小王降低工资，小李提高工资，故可能为真。

【答案】(D)

6. (2020年经济类联考真题) 某公司的销售部有五名工作人员，其中有两名本科专业是市场营销，两名本科专业是计算机，有一名本科专业是物理学。又知道五人中有两名女士，她们的本科专业背景不同。

根据上文所述，以下哪项论断最可能得出？

(A) 该销售部有两名男士是来自不同本科专业的。

(B) 该销售部的一名女士一定是计算机本科专业毕业的。

(C) 该销售部三名男士来自不同的本科专业，女士也来自不同的本科专业。

(D) 该销售部至多有一名男士是市场营销专业毕业的。

(E) 该销售部本科专业为物理学的一定是男士，不是女士。

【解析】题干有以下论断：

①五人中，有两名本科专业是市场营销，两名本科专业是计算机，有一名本科专业是物理学。

②五人中有两名女士，她们的本科专业背景不同。

若两名女士分别为市场营销和计算机专业，那么其余三名男士的专业各不相同；

若两名女士分别是市场营销和物理学专业的，则三名男士中有两名是计算机专业的，另一名是市场营销专业的；

若两名女士分别是计算机和物理学专业的，则三名男士中有两名是市场营销专业的，另一名是计算机专业的。

综上，（A）项正确。

【答案】（A）

变化2 配对问题

> **解题思路**
>
> 两两配对问题，使用九宫格法。

7. 在丈夫或妻子至少有一个是中国人的夫妻中，中国女性比中国男性多2万人。

如果上述断定为真，则以下哪项一定为真？

Ⅰ．恰有2万名中国女性嫁给了外国人。

Ⅱ．在和中国人结婚的外国人中，男性多于女性。

Ⅲ．在和中国人结婚的人中，男性多于女性。

(A) 仅Ⅰ。　　　　　(B) 仅Ⅱ。　　　　　(C) 仅Ⅲ。

(D) 仅Ⅱ和Ⅲ。　　　(E) Ⅰ、Ⅱ和Ⅲ。

【解析】设和中国男性结婚的人中，中国女性为 x 万人，外国女性为 y 万人；和外国男性结婚的人中，中国女性为 a 万人，外国女性为 b 万人。

根据题意，得表7-6：

表7-6　　　　　　　　　　　　　　　　　　　　　　　　　　万人

男性＼女性	中国女性	外国女性
中国男性	x	y
外国男性	a	b

已知中国女性比中国男性多2万人，故有：$(x+a) - (x+y) = a - y = 2$。

Ⅰ项，显然不成立。

Ⅱ项，由"$a-y=2$"可知，$a>y$，即在和中国人结婚的外国人中，男性多于女性。故此项成立。

Ⅲ项，由"$(x+a)-(x+y)=2$"，可知 $x+a>x+y$，即在和中国人结婚的人中，男性多于女性。故此项成立。

【答案】（D）

变化 3　集合间（概念间）的关系问题

> **解题思路**
>
> 集合问题也可以认为是概念之间的关系（从属、交叉、全异、全同等）。给出一个概念的整体和部分的数量关系，求别的数量关系；或者描述一组对象的情况，判断最多有几人、最少有几人等。
>
> 例如：
>
> 总人数＝男人＋女人；
>
> 总投资＝外资＋内资。

典型真题

8.（2015年管理类联考真题） 某次讨论会共有18名参会者。已知：

(1) 至少有5名青年教师是女性。

(2) 至少有6名女教师已过中年。

(3) 至少有7名女青年是教师。

根据上述信息，关于参会人员可以得出以下哪项？

(A) 有些青年教师不是女性。　　　　　　(B) 有些女青年不是教师。

(C) 青年教师至少有11名。　　　　　　　(D) 女青年至多有11名。

(E) 女教师至少有13名。

【解析】由条件(2)知，至少有6名中年女教师；由条件(3)知，至少有7名青年女教师。所以女教师至少有13名。故(E)项正确。

【答案】(E)

变化 4　平均值与加权平均值问题

> **解题思路**
>
> 1. 算术平均值的公式：$\bar{x} = \dfrac{x_1 + x_2 + x_3 + \cdots + x_n}{n}$。
>
> 2. 加权平均值，即将各数值乘以相应的权数，然后加求和得到总体值，再除以总的单位数。
>
> 例如：一位同学平时测验的成绩为80分，期中考试为90分，期末考试为95分，学校规定的科目成绩的计算方式是：平时测验占20%，期中成绩占30%，期末成绩占50%，那么：
>
> 算术平均值 $= \dfrac{80+90+95}{3} \approx 88.3$（分）。
>
> 加权平均值 $= 80 \times 20\% + 90 \times 30\% + 95 \times 50\% = 90.5$（分）。

典型真题

9. **（2014年管理类联考真题）** 现有甲、乙两所高校，根据上年度的教育经费实际投入统计，若仅仅比较在校本科生的学生人均经费投入，甲校等于乙校的86%；但若比较所有学生（本科生加上研究生）的人均经费投入，甲校是乙校的118%。各校研究生的人均经费投入均高于本科生。

根据以上信息，最可能得出以下哪项？

(A) 上年度，甲校学生总数多于乙校。

(B) 上年度，甲校研究生人数少于乙校。

(C) 上年度，甲校研究生占该校学生的比例高于乙校。

(D) 上年度，甲校研究生人均经费投入高于乙校。

(E) 上年度，甲校研究生占该校学生的比例高于乙校，或者甲校研究生人均经费投入高于乙校。

【解析】方法一：数学方法。

$$人均经费 = \frac{人均本科生经费 \times 本科生人数 + 人均研究生经费 \times 研究生人数}{总人数}$$

$$= \frac{人均本科生经费 \times 本科生比例 \times 总人数 + 人均研究生经费 \times 研究生比例 \times 总人数}{总人数}$$

$$= 人均本科生经费 \times 本科生比例 + 人均研究生经费 \times 研究生比例。$$

可见，人均研究生经费和研究生比例都可以影响人均经费，故（E）项正确。

方法二：极端假设法。

假设一种极端情况：甲校本科生1人，平均经费10元；研究生100人，平均经费100元。乙校本科生100人，平均经费15元；研究生1人，平均经费90元。

虽然这个假设的比例与题干并不一致，但趋势是一致的。通过这样的定性，我们可以知道，人均经费比较的趋势，与两种学生占总数的比例是完全可能有关的，与人均经费也是完全可能有关的，但与二者都不是必然相关。

【答案】（E）

10. **（2018年管理类联考真题）** 中国是全球最大的卷烟生产国和消费国，但近年来政府通过出台禁烟令、提高卷烟消费税等一系列公共政策努力改变这一形象。一项权威调查数据显示，在2014年同比上升2.4%之后，中国卷烟消费量在2015年同比下降了2.4%，这是自1995年以来首次下降，尽管如此，2015年中国卷烟消费量仍占全球的45%，但这一下降对全球卷烟总消费量产生巨大影响，使其同比下降了2.1%。

根据以上信息，可以得出以下哪项？

(A) 2015年发达国家卷烟消费量同比下降比率高于发展中国家。

(B) 2015年世界其他国家卷烟消费量同比下降比率低于中国。

(C) 2015年世界其他国家卷烟消费量同比下降比率高于中国。

(D) 2015年中国卷烟消费量大于2013年。

(E) 2015年中国卷烟消费量恰好等于2013年。

【解析】题干：中国卷烟消费量在2015年同比下降了2.4%，使得2015年全球卷烟总消费量同比下降了2.1%。

由平均值的原理可知，中国卷烟消费量下降了2.4%，这说明其他国家卷烟消费量下降比率必须低于 2.1%，才能使全球卷烟总消费量下降 2.1%。所以，其他国家的卷烟消费量下降比率低于 2.1%，当然也低于中国 (2.4%)。故 (B) 项正确。

【答案】(B)

11. （2017年经济类联考真题）第二次世界大战末期，生育期的妇女数目创纪录地低，然而几乎 20 年后，她们的孩子的数目创纪录地高。在 1957 年，平均每个家庭有 3.72 个孩子。现在战后婴儿数目创纪录地低，在 1983 年平均每个家庭有 1.79 个孩子，比 1957 年少两个，甚至低于 2.11 个的人口自然淘汰率。

从上文中可以推导出以下哪项？

(A) 出生率高的时候，一定有相对大量的妇女在她们的生育期。
(B) 影响出生率最重要的因素是该国是否参加一场战争。
(C) 除非有极其特殊的环境，出生率将不低于人口的自然淘汰率。
(D) 出生率低的时候，一定有相对少的妇女在她们的生育期。
(E) 出生率不与生育妇女的数目成正比。

【解析】题干中有以下信息：
①第二次世界大战末期，生育期的妇女数目创纪录地低，然而几乎 20 年后，她们的孩子的数目创纪录地高。
②在 1957 年，平均每个家庭有 3.72 个孩子。
③在 1983 年，平均每个家庭有 1.79 个孩子。

1957 年出生的孩子，在 1983 年时，正好处于生育期，因此，这个时候的生育期妇女应远大于第二次世界大战末期，但是家庭平均拥有的孩子更少，即在生育期妇女数量大大增加的情况下，出生率反而大大下降了。因此，(E) 项正确。

(A) 项，与题干信息①矛盾。
(B) 项，强加因果，题干讨论的是生育期妇女数量和出生率的关系，并未讨论出生率与战争的关系。
(C) 项，无关选项，题干并未提及是否有极其特殊的环境。
(D) 项，与以上分析矛盾，1983 年生育期妇女较多，但是出生率很低。

【答案】(E)

变化 5　比率与增长率问题

> **解题思路**
>
> 1. 比率题的解题思路
>
> 比率 = $\dfrac{分子}{分母}$，当比率出现变化时，要分析分子和分母变化对这个比率的影响。
>
> 2. 增长率问题
>
> 设基础数量为 a，平均增长率为 x，增长了 n 期（n 年、n 月、n 周等），期末值为 b，则有 $b = a \times (1+x)^n$。现值 = 原值 × (1+增长率)^n。

典型真题

12. （2014 年管理类联考真题）近 10 年来，某电脑公司的个人笔记本电脑的销量持续增长，但其增长率低于该公司所有产品总销量的增长率。

以下哪项关于该公司的陈述与上述信息相冲突？

(A) 近 10 年来，该公司个人笔记本电脑的销量每年略有增长。

(B) 个人笔记本电脑的销量占该公司产品总销量的比例近 10 年来由 68% 上升到 72%。

(C) 近 10 年来，该公司产品总销量增长率与个人笔记本电脑的销量增长率每年同时增长。

(D) 近 10 年来，该公司个人笔记本电脑的销量占该公司产品总销量的比例逐年下降。

(E) 个人笔记本电脑的销量占该公司产品总销量的比例近 10 年来由 64% 下降到 49%。

【解析】题干：近 10 年来，某电脑公司的个人笔记本电脑的销量持续增长，但其增长率低于该公司所有产品总销量的增长率。

(A) 项，"略有增长"与题干中"持续增长"并不矛盾，可能为真。

(B) 项，个人笔记本电脑销量占比 $=\dfrac{\text{个人笔记本销量}}{\text{总销量}}$，分数值变大，说明分子的增长比例大于分母的增长比例，与题干矛盾。

(C) 项，"同时增长"只是时间上的同步，有可能个人笔记本电脑的销量增长率低于所有产品总销量的增长率，可能为真。

(D)、(E) 项，个人笔记本电脑销量占比 $=\dfrac{\text{个人笔记本销量}}{\text{总销量}}$，分数值变小，可能是分子的增长率小于分母的增长率，故可能为真。

【答案】(B)

13. （2017 年管理类联考真题）很多成年人对于儿时熟悉的《唐诗三百首》中的许多名诗，常常仅记得几句名句，而不知诗作者或者诗名。甲校中文系硕士生只有三个年级，每个年级人数相等。统计发现，一年级学生都能把该书中的名句与诗名及其作者对应起来；二年级 2/3 的学生能把该书中的名句与作者对应起来；三年级 1/3 的学生不能把该书中的名句与诗名对应起来。

根据上述信息，关于该校中文系硕士生，可以得出以下哪项？

(A) 1/3 以上的硕士生不能将该书中的名句与诗名或作者对应起来。

(B) 大部分硕士生能将该书中的名句与诗名及其作者对应起来。

(C) 1/3 以上的一、二年级学生不能把该书中的名句与作者对应起来。

(D) 2/3 以上的一、二年级学生不能把该书中的名句与诗名对应起来。

(E) 2/3 以上的一、三年级学生能把该书中的名句与诗名对应起来。

【解析】采用赋值法，设三个年级的人数各有 3 人，则有表 7-7：

表 7-7

项目 年级	名句与诗名对应		名句与作者对应	
	能	不能	能	不能
一年级	3	0	3	0
二年级	?	?	2	1
三年级	2	1	?	?

(A) 项，无法推出，题干信息未提及二年级学生能够将名句与诗名对应起来的比例和三年级学生能够将名句与作者对应起来的比例。

(B) 项，由题干信息无法推出此项。

(C) 项，不能将名句与作者对应起来的一、二年级学生比例 $=\dfrac{0+1}{6}=\dfrac{1}{6}<\dfrac{1}{3}$，无法推出。

(D) 项，无法推出，题干信息未提及二年级学生能够将名句与诗名对应起来的比例。

(E) 项，能将名句与诗名对应起来的一、三年级学生比例 $=\dfrac{3+2}{6}=\dfrac{5}{6}>\dfrac{2}{3}$，可以推出。

【答案】(E)

14. (2014年经济类联考真题) 画家戴维森的画在其创作最有名的作品《庆祝》之后卖得最好。在该作品揭幕前12个月里，戴维森卖了这一时期创作的作品的57%，比先前时期比例要大一些。在某个流行杂志上刊载了对《庆祝》的赞誉性评论后的12个月里，戴维森卖了这一时期创作的作品的85%。有意思的是，这两个时期，戴维森销售画作的收入大致相当，因为他在完成《庆祝》之前的12个月里销售的作品数量与在支持性评论发表之后的12个月里的销售量是一样的。

如果上述信息为真，则以下哪项能被最恰当地推出？

(A) 由于正面评论，戴维森在创作《庆祝》后出售作品时可能比以前报价更高。
(B) 比起其画作价格上涨，戴维森更关心正面评论。
(C)《庆祝》的正面评论令更多的艺术收藏家关注戴维森的作品。
(D) 戴维森在《庆祝》的正面评论发表后的12个月里所创作的画比完成《庆祝》前的12个月里创作的要少。
(E) 戴维森在《庆祝》获得正面评论后更关注他的作品交易了。

【解析】题干有以下信息：

①完成《庆祝》之前的12个月里，卖出当期创作的作品的57%。
②赞誉性评论（即支持性评论/正面评论）发表之后的12个月里，卖出当期创作的作品的85%。
③两个时期，戴维森销售画作的收入大致相当。
④戴维森在完成《庆祝》之前的12个月里销售的作品数量与在支持性评论发表之后的12个月里的销售量是一样的。

收入=销量×单价，结合题干信息③、④，可知戴维森在完成《庆祝》之前的12个月里销售的作品的单价与在支持性评论发表之后的 12 个月里销售的作品的单价是大致一样的。故（A）项不正确。

创作作品总销量＝创作作品总量×销售比例，结合题干信息①、②、④，可知"销售比例"由 57％变为 85％，"创作作品总销量"一样，由此可推知戴维森在支持性评论发表之后的 12 个月里的创作作品数量少于在完成《庆祝》之前的 12 个月里的创作作品。故（D）项正确。

题干的论证不涉及"戴维森是否关心其作品的正面评论""正面评论是否导致更多的艺术收藏家关注""作品交易"，故（B）、（C）、（E）项均为无关选项。

【答案】(D)

15. **(2016 年经济类联考真题)** 如果一个儿童体重与身高的比值超过本地区 80％的儿童的水平，就称其为肥胖儿。根据历年的调查结果，15 年来，临江市的肥胖儿的数量一直在稳定增长。

如果以上断定为真，则以下哪项也必为真？

(A) 临江市每一个肥胖儿的体重都超过全市儿童的平均体重。
(B) 15 年来，临江市的儿童体育锻炼越来越不足。
(C) 临江市的非肥胖儿的数量 15 年来不断增长。
(D) 15 年来，临江市体重不足标准体重的儿童数量不断下降。
(E) 临江市每一个肥胖儿的体重与身高的比值都超过全市儿童的平均值。

【解析】题干有以下两组信息：
①如果一个儿童体重与身高的比值超过本地区 80％的儿童的水平，就称其为肥胖儿。
②15 年来，临江市的肥胖儿的数量一直在稳定增长。

由题干信息①可知，肥胖儿数量＝儿童总数×20％；由题干信息②可知，肥胖儿数量稳定增长，由此说明儿童总数稳定增长；

又有：非肥胖儿数量＝儿童总数×80％，故非肥胖儿数量稳定增长，即（C）项正确。

【答案】(C)

变化 6 其他数字问题

典型真题

16. **(2016 年管理类联考真题)** 古人以干支纪年。甲乙丙丁戊己庚辛壬癸为十干，也称天干。子丑寅卯辰巳午未申酉戌亥为十二支，也称地支。顺次以天干配地支，如甲子、乙丑、丙寅、……、癸酉、甲戌、乙亥、丙子等，六十年重复一次，俗称六十花甲子。根据干支纪年，公元 2014 年为甲午年，公元 2015 年为乙未年。

根据以上陈述，可以得出以下哪项？

(A) 现代人已不用干支纪年。
(B) 21 世纪会有甲丑年。
(C) 干支纪年有利于农事。
(D) 根据干支纪年，公元 2024 年为甲寅年。
(E) 根据干支纪年，公元 2087 年为丁未年。

【解析】（A）项，题干没有提及，无关选项。

（B）项，根据干支纪年法，天干有 10 个、地支有 12 个，因此，天干每过一个循环，会与地支错两位，即会出现甲子、甲寅、甲辰、甲午等年份，但不会出现甲丑年，（B）项错误。

（C）项，题干没有提及，无关选项。

（D）项，从 2014 年往后数 10 年可知，2024 年为甲辰年，（D）项错误。

（E）项，60 年一个轮回，2027 年为丁未年，故 2087 年也是丁未年，（E）项正确。

【答案】（E）

17. （2011 年、2019 年经济类联考真题）某研究所对该所上年度研究成果的统计显示：在该所所有的研究人员中，没有两个人发表的论文的数量完全相同；没有人恰好发表了 10 篇论文；没有人发表的论文的数量等于或超过全所研究人员的数量。

如果上述统计是真实的，则以下哪项断定也一定是真实的？

Ⅰ．该所研究人员中，有人上年度没有发表 1 篇论文。

Ⅱ．该所研究人员的数量，不少于 3 人。

Ⅲ．该所研究人员的数量，不多于 10 人。

(A) 只有Ⅰ和Ⅱ。　　　　(B) 只有Ⅰ和Ⅲ。　　　　(C) 只有Ⅰ。

(D) Ⅰ、Ⅱ和Ⅲ。　　　　(E) Ⅰ、Ⅱ和Ⅲ都不一定是真实的。

【解析】题干的统计结论有三个：

①没有两个人发表的论文的数量完全相同。

②没有人恰好发表了 10 篇论文。

③没有人发表的论文的数量等于或超过全所研究人员的数量。

假设该所研究人员的数量为 n，由①和③可得：全所人员发表论文的数量分别为 0，1，2，…，$n-1$。

Ⅰ项，必然为真，若此项为假，那么全所人员（n 个人）发表论文的数量为 1，2，…，n，那么题干条件③不成立。

Ⅱ项，不一定为真，如果该所研究人员的数量是 2 人（即 $n=2$），其中一人未发表论文，另一人发表了 1 篇论文，题干的条件依然成立。

Ⅲ项，必然为真，否则，若 $n≥10$，那么满足题干条件①的前提下，或者有人发表了 10 篇论文（即与题干条件②矛盾），或者有人发表论文的数量等于或超过全所研究人员的数量（即与题干条件③矛盾）。

故（B）项正确。

【答案】（B）

18. （2013 年经济类联考真题）学校学习成绩排名前百分之五的同学要参加竞赛培训，后百分之五的同学要参加社会实践。小李的学习成绩高于小王的学习成绩，小王的学习成绩低于学校的平均成绩。

下列哪项最不可能发生？

(A) 小李和小王都要参加社会实践。

(B) 小李和小王都没有参加社会实践。

(C) 小李和小王都没有参加竞赛培训。

(D) 小李参加竞赛培训。

(E) 小王参加竞赛培训，小李没有参加竞赛培训。

【解析】题干有如下信息：

①学校学习成绩排名前百分之五的同学要参加竞赛培训，后百分之五的同学要参加社会实践。

②小李的学习成绩高于小王的学习成绩。

③小王的学习成绩低于学校的平均成绩。

（A）项，有可能发生，小王和小李的学习成绩都排在后百分之五，且小李的学习成绩高于小王，两人都低于学校的平均成绩。

（B）、（C）项，有可能发生，小王和小李的学习成绩都不属于后百分之五和前百分之五，而属于中间水平。

（D）项，有可能发生，小李的学习成绩排在前百分之五。

（E）项，不可能发生，若小王参加竞赛培训，则由题干信息①可知，小王的学习成绩排在前百分之五，又由题干信息②可知，小李的学习成绩也排在前百分之五，则由题干信息①可知，小李也要参加竞赛培训。

【答案】(E)

19. (2016年、2017年经济类联考真题) 某大学一个本科专业按如下原则选拔特别奖学金的候选人：将本专业的学生按德育情况排列名次，均为上、中、下三个等级（即三个等级的人数相等，下同），候选人在德育方面的表现必须为上等；将本专业的学生按学习成绩排列名次，均分为优、良、中、差四个等级，候选人的学习成绩必须为优；将本专业的学生按身体状况排列名次，均分为好与差两个等级，候选人的身体状况必须为好。

假设该专业共有36名本科学生，则除了以下哪项外，其余都可能是这次选拔的结果？

(A) 恰好有四个学生被选为候选人。

(B) 只有两个学生被选为候选人。

(C) 没有学生被选为候选人。

(D) 候选人数多于本专业学生的1/4。

(E) 候选人数少于本专业学生的1/3。

【解析】由题干中的第2个标准可知，候选人的学习成绩为优的占四分之一，又因为候选人的学习成绩必须为优，说明候选人数不能多于本专业学生的四分之一，故（D）项不可能是这次选拔的结果。

其余各项均有可能是这次选拔的结果。

【答案】(D)

题型 34　数量关系的削弱与支持

命题概率

199 管理类联考近 10 年真题命题数量 2 道，平均每年 0.2 道。
396 经济类联考近 10 年真题命题数量 3 道，平均每年 0.3 道。

母题变化

变化 1　平均值陷阱

解题思路

1. 误将一组样本的平均值，当作每个个体的值。
2. 误将个体的值，当作一组样本的平均值。

典型真题

1.（2011 年管理类联考真题） 受多元文化和价值观的冲击，甲国居民的离婚率明显上升。最近一项调查表明，甲国的平均婚姻存续时间为 8 年。张先生为此感慨，现在像钻石婚、金婚、白头偕老这样的美丽故事已经很难得了，人们淳朴的爱情婚姻观一去不复返了。

以下哪项如果为真，最可能表明张先生的理解不确切？

（A）现在有不少闪婚一族，他们经常在很短的时间里结婚又离婚。
（B）婚姻存续时间长并不意味着婚姻的质量高。
（C）过去的婚姻主要由父母包办，现在主要是自由恋爱。
（D）尽管婚姻存续时间短，但年轻人谈恋爱的时间比以前增加很多。
（E）婚姻是爱情的坟墓，美丽感人的故事更多体现在恋爱中。

【解析】张先生：甲国的平均婚姻存续时间为 8 年———证明→现在像钻石婚、金婚、白头偕老等存续时间长的婚姻已经很难得了。

甲国的平均婚姻存续时间短，不代表"存续时间长的婚姻"变少了，可能是"存续时间短的婚姻"变多了。

（A）项，说明平均婚姻存续时间短，是因为闪婚一族的影响，而不是金婚等存续时间长的婚姻变少了，另有他因，表明张先生的理解不确切。

其余各项均为无关选项，题干论证不涉及这些选项中的"婚姻的质量""爱情婚姻观念""谈恋爱时间"和"婚姻与恋爱的关系"。

【答案】（A）

2.（2014 年管理类联考真题） 已知某班共有 25 位同学，女生中身高最高者与最低者相差 10

厘米，男生中身高最高者与最低者相差 15 厘米。小明认为，根据已知信息，只要再知道男生、女生最高者的具体身高，或者再知道男生、女生的平均身高，均可确定全班同学中身高最高者与最低者之间的差距。

以下哪项如果为真，最能构成对小明观点的反驳？

（A）根据已知信息，如果不能确定全班同学中身高最高者与最低者之间的差距，则也不能确定男生、女生身高最高者的具体身高。

（B）根据已知信息，即使确定了全班同学中身高最高者与最低者之间的差距，也不能确定男生、女生的平均身高。

（C）根据已知信息，如果不能确定全班同学中身高最高者与最低者之间的差距，则既不能确定男生、女生身高最高者的具体身高，也不能确定男生、女生的平均身高。

（D）根据已知信息，尽管再知道男生、女生的平均身高，也不能确定全班同学中身高最高者与最低者之间的差距。

（E）根据已知信息，仅仅再知道男生、女生最高者的具体身高，就能确定全班同学中身高最高者与最低者之间的差距。

【解析】题干涉及以下四组数据：

①女生中身高最高者与最低者相差 10 厘米。

②男生中身高最高者与最低者相差 15 厘米。

③男生、女生最高者的具体身高。

④男生、女生的平均身高。

小明认为由①、②、③或者①、②、④均可确定"全班同学中身高最高者与最低者之间的差距"。

但实际上，由①、②、④无法确定"全班同学中身高最高者与最低者之间的差距"。故（D）项正确。

【答案】（D）

变化2 比率陷阱

> **解题思路**
>
> 1. 用数据做比较时，应该使用数量时使用了比率，或者应该使用比率时使用了数量。
> 2. 在衡量一个比率的大小时，只衡量了分子的大小，忽略了分母的大小。
> 3. 错用分母，某个比率的分母应该是 A，误用成 B。
> 4. 错用比率，应该用比率 A 衡量一个对象，误用了比率 B。

典型真题

3. **(2018年管理类联考真题)** 最近一项调研发现，某国 30 岁至 45 岁人群中，去医院治疗冠心病、骨质疏松等病症的人越来越多，而原来患有这些病症的大多是老年人。调研者由此认为，该国年轻人中"老年病"发病率有不断增加的趋势。

以下哪项如果为真，最能质疑上述调研结论？

(A) 由于国家医疗保障水平的提高,相比以往,该国民众更有条件关注自己的身体健康。
(B) "老年人"的最低年龄比以前提高了,"老年病"的患者范围也有所变化。
(C) 近年来,由于大量移民涌入,该国 45 岁以下年轻人的数量急剧增加。
(D) 尽管冠心病、骨质疏松等病症是常见的"老年病",但老年人患的病未必都是"老年病"。
(E) 近几十年来,该国人口老龄化严重,但健康老龄人口的比重在不断增大。

【解析】题干:某国 30 岁至 45 岁人群中,去医院治疗冠心病、骨质疏松等病症的人越来越多,而原来患有这些病症的大多是老年人 —证明→ 该国年轻人中"老年病"发病率有不断增加的趋势。

因为,发病率 $=\dfrac{\text{发病人数}}{\text{总人数}}$,因此,仅由分子"发病人数"增加,无法说明发病率提高,在分母变大的情况下,发病率可能反而会降低。

(C) 项,说明年轻人的总量增加,使分母"总人数"增加,故在发病人数增加的情况下,发病率不一定会增加,削弱题干。

其余各项均为无关选项,故不能削弱题干。

【答案】(C)

4~5 题基于以下题干:

一项全球范围的调查显示:近 10 年来,吸烟者的总数基本保持不变;每年只有 10% 的吸烟者改变自己的品牌,即放弃原有的品牌而改吸其他品牌;烟草制造商用在广告上的支出占其毛收入的 10%。在 Z 烟草公司的年终董事会上,董事甲认为,上述统计表明,烟草业在广告上的收益正好等于其支出,因此,此类广告完全可以不做。董事乙认为,由于上述 10% 的吸烟者所改吸的香烟品牌中几乎不包括本公司的品牌,因此,本公司的广告开支实际上是一笔亏损性开支。

4. (2011 年经济类联考真题) 以下哪项如果为真,能构成对董事甲的结论最有力的质疑?

(A) 董事甲的结论忽视了:对广告开支的有说服力的计算方法,应该计算其占整个开支的百分比,而不应该计算其占毛收入的百分比。
(B) 董事甲的结论忽视了:近年来各种品牌的香烟的价格有了很大的变动。
(C) 董事甲的结论基于一个错误的假设:每个吸烟者在某个时候只喜欢一种品牌。
(D) 董事甲的结论基于一个错误的假设:每个烟草制造商只生产一种品牌。
(E) 董事甲的结论忽视了:世界烟草业是由处于竞争状态的众多经济实体组成的。

【解析】题干中的论据:
①近 10 年来,吸烟者的总数基本保持不变。
②每年只有 10% 的吸烟者改变自己的品牌,即放弃原有的品牌而改吸其他品牌。
③烟草制造商用在广告上的支出占其毛收入的 10%。

董事甲据此得出结论:烟草业在广告上的收益正好等于其支出,因此,此类广告完全可以不做。

显然董事甲认为:占毛收入 10% 的广告支出的效益只是使 10% 的吸烟者改吸其他品牌的香烟,如果不做广告,则能维持收支平衡。

但是，(E)项指出，世界烟草业是由处于竞争状态的众多经济实体组成的，如果你不做广告，别的企业去做广告，就会使本公司处于竞争劣势，甚至可能被挤出市场，可以削弱董事甲的结论。

(A)项，不能质疑董事甲的结论，广告开支可以从毛收入角度来看，进行成本效益分析。

其余各项均为无关选项。

【答案】(E)

5. **(2011年经济类联考真题)** 以下哪项如果为真，能构成对董事乙的结论的质疑？

Ⅰ. 如果没有Z公司的烟草广告，许多消费Z公司品牌的吸烟者将改吸其他品牌。

Ⅱ. 上述改变品牌的10%的吸烟者所放弃的品牌中，几乎没有Z公司的品牌。

Ⅲ. 烟草广告的效果之一，是吸引新吸烟者取代停止吸烟者（死亡的吸烟者或戒烟者）而消费自己的品牌。

(A) 只有Ⅰ。　　　　(B) 只有Ⅱ。　　　　(C) 只有Ⅲ。
(D) 只有Ⅰ和Ⅱ。　　(E) Ⅰ、Ⅱ和Ⅲ。

【解析】董事乙认为：由于上述10%的吸烟者所改吸的香烟品牌中几乎不包括本公司的品牌 ——证明→ 本公司的广告开支实际上是一笔亏损性开支。

Ⅰ项、Ⅱ项，说明Z公司的烟草广告防止了客户的流失，可以削弱董事乙的结论。

Ⅲ项，说明Z公司的烟草广告吸引了新吸烟者消费自己的品牌，可以削弱董事乙的结论。

【答案】(E)

6. **(2016年经济类联考真题)** 有人对某位法官在性别歧视类案件审理中的公正性提出了质疑。这一质疑不能成立，因为有记录表明，该法官审理的这类案件中60%的获胜方为女性，这说明该法官并未在性别歧视类案件的审理中有失公正。

以下哪项如果为真，能对上述论证构成质疑？

Ⅰ. 在性别歧视类案件中，女性原告如果没有确凿的理由和证据，一般不会起诉。

Ⅱ. 一个为人公正的法官在性别歧视类案件的审理中保持公正也是件很困难的事情。

Ⅲ. 统计数据表明，如果不是因为遭到性别歧视，女性应该在60%以上的此类案件的诉讼中获胜。

(A) 仅Ⅰ。　　　　(B) 仅Ⅱ。　　　　(C) 仅Ⅲ。
(D) 仅Ⅰ和Ⅲ。　　(E) Ⅰ、Ⅱ和Ⅲ。

【解析】题干：性别歧视类案件审理中60%的获胜方为女性 ——证明→ 法官公正。

公正度应该看实际胜诉率与应该胜诉率的比值，而不是仅仅看实际胜诉率。

Ⅰ项和Ⅲ项都说明，在性别歧视类案件中，女性本来的胜诉率应该在60%以上，说明该法官在性别歧视类案件的审理中还是有失公正的。

Ⅱ项不能削弱题干，保持公正很困难，不代表无法做到公正。

【答案】(D)

题型 35 数量关系的假设

命题概率

199 管理类联考近 10 年真题命题数量 0 道，平均每年 0 道。

396 经济类联考近 10 年真题命题数量 0 道，平均每年 0 道。

母题变化

解题思路

1. 数量关系的假设题是对简单数学公式的考查，例如：平均值、增长率、比例、两个对象的和与差等，建议用数学思维做这样的试题。

2. 很多数量关系的假设题是可能型假设（或充分型假设），找到能使题干成立的数学公式即可。

典型真题

（2009 年管理类联考真题）某地区过去三年日常生活必需品平均价格增长了 30%。在同一时期，购买日常生活必需品的开支占家庭平均月收入的比例并未发生变化。因此，过去三年家庭平均收入一定也增长了 30%。

以下哪项最可能是上述论证所假设的？

(A) 在过去的三年中，平均每个家庭购买的日常生活必需品数量和质量没有变化。

(B) 在过去的三年中，除生活必需品外，其他商品平均价格的增长低于 30%。

(C) 在过去的三年中，该地区家庭数量增长了 30%。

(D) 在过去的三年中，家庭用于购买高档消费品的平均开支明显减少。

(E) 在过去的三年中，家庭平均生活水平下降了。

【解析】题干：

①日常生活必需品平均价格增长了 30%。

②购买日常生活必需品的开支占家庭平均月收入的比例并未发生变化 —证明→ 家庭平均收入一定也增长了 30%。

因为，支出＝价格×购买数量，显然题干暗含一个假设：平均每个家庭购买的日常生活必需品数量和质量没有变化，否则，如果平均每个家庭购买的日常生活必需品数量和质量有变化（提升或者下降），则不能推出题干中的结论（取非法），故（A）项必须假设。

【答案】(A)

题型 36　数量关系的解释

命题概率

199 管理类联考近 10 年真题命题数量 1 道，平均每年 0.1 道。
396 经济类联考近 10 年真题命题数量 3 道，平均每年 0.3 道。

母题变化

解题思路

1. 命题结构

数量关系型的题目，涉及一些简单的数学公式，常见比例、利润、增长率、平均值等，用数学的思维解这类题目，会变得相当简单。

2. 解题步骤

①读题干，若题干涉及利润、增长率、比例、平均值等数量关系，可认定是数量关系的解释。
②判断适用题干的基本数学公式。
③找到造成题干中数量关系的原因。

典型真题

1.（2010 年管理类联考真题）成品油生产商的利润在很大程度上受国际市场原油价格的影响，因为大部分原油是按国际市场价购进的。近年来，随着国际市场原油价格的不断提高，成品油生产商的运营成本大幅度增加，但某国成品油生产商的利润并没有减少，反而增加了。

以下哪项如果为真，最有助于解释上述看似矛盾的现象？

（A）原油成本只占成品油生产商运营成本的一半。
（B）该国成品油价格根据市场供需确定，随着国际原油市场价格的上涨，该国政府为成品油生产商提供相应的补贴。
（C）在国际原油市场价格不断上涨期间，该国成品油生产商降低了个别高薪雇员的工资。
（D）在国际原油市场价格上涨之后，除进口成本增加外，成品油生产的其他成本也有所提高。
（E）该国成品油生产商的原油有一部分来自国内，这部分受国际市场价格波动影响较小。

【解析】需要解释的矛盾：随着国际市场原油价格的不断提高，成品油生产商的运营成本大幅度增加，但是，成品油生产商的利润反而增加了。

利润＝收入－成本。

所以，只需要指出收入提高，即可解释题干中的矛盾。

(B)项，指出政府为成品油生产商提供了补贴，使其收入提高，故(B)项可以解释题干中的矛盾。

其余各项均不能解释题干中的矛盾。

【答案】(B)

2. (2011年管理类联考真题) 2010年某省物价总水平仅上涨2.4%，涨势比较温和，涨幅甚至比2009年回落了0.6个百分点。可是，普通民众觉得物价涨幅较高，一些统计数据也表明，民众的感觉有据可依。2010年某月的统计报告显示，该月禽蛋类商品价格涨幅达12.3%，某些反季节蔬菜涨幅甚至超过20%。

以下哪项如果为真，最能解释上述看似矛盾的现象？

(A) 人们对数据的认识存在偏差，不同来源的统计数据会产生不同的结果。
(B) 影响居民消费品价格总水平变动的各种因素互相交织。
(C) 虽然部分日常消费品涨幅很小，但居民感觉很明显。
(D) 在物价指数体系中占相当权重的工业消费品价格持续走低。
(E) 不同的家庭，其收入水平、消费偏好、消费结构都有很大的差异。

【解析】题干中的矛盾：2010年某省物价总水平仅上涨2.4%，涨势比较温和，涨幅甚至比2009年回落了0.6个百分点，但是普通民众觉得物价涨幅较高。

(A)项，在解释题中，默认题干中的信息为真。而此项说明数据来源不准确，存在对题干的质疑，因此不能解释题干中的矛盾。

(D)项，指出由于工业消费品在物价指数体系中的权重较大，而这一部分消费品又不是民众感觉的主要来源，这就很好地解释了题干中看似矛盾的现象。

(B)、(C)、(E)项，无关选项，不能解释题干中的矛盾。

【答案】(D)

3. (2013年管理类联考真题) 某大学的哲学学院和管理学院今年招聘新教师，招聘结束后受到了女权主义代表的批评，因为他们在12名女性应聘者中录用了6名，但在12名男性应聘者中却录用了7名。该大学对此解释说，今年招聘新教师的两个学院中，女性应聘者的录用率都高于男性的录用率。具体的情况是：哲学学院在8名女性应聘者中录用了3名，而在3名男性应聘者中录用了1名；管理学院在4名女性应聘者中录用了3名，而在9名男性应聘者中录用了6名。

以下哪项最有助于解释女权主义代表和该大学之间的分歧？

(A) 各个局部都具有的性质在整体上未必具有。
(B) 人们往往从整体角度考虑问题，不管局部如何，最终的整体结果才是最重要的。
(C) 有些数学规则不能解释社会现象。
(D) 现代社会提倡男女平等，但实际执行中还是有一定难度。
(E) 整体并不是局部的简单相加。

【解析】女权主义代表认为：统计该校管理学院和哲学学院的教师应聘者的总录取情况，女性录取率低于男性录取率，故歧视女性。

校方认为：分别看管理学院和哲学学院的教师应聘者的录取情况，两个学院的女性录取率均高于男性录取率，故没有歧视女性。

校方认为局部具有的性质，整体也具有，故（A）项正确。
【答案】（A）

4. （2014年经济类联考真题）一项实验正研究致命性肝脏损害的影响范围。暴露在低剂量的有毒物质二氧化硫中的小白鼠，65%死于肝功能紊乱。然而，所有死于肝功能紊乱的小白鼠中，90%并没有暴露在任何有毒的环境中。

以下哪项可为上述统计数据差异提供合理的解释？
（A）导致小白鼠肝脏疾病的环境因素与非环境因素彼此完全不同。
（B）仅有一种因素导致小白鼠染上致命性肝脏疾病。
（C）环境中的有毒物质并非对小白鼠的肝脏特别有害。
（D）在被研究的全部小白鼠中，仅有小部分暴露于低剂量的二氧化硫环境中。
（E）大多数小白鼠在暴露于低剂量的二氧化硫环境之后并没有受到伤害。

【解析】题干中待解释的差异：
①暴露在低剂量的有毒物质二氧化硫中的小白鼠，65%死于肝功能紊乱。
②所有死于肝功能紊乱的小白鼠中，90%并没有暴露在任何有毒的环境中，即所有死于肝功能紊乱的小白鼠中，只有10%暴露在有毒的环境中。

①中65%的比例关系为：

$$\frac{\text{暴露在低剂量有毒物质二氧化硫中且死于肝功能紊乱的小白鼠数量}}{\text{所有暴露在低剂量有毒物质二氧化硫中的小白鼠数量}}$$

②中10%的比例关系为：

$$\frac{\text{死于肝功能紊乱且暴露在有毒环境中的小白鼠数量}}{\text{所有死于肝功能紊乱的小白鼠数量}}$$

上面两个比例的分母不同，在所有死于肝功能紊乱的小白鼠中，只有10%暴露在有毒环境中，因此，在所有被研究的小白鼠中，死于肝功能紊乱且暴露在有毒环境中的小白鼠所占的比例较小，故（D）项可以解释。

其余各项均不能解释。
【答案】（D）

5. （2015年经济类联考真题）1970年，U国汽车保险业的赔付总额中，只有10%用于赔付汽车事故造成的人身伤害。而2000年，这部分赔付金所占的比例上升到50%，尽管这30年来U国的汽车事故率呈逐年下降的趋势。

以下哪项如果为真，最有助于解释上述看起来矛盾的现象？
（A）这30年来，U国汽车的总量呈逐年上升的趋势。
（B）这30年来，U国的医疗费用显著上升。
（C）2000年U国的交通事故数量明显多于1970年。
（D）2000年U国实施的交通法规比1970年的更为严格。
（E）这30年来，U国汽车保险金的上涨率明显高于此期间的通货膨胀率。

【解析】题干中需要解释的矛盾：30年来U国的汽车事故率呈逐年下降的趋势，但是，赔付汽车事故造成的人身伤害的资金占汽车保险业的赔付总额的比例却从10%上升到了50%。

题干中的比例 = $\dfrac{\text{汽车事故造成人身伤害的赔偿金额}}{\text{汽车保险业总的赔偿金额}}$。

(A) 项，汽车总量上升，但因为事故率下降，所以事故数未必上升；即使事故数上升，造成人身伤害赔付的事故数也不一定上升，所以此项是可能的解释，力度弱。

(B) 项，可以解释，医疗费用显著上升，则上述公式的分子变大。

(C) 项，事故数量上升，但造成人身伤害赔付的事故数不一定上升，所以此项是可能的解释，力度弱。

(D)、(E) 项，无关选项。

【答案】(B)

6. (2016年经济类联考真题) 第一个事实：电视广告的效果越来越差。一项跟踪调查显示，在电视广告所推出的各种商品中，观众能够记住其品牌名称的商品的百分比逐年降低。

第二个事实：在一段连续插播的电视广告中，观众印象较深的是第一个和最后一个，而中间播出的广告留给观众的印象，一般来说要浅得多。

以下哪项如果为真，最能使得第二个事实成为对第一个事实的一个合理解释？

(A) 在从电视广告里见过的商品中，一般电视观众能记住其品牌名称的大约还不到一半。

(B) 近年来，被允许在电视节目中连续插播广告的平均时间逐渐缩短。

(C) 近年来，人们花在看电视上的平均时间逐渐缩短。

(D) 近年来，一段连续播出的电视广告所占用的平均时间逐渐增加。

(E) 近年来，一段连续播出的电视广告中所出现的广告的平均数量逐渐增加。

【解析】

$$记忆率 = \dfrac{\text{记住的广告数}}{\text{广告总数}} \times 100\%。$$

由第二个事实可知，在一段连续插播的电视广告中，观众记住的是第一个和最后一个，即不论这一段广告中有几个广告，分子总是2；又由第一个事实可知，观众的广告记忆率下降，在分子不变的情况下，说明分母变大，即一段连续播出的电视广告中所出现的广告的平均数量逐渐增加，故 (E) 项正确。

【答案】(E)